色谱技术丛书（第三版）

傅若农　主　编

汪正范　刘虎威　副主编

各分册主要执笔者：

《色谱分析概论》	傅若农		
《气相色谱方法及应用》	刘虎威		
《毛细管电泳技术及应用》	陈　义		
《高效液相色谱方法及应用》	于世林		
《离子色谱方法及应用》	牟世芬	朱　岩	刘克纳
《色谱柱技术》	赵　睿	刘国诠	
《色谱联用技术》	白　玉	汪正范	吴侔天
《样品制备方法及应用》	李攻科	汪正范	胡玉玲　肖小华
《色谱手性分离技术及应用》	袁黎明	刘虎威	
《液相色谱检测方法》	欧阳津	那　娜	秦卫东　云自厚
《色谱仪器维护与故障排除》	张庆合	李秀琴	吴方迪
《色谱在环境分析中的应用》	蔡亚岐	江桂斌	牟世芬
《色谱在食品安全分析中的应用》	吴永宁		
《色谱在药物分析中的应用》	胡昌勤	马双成	田颂九
《色谱在生命科学中的应用》	宋德伟	董方霆	张养军

"十三五"国家重点出版物出版规划项目

色谱技术丛书

色谱在生命科学中的应用

第二版

宋德伟　董方霆　张养军　等编著

化学工业出版社

·北京·

本书是"色谱技术丛书"的分册之一，结合目前的最新研究进展重点介绍了色谱技术在临床诊断标志物、药物代谢、脂质组学、蛋白质组学以及代谢组学等方面的应用，包括分析策略、前处理方法、定性定量手段以及大量的应用实例。

本版与第一版相比在内容结构上做了较大的优化与调整，删去了概述、脱氧核糖核酸（DNA）的电泳与色谱分析、生物技术药物的纯化及鉴定等内容，增加了"色谱在药物代谢研究中的应用""色谱在脂质组学分析中的应用""色谱在代谢组学研究中的应用"三章，并对"色谱在生物标志物研究中的应用"和"色谱在蛋白质组学研究中的应用"两章做了大量更新。

本书整体上突出实用性，注重将基础知识与色谱技术在生命科学中应用的最新进展结合，提供了系统了解色谱技术在生命科学热点领域应用的方法和解决策略等综合信息，内容丰富、资料翔实，可供从事与生命分析科学有关的科研人员与学生参考。

图书在版编目（CIP）数据

色谱在生命科学中的应用 / 宋德伟等编著. —2 版.
—北京：化学工业出版社，2019.7
（色谱技术丛书）
ISBN 978-7-122-34759-6

Ⅰ.①色…　Ⅱ.①宋…　Ⅲ.①色谱法-应用-生命科学
Ⅳ.①Q1-0

中国版本图书馆 CIP 数据核字（2019）第 124644 号

责任编辑：傅聪智　任惠敏　　　　　　文字编辑：向　东
责任校对：王　静　　　　　　　　　　装帧设计：刘丽华

出版发行：化学工业出版社（北京市东城区青年湖南街 13 号　邮政编码 100011）
印　　装：三河市延风印装有限公司
710mm×1000mm　1/16　印张 19¾　彩插 1　字数 384 千字　2020 年 10 月北京第 2 版第 1 次印刷

购书咨询：010-64518888　　　　售后服务：010-64518899
网　　址：http://www.cip.com.cn
凡购买本书，如有缺损质量问题，本社销售中心负责调换。

定　　价：88.00 元　　　　　　　　　　　　　版权所有　违者必究

序

"色谱技术丛书"从 2000 年出版以来，受到读者的普遍欢迎。主要原因是这套丛书较全面地介绍了当代色谱技术，而且注重实用、语言朴实、内容丰富，对广大色谱工作者有很好的指导作用和参考价值。2004年起丛书第二版各分册陆续出版，从第一版的 13 个分册发展到 23 个分册（实际发行 22 个分册），对提高我国色谱技术人员的业务水平以及色谱仪器制造和应用行业的发展起了积极的作用。现在，10 多年又过去了，色谱技术又有了长足的发展，在分析检测一线工作的技术人员迫切需要了解和应用新的技术，以提高分析测试水平，促进国民经济的发展。作为对这种社会需求的回应，化学工业出版社和丛书作者决定对第二版丛书的部分分册进行修订，这是完全必要的，也是非常有意义的。应出版社和丛书主编的邀请，我很乐意为丛书第三版作序。

根据色谱技术的发展现状和读者的实际需求，丛书第三版与第二版相比，作了较大的修订，增加了不少新的内容，反映了色谱的发展现状。第三版包含了 15 个分册，分别是：傅若农的《色谱分析概论》，刘虎威的《气相色谱方法及应用》，陈义的《毛细管电泳技术及应用》，于世林的《高效液相色谱方法及应用》，牟世芬等的《离子色谱方法及应用》，赵睿、刘国诠等的《色谱柱技术》，白玉、汪正范等的《色谱联用技术》，李攻科、汪正范等的《样品制备方法及应用》，袁黎明等的《色谱手性分离技术及应用》，欧阳津等的《液相色谱检测方法》，张庆合等的《色谱仪器维护与故障排除》，蔡亚岐、江桂斌等的《色谱在环境分析中的应用》，吴永宁等的《色谱在食品安全分析中的应用》，胡昌勤等的《色谱在药物分析中的应用》，宋德伟等的《色谱在生命科学中的应用》。这些分册涵盖了色谱的主要技术和主要应用领域。特别是第三版中《样品制备方法及应用》是重新组织编写的，这也反映了随着仪器自动化的日臻完善，色谱分析对样品制备的要求越来越高，而样品制备也越来越成为色谱分析、乃至整个分析化学方法的关键步骤。此外，《色谱手性分离技术及应用》的出版也使得这套丛书更为全面。总之，这套丛书的新老作者都是长期耕耘在色谱分析领域的专家学者，书中融入了他们广博的知识和丰富的经验，相信对于读者，特别是色谱分析行业的年轻工作者以及研究生会有很好的参考价值。

感谢丛书作者们的出色工作，感谢出版社编辑们的辛勤劳动，感谢安捷伦科技有限公司的再次热情赞助！中国拥有世界上最大的色谱市场和人数最多的色谱工作者，我们正在由色谱大国变成色谱强国。希望第三版丛书继续受到读者的欢迎，也祝福中国的色谱事业不断发展。是为序。

2017 年 12 月于大连

色谱技术作为一种强大的分离分析手段，在生命科学中有着非常广泛的应用。近年来为蛋白质组学、代谢组学、脂质组学等新兴领域提供了解决问题的关键技术，大大提高了生命科学研究的效率。目前色谱已发展为与质谱、光谱、核磁共振等仪器联用，尤其是色谱-质谱的成功联用，克服了色谱缺乏标准样品时定性较难和分析复杂混合物时数据处理困难等问题，为色谱技术在生命科学领域的应用开拓了更为广阔的前景。

本书自 2007 年第一版出版以来，受到广大读者的大力支持和一致好评，为色谱在生命科学研究中的应用发挥了积极的推动作用。第一版出版至今，色谱技术在生命科学多个领域的研究和应用取得了巨大的进展。尤其是在临床诊断和疾病标志物筛选，在蛋白质组学、脂质组学、代谢组学和样品前处理等方面都取得了重要突破。为了适应新技术的发展和应用，对本书进行了修订工作。

与第一版相比，新版保留了阐述的基础知识，但在内容上进行了优化与完善，增加了"色谱在药物代谢研究中的应用""色谱在脂质组学分析中的应用""色谱在代谢组学研究中的应用"等内容。基于目前生命科学研究中的热点领域，更新了色谱在生物标志物研究中的应用，包括增加了参考方法开发、标准物质定值等内容；更新了色谱在蛋白质组学方面的应用，包括增加了亲和材料的应用，外泌体蛋白质组学等研究内容，并增加了大量精美图片和示意图。

全书内容共分为 5 章，结合目前研究的最新进展重点介绍了色谱技术在临床诊断标志物、药物代谢、脂质组学、蛋白质组学以及代谢组学等方面的应用。包括分析策略、前处理方法、定性定量手段以及大量的应用实例。

宋德伟负责全书的统编工作，并负责第一章的编写；第二章由李桦、郭继芬编写；第三章由刘虎威编写；第四章由张养军编写；第五章由董方霆、程建华编写。此外，刘钰、张春鹂、高兴、刘健仪、马凌云等也参加了本书的部分编写工作。由于篇幅和学识所限，在书中我们只选择了这一广阔领域中的几个方面加以论述，尚未论及的其他领域和研究范围同样非常重要，希望将来有机会能得到补充和完善。

在本书即将出版之际，衷心感谢本书第一版作者廖杰研究员的指导和大力支持；感谢汪正范研究员在百忙之中对书稿进行审阅并提出建设性的修改意见；感谢李红梅研究员在本书出版过程中给予的热情关注和支持；感谢本书责任编辑在编写过程中给予的大力支持和多方面的帮助。

由于编者的水平和时间所限，书中一定会有不足之处，衷心希望广大读者予以批评指正。

编者
2019 年 6 月于北京

　　生命科学是研究各种生命现象的本质、发生和发展的规律，以及各种生物之间、生物与环境之间相互关系的科学。近年来，生命科学研究取得了重大进展，并以其发展促进了农业、医学和其他相关领域的进步，而色谱作为一种不可缺少的工具和手段，在其发展过程中，发挥了至关重要的作用。遵照丛书主编傅若农教授的要求，我们对色谱在这一领域中的部分应用进行了综述，希望能为从事基础医学、临床化学和生物制药工作的研究人员和技术人员提供参考。

　　本书首先简要介绍了生命科学研究中常用的色谱技术，然后分别讨论了这些技术在脱氧核糖核酸分析、生物技术药物纯化与鉴定、生物标志物检测和蛋白质研究中的应用。全书共五章，由廖杰和钱小红统编，其中第一、三章由董方霆编写；第二章根据田惠君博士（DNA 的电泳分析）和李鸿彪博士（DHPLC 的原理及应用）提供的资料由廖杰编写；第四章由廖杰编写；第五章由张养军编写。

　　尽管本书名为《色谱在生命科学中的应用》，但由于篇幅和学识所限，在书中我们只选择了这一广阔领域中的几个方面加以论述，尚未论及的其他领域和研究范围同样非常重要，希望将来有机会能得到补充和完善。

　　在本书即将出版之际，衷心感谢在编写过程中，丛书主编傅若农教授、副主编刘虎威教授所给予的指导和帮助，感谢田惠君博士、李鸿彪博士提供 DNA 分析方面的详尽资料，感谢刘国诠教授在百忙之中对书稿进行审阅。

　　由于编者的水平和时间所限，书中一定会有不少疏漏，衷心希望广大读者予以批评指正。

编者

2007 年 6 月

目录

第一章 色谱在临床诊断标志物中的应用 ◄◄◄◄◄◄◄

第二章 色谱在药物代谢研究中的应用 ◄◄◄◄◄◄◄

第三章　色谱在脂质组学分析中的应用　　◄◄◄◄◄◄◄◄

第四章　色谱在蛋白质组学研究中的应用　◀◀◀◀◀◀◀◀

第五章　色谱在代谢组学研究中的应用　　◀◀◀◀◀◀◀◀

色谱在临床诊断标志物中的应用

临床诊断标志物属于生物标志物（biomarker）的范畴，是指机体内能够反映生理、生化或其他方面改变的物质，临床上用于对相关疾病进行早期诊断、预测、病程监控以及疗效评价等。

第一节　概述

一、临床诊断标志物的分类与应用

根据不同的功能，诊断标志物通常被分为这样三类：

① 早期检测标志物　主要用于对一些临床早期疾病的检测。诊断标志物在一些疾病诊断中，作为重要的临床实验室诊断证据，也发挥着越来越大的作用，而肿瘤和神经科的基础与临床研究是这类生物标志物研究的推动力量。

② 预后标志物　决定着病人从疾病或者疾病复发中回复到健康状态的机会。

③ 替代性终点生物标志物（surrogate biomarker）是用于取代临床终点事件，比如死亡，而单独分为一类的生物标志物。

根据所检测的疾病类型，临床诊断标志物主要有以下几类：

① 肿瘤标志物　常见的有：a. 血清癌胚抗原（carcino-embryonic antigen，CEA），正常值小于等于 3.45μg/L。最初在结肠癌患者中发现 CEA 升高，后来发现，在胃癌、尿道癌、卵巢癌、肺癌、胰腺癌、乳腺癌、甲状腺髓样癌、膀胱癌

和宫颈癌患者中，有 30%的患者血 CEA 升高。b. 甲胎蛋白（alpha fetoprotein，AFP），AFP 是最早发现的肿瘤标志物，是诊断原发性肝癌的常用检查项目，约 87%的原发性肝癌患者，AFP 高达 20μg/L 以上。c. 前列腺特异抗原（prostate specific antigen，PSA），正常值小于 4μg/L，在前列腺癌中阳性率高达 30%～86%，其升高水平与肿瘤密切相关。d. 绒毛膜促性腺激素（human chorionic gonadotropin，HCG），正常人血中浓度小于 5μg/L，如患绒毛膜上皮癌，睾丸和卵巢的胚胎性恶性畸胎瘤者，HCG 可升高，且血、尿中的 HCG 的含量多少与预后相关联。

　　肿瘤标志物非常之多，单个标志物的敏感性或特异性往往偏低，不能满足临床要求，理论上和实践上都提倡一次同时测定多种标志物，以提高敏感性和特异性。肿瘤标志物不是肿瘤诊断的唯一依据，临床上需结合临床症状、影像学检查等其他手段综合考虑。肿瘤确诊一定要有组织或细胞病理学的诊断依据，因患者个体差异、患者具体临床情况等因素，肿瘤标志物的分析要结合临床情况，从多个角度比较，才能得出客观真实的结论，某些肿瘤标志物在某些生理情况下或某些良性疾病中也可以异常升高，需注意鉴别。

　　② 心脑血管疾病标志物　常见的有：a. C 反应蛋白、肌钙蛋白等[1]，用于心肌损伤检测的标志物已近 30 年，目前仍普遍用作急性心肌梗死（acute myocardial infarction，AMI）的早期诊断。AMI 时，损伤的心肌细胞释放 Mb，在症状发生后 1～2h，血清 Mb 即异常升高，4～8h 达最高值，72h 后开始恢复正常。Mb 早期升高是由于其分子小，使得 Mb 不经淋巴结而直接迅速进入周围血液。b. 肌钙蛋白（troponin，Tn），众多研究结果显示，肌钙蛋白是诊断心肌缺血性损伤的特异性标志物，是判断低危胸痛患者可能患心肌缺血性损伤的新技术。肌钙蛋白由 T、C、I 三亚基构成，和原肌球蛋白一起通过调节钙离子对横纹肌动蛋白 ATP 酶的活性来调节肌动蛋白和肌球蛋白相互作用。当心肌损伤后，心肌肌钙蛋白复合物释放到血液中，4～6h 后，开始在血液中升高，升高的心肌肌钙蛋白 I（cardiac troponin I，cTn-I）能在血液中保持很长时间 6～10d。肌钙蛋白 I 具有高度心肌特异性和灵敏度，所以肌钙蛋白 I 已成为目前最理想的心肌梗死标志物。c. 超敏 C 反应蛋白（hypersensitive C-reactive protein，HS-CRP）：HS-CRP 可作为心血管危险事件发生进行的预测指标。冠心病患者血中 HS-CRP 明显高于正常人，与将来冠状动脉发病的危险度呈正相关。HS-CRP 水平 3～5mg/L 可作为心肌梗死危险性分级的较佳临界点[2]，在冠心病患者中 HS-CRP 升高提示冠状动脉病变可能与炎症反应有关。

　　③ 糖尿病诊断标志物　血清葡萄糖，长期以来糖尿病的诊断基于血糖水平的检测，世界卫生组织（WHO）将空腹血糖≥7.0mmol/L 作为糖尿病的诊断标准。2009 年，美国糖尿病协会（American Diabetes Association，ADA）国际专家委员会推荐使用糖化血红蛋白（hemoglobin A1c，HbA1c）作为糖尿病的诊断标准，

并以 6.5%作为其诊断阈值。糖化血红蛋白（HbA1c）作为监测血糖水平长期而稳定的指标，对糖尿病筛选、诊断、疗效考核等有重要临床价值。

其他比如人脑脊液中的总 tau（t-tau）蛋白和磷酸化 tau（p-tau）蛋白数量异常，可预示阿尔兹海默病（Alzheimer's disease，AD）的发生；B 型钠尿肽（brain natriuretic peptide，BNP）检测心力衰竭（congestive heart failure，CHF）具有很高的特异性；肾小球滤过率（glomerular filtration rate，GFR）是慢性肾脏病（chronic kidney disease，CKD）筛查、临床诊断和治疗监测的主要指标之一，血清肌酐（creatinine，Cr）浓度对准确计算 GFR 具有重要意义。

二、临床诊断标志物分析方法概述

1. 免疫分析

免疫分析是一大类超灵敏度、高特异性检测技术的总称，因其具有许多独特优点，已成为基础医学研究及医学检验的重要技术手段。已被广泛应用的检测方法主要有：放射免疫分析（radioimmunoassay，RIA）、酶免疫分析（enzyme immunoassay，EIA）和化学发光免疫分析（chemiluminescence immunoassay，CLIA）[3]。它们的基本原理相同，只是依标志物的不同而最终测量到的信号各异。

RIA 是利用特异抗体与标记抗原的竞争结合反应，通过测定放射性复合物来计算出非标记抗原量的一种超微量分析技术，具有很高的精密度、灵敏度和准确度。但该技术所用试剂具有放射性，对人体有一定的危害，实验人员应加强防护。同时试剂存在半衰期，试剂必须在半衰期内用完，否则试剂会作废，这需要科学地做好试剂计划。另外反应过程中抗原的含量低到一定程度时会出现不确定因素，使灵敏度受到限制。

EIA 是用酶分子代替放射性核素标记抗原或抗体分子，进行竞争性或非竞争性免疫分析的技术，酶联免疫吸附分析法（ELISA）现在被广泛应用于实验诊断中。ELISA 的主要优点是具有很高的灵敏度，同时该方法没有使用放射线，避免了放射线对人体的危害。其不足之处是可能会出现"倒钩"现象，使实验出现假阴性或抗原、抗体的实际含量减低。另外，ELISA 实验是一次性的，显色反应往往需要在一定时间内读数，无法重复测量。

CLIA 是将标记物改为能产生化学发光的化合物，代替放射性标记物，最终根据发光信号的强弱来反映复合物的量。化学发光免疫分析的优点是有很高的灵敏度，无放射性元素对人体的危害。主要缺点是发光时间短，需要严格掌握测量的时间，否则会影响实验结果。同时实验产生的发光分子只能利用一次。

2. 光谱分析

紫外光谱法（ultraviolet spectrometry，UV）：紫外-可见分光光度法常作为一种检测手段应用于化学、生物样品的检测。其工作原理是 Lambert-Beer 定律，即当一束单色光透过流动池时，若流动相不吸收光，则吸收度 A 与吸光组分的浓度 C 和流动池的光径长度 L 成正比。物理上测得物质的透光率，然后取负对数得到吸收度。

荧光光谱法（fluorescence spectrometry，FS）：荧光光谱法是根据物质的特征荧光光谱的位置及相应的荧光强度进行待测目标的定性和定量测定的仪器分析方法。荧光光谱法因具有灵敏度高、选择性好等特点，已有许多相关的技术报道用于生物标识分子的检测。传统的荧光光谱法检测策略大都基于竞争分析法或者是夹心法，要么需要固定受体，要么需要固定配体。这种检测策略相对比较费时费力，实验步骤比较繁琐，需要进行多次的分离与洗涤。

3．电泳技术

电泳技术常用于蛋白质类疾病标志物的检测。电泳不仅是分离蛋白质混合物和鉴定蛋白质纯度的重要手段，也是研究蛋白质性质很有用的方法。其中双向电泳技术作为蛋白质组学的核心技术之一，可将数千种蛋白质同时分离，将有助于临床诊断标志物的筛选以及分析。该技术的原理：第一项基于蛋白质的等电点不同用等电聚焦分离，具有相同等电点的蛋白质无论其分子大小，在电场的作用下都会聚焦在某一特定位置即等电点处；第二项则按分子量的不同用聚丙烯酰胺凝胶电泳（SDS polyacrylamide gelelectrophoresis，SDS-PAGE）分离，把复杂蛋白混合物中的蛋白质在二维平面上分开。所得蛋白质二维排列图中每个点代表样本中一个或数个蛋白质，而蛋白质的分子量、等电点和在样本中的含量也可显现出来[4]。

4．色谱分析

气相色谱（gas chromatography，GC）广泛用于微量、痕量组分的分析，具有高选择性、高效能、高灵敏度等特点。自 20 世纪 50 年代末开始就被应用于临床诊断，经过发展，现在常用来处理许多临床相关的化合物，例如氨基酸、糖类、血液中的 CO_2 和 O_2、脂肪酸及其衍生物、血浆甘油三酯、类固醇和维生素等的分析，有着其独特的优势。但是，气相色谱受组分挥发性和热稳定性的限制，需对样品进行衍生化处理，使得操作较为复杂，限制了其更加广泛的使用。

液相色谱（liquid chromatography，LC）主要是指高效液相色谱（high performance liquid chromatography，HPLC）。高效液相色谱法是近年来被普遍应用的分析技术，具有分析速度快、分离效果好、灵敏度高和样品用量微等优点，对一些分子量较大的或具有离子性的物质以及不易挥发或热不稳定的物质均可应用，因此，比气相色谱法的应用范围要广得多。应用高效液相色谱法进行分析时，一般不改变被测物质本身的物理和化学性质，有利于分析样品的制备，进而可确定其化学结构和生物活性。尤其紫外吸收检测器不仅灵敏度高、噪声低、线性范围宽、选择性较好，而且对环境温度、流动相组成变化和流速波动不太敏感，因此既可用于等度洗脱，也可用于梯度洗脱。紫外检测器对流速和温度均不敏感，可用于制备色谱。由于灵敏度高，因此即使是那些光吸收小、消光系数低的物质也可用 UV 检测器进行微量分析。其不足之处在于对紫外吸收差的化合物如不含不饱和键的烃类等灵敏度很低。目前，高效液相色谱法已被广泛用于生物化学的研究和临床检验工作，已经成为并将继续作为这些领域中的一种十分有效的仪器分析方法。

近年来，色谱已发展为与质谱、光谱、核磁共振等仪器联用。尤其是色谱-质谱的成功联用，克服了色谱缺乏标准样品时定性较难和分析复杂混合物（如血液、尿液和细菌培养代谢物等）时数据处理困难等问题，在临床诊断方面有着广阔的应用前景。

一般将色谱-质谱联用分为气相色谱-质谱联用（gas chromatography-mass spectrometry，GC-MS）、液相色谱-质谱联用（liquid chromatography-mass spectrometry，LC-MS）和液相色谱-串联质谱联用（liquid chromatography-tandem mass spectrometry，LC-TMS 或 LC-MS/MS），LC-TMS 凭借其独特的优势引起了临床检验工作者的广泛关注。

早期高效液相色谱（HPLC）通常只结合一个质谱检测器，即单级质谱。一些缺乏特定分子特性（例如 UV 吸收、荧光素或者特征性电化学表现）的化合物不能用常规 HPLC 方法确定，通过单级质谱系统就有可能确定。由于单级质谱是根据 m/z 进行检测，所以相较 HPLC 而言特异性更高。然而，由于在生物样品中存在很多分子量相同但性质完全不同的化合物或者化合物在电喷雾离子化过程中可能呈现倍数电荷关系的情况，在测定生物样本时，单级 LC-MS 仍然需要进行相关化合物的色谱基线分离。因此在临床检验工作中 HPLC 难以解决的问题在单级 LC-MS 中有时也无法解决。在单级 LC-MS 基础上引入第二级质谱形成串联质谱后通过母离子扫描、子离子扫描或中性丢失扫描等各种扫描方式，可以获得丰富的化合物结构信息，通过多反应监测可以做到在复杂样本体系中进行目标化合物快速定量。第一级质谱根据质荷比选择相应化合物母离子，母离子进入撞击室后通过与氩气分子的撞击解离成为几个典型子离子，子离子产生后根据相应的 m/z 在第二级质谱中进行子离子扫描。由于采用两个质量分析器进行串联分离，LC-TMS 的特异性较单级质谱得到了显著提高，与气相色谱-质谱（GC-MS）及 HPLC 相比具有明显优势（表 1-1）[5]。

5. 新型技术

（1）液体芯片检测技术　随着蛋白质组学的发展，蛋白质芯片已经广泛应用于生物样品的核酸序列检测和蛋白质的研究中。液相芯片技术是在 2009 年兴起的一种新的检测技术，它集中了免疫学、分子生物学、高分子化学、激光检测技术、

表 1-1 LC-TMS、GC-MS、传统 HPLC 技术的比较[5]

项目	LC-TMS	GC-MS	传统 HPLC
待测物条件	无分子量限制、水溶性极性小分子、热不稳定性化合物、肽、蛋白质、DNA 等生物大分子	分子量<800。热稳定、非极性、易挥发性化合物或处理后具可挥发性的样品	具有 UV-发光团，荧光-共轭双键，电化学-特征性氧化还原功能
样本准备	无需衍生。样品处理简单	需衍生。样品处理复杂而且繁琐	样品处理复杂而繁琐，由于溶解能力差，待测物须在样品准备阶段进行浓缩和分离
色谱分离	只需少量色谱分离。几种化合物共同洗脱也不影响定量分析。定量准确	由于定量碎片无法用单一 m/z 来确定，需要高分辨能力 GC。定量困难	由于检测方法特异性低，需进行待测物基线分离

微流体技术和计算机等方面的先进技术，利用细胞大小的塑料颗粒作为载体，以流式细胞术作检测平台，可在较短时间内对核酸、多肽、小分子蛋白质等进行快速检测。液态芯片技术灵敏度高，检测限可低至 10pg，反应时间短，速度快，可在 35～60min 内完成测定，具有很高的准确性和重复性。反应条件比较温和，有利于探针和被检测物的充分反应，大多数反应不需洗涤，反应过程接近天然状态。

（2）表面增强激光解吸/电离飞行时间质谱（surface-enhanced laser desorption/ionization-time of flight mass spectrometry，SELDI-TOF-MS） 通过亲和作用，蛋白质结合到芯片的化学或生物位点上，激光脉冲使芯片中的分析物解吸形成荷电子，由于各种蛋白质的分子量及所带电荷的不同，在仪器场中飞行的时间长短不一，质量较轻的离子飞行速度快，较早到达检测器，较重的离子飞行速度慢，较晚到达检测器，由此得到质谱图，经计算机软件处理可形成模拟质谱图，同时直接显示样品中各种蛋白的分子量和含量等信息。与疾病蛋白质谱图进行数据检索处理，能够发现和捕获新的特异性相关蛋白。SELDI-TOF-MS 技术检测范围广泛，可检测尿液、血清、培养细胞、组织提取物等，广泛应用于多个研究领域，可进行特定蛋白质表达物的识别、药物筛选、血清中的小分子物质测定等。尤其在癌症及遗传性疾病相关蛋白的识别上取得了一系列突破性进展，如老年痴呆、肝癌、卵巢癌、乳腺癌、前列腺癌、膀胱癌等[6]。

第二节 诊断标志物样品处理技术

一、样品的采集和预处理

1. 样品的采集与保存

样品的正确采集和保存是生物样品分析的一个重要环节，是分析结果可靠性的基本前提，要选择有代表性的样品，并保证样品在这一过程中不受污染、待测组分不被破坏。体内生化成分分析中涉及的样品包括组织和体液（血液、尿液、唾液、汗液、脑脊液）等。

（1）血液[7]　血液是最常用的生物样品，血液标本的采集是分析前质量控制的重要环节。人体采集可采用毛细血管采血法和静脉采血法，一般将注射器针头插入静脉血管抽取。抽取的血液转移至试管或其他容器时应缓缓压出，以防血细胞破裂。如果出现了溶血，不仅使红细胞比例降低，血清的化学组成也会产生变化，将对分析结果产生影响。动物采血可根据不同种类及实验需要，采取适当的方法。如大鼠及小鼠可采取尾动脉、静脉、心脏、眼窝静脉丛穿刺取血或断头取血等，家兔可采取耳缘静脉、颈静脉等多处取血，犬可采取前、后肢静脉等处取血。但是，动脉血、毛细血管血、静脉血之间，无论是细胞成分或化学组成，都存在程度不同的差异，某些生理因素，如吸烟、进食、运动和情绪等，均可影响血液成分，在判断和比较所得结果时必须予以考虑。

全血加入肝素或柠檬酸、草酸盐等抗凝剂后，离心分离出的为血浆，其体积约为全血的一半。由于常用的抗凝剂肝素是体内正常的生理成分，因而不会改变血样的化学组成或引起药物的变化，一般不会干扰测定。通常，1mL 血液采用 20U 的肝素即可抗凝。可将配制好的肝素溶液均匀地涂布在试管壁上，于 60～70℃烘干备用。其它抗凝剂有柠檬酸、草酸盐、EDTA 等，但它们可能引起被测组分发生变化或干扰测定。将采取的血样在室温或 4℃冰箱中至少放置 30～60min，待血液凝固后，以 3000～4000r/min 离心 10min，分取上层澄清的淡黄色液体，即为血清。应当注意的是，血块凝结时往往易使某些待测成分因吸附而损失。为防止血液中的酶对某些待测物的进一步分解代谢，采样后需要立即终止酶的活性。常用的方法包括：液氮快速冷冻、微波照射、沉淀、加入酶活性阻断剂等。氟化钠是常用的阻断剂，它不仅抗凝，而且还可以防腐，并抑制血清脂酶，从而防止某些酯类化合物在存放或操作中被酶分解。

血浆和血清在采血后应及时分离，当样品不能立即测定时，短期保存需冷藏（4℃），长期保存需冷冻（-20℃以下）。

（2）尿液　尿样是最常用的体液样品之一，具有样品量大、容易获得的优点。正常人每日尿量为 1～1.5L，尿液中含水约 96%～97%，此外还有一些有机物（尿素、尿酸、葡萄糖、蛋白、激素和酶等）和无机物（钠、钾、钙、镁、硫酸盐和磷酸盐等）。尿液中的成分受饮食、机体代谢、人体内环境及肾处理各种物质的能力等因素的影响[8]。

采集尿液样品应注意的问题：

① 尿液中化学成分的种类和浓度与饮食及新陈代谢密切相关，这些物质大多数有紫外吸收，对待测物的分析都可能构成干扰，因此，要想采集到具有代表

性的且基质成分相对稳定的样品，样品收集的时机非常重要。

② 尿液中含有大量微生物，是一种良好的细菌培养基，如不及时处理，细菌将很快繁殖，并引起尿素分解，产生氨气，从而改变了样品基质的 pH 值，并使某些待测组分分解。

③ 尿液的多少与饮水、排汗等有关，分析物在尿中的浓度通常变化较大，所以应在规定时间内采集尿液，测定一定时间内尿中分析物的总含量或相对含量。

④ 尿样最好在收集后立即测定，如需要冷藏保存时，必须加入防腐剂，充分振荡混匀，密封后置于 4℃冰箱保存。常用的防腐剂有以下几种：a. 甲醛（福尔马林 400g/L）——每升尿中加入 5mL；b. 甲苯——每升尿中加入 5mL；c. 麝香草酚——每升尿中加入 1g 左右；d. 浓盐酸——每升尿中加入 10mL。

（3）唾液　唾液是腮腺、颌下腺、舌下腺和散在小唾液腺的分泌液。由于唾液样品采集时无伤害、无痛苦，取样不受时间、地点的限制，因而样品容易获得。唾液中不仅含唾液腺合成的内源性物质和来自血液的物质，还可含有一些外源物质，如微生物、药物和毒物。分析唾液中的某些成分对一些全身性、代谢性疾病的实验诊断，以及药物的监测、药物中毒的急诊检验等都有重要意义[9]。

影响唾液腺分泌的因素很多，诸如口腔内的理化刺激、机体对水的摄入量、情绪变化、环境因素、药物以及采集唾液的方法和时间等都会影响唾液的分泌速度和成分，因此唾液成分不够恒定。进行唾液分析必须严格控制实验条件，尤其是标本采集方法和时间，否则实验结果无可比性。

唾液的采集应尽可能在安静状态下进行。采集时间最好限定于午后 2～4h，采集时先用清水漱口，静息 5～10min，弃去最初分泌的唾液，将继续分泌的唾液收集于洁净的小杯内，至少 2mL。若液量不足，可通过作口舌运动促进分泌。也可于舌下放一小块洗净、灭菌、干燥的脱脂纱布以吸收唾液，10min 后取出，挤出唾液备用。

唾液中的黏蛋白决定了唾液的黏度，黏蛋白是在唾液分泌后，受唾液中酶催化而生成的，为阻止黏蛋白产生，应将唾液在 4℃以下保存。如果对分析没有影响，可直接用碱处理，溶解黏蛋白，降低唾液黏度。冷冻保存后的唾液，解冻后必须混匀，否则将产生较大的测定误差。

（4）组织[10]　生化分析中常常需要测定生物组织中的各种成分，例如，研究肿瘤组织中的蛋白质和 DNA 测定生物活性物质在生理和病理条件下的变化，定量分析组织中药物的浓度以确定药物的作用位点和毒性等。采集组织样品时，首先要注意采样部位的准确性，例如，研究肿瘤组织时，应尽量选取肿瘤覆盖率高（>70%）的部分，不准确的取样将使结果失去说服力。另一个重要问题是：为防止含酶样品中被测组分的进一步代谢，采样后必须立即终止酶的活性。与血液样品的处理相似，可采用的方法有：液氮中快速冷冻、微波照射、匀浆及沉淀、加入酶活性阻断剂（通常加入氟化钠）等。如测定心肌腺嘌呤核苷酸时，打开动物胸腔后，可立即注入高氯酸溶液，以破坏 ATP 酶，然后再开始取样，否则，部分三磷酸腺苷将迅速被分解为二磷酸腺苷和一磷酸腺苷。

组织样品采集后，不能在室温下久置，否则将发生氧化、降解等化学变化，还可能发生微生物导致的腐败。因此，采样后应及时处理，并尽快置于液氮或低温冰箱中保存。

2. 生物样品的传统预处理方法

由于生物样品基质复杂，待测物含量一般很低，又与食物、药物和其他内源性物质共存，进行色谱分析之前，一般都要进行预处理。预处理方法的选择，取决于使用的分析方法及样品的复杂程度，只有少数情况下可取样品直接进样[11,12]。生物样品前处理的目的可归纳为：①改善分析结果的准确度与精密度；②延长色谱柱的寿命（如除去固体杂质）；③改善组分的可测定性（如被测组分的富集）；④改善选择性（如排除基质干扰）；⑤改变样品中组分的色谱分离等。不管为了什么目的，在设计或执行某一个前处理步骤时都应考虑到下列问题：①被测组分的理化性质；②样品的化学组成；③如果要测定药物浓度，应考虑药物的蛋白结合率；④基质干扰的类型；⑤样品组分在处理过程中的稳定性；⑥注意样品在收集、储存和前处理过程容器的污染；⑦使用与色谱流动相相匹配的溶剂；⑧前处理过程尽量简单，有尽可能高的精密度和准确度；⑨前处理的最后一步应使被测组分富集等。

（1）机械处理法　除了提取体液、组织间液内的多肽、蛋白质、酶无需破碎细胞外，凡要提取组织内、细胞膜上及胞内的生物活性物质，都必须把组织和细胞破碎，使活性物质充分释放到溶液内。对于不同的组织，细胞的破碎难易不一，因此所使用的破碎方法也不完全相同，如脑、胰、肝等比较软嫩的组织，用普通匀浆器研磨即可，而肌肉、心脏等则需剪碎后再作匀浆。

① 匀浆　匀浆是用高速旋转的有刃探头将组织加以破碎的技术。匀浆时加入的缓冲溶液应与随后的提取条件相一致。匀浆后生成固液悬浮体系，须通过离心使大颗粒沉淀，以得到便于进行下一步处理的上清液。培养细胞在收获后被悬浮在低渗介质中，匀浆时加入浓缩的蔗糖溶液，将匀浆液调至等渗状态。匀浆物在低渗溶液中的时间要越短越好，通常从收获细胞到匀浆结束不要超过 5min，以免细胞器破裂使溶酶体泄漏而导致有关生化物质的降解。

② 研磨　在样品中加入少量石英砂、玻璃粉或其他研磨剂，以提高研磨效果。也可以用细菌磨，即一种改良了的研磨器，它比研钵具有更大的研磨面积，而且底部有出口。操作时先把细菌和研磨粉调成糊状，每次加入一小勺，研磨 20～30s 即可将细菌细胞完全磨碎。

（2）物理方法

① 反复冻融法　把待碎样品冷却到-15～-20℃，冻固后取出，缓慢解冻，如此反复操作，可使大部分动物性细胞及胞内的颗粒破碎，但也会使生物活性物质失活。

② 急热骤冷法　把材料投入 90℃左右的水中维持数分钟后取出投入冰浴内，可使大部分细胞破碎。此法可用于提取蛋白质和核酸。

③ 超声波处理　多用于软嫩组织，根据不同组织采用不同频率，处理 10～15min，超声波处理时溶液温度升高，使不耐热的物质失活，使用时为防止温度升高，除间歇开机外，还需人工降温，避免溶液内存在气泡。核酸及某些酶对超声波很敏感，要慎用。

④ 加压破碎法　加气压或水压，在压力达到 20～35MPa 时，可使90%以上细胞被压碎。

（3）化学及生物化学法

① 自溶法　把新鲜材料置于一定的 pH 值和适宜的温度下，利用组织细胞自身的酶系统把组织破坏，使细胞内容物释放出来。动物材料的自溶温度选在 0～4℃，需加少量防腐剂，如甲苯、氯仿等防止细胞的污染。这种方法需要的时间较长，不易控制，不常用。

② 酶溶法　利用各种水解酶，如溶菌酶、纤维素酶、蜗牛酶、半纤维素酶、脂酶等，将细胞壁分解，使细胞内含物释放出来。通常是在每毫升含 2 亿个细胞的悬液中加 0.1～1mg 溶菌酶，37℃保温 10min。有些细菌对溶菌酶不敏感，加入少量巯基试剂或 8mol/L 尿素处理后，使之转为对溶菌酶敏感而溶解。

③ 表面活性剂处理　使用表面活性剂，如十二烷基硫酸钠、氯化十二烷基吡啶等，可将细胞膜中的脂类物质乳化从而使之破碎。

二、小分子诊断标志物的样品处理

小分子诊断标志物种类繁多，既是维系机体生命活动和生化代谢的物质基础，同时某些小分子也会对机体造成损害。因此，它们在机体内发生的特征性变化，如浓度改变、异常出现或消失等，可作为检测疾病的指标。但由于蛋白质类物质的存在常常会严重干扰分析，因此在制备色谱分析样品时，常需要除去蛋白质类物质，或从样品中将目标小分子类物质提取出来再进行检测。

1. 样品中蛋白质的去除

生物样品如血浆、血清等含有大量的蛋白质，在进行色谱分析时，蛋白质（以及脂类、盐类和其他内源性杂质）会沉积在色谱柱上，大大缩短色谱柱的寿命，因此在进行小分子类诊断标志物的分析时常需要去除样品中的蛋白类物质。通常去除蛋白质的方法是在含蛋白质样品中加入适当的沉淀剂或变性剂，使蛋白质脱水而沉淀（如有机溶剂、中性盐），或使蛋白质形成不溶性盐而析出（如一些酸类：三氯乙酸、高氯酸、磷酸、苦味酸），把与蛋白质结合的待测物解离出来，然后通过离心去除蛋白质。目前已有很多去除蛋白质的方法可供使用，但使用各种方法之前应先了解该方法是否会导致生物样品中的待测物发生分解或影响提取[13]。

（1）加入有机溶剂及中性盐　选择能与水混溶的有机溶剂，如乙醇、甲醇、丙酮、乙腈等，也可以用硫酸铵、硫酸钠、氯化钠等中性盐，当它们过量存在时，蛋白质将脱水沉淀。进行离心，从蛋白质结合状态中释放出的待测物将溶解在上清液中。在这些处理方法中，无机盐沉淀蛋白质是可逆的，即将蛋白质稀释后仍具有生理活性，而有机溶剂和酸类沉淀的蛋白质是不可逆的，用甲醇沉淀蛋白质的优点是上清液清澈，沉淀为絮状易于分离；乙腈与之相反，产生细的蛋白质沉淀，但沉淀效率较甲醇高。甲醇与乙腈是反相液相色谱法样本前处理中常用的蛋白质沉淀剂，因为它们与流动相的组成相同。

（2）加入酸性沉淀剂　常用的酸性沉淀剂有三氯乙酸、高氯酸、磷酸、磷钨酸、水杨酸、苦味酸、偏磷酸等。其作用机制是在 pH 值低于蛋白质等电点时，使蛋白质分子的阳离子形成不溶性盐而沉淀。加入这些沉淀剂后，立即形成白色沉淀，离心后可得到澄清的上清液。

（3）酶消化法　由于酶解是在温和的条件下进行的，可避免待测物分解，还能改善蛋白质结合率较高的分析物的回收率。此外，酶消化液直接用有机溶剂提取不产生乳化现象，净化步骤较简单。最常用的蛋白质水解酶是枯草菌溶素，它不仅可使组织酶解，而且可使与蛋白质结合的分析物释放。此法操作简便，只需先在样品中加入缓冲液和酶，温育一段时间后过滤即可。

（4）透析法　溶质透过膜的程度与被测物的性质、温度有关，膜需常常更新，很难自动化，因此透析法一般不用于常规分析，而用于药物在生物样品中蛋白结合率的研究。

（5）其他沉淀方法　包括等电沉淀法、膜分离法、凝胶色谱法、柱色谱法、高速离心等。等电沉淀法利用了蛋白质在等电点处溶解度最低的性质，但常常不能沉淀完全。膜分离法包括超滤、反渗透析、电渗析、微孔过滤、气体渗析、超精密过滤等，可以很好地将蛋白类物质与其他小分子物质分离，但一般只适用于少量样品，并且可能会因待测组分与膜结合而影响回收率。凝胶色谱法利用了排阻色谱的原理，将组分通过凝胶固定相，大分子物质经凝胶空隙先流出，小分子物质因渗入凝胶固定相内部而后流出。柱色谱法使用能吸附蛋白质的物质装填成小柱，样品流过小柱后蛋白质被填料吸附，待测组分不被吸附而流出。高速离心是根据物质沉降系数、质量、浮力因子等不同，应用强大的离心力使之分离、浓缩、提纯的技术，是生物样品制备中常用方法之一。蛋白类物质分子量大，高速离心时首先沉淀在离心管底部，从而与其他物质分离，该法常与其他蛋白沉淀法配合使用。

2．液-液萃取法

液-液萃取（liquid-liquid extraction，LLE）法是指在液体混合物中加入与其不相混溶的液体，利用组分在不同溶剂中的溶解度差异来分离或提取的方法。用液-液萃取法，通过使用不同极性的溶剂可以将生物样品中水溶性、脂溶性的物质加以分离。对于不同酸碱性的组分，可以在有机溶剂初次提取后，通过调节适当的 pH 值将目标组分转变为离子型，然后使用水溶液提取，再调节水溶液的 pH 值，使其转变为分子型，最后使用有机溶剂萃取。这种方法也称液-液回提法，可以用来提取或除去酸、碱性的物质。某些电离性较强的物质，在水溶液中主要以电离形式存在，难以提取，此时通过加入适当的反离子（counter ion）与其形成离子对，形成一种伪中性分子，即可使用有机溶剂提取。这种方法也称离子对提取法[14]。

3．液相微萃取法

液相微萃取（liquid-phase microextraction，LPME）技术是在液-液萃取法之上发展起来的，与液-液萃取相比，液相微萃取技术可以达到相同的灵敏度，同时所需溶剂更少，特别适合于生物样品中痕量、超痕量药物的测定。液相微萃取技术一般包括分散液相微萃取、单滴液相微萃取以及中空纤维液相微萃取等。分散液相微萃取的特点是萃取时间极短，可以与 GC 或 HPLC 联用；单滴液相微萃取采用微量注射器的针尖悬住一小滴有机溶剂，通过液相顶空或深入生物样品内部（如血浆）进行萃取，一段时间后回收至微量注射器并进样分析；中空纤维液相微萃取的特点是可以有效减少生物样品中内源性物质的干扰，获得较好的加样回收率。

Aguilera-Herrador 等[15]报道了利用离子液体作为萃取剂的单滴液相微萃取（SDME）与 GC-MS 联用（见图 1-1）。GC 柱前接去除离子液体的接口［见图 1-1（a）］，接口的作用是作为保温腔使分析物在此被挥发，其最外层由两个耐高温、密封性能好的陶瓷套构成，中间层为两个串联的金属保温密封套，T 字形气-液传送接口位于最里面［见图 1-1（b）］。这样的结构能保持稳定的高温。经过实验证实，使用这一接口能有效避免离子液体与 GC 进样口的接触，并能有效地把分析物进行汽化继而导入 GC。

4．固相萃取法

固相萃取（solid-phase extraction，SPE）技术与 HPLC、GC 等原理基本相同，通过物质在不同的两相中的溶解度、分配系数等的差异进行分离。SPE 一般以吸附剂为固定相，当液体样品通过固定相时，保留其中某些组分，再用适当溶剂冲出杂质，最后用少量溶剂洗脱，从而达到分离、净化的目的。SPE 适合多种生物样品中被测组分的富集，可直接用于大多数液体生物样品（血浆、尿液等）的前处理。固体、半固体样品（脏器、组织等）经处理后（匀浆破碎、液液萃取等）也可以使用 SPE 进行分离、富集。

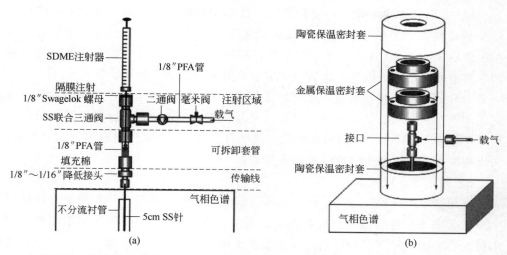

图 1-1 单滴液相微萃取技术与 GC-MS 的联用方式（a）和接口结构（b）[15]

SPE 常与分析仪器联用，大大扩展了适用范围，实现了前处理与分离分析的优化组合。SPE 也常与色谱联用，通常与 GC、HPLC 等联用，其中，SPE-HPLC 在线联用技术的应用较为广泛。在联用时直接将 SPE 柱的两端接入色谱管路，并在不同时间通过手动或自动阀切换引入样品和溶液，即可实现对样品的萃取、洗脱和色谱进样。与色谱仪器在线联用过程中主要通过流通阀的切换，引导或改变样品和溶剂的流通顺序、流通时间与流速，使样品吸附、解吸和杂质分离先后在固相材料中进行。Tuytten 等[16]采用一个电动十通阀设计了固相萃取-高效液相色谱-二极管阵列检测器-电喷雾质谱（SPE-HPLC-DAD-ESI-MS）的自动在线联用系统（如图 1-2 所示），并用于尿液中 5 种修饰核苷的代谢组成分析。在样品加载过程中，样品经进样器注入后被乙腈冲入十通阀中的硼酸亲和固相萃取柱

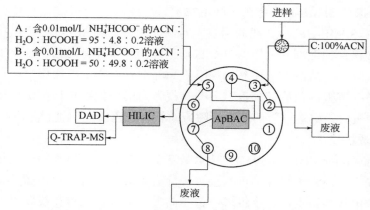

图 1-2 在线 SPE-HPLC-DAD-ESI-MS 连接方式[16]

（ApBAC）进行萃取，此时的连接通路为 3-4-ApBAC-7-8-废液。当萃取完成后，样品被富集在萃取柱上，此时通过阀切换进行洗脱、分离与检测，连接通路为 A/B-5-ApBAC-7-6-HILIC（亲水作用色谱柱）-DAD/MS。这一联用系统不仅能检测尿液中的多种修饰核苷，也适用于尿液中的关键物质（肌氨酸酐）的检测。

一种新型的固相萃取技术——涡流色谱技术，利用流动相在大粒径填料中高速流动产生涡流状态从而对样品进行纯化与富集。目前市面上已有多种涡流色谱柱，可满足生物样品中不同极性的化合物的分离需求。涡流色谱也可与液相色谱、质谱等联用，对复杂生物样品进行直接测定[17]。

5. 固相微萃取技术

固相微萃取（solid-phase microextraction，SPME）法是在固相萃取法的基础上发展起来了一种新型的前处理方法。基于液-固吸附、气-固吸附平衡原理，利用待测物在固定相涂层与样品之间的吸附平衡来富集，通过再解吸过程使用仪器直接分析，集萃取、浓缩、解吸、进样于一体，保留了 SPE 所有的优点，同时不需填充物和溶剂，使用更方便、迅速、准确。

常见的 SPME 方法有直接取样法（direct-SPME，DI-SPME）和顶空取样法（headspace-SPME，HS-SPME）。DI-SPME 适用于气体或液体基质中的大多数有机化合物的检测。HS-SPME 可用于气液平衡时气相浓度大于液相浓度的易挥发有机物的测定，适用于任何基质，特别适合含有挥发性或半挥发性待测物的生物样品。

固相微萃取集采样、萃取、富集、进样于一体，具有耗时少、效率高、操作简单等优点，是一种无溶剂或少溶剂的样品前处理技术。与柱式固相萃取联用方式不同，SPME 可以探针式、搅拌棒式或管内中空式等方式与色谱分析在线联用。探针 SPME 或搅拌棒 SPME 通常需要一个单独的解吸过程，即将 SPME 材料置于解吸池中通过解吸液解吸后进入色谱分离检测系统进行定性定量分析，而管内 SPME 与柱式 SPE 相似，可以直接进行流动萃取。

目前，探针 SPME-HPLC 在线联用技术日趋成熟。Pawliszyn 研究小组[18]首先提出了管内 SPME-HPLC 在线联用技术，其联用方式如图 1-3 所示。将一根内壁涂有 SPME 涂层的毛细管置于 HPLC 自动进样阀和采样针之间，当处于进样位置时，经针头吸入样品溶液，使分析物吸附到毛细管内壁上的涂层中；切换到装样位置时，吸入解吸溶剂解吸分析物，并将被吸附的分析物转移到定量环中；再切换到进样位置时，定量环内的解吸液随流动相进入色谱柱中进行分离。

6. 微透析技术

微透析（microdialysis，MD）技术是基于"膜分离"原理的一项技术，融采样与前处理于一体，所采样品可直接进样分析。MD 系统一般由探针、连接器、接收器、灌流液和微量注射泵组成，常与高灵敏度分析仪器在线联用，实现样品从采集、处理到分析的完全自动化。

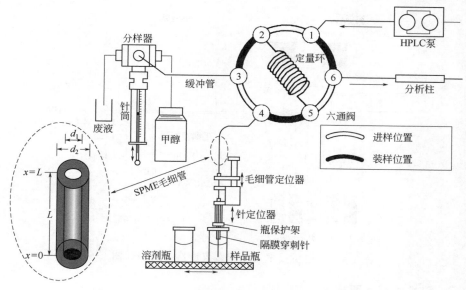

图 1-3　管内 SPME-HPLE 联用装置示意图[18]

　　MD 技术具有活体连续取样、动态定量分析、取样量小、组织损伤轻等特点，甚至可以在麻醉或清醒的生物体上使用。相比 SPE 和 LLE，MD 法具有操作简单、无溶剂消耗、过程迅速等特点。MD 技术的缺点就是对取出的样品需要进行准确可靠的校正，其主要关系到对回收率的测定。探针回收率是指灌流液中流出的待测组分与标准浓度的百分比。探针回收率将直接影响透析结果，而回收率的好坏取决于取样部位的生物学性质、透析膜的物理性质、待测物的分子量、灌流速度、压力、生物体本身的健康条件、生物节律等多方面因素。目前，测定回收率的方法主要包括：零净通量法、内标法、低灌注流速法、外推法、无净流出量变化点、渗出率法等。

　　由于微透析技术获得的样品量非常有限（通常为微升级），目标物又常受到体内生理环境等诸多因素的影响，使常规分析技术难以满足灵敏度和选择性的要求，因此逐渐出现各种高灵敏度和选择性较好的仪器分析技术与微透析联用技术，如色谱、毛细管电泳、电化学及生物传感器、质谱、发光检测技术等。其中 MD-HPLC 的联用由于可直接进样、联用装置简单而应用最为广泛。

　　Jonathan 等[19]利用微透析技术与毛细管电泳或 HPLC 联用，将探针直接插入匀浆样品中，目标物天冬氨酸穿过透析膜，泵入用于收集的塑料小瓶（图 1-4）。瓶中的透析液被直接通过三通进行在线柱前衍生化，衍生化后进行毛细管电泳或液相色谱进行分析。MD-HPLC 法有极快的分析速度，通过自动进样器可以连续自动对样品序列进行分析，使用极短时间就可以得到大量的分析结果，超过 1900 个样品理论上在 8h 内即可分析完毕。

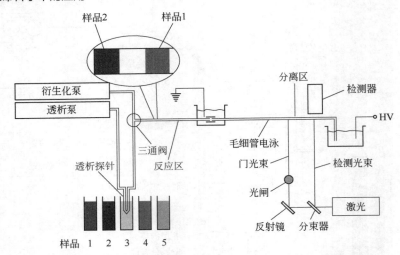

图 1-4　微透析技术与色谱装置连接方式示意图[19]

7．磁性固相萃取技术

磁性固相萃取（magnetic-solid phase extraction，MSPE）技术基于磁性纳米材料的使用，利用磁性微球或磁性纳米粒子吸附目标物。磁性微球作用的原理是磁性微球吸附目标物，然后通过磁分离器进行分离，最后从磁性微球上把目标物洗脱下来，达到纯化目标产物的目的。具体萃取操作步骤：将含有目标物的液体与磁珠混合发生偶联反应，然后用磁分离器分离磁珠目标物复合体，再清洗复合体表面的杂质，最后通过洗脱使目标物从复合体中分离，从而得到纯化的目标产物。施加磁场的技术包括磁泳分离技术、四极磁场下的磁泳分离技术、微芯片上的磁泳分离技术等。磁性微球一般由具有超顺磁性无机纳米磁性材料（Fe、Co、Ni及其氧化物等）和高分子两部分组成。磁性微球分为核壳型、混合型、多层型。当磁性的粒径小于某一临界尺寸后，在有外加磁场存在时，表现出较强的磁性；但当外加磁场撤销后，无剩磁，不再表现出磁性。磁性微球具有良好的表面效应和体积效应，选择性和磁响应性很好，物理化学性质稳定并且有一定的生物相容性，表面改性带有多种活性的功能基团，可以专一性地分离生物大分子。

MSPE 在操作繁琐度和萃取率等方面都有令人满意的结果，例如不必离心和过滤等，而且不存在堵塞柱子的问题，因此广泛应用于药物转运、分离细胞、酶的固定、农药残留检测等领域中。Parham Hooshang 等[20]利用磁性氧化铁纳米颗粒（MIONs）作为固相萃取剂，通过 Fe（Ⅲ）离子与水杨酸的络合作用从样品中萃取出水杨酸，然后利用磁场将磁性氧化铁纳米颗粒从溶液中分离出，再使用氢氧化钠解吸并测定富集的水杨酸的量和纯度。模拟富集过程，确定最佳的条件（pH值、MIONs 浓度、吸附剂的量、解吸剂种类和浓度、干扰离子、方法重复性等）后，将方法应用于人血清，取得了良好的效果。

8.柱切换技术

柱切换技术是色谱分析中处理复杂样品的方法之一。利用切换阀改变不同的色谱系统，达到在线样品净化、组分富集等目的。2个不同液相色谱柱之间的切换称为液相色谱切换法，对生物样品的药物分析特别有用。Jee Yeon Jeong 等[21] 利用柱切换法与液相色谱-质谱联用，对人血清及尿液中邻苯二甲酸二丁酯（DBP）和邻苯二甲酸二(2-乙基)己酯（DEHP）的代谢物 MBP（邻苯二甲酸单丁酯）、MEHP［邻苯二甲酸单(2-乙基)己酯］、MEHHP［单(2-乙基-5-羟基己基)邻苯二甲酸酯］和 MEOHP［单(2-乙基-5-氧己基)邻苯二甲酸酯］在血清和人尿中进行了分离分析。

分析时采用柱切换操作，以达到富集目标物质、去除干扰物质的目的。柱切换操作如下：MBP、MEHHP 和 MEOHP 的富集，8.1min（模式 A→模式 B），10.0min（模式 B→模式 A）；MEHP 富集，14.8min（模式 A→模式 B），15.3min（模式 B→模式 A）。图 1-5 给出了柱切换程序的流程。在模式 A 中，使用自动进样器将样品装载到通过泵 A 控制的预柱，将预柱通向废液，此时样品被萃取至预柱中，而其它成分流入废液。样品中的化合物基质被去除掉，同时代谢物（MBP，MEHP，MEHHP，MEOHP）被保留在预柱上。当切换阀变更为模式 B 后，预柱被连接到一个富集柱上。在这个过程中所有的代谢产物被保留在富集柱上。代谢产物保留在富集柱上之后，模式 B 又变更为模式 A，富集柱上的代谢产物转移到分析柱，经分析柱分离后的流出物直接通向串联质谱以进行分析。

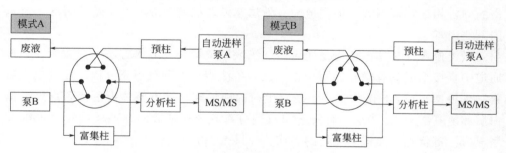

图 1-5　柱切换程序示意图[21]

（1）模式 A 为在线纯化模式；（2）模式 B 为目标物富集模式；（3）模式 A 为分离分析模式

9.微流控芯片色谱法

微流控芯片是 20 世纪 90 年代初、中期主要在分析化学领域发展起来的，它以分析化学为基础，以微机电加工技术为依托，以微管道网络为结构特征，以生命科学为目前主要应用领域，是当前微型全分析系统领域发展的重点。它是把化学和生物等领域中所涉及的操作过程（包括采样、稀释、加试剂、反应、分离、检测等）集成到一块只有几平方厘米薄片上的芯片系统，以只有 $10^{-9} \sim 10^{-18}$L 的试剂量贯穿整个系统，用以实现常规化学或生物实验的各种功能。常见的前处理方法如固相萃取、液-液萃取、膜过滤、渗析和电泳富集等经微型化集成到微芯片也同样发挥其效用。

色谱具有更好的稳定性和重现性，现已成为常规分析中应用最为广泛的分离技术。基于微流控芯片的色谱系统具有试样消耗少、分析快速、分离效率高的优点，且易于实现色谱系统的集成化、微型化和自动化，具有广阔的应用前景。

微流控芯片色谱主要指微流控毛细管电色谱。毛细管电色谱是在毛细管中填充或键合色谱固定相，以电渗流或电渗流结合压力流推动流动相，根据各组分在固定相和流动相中分配系数不同及电泳速率的差异而达到分离的一种方法。相比HPLC，毛细管电色谱更容易在微流控芯片上实现并达到小型化。按固定相状态可将其分为三种基本模式：开管电色谱、填充电色谱和微流控芯片整体电色谱。

开管电色谱最初是由 Ramsey 等[22]在 1994 年制备完成的。他在玻璃芯片的内通道表面键合了十八烷基硅烷，保持了高的通道纵横比，管道的质量传输率高，在不到 3min 内就可以分离 3 种中性染料香豆素，柱效高达 11700 塔板/m。开口管柱电色谱芯片的制作较简单，但开口管柱的涂渍总表面积小，导致固定相萃取容量有限，因此对样品的浓度、进样体积有较大的限制。

填充电色谱的制作和传统的色谱类似，即在芯片的微通道中装填固定相颗粒。Ceriotti 等[23]在聚二甲基硅氧烷（PDMS）微通道中填入 3μm 直径硅球，用于氨基酸混合物的芯片电泳分离，在 15s 内就分离了甲醇和苯甲醛。虽然填充电色谱的固定相选择范围大，但通道的有效填充以及柱塞效应的产生是阻碍这一技术的主要困难。

微流控芯片整体电色谱是通过微加工或原位聚合反应等方法，在微流控芯片通道中直接形成具有微孔的固定相，该制备法避免了颗粒填充过程，而且也不需要制作柱塞。Lazar 等[24]制备了带负电荷的丙烯酸月桂酯整体电色谱芯片用于蛋白质和氨基酸分析，该法具有快速（45s 内分离 6 个氨基酸）和高效（柱效达 600000 塔板/m）等优点，而该填充柱的平均孔径只有 1μm。

微流控芯片毛细管电色谱将前处理方法与色谱分离技术结合在一起并进行微型化和一体化，能够高效快速地分析样品，具有操作简单、成本低、分析速度快、环保且小型化等优点。它不仅可使珍贵的生物试样与试剂消耗大大降低到微升甚至纳升级，而且使分析速度成十倍、百倍地提高，费用降至 1/10 甚至 1%，因此可以预见，微流控芯片色谱将成为未来分析色谱发展的必然趋势。

10. 其它方法

随着前处理-色谱在线联用技术的成熟，还产生了许多其它的前处理与色谱联用的方法，这些方法对于某些具有特殊性质的物质的提取分离有着良好的效果。场作用辅助萃取-液相色谱在线联用技术是其中的一大类，另外有关气相色谱的样品前处理也占据了重要的地位。

场作用辅助萃取主要有微波辅助萃取（MAE）、加速溶剂萃取（ASE）、超临界流体萃取（SFE）和亚临界水萃取（SWE）等几种。MAE 是利用微波均匀加热，高效、高选择性地对目标物进行萃取分离的技术；ASE 是通过改变萃取溶剂的温度、压力等来提高萃取效率、加快萃取速度的技术；SFE 采用超临界下介于气态和液态之间的超临界流体作为萃取剂，可以对目标物进行提取浓缩，是一种新型的萃取技术；SWE 是将水加热到 100℃ 以上、临界温度 374℃ 以下的亚临界状态，通过控制其温度和压力，使水的极性在较大范围内变化，从而实现对目标分析物中水溶性到脂溶性成分连续选择性提取。以上几种方法在针对特殊物质时，快速高效，节能环保，节省溶剂，避免污染，因此其应用也越来越广泛。

气相色谱常用于分离分析挥发性、半挥发性、热稳定性的物质，因此针对气相色谱发展出了几种特殊的前处理方法，包括静态顶空萃取法、动态顶空萃取法（也称吹扫捕集法）、热解吸技术、吸附萃取法等。由于临床诊断标志物来源于人体或其它生物体，大部分是蛋白质等生物大分子，不具有挥发性，热稳定性也差，因此少用气相色谱进行分析，此处不再赘述。

三、大分子诊断标志物的样品处理

大分子类物质主要包含蛋白质类和核酸类，其中大分子疾病诊断标志物主要指蛋白质类物质。在进行色谱分析前，需要将蛋白质类物质从生物样本中分离出来。

常用的粗分离方法一般是在水溶液中加入沉淀剂或改变 pH 值一类方式，将蛋白质沉淀出来，再通过超滤离心等手段分离。但这类方法只能对蛋白质进行粗提纯，并且有时可能会破坏蛋白质的生物活性，有较大的局限性。目前通过免疫亲和色谱技术或免疫磁珠技术对蛋白质进行分离的手段已经成熟，这些方法速度快、效率高、特异性好且不易破坏蛋白质的生物活性，应用已经越来越广泛[25]。

1. 样品中蛋白质提取的传统方法

蛋白质是由许多氨基酸连接而成的高分子物质，分子量从数千至百万。按它们的功能可将蛋白质分成两大类，一类是活性蛋白，包括酶、激素蛋白、受体蛋白、运动蛋白、运输和贮存蛋白、防御蛋白等；另一类是非活性蛋白，如胶原蛋白、角蛋白等。不同的蛋白质由于其结构的差异，溶解度也各不相同。大部分蛋白质都可溶于水、稀盐、稀酸或稀碱溶液，少数与脂类结合的蛋白质则溶于有机溶剂，如乙醇、丙酮、丁醇等，这对选择提取蛋白质的溶剂具有重要意义。

（1）水溶液提取　由于蛋白质大部分可溶于水、稀酸和稀碱溶液，因此提取蛋白质以水溶液为主。其中尤以稀盐液和缓冲液对蛋白质溶解度大，也不易引起蛋白质的分解或变性，是最常用的溶剂。应注意下列几点：

① 盐浓度　常用等渗溶液，尤以 0.02～0.05mol/L 磷酸盐缓冲液或碳酸盐缓

冲液、0.15mol/L 氯化钠溶液应用较多。如酵母脱氢酶以 0.66mol/L 磷酸氢二钠溶液提取，6-磷酸葡萄糖脱氢酶以 0.1mol/L 碳酸氢钠液提取，脱氧核糖核蛋白在低盐溶液中溶解度小，就要用 0.1mol/L 以上的氯化钠液提取，而某些脂肪酶，用水提取比低盐溶液提取效果更好。

② pH 值　pH 值的选择对蛋白质提取颇为重要，因为蛋白质的溶解度和稳定性与 pH 值关系很大。提取液的 pH 值首先要保证处于蛋白质稳定的范围内，通常在等电点的两侧，碱性蛋白质如细胞色素 C 和溶菌酶选在偏酸一侧，酸性蛋白质如肌肉甘油醛-3-磷酸脱氢酶应选在偏碱一侧。

③ 温度　为防止活性蛋白质因变性、降解而失活，温度通常选在 5℃以下。对少数耐温的蛋白质和酶，可适当提高温度，使杂蛋白变性分离，有利于提纯，如胃蛋白酶、酵母醇脱氢酶以及许多多肽激素可选择在 37～50℃条件下提取，效果比低温提取更好。

（2）有机溶剂提取　一些不溶于水、稀盐、稀酸或稀碱溶液的蛋白质和酶，常用不同比例的有机溶剂来提取。如用 70%～80%乙醇提取麸蛋白，用 60%～70%的酸性乙醇提取胰岛素，既可抑制水解酶对胰岛素的破坏，又可除去大量杂蛋白，用丁醇提取某些附于微粒体和线粒体的酶，一些与脂质结合牢固的蛋白质和酶用丁醇提取，效果较好。丁醇提取法对 pH 值及温度的选择范围较广（pH 3～10），温度由-2～40℃均可。

2．亲和色谱法

亲和色谱是利用偶联了亲和配基的亲和吸附介质为固定相来亲和吸附目标产物，使目标产物得到分离纯化的液相色谱法。亲和色谱已经广泛应用于生物分子的分离和纯化，如结合蛋白、酶、抑制剂、抗原、抗体、激素、激素受体、糖蛋白、核酸及多糖类等；也可以用于分离细胞、细胞器、病毒等。亲和色谱主要有以下几方面应用：

（1）免疫亲和色谱　抗原和抗体的作用具有高度的专一性，并且它们的结合亲和力极强。因此用适当的方法将抗原或抗体结合到吸附剂上，再将吸附剂装填成柱，便可有效地分离和纯化免疫物质。

（2）金属离子亲和色谱　金属离子亲和色谱是利用金属离子的络合或形成螯合物的能力来吸附蛋白质的分离系统。蛋白质表面暴露的供电子氨基酸残基十分有利于蛋白质与固定化金属离子结合。与传统的亲和色谱相比，固定化金属离子亲和色谱具有配基稳定性高不易脱落；价格低廉，再生成本低；不受盐浓度影响，可省去脱盐步骤，且可减少非特异性吸附；蛋白洗脱容易等优点。Riggs 等[26]设计了一种利用磷酸化肽与 Ca 离子的亲和能力来分离蛋白质的方案。利用其亲和能力，将 Ca 离子负载到吸附剂上并装填成柱，可以选择性地结合被胰蛋白酶酶切的牛奶中的磷酸化肽，取得了良好效果。

（3）拟生物亲和色谱　以氨基酸或多肽亲和色谱和染料亲和色谱为代表的拟生物亲和小分子配基技术，先筛选出需纯化的目标蛋白的相应亲和小分子配基，将其固定到介质上，再进行亲和色谱操作，较天然生物分子配基而言，其特异性和重复性更好。Melissis 等[27]研究了谷胱甘肽结构类似物的亲和吸附剂，使用谷胱甘肽模拟物染料，该染料具有与谷胱甘肽类似的活性部分结构。使用该亲和吸附剂分别纯化三种作用于谷胱甘肽的酶 NAD^+、甲醛脱氢酶和谷胱甘肽-S-转移酶，效果良好。Gu 等[28]合成了双环八肽类似物，实验证明其对肠促胰酶肽有很好的特异性吸附，使用其做亲和吸附剂可以达到理想的分离效果。

3. 免疫磁珠富集技术

免疫磁珠富集技术，是以磁性微球作为固相表面，结合免疫学方法建立起的一门具有重要应用前景的样品富集手段。免疫磁珠是一种大小均一、表面具有特定化学基团的磁性微球。从结构上来说，它分为三部分，核心部分由磁性物质构成，如 $\gamma\text{-}Fe_2O_3$、Fe_3O_4 和 $MeFe_2O_3$，使磁性微球在磁场作用下能快速聚集；外层由聚苯乙烯、聚乙烯亚胺或聚丙烯酸等高分子材料包裹，保证磁性的密封性良好，不易出现漏磁现象；微球表面还覆盖有特殊的活化基团，常见的化学基团有羧基、氨基、巯基、甲苯磺酸基和环氧基等，能通过共价结合抗体蛋白上的氨基或羧基基团。免疫磁珠主要是通过表面结合的特异性抗体，在流体力学作用下，与液态中的相应抗原结合，并通过多次的磁分离作用，使目的抗原与其余杂质彻底分离，从而得到高度浓缩的抗原。

免疫磁珠技术具有以下优点：①操作步骤简单省时；②磁珠富集过程中能够高度保持其生物活性；③富集过程具有高特异性。随着蛋白质组学研究的兴起，免疫磁珠富集手段更多地被用于寻找并富集特定细胞株里的生物标记物。这些在细胞上清中含量较低的蛋白质，能被偶联了特异性抗体的磁珠捕获，并通过质谱分析鉴定。Aqai 等[29]利用超顺磁性微球偶联单克隆抗体，对存在于谷物中的真菌毒素蛋白进行分选，并结合液相色谱技术准确检测。通过免疫磁珠富集技术，初始含量极低的生物标记物得以高效浓缩并通过质谱被鉴定出来。

第三节　气相色谱-质谱联用技术在临床诊断标志物分析中的应用

由于气相色谱-质谱联用法的特点，其在临床诊断标志物分析中，常应用于尿液代谢分析、呼出气体有机物分析等方面。气质联用不只用来追踪单个的疾病标志物，还可以对生物样本进行综合分析，例如对人呼气、体液或组织中的挥发性有机化合物（volatile organic compound，VOC）进行整体分析，通过对大量病患样本与健康样本的分析得到一个综合了许多标志物在内的整体模型，进而通过观察患者的生物样本与疾病标志模型的匹配程度来诊断疾病。

【实例 1-1】肺癌患者呼出气体中挥发性有机化合物生物标志物的分析[30]

（1）样本采集　实验对象：从志愿者中选取了 85 例未处理原发性肺癌患者、70 例肺良性疾病（肺炎、肺结核、哮喘等）患者和 88 例健康人。集中所有志愿者，通过对志愿者们进行一段时间的饮食控制、禁烟 12h、通风房间中静坐 30min 后，分别通过标准呼出气体取样法进行呼出气体收集。同时收集室内空气做空白参照物。

（2）样本处理与分析　在 37℃下，使用固相微萃取法提取呼出气体中的有机挥发性化合物。萃取的化合物使用气相色谱-质谱联用分析仪（GC-MS QP2010/PLUS，日本岛津公司）与分流/不分流进样器进行分析。GC 进样器中，固相微萃取解吸时间为 250℃下 13min。不分流模式保持 2min 后，切换至分流模式，分流比为 1∶10。使用 30m×0.25mm×0.25μm Rtx-1（Restek）毛细管色谱柱，流速设置为 1mL/min。升温程序设置为 40min 从 40℃升至 250℃。质谱仪设置为全扫描模式，扫描范围 m/z 35～100。

（3）统计分析　使用质谱数据库进行化合物匹配搜索。选定搜索相似性高于 90% 且峰面积大于 3000 的化合物，并筛选去除空气空白参照物中存在的化合物，作为内源性 VOC，如图 1-6 所示。对所有样品中内源性 VOC 的所有峰面积进行

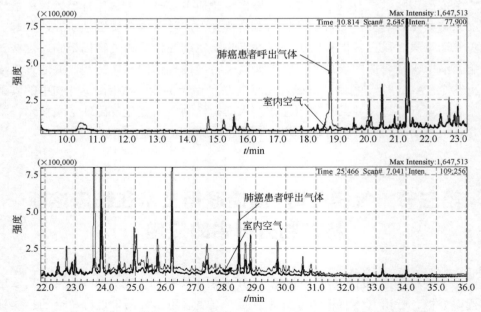

图 1-6　肺癌患者的呼出气体与房间内空气的 GC-MS 图对比[30]

计算并标准化。根据曲线下面积（AUC）得到的每个内源性 VOC 的受试者操作特征（ROC）曲线用于评估其肺癌鉴别能力。选定呼出气体中具有较高的 AUC 的特征化合物作为肺癌的诊断标志物。最终采用线性鉴别分析来建立诊断模型，且每个模型都使用留一法交叉验证来评估。

（4）呼出气中 VOC 分析　通过上述过程选定了 46 种内源性 VOC。这些化合物的 ROC 曲线和它们的 AUC 用于评估它们的性能。图 1-7 显示了十六烷的 ROC 曲线，其 AUC 值为 0.949。共选择了 25 种 VOC 作为肺癌呼气特征 VOC，其 AUC 值均大于 0.60，p<0.01。它们按照 AUC 降序排列在表 1-2 中。

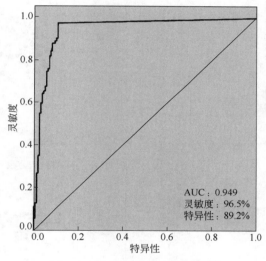

AUC：0.949
灵敏度：96.5%
特异性：89.2%

图 1-7　十六烷的 ROC 曲线[30]

表 1-2　肺癌患者呼气中 AUC>0.60 且 p<0.01 的 25 种特征 VOC[30]

序号	VOC	AUC	序号	VOC	AUC
1	十六醛	0.949	14	5-(1-甲基)-丙基壬烷	0.659
2	2,6,10,14-四甲基十五烷	0.936	15	2-甲基萘	0.658
3	二十烷	0.828	16	2-甲基十一醛	0.653
4	5-(2-甲基)-丙基壬烷	0.800	17	十九醇	0.646
5	7-甲基十六烷	0.854	18	2-十五酮	0.640
6	8-甲基十七烷	0.743	19	3,7-二甲基癸烷	0.638
7	2,6-二叔丁基对甲酚	0.738	20	十三酮	0.627
8	2,6,11-三甲基十二烷	0.719	21	5-丙基十三烷	0.623
9	3,7-二甲基十五烷	0.708	22	2,6-二甲基萘	0.618
10	十九烷	0.702	23	十三烷	0.616
11	8-己基十五烷	0.674	24	3,8-二甲基十一烷	0.613
12	4-甲基十四烷	0.670	25	5-丁基壬烷	0.604
13	2,6,10-三甲基十四烷	0.661			

（5）线性判别分析（LDA）　LDA 用于建立三个肺癌诊断模型。第一个模型中将肺良性疾病组与健康组合并作为对照组。第二个模型用于区分肺癌组、肺良性疾病组和健康组。第三个模型中，肺癌组被分为了晚期肺癌组（包括ⅢB 期和Ⅳ期）和早期肺癌组（包括Ⅰ期、Ⅱ期和ⅢA 期），同时肺良性疾病组和健康组合并作为对照组。图 1-8 是三种模型的分类。表 1-3 中列出了这些模型由交叉验证法计算的敏感性与特异性。

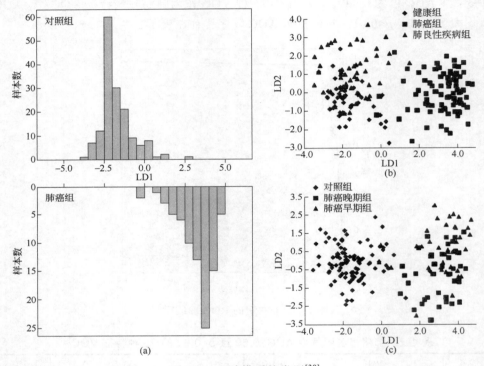

图 1-8　三种模型的类别[30]

（a）第一种模型，图表上部表示对照组，下部表示肺癌组，该模型只能通过 LD1 区分对照组和癌症组，其边界 LD1=0.5；（b）第二种模型，用于区分健康组、肺癌组和肺良性疾病组，菱形表示健康组、方形表示肺癌组、三角形表示肺良性疾病组；（c）第三种模型用于区分对照组、肺癌早期组和肺癌晚期组，菱形表示对照组，方形表示肺癌晚期组，三角形表示肺癌早期组

表 1-3　三种模型的敏感性与特异性表[30]

第一个模型			第二个模型				第三个模型			
组别	预测组		组别	预测组			组别	预测组		
	LC	C		LC	LBD	H		LLC	ELC	C
LC	96.47%	3.53%	LC	96.47%	1.18%	2.35%	LLC	66.67%	33.33%	0%
C	2.53%	97.47%	LBD	4.29%	61.42%	34.29%	ELC	27.91%	66.11%	6.98%
			H	0.00%	12.50%	87.50%	C	1.90%	0.63%	97.47%

注：LC—肺癌组；C—对照组（包括肺良性疾病组和健康组）；LBD—肺良性疾病组；H—健康组；LLC—肺癌晚期组；ELC—肺癌早期组。

结果显示，这些模型可以很容易地鉴别肺癌患者，但并不能很好地区分不同阶段的肺癌患者，肺良性疾病患者与健康人之间的区分也不明显。

第四节 液相色谱在临床诊断标志物分析中的应用

寻找并研究体内临床诊断标志物并将其应用于疾病的诊断筛查、病程分级、疾病早期预测以及疾病的治疗具有非常重要的意义。由于临床诊断标志物往往都存在于复杂生物基质（血浆、尿液、唾液、泪液、呼出液、胆汁等）内，且非常微量，受生物基质本身干扰比较大，这就对检测技术提出了非常高的要求。高效液相色谱法是近年来崛起的分析技术，具有分析速度快、分离效果好、灵敏度高和样品用量微等优点，比较适合对复杂的生物基质进行定量分析，被广泛应用于临床诊断标志物的检测中。

一、液相色谱技术在葡萄糖测定中的应用

葡萄糖（$C_6H_{12}O_6$）是自然界分布最广且最为重要的一种单糖，又称右旋糖，属醇醛类。葡萄糖的分子结构是 19 世纪德国化学家费歇尔测定的，葡萄糖分子中含有 6 个碳原子，是一种己糖，分子中含有醛基（—CHO），具有还原性，因此葡萄糖是一种还原性的糖，易溶于水。葡萄糖存在于人体的血浆和淋巴液中，是生物体内新陈代谢不可缺少的营养物质，它的氧化反应放出的热量是人类生命活动所需能量的重要来源。中枢神经系统几乎全部依赖血液中葡萄糖的供应作为能源。在消化道中，葡萄糖比任何其它单糖都容易被吸收，而且被吸收后能直接被人体组织利用。人体摄取的低聚糖（如蔗糖）和多糖（如淀粉）也都必须先转化为葡萄糖之后，才能被人体组织吸收和利用。

血清葡萄糖就是人们常说的血糖，即血液中葡萄糖浓度。人体中血清葡萄糖的正常值为 $7.5 \times 10^2 \sim 1.0 \times 10^3$ mg/L，当其值高于 1.3×10^3 mg/L 时可诊断为高血糖，低于 5.0×10^2 mg/L 时可诊断为低血糖。血清葡萄糖是临床生化检验中的重要指标，其含量会因病态的不同而有所变动。在临床上，由于血清葡萄糖浓度是许多疾病的病症诊断、鉴别诊断、病情观察、治疗监控和疾病预防等必不可少的首选指标，因此，对其准确测定具有重要意义[31]。

液相色谱是测定葡萄糖最基本的方法。因为葡萄糖在紫外没有吸收，所以一般先用衍生剂对葡萄糖进行柱前衍生，经高效液相色谱分离后，再结合荧光检测器/紫外检测器进行检测。陈忠余等[32]以 D-半乳糖为内标物，用无水乙醇沉淀，去除血清中的蛋白质，在 pH 9.1 条件下与 1-苯基-3-甲基-5-吡唑啉酮

反应，用 HPLC 分离、测定血清葡萄糖衍生产物、D-半乳糖衍生产物，用标准曲线定量，建立了一种准确、精密测定血清葡萄糖的高效液相色谱法。Masatoki 等[33]以苯甲酸为衍生剂柱前衍生，以 HPLC 分离，结合荧光检测器检测衍生产物，建立了一种简单、快速的检测血清中葡萄糖和 1,5-脱水葡萄糖醇的高效液相色谱法。

【实例 1-2】高效液相色谱法测定血清葡萄糖[33]

（1）样品采集和处理　配制苯甲酸（benzoic acid，BA）储备液（10g/L）：将 10mg BA 溶解于 1.0mL 吡啶溶液中。配制 BA 溶液（0.2g/L）：10mg 4-哌啶基吡啶溶解于 20μL BA 储备液中，并用乙腈稀释至 1.0mL。配制 IDC 溶液（2.0%）：20mg IDC 溶解于 1.0mL 乙腈中。

采用真空采血法收集血清样品，于−20℃储存。取 500μL 血清样品，加入 5μL 2000μg/mL 的赤藓糖醇，混匀后加入 2000μL 冰丙酮，提取 5min，取上清，在 40℃下氮气吹干，之后再加入 100μL BA 溶液和 100μL IDC 溶液，80℃下加热 60min，衍生化完成。

（2）液相色谱条件　TSK amide 80 色谱柱，规格为 250mm×4.6mm id，粒径为 5μm。进样量为 3μL，柱温为环境温度（约 23℃），流动相为乙腈-50mmol/L 醋酸盐缓冲液（4∶96，体积比），流速为 0.8mL/min。荧光检测器（激发波长 275nm，发射波长 315nm）。

（3）实验结果与分析　高效液相色谱分析葡萄糖的色谱图见图 1-9、图 1-10。

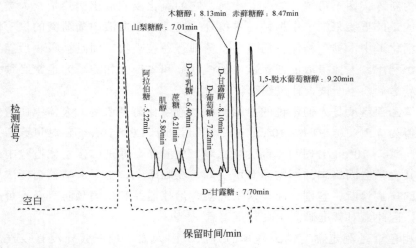

图 1-9　血清中浓度为 100μg/mL 的糖类（D-葡萄糖，D-半乳糖，D-甘露糖，蔗糖，
阿拉伯糖）和 10μg/mL 的糖醇类（1,5-脱水葡萄糖醇，肌醇，木糖醇，
山梨糖醇，甘露醇和赤藓糖醇）色谱图[33]

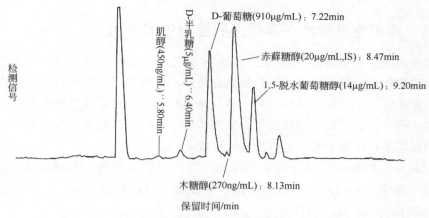

检测信号

肌醇(450ng/mL)：5.80min

D-半乳糖(5μg/mL)：6.40min

D-葡萄糖(910μg/mL)：7.22min

赤藓糖醇(20μg/mL,IS)：8.47min

1,5-脱水葡萄糖醇(14μg/mL)：9.20min

木糖醇(270ng/mL)：8.13min

保留时间/min

图 1-10　病人血清中糖和糖醇的色谱图[33]

　　该方法测定血清葡萄糖检测限为 20μg/mL，浓度范围内线性关系良好，相对偏差 7.3%（日间）和 7.0%（日内），且方法简单快速，具有一定的临床应用价值。

　　液相色谱法虽是测血清葡萄糖最基本的方法，但其精确度不够，故单独使用液相色谱法测血清葡萄糖的很少。

　　1995 年国际物质量咨询委员会在巴黎召开的第六次会议，将同位素稀释质谱（isotope dilution mass spectrometry，IDMS）、精密库仑、电位滴定、凝固点下降和重量法定位于具有绝对测量性质的方法。其中，IDMS 是唯一一种微量、痕量和超痕量物质含量的权威测量方法。近年来，IDMS 是最常用的临床检验量值的基准方法。通过向样品溶液中加入一种同位素标记物作为内标物，在溶质与标记物溶液充分平衡以后，对样品进行预处理，利用 GC 或 LC-MS 测定标记物与溶质的峰强度比来测定溶质的浓度，该法具有特异性高、准确度高等优点。White V E 等[34]将一定量的 ^{13}C-葡萄糖溶液加至血清样品中，用 80%的乙醇除去蛋白，振荡，离心；取上清液，在蒸发器中除去乙醇后，加入 1-丁基-硼酸的吡啶溶液，95℃加热 35min 加入乙酸酐反应 1h；生成物在真空条件下干燥一夜后，加入异辛烷将残留物复溶，进行 GC-MS 分析，因此而建立了血清中葡萄糖的高准确度测量方法，同时还研制了血清葡萄糖标准物质 SRM 965a。随后，基于同位素稀释质谱法发展起来的测血清葡萄糖的方法越来越多。

　　目前国际上测定血清葡萄糖的参考方法有德国临床化学会[35]、美国国家标准和技术研究院[5]和比利时根特大学[36]的同位素稀释气相色谱质谱法、美国疾病控制中心[37]和日本临床化学会的己糖激酶法。中国计量科学研究院也建立了血清葡萄糖测定的基准方法——同位素稀释液相色谱串联质谱法[38]。

二、液相色谱技术在神经递质检测中的应用

神经递质，有时简称"递质"，是在神经元、肌细胞或感受器间的化学突触中充当信使作用的特殊分子。神经递质在神经、肌肉和感觉系统的各个角落都有分布，是正常生理功能的重要一环。神经递质可看作是神经元的输出工具。脑内神经递质分为四类，即生物原胺类、氨基酸类、肽类、其它类。重要的神经递质为生物原胺类神经递质和氨基酸类神经递质。

生物原胺类神经递质是最先发现的一类，包括多巴胺（dopamine，DA）、去甲肾上腺素（norepinephrine，NE）、肾上腺素（epinephrine，E）、5-羟色胺（5-hydroxytryptamine，5-HT）。

通常所说的儿茶酚胺就是指去甲肾上腺素、肾上腺素和多巴胺。儿茶酚胺是体内非常重要的应激激素，通过增强中枢神经系统对外周反应的敏感性，保持觉醒和警觉状态；选择性地增加心、肺、脑及骨骼肌等重要脏器的血液供应，增加心排血量和肺通气量，促进神经肌肉传递，耐疲劳；促进脂肪、蛋白质及糖原分解，转化为葡萄糖产热供能，保证人体所需；促进肾上腺皮质激素、肾素及胰高糖素等激素的分泌，对抗有害刺激和保证组织对儿茶酚胺的有效反应等多方面的功能调节，以及增强机体的应激能力等。由于其主要从尿液排泄，测定它们及其代谢产物在尿中的含量具有重要的临床意义，例如可以作为嗜铬细胞瘤的诊断依据，还有助于原发性高血压和嗜铬细胞瘤的鉴别诊断。血浆中的儿茶酚胺和它们的前体，对许多疾病的诊断和研究具有重要意义，例如，帕金森病、心脏病、神经脊瘤、甲亢等。测定脑组织和脑脊液中儿茶酚胺这种神经递质的变化，对研究生物胺在神经系统的生理病理条件的作用也具有重要意义。

5-羟色胺，又名血清素，是受到最广泛研究的神经递质，它是一种能产生愉悦情绪的信使，几乎影响到大脑活动的每一个方面：从调节情绪、精力、记忆力到塑造人生观。抗抑郁药如盐酸氟西汀就是通过提高脑内 5-羟色胺水平而起作用的。5-羟色胺水平较低的人群更容易发生抑郁、冲动行为、酗酒、自杀、攻击及暴力行为。中枢神经系统 5-羟色胺含量、功能异常可能与神经病、偏头痛等多种疾病的发病有关，所以测定其含量变化，具有一定的临床应用价值。

氨基酸类神经递质包括：γ-氨基丁酸（γ-aminobutyric acid，GABA）、谷氨酸（glutamic acid，Glu）、甘氨酸（glycine，Gly）、天冬氨酸（aspartic acid，Asp）、组胺、乙酰胆碱（acetyl choline，Ach）。

GABA 是抑制性递质，维持脑内兴奋抑制的平衡，功能低下会导致脑内抑制功能不足，引起头痛、焦虑、紧张不安、易躁易怒等情况，严重时可诱发精神分裂症、失眠症、焦虑症、神经官能症、躁狂症、恐惧症、精神障碍；谷氨酸参与

大脑的高级功能，在学习、记忆、神经元可塑性及大脑发育等方面起重要作用，且与 GABA 一起调节其它递质的功能；甘氨酸在中枢神经系统中是一种抑制性神经递质，其含量变化可引起头痛、头晕、神经性头痛、精神障碍、自主神经紊乱；组胺能影响睡眠、影响荷尔蒙的分泌、调节体温、影响食欲、影响记忆力形成；Ach 则有镇痛和针刺镇痛、觉醒与睡眠、学习和记忆、感觉、运动和自主神经中枢活动、调节心血管活动的功能。这些氨基酸类递质的异常是诱发多种神经系统疾病，如兴奋性毒性反应、癫痫、舞蹈病、帕金森病的因素之一。因此，测定这些氨基酸类神经递质含量的变化对于神经系统疾病的诊断、治疗和预后分析有极其重要的参考价值。

目前，已有多种方法用于生物样品中神经递质的检测，如离子交换色谱法、荧光分光光度法、高效液相色谱法和液相色谱-质谱联用法等。离子交换色谱法需较复杂的色谱仪器，且分析时间较长；荧光分光光度法检测灵敏度较低，且干扰因素较多；液质联用仪器配置较高；而高效液相色谱法因其具有高分离能力，与高灵敏的荧光检测/电化学检测相结合，在神经递质的检测中得到了广泛的应用。

目前，国内外大多报道体液中生物原胺类神经递质首选的测定方法是，用氧化铝或阴离子固相萃取法提取，经高效液相色谱法分离，用电化学检测。李明等[39]用阴离子固相萃取柱和酸性氧化铝分别提取标准品和尿标本，然后用高效液相色谱联用电化学检测器测定尿液中儿茶酚胺的含量，发现在尿儿茶酚胺提取过程中阴离子固相萃取法的萃取率高于酸性氧化铝吸附法。Johnna 等[40]采用 Thermo Scientific Acclaim Trinity P1 柱，流动相为 45mmol/L $(NH_4)_3PO_4$、1.1mmol/L $Na_4P_2O_7$ 和 4%乙腈（流动相用 85%磷酸调整 pH 至 3.0），流速为 0.65mL/min 的条件进行分离，以含硼金刚石为工作电极，采用+840mV 检测电压检测，成功地测定了老鼠大脑额叶皮层和纹状体组织中 NE、DA 和 5-HT 的含量。Hubbard 等[41]采用 ESA MD-150mm×3.2mm 柱，流动相为 75mmol/L 磷酸二氢钠、0.5mmol/L EDTA、0.81mmol/L SOS、5%THF 和 5%乙腈（流动相用 85%磷酸调节 pH 至 3.1），流速为 0.37mL/min 的条件进行分离，以 300mV 检测电压进行检测，建立了一种同时测定人体脑脊液中 DA 和 5-HT 的高效液相色谱-电化学检测法。

由于氨基酸对紫外和可见光的吸收很弱，采用荧光试剂柱前衍生可以生成具有强荧光的衍生物，从而实现高灵敏检测，所以体液中氨基酸类神经递质的检测首选方法是柱前衍生 HPLC 荧光检测法。常见的检测氨基酸的荧光试剂主要有邻苯二甲醛（o-phthalaldehyde，OPA）、2,4-二硝基氟苯、2,6-二甲基-4-喹啉羧酸-N-羟基琥珀酰亚胺酯[42]、3-(4-羧基苯甲酰基)-喹啉-2-羰醛、荧光素异硫氰酸酯、丹磺酰氯等。其中，OPA 检测的灵敏度高，衍生后反应迅速安全，应用最为广泛[43]。邹美芬等[44]采用邻苯二甲醛柱前衍生反相高效液相色谱荧光检测法测定了老年痴呆患者血浆中 4 种氨基酸类神经递质（天冬氨酸、谷氨酸、γ-氨基丁酸、甘氨酸）的含量。Taoguang Huo 等[45]开发了一种在线微透析-丹磺酰氯柱前衍生-高效液相色谱分离-荧光检测器检测系统，成功地应用于监测老鼠脑内氨基酸类神经递质（Asp、Gly、GABA 等）水平，该方法不需要任何耗时的样品前处理，且能够实时地提供氨基酸类神经递质含量的动态变化，若开发出能适用于监测人脑内氨基酸类神经递质水平的在线微透析-丹磺酰氯柱前衍生-HPLC 系统，将对神经系统疾病的诊断、治疗和预后分析具有重大意义。

【实例 1-3】高效液相色谱法测定脑脊液中神经递质[41]

（1）样品采集和处理　制备 40 倍的抗氧化剂：6.0mmol/L L-半胱氨酸、2.0mmol/L 草酸、1.3%冰醋酸。制备人工脑脊液：148.2mmol/L 氯化钠、3.0mmol/L 氯化钾、1.4mmol/L 氯化钙、0.8mmol/L 氯化镁、0.8mmol/L 磷酸氢二钠、0.196mmol/L 磷酸二氢钠。人工脑脊液中加入 1 倍的抗氧化剂和 10μg/mL 的各神经递质，将其稀释成各浓度梯度，测定值用于绘制标准曲线。

腰椎穿刺取样（取样人需在取样前 3d 吃低酪胺食物，在取样前 24h 禁止摄入咖啡因），1mL 脑脊液样品中加入 25μL 40 倍的抗氧化剂，10000r/min 4℃离心 10min，于−80℃储存。

（2）液相色谱条件　ESA MD-150mm×3.2mm 柱和 ESA C_{18} 保护柱联用。流动相为乙腈-水（5：95，体积比），水相为 pH 3.1（用 85%磷酸调节）、75mmol/L 磷酸二氢钠、0.5mmol/L ETDA、0.81mmol/L SOS、5%THF。流速为 0.37mL/min。进样量为 20μL。检测电压为 300mV。

（3）实验结果与分析　高效液相色谱法分析神经递质的色谱图见图 1-11～图 1-14。

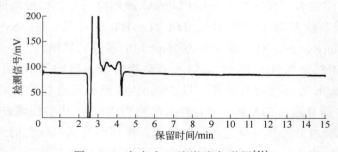

图 1-11　空白人工脑脊液色谱图[41]

该方法在浓度范围内线性关系良好，能同时、准确、精确测定人体脑脊液中神经递质 DA 和 5-HT 及它们的代谢产物 3,4-二羟基苯乙酸（3,4-dihydroxyphenyl-acetic acid，DOPAC）、5-羟吲哚乙酸（5-hydroxyindole acetic acid，5-HIAA）和高香草酸（homovanillic acid，HVA）的含量，对成神经管细胞癌患者的诊断治疗和预后分析有极其重要的参考价值。

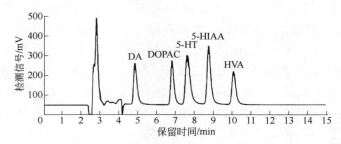

图 1-12 含有 150ng/mL DA（4.9min）、DOPAC（6.8min）、5-HT（7.6min）、
5-HIAA（8.8min）和 HVA（10.1min）的人工脑脊液色谱图[41]

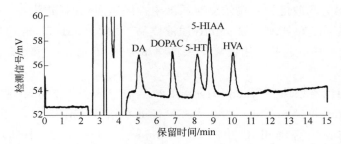

图 1-13 含有 1ng/mL DA、DOPAC、5-HT、5-HIAA、HVA 的人工脑脊液色谱图[41]

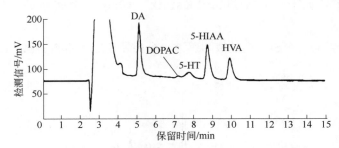

图 1-14 成神经管细胞癌患者放射治疗前的脑脊液样品色谱图[41]

三、液相色谱技术在尿液代谢物检测中的应用

尿液是疾病标志物的理想来源。尿液中包含了丰富的疾病标志物信息，而且尿液可以完全无创、连续、大量收集，尿蛋白可以在较长时间内保持稳定，尿液蛋白质组的组成复杂度相对较低，所以尿液检测在临床诊断中一直具有重要的价值。下面主要介绍尿液代谢物的检测。

1. 液相色谱技术在神经递质代谢产物检测中的应用

据文献报道，尿液中神经递质代谢产物的含量已被证明密切反映了中枢神经系统中神经递质的浓度。例如，多巴胺的尿代谢产物是 DOPAC、HVA 和 NE/E；去甲肾上腺素的尿代谢产物是 4-羟基-3-甲氧基苯基乙二醇（4-hydroxy-3-methoxyphenyl glycol，MHPG）、香草基扁桃酸（vanillylmandelic acid，VMA）和去甲变肾上腺素（normetanephrine，NM）；肾上腺素的尿代谢产物是 MHPG 和 VMA；5-HT 的尿代谢产物是 5-HIAA。所以，通过检测尿液中神经递质代谢产物的含量，亦可反映中枢神经系统中神经递质的浓度，帮助诊断和检查。目前，检测神经递质及其代谢产物最常见的方法是 HPLC-电化学检测，但该方法使用起来有一定的局限性，例如沉积在电极表面的氧化产品需要电极清洗、离子对试剂的限制使用以及无法处理流动相组成的变化等。因而使用 HPLC-化学发光法检测更为方便。

【实例 1-4】高效液相色谱法测定尿液中神经递质代谢物[46]

（1）样品采集和处理 取 950μL 尿液样品，加入 50μL 7.5mol/L 盐酸溶液，放于 4℃保存。分析之前，用去离子水将样品稀释 10 倍，并用 0.45μm 注射器式滤器进行过滤。

（2）液相色谱条件 Synergi Hydro-RP C_{18} 柱，规格为 250mm×4.6mm、8nm 孔隙直径、4μm 粒径。流动相：A 为三氟乙酸水溶液（pH 2.15），B 为甲醇。梯度洗脱：0～5min（流动相 B，0%），5～14min（流动相 B，0～10%），14～35min（流动相 B，10%～55%）；流速 0.8mL/min。进样量 20μL。高锰酸钾化学发光检测的试剂条件如下：0.75mmol/L $KMnO_4$、10mg/L 聚磷酸钠、2mol/L 甲醛，pH 2.5。

（3）实验结果与分析 高效液相色谱分析神经递质代谢物的色谱图见图 1-15。

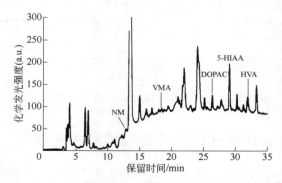

图 1-15 人类尿液样本中神经递质代谢物的色谱图[46]

该法能够很好地分离并测量人类尿液中神经递质代谢产物 NM、VMA、DOPAC、5-HIAA 和 HVA 的含量。针对分析高度复杂的样品，液相分离的峰容量不够的情况，Brendan J. Holland 等还开发了一种二维液相色谱-高锰酸钾化学发光法来检测神经递质及其代谢产物。该系列方法可广泛用于常规诊断和疾病监测。

2．液相色谱技术在疾病诊断标志物检测中的应用

液相色谱技术也常用于检测尿液中某些疾病诊断标志物的含量，如蝶呤类化合物、尿肌酐等。

蝶呤类化合物是细胞代谢过程中的重要辅助因素，可以作为多种疾病早期诊断的标志物。其中，新蝶呤的研究较为深入，临床上已经作为肿瘤标志物用于肺癌等癌症的诊断。目前，蝶呤类化合物的检测主要采用高效液相色谱法。近年来，高效阴离子交换色谱-积分脉冲安培法已成为测定糖类化合物和氨基酸的较好的分析方法，已经应用于液体调味品等样品的分析测定。冯蕾等[47]将固相萃取技术应用于样品前处理，成功地将大量干扰物质去除，建立了固相萃取-高效阴离子交换色谱-积分脉冲安培法测定人体尿液中异黄蝶呤的分析方法。

尿肌酐是指经过肾小球过滤后随尿液排出的肌酐。在肌肉中，肌酸主要通过不可逆的非酶脱水反应缓缓地形成肌酐，再释放到血液中，随尿排泄。肌酐是小分子物质，可通过肾小球滤过，在肾小管内很少吸收，每日体内产生的肌酐，几乎全部随尿排除。当肾功能不全时，肌酐会在体内蓄积成为对人体有害的毒素。所以，通常将血浆与尿肌酐之间的浓度比作为肾功能诊断的标志。结直肠癌患者也会出现尿肌酐含量增加的状况。同时，因尿肌酐排泄速度相对恒定，即尿肌酐浓度与尿流量成反比，而尿代谢/尿药浓度会随人体尿量增加而降低，且尿流量个体差异十分明显，所以常用尿肌酐浓度来校正尿液变量。因此，尿肌酐浓度的测定在临床诊断、生物监测以及尿代谢物/代谢物研究方面具有重要意义。目前，测定尿肌酐含量的分析方法有毛细管电泳、阳离子交换色谱法、高效液相色谱法、GC-MS 以及 LC-MS 等。毛细管电泳法分析的重现性较差，柱后阳离子交换色谱法需较复杂的色谱仪器，且分析时间较长，气质联用、液质联用仪器配置较高。而柱前衍生 HPLC 法测定氨基酸的技术具有选择性高、分析速度快和灵敏度高的优点，近年来，在药物和临床样品氨基酸分析中得到广泛应用。

【实例 1-5】高效液相色谱法测定尿肌酐的含量[48]

（1）样品采集和处理　取尿样，13800r/min 离心 5min，取上清液到离心管中，加入 300μL 甲醇-三乙胺（体积比 4：1），涡旋搅拌后，加入 45μL 氯甲酸乙酯（ECF），60℃温度下加热 10min，待样品自然冷却到室温后，13800r/min 离心 5min，取上清液待测。

（2）液相色谱条件　Supelcosil LC-18 柱，规格为 75mm×4.6mm。流动相：A，水；B，乙腈。流速为 1mL/min。梯度洗脱：0～1min（流动相 B，1%），1～11min（流动相 B，1%～15%），11～11.1min（流动相 B，15%～100%），11.1～16.1min（流动相 B，100%）。进样量 10μL。检测波长 242nm。

（3）实验结果与分析　高效液相色谱分析尿肌酐的色谱图见图 1-16。

将该方法测得的结果与 ID-MS 方法测得的结果加以比较，平均偏差为 2.07%，

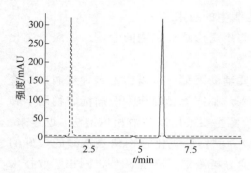

图 1-16　尿肌酐（左）和尿肌酐
衍生物（右）的液相色谱图[48]

关联性很好。将该方法测得的结果与 Jaffe 方法测得的结果加以比较，Jaffe 方法测得的尿肌酐浓度结果偏高。由此可见，该 HPLC 方法能准确测定尿肌酐浓度。

3．液相色谱技术在接触生物标志物检测中的应用

高效液相色谱也可用于检测尿液中某些接触生物标志物的含量，如甲醛、乙醛的代谢产物甲酸、乙酸，多环芳烃（polycyclic aromatic hydrocarbons，PAHs）的代谢产物单羟基多环芳烃等。

甲醛、乙醛广泛存在于环境中，它们主要来源包括机动车尾气、烹调油烟、香烟烟雾、建筑装饰材料，并对身体有不良影响，能引起对鼻咽部、皮肤和眼睛的直接刺激，损害呼吸系统等，还具有致癌性、生殖毒性等。空气中甲醛和乙醛经呼吸道吸收后，在体内经生物转化，最终以甲酸和乙酸的形式从尿液中排出。尿中甲酸和乙酸可以作为职业性接触甲醛和乙醛的生物标志物，其含量可以反映甲醛和乙醛的体内剂量。冯斌等[49]用 1-溴甲基-五氟基苯和甲酸、乙酸衍生成相应的酯，以 HPLC 法分离，对甲酸和乙酸进行了有效的分离、测定，该法测定尿样中的甲酸、乙酸的含量在 0～500mg/L 范围内呈线性关系，最低检测限为甲酸 30ng、乙酸 40ng，加标回收率均大于 90.0%，相对标准偏差<8.93%。该法简便、准确，为探讨生物标志物作为甲醛和乙醛暴露监测因素的应用价值，为甲醛和乙醛接触人群的生物学监测、预防及危险性评价提供了有力工具。

多环芳烃是人类最早发现的一类环境有机致癌化合物。PAHs 广泛存在于空气颗粒物和烟熏烧烤类食品中。另外，香烟烟雾中也含有高浓度的 PAHs。PAHs 种类繁多，在环境中分布广，主要通过呼吸道、消化道和皮肤进入人体，经体内代谢转化为单羟基多环芳烃，最后形成葡萄糖醛酸和硫酸盐。单羟基多环芳烃的共轭化合物随尿液或胆汁排出。人尿中单羟基多环芳烃的测量是一种评估近期个体的多环芳烃暴露水平的方法，比测量环境空气来估计多环芳烃的摄入量更准确。早在 1987 年，Jongeneelen 等[50]就用高效液相色谱成功测定了尿中芘的一种主要尿代谢物——1-羟基芘（1-hydroxypyrene，1-OHPyr）的含量。之后，许多高效液相色谱方法也被广泛用来测定羟基萘（和/或羟基菲和/或 1-OHPyr）等尿液单羟基多环芳烃。目前，测定单羟基多环芳烃的方法主要有高效液相色谱-荧光检测（high performance liquid chromatography-fluorescence detection，HPLC-FLD）法、气相色谱-质谱法、液相色谱-质谱法。其中，GC-MS 法需要衍生，操作繁琐，LC-MS 法仪器价格昂贵。而 HPLC-FLD 法仪器普及率高，不需衍生，且使用内部标准也能理想地、准确定量生物样品中的分析物，所以在临床样品单羟基多环芳烃测定中得到广泛应用。

【实例 1-6】高效液相色谱法同时测定萘、芴、菲、荧蒽和芘的尿羟基化代谢物[51]

（1）样品采集和处理　采集 30 名不抽烟的男性受试者（平均年龄 42.2 岁；范围 26～62 岁）早上起床后首次尿液样品，保存在 20℃。取尿样，用 0.1mol/L HCl 将其调至 pH 5.0，加入 20mL 0.1 mol/L 醋酸缓冲液（pH 5.0）。加入内标 1-OHPyr-d_9，再加入 β-葡萄糖醛酸苷酶/芳基硫酸酯酶（比例为：1655/63），混合均匀后，在 37℃下反应 2h。用 5mL 甲醇和 10mL 水灌 Sep-Pak C_{18} 柱，然后将反应样品注入柱子，再用 10mL 水和 10mL 20%甲醇水依次洗脱。待柱在空气中完全干燥后，将其连接到 Sep-Pak Silica Plus 柱（事先用 20mL 己烷冲洗好的），用 10mL 正己烷洗脱后，再用 10mL 正己烷-乙酸乙酯（9：1，体积比）洗脱。最后加入 20μL 二甲基亚砜萃取。取甲醇层的样品，超声处理，待测。

（2）液相色谱条件　Discovery RP-酰胺 C_{16} 柱，规格为：250mm×4.6mm×5μm。流动相：A，10mmol/L 磷酸盐缓冲液（pH 7）；B，乙腈。梯度洗脱：0～20min（流动相 B，45%），20～37min（流动相 B，45%～60%），40～45min（流动相 B，60%）；检测波长（激发/发射，单位 nm）：0～16min（227/355），16～21min（270/327），21～36min（256/370），36～38min（292/473），39～45min（240/387）。每个单羟基多环芳烃的最佳激发波长和发射波长如表 1-4 所示。流速 1mL/min，柱温 40℃。进样量 10μL。

表 1-4　单羟基多环芳烃最佳激发和发射波长[51]

结构	化合物	简写	激发波长/nm	发射波长/nm
	1-羟基萘	1-OHNap	277	355
	2-羟基萘	2-OHNap	277	355
	2-羟基芴	2-OHFle	270	327
	1-羟基菲	1-OHPhe	256	370
	2-羟基菲	2-OHPhe	256	370
	3-羟基菲	3-OHPhe	256	370
	4-羟基菲	4-OHPhe	256	370
	9-羟基菲	9-OHPhe	256	370
	3-羟基荧蒽	3-OHFrt	292	473
	1-羟基芘	1-OHPyr	240	387

（3）实验结果与分析　高效液相色谱分析多环芳烃代谢物的色谱图见图1-17。

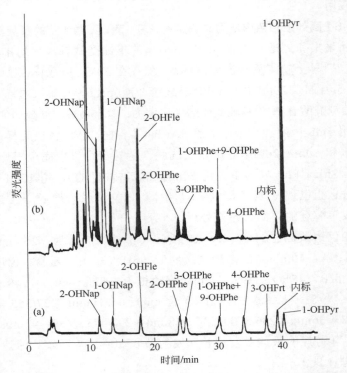

图1-17　标准溶液（a）和尿液样品（不吸烟者）（b）的高效液相色谱图[51]

该方法日内和日间精度具有良好的重复性，校准曲线具有良好的线性关系（r^2 范围介于 0.996～0.999 之间）。每次注射检测极限（$S/N=3$）范围介于 2.3fmol～2.2pmol。该方法成功地应用于不吸烟的出租车司机、交通警察和村民的尿液样品检测，结果表明村民尿液中单羟基多环芳烃浓度较高，与其较多地暴露于多环芳烃的结果一致。

第五节　液相色谱-质谱联用技术在临床诊断标志物分析中的应用

寻找并研究体内生物标志物并将其应用于疾病的诊断筛查、病程分级、疾病早期预测以及疾病的治疗具有非常重要的意义。由于生物标志物往往都存在于复杂生物基质（血浆、尿液、唾液、泪液、呼出液、胆汁等）内，且非常微量，受生物基质本身干扰比较大，这就对检测技术提出了非常高的要求。液相色谱-质谱/

质谱（LC-MS/MS）联用技术具有高通量、高灵敏度、高专一性，所需样品量少，样品前处理简单，分析速度快，能够多组分同时分析的特点，非常适合对复杂的生物基质进行定量分析。近年来，越来越多的人开始尝试将 LC-MS/MS 联用技术应用于临床的疾病诊断和筛查，使其临床应用范围越来越广。

LC-MS/MS 联用优点非常显著，LC-MS/MS 可以克服背景干扰，通过 MS/MS 选择单反应监测（SRM）模式或多反应监测（MRM）模式，提高信噪比，对复杂样品仍可达到很高的灵敏度。MS/MS 多采用碰撞活化的方法，利用惰性气体和离子碰撞，使离子的内能增加，发生碎裂反应。MS/MS 通过对此过程进行监测，探讨母离子和子离子的关系，获得样品结构信息。该技术快速、自动化、高灵敏度、高专一性，且不受化学噪声干扰，特别适合复杂体系生物样品的定量分析，并且能够对多种组分同时进行检测，因此其在临床实验室的应用越来越获得认可[52]。

一、液相色谱－质谱联用技术在肿瘤标志物检测中的应用

肿瘤标志物是指伴随肿瘤出现的，在量上通常是增加的抗原、酶、受体、激素或代谢产物形式的蛋白质、癌基因和抑癌基因及其相关产物等成分。它是由肿瘤细胞产生和分泌，或是被释放的肿瘤细胞结构的一部分，它仅存在于肿瘤细胞内，还经常释放至血清或其它体液中，能在一定程度上反映体内肿瘤的存在。

对肿瘤标志物的监测具有十分重要的临床意义：

① 有助于一些肿瘤的诊断，为某种癌的诊断提供依据。例如甲胎蛋白（alpha fetoprotein，AFP）对肝癌具有特异性诊断价值；前列腺特异性抗原（prostate specific antigen，PSA）对前列腺癌的诊断具有特定的价值；人绒毛膜促性腺激素（human chorionic gonadotropin，HCG）恶性滋养叶细胞肿瘤的诊断具有决定性意义等。

② 具有预测或监视肿瘤复发或转移的作用。例如结、直肠癌术前高水平血清癌胚抗原（carcino-embryonic antigen，CEA），术后恢复正常水平，疗后动态观察，定期复查 CEA，当血清 CEA 又复升高，尽管临床无任何症状，则提示癌有复发或转移。

③ 有助于评估治疗的效果。例如中晚期恶性淋巴瘤一般都伴有血清乳酸脱氢酶（lactate dehydrogenase，LDH）的升高，其水平与肿瘤负荷呈正相关，经有效的治疗，则 LDH 血清含量亦随之下降。

④ 预测预后。例如乳腺癌检测人表皮生长因子受体 2（human epidermalgrowth factor receptor-2，Her-2）、人组织蛋白酶 D（cathepsin D，Cath-D）、人体抑癌基因（P53）、增殖细胞核抗原（proliferating cell nuclear antigen，PCNA）表达阳性，雌激素受体（estrogen receptor，ER）和孕激素受体（progesterone receptor，PR）表达阴性，表明存在播散高风险因素，对预后有不良影响。

随着诸如多反应监测（multiple reaction monitoring，MRM）及重同位素标记肽段制品等质谱分析技术的快速发展，质谱分析法所使用的生物标记蛋白的定量分析在临床样本目标蛋白/目标肽测定方面进展迅速。Yan Li[53]等运用固相萃取法结合 LC-MS/MS 对 5 种经胰蛋白酶酶解后的肿瘤标志物——前列腺特异性抗原（PSA）、癌胚抗原（CEA）、表皮生长因子受体 2（Her-2）、人绒毛膜促性腺激素（HCG）及癌抗原 125（cancer antigen 125，CA125）的特征胰蛋白酶酶解肽段进行了质谱鉴定。

【实例 1-7】临床肿瘤标志物肽段的质谱鉴定[53]

（1）胰蛋白酶酶切　蛋白质（从原始包装中取 10μL）首先在 45μL 含有 8mol/L 的尿素、0.4mol/L 的 NH_4HCO_3 以及 0.1%的十二烷基硫酸钠溶液中 60℃变性 1h，然后加入 5μL 120mmol/L 的 Tris 在室温中放置 30min 进行还原，最后加入 5μL 160mmol/L 的碘乙酰胺（IAA）室温暗反应 30min 使其烷基化。每个样品加入 95μL 胰蛋白酶酶切缓冲液（100mmol/L 的 KH_2PO_4，pH 8.0）稀释，再加入 10μg 胰蛋白酶，37℃轻摇过夜进行酶切。酶切前后各取 0.5μL 蛋白质溶液同时进行一维聚丙烯酰胺凝胶电泳（1D-PAGE）和银染以监测蛋白质的纯度和胰蛋白酶酶切结果。酶切后的肽段用 C_{18} 小柱进行固相萃取，干燥后复溶于 10μL 0.4%的乙酸中，即可进行液相色谱-串联质谱（LC-MS/MS）分析。

（2）N-连接糖肽的分离　5 种标志物蛋白质首先按上述步骤进行变性、还原及烷基化。除前列腺特异性抗原（PSA）以外的 4 种蛋白质，加入 95μL 胰蛋白酶酶切缓冲液和 10μg 胰蛋白酶；PSA 加入 95μL 精氨酸-C 酶切缓冲液（100mmol/L 的 Tris-HCl，20mmol/L 的 $CaCl_2$，10mmol/L 二硫苏糖醇，1mmol/L 乙二胺四乙酸，40mmol/L 甲胺，pH 7.6）和 1μg 精氨酸-C，37℃轻摇过夜进行酶切。酶切后的肽段用 C_{18} 小柱进行固相萃取，然后加入 25μL 含 100mmol/L 高碘酸钠的 50%乙腈，4℃暗反应 1h 使其氧化。用 C_{18} 柱除去氧化剂后，样品在 80%的乙腈中与酰肼树脂作用 4h 使其结合上去。随后，分别用 800μL 1.5mmol/L 的氯化钠、水和 100mmol/L 的碳酸氢铵对该树脂进行三次清洗，除去未被糖基化的肽段。然后在 100mmol/L 的碳酸氢铵中加入 1mU 的 N-糖酰胺酶 F（PNGase F），N-连接糖肽则从该树脂中释放出来，并在 37℃下培养一夜。最后用 MCX 柱纯化，干燥，复溶于 10μL 浓度为 0.4%的乙酸溶液中。此糖肽混合物即可用于下面的 LC-MS/MS 分析中。

（3）肽段的质谱分析　5μL 胰蛋白酶酶切肽段和 5μL N-连接糖肽被注入 Eksigent nano-HPLC 系统中。随后，这些肽段通过纳升级 C_{18} 反向柱（10cm×75μm，包被 YMC ODS-AQ，5μm 粒径，12nm 孔径）以 300nL/min 的流速分离。HPLC 分析的流动相 A 和流动相 B 分别为水（色谱纯，含 0.1%甲酸）和乙腈（色谱纯，含 0.1%甲酸）。流动相 B 比例在 33min 内从 10%提高到 60%，在随后的 22min 里又提高到 100%。线性离子阱（LTQ）质谱仪的喷雾电压为 2.1kV。在 m/z 350～1800 的范围内进行母离子扫描，取丰度最高的 8 个离子进行二级扫描（MS/MS）。

（4）肽段序列的鉴定　运用数据库搜索来识别肽段。MS/MS 得到的谱图根据公用数据库（包含 40110 词条的国际蛋白质索引人类蛋白质数据库，2.28 版本）使用 Sequest[54] 软件来进行搜索。数据库搜索所用的参数如下：a．可接受的前体离子质荷比 m/z 误差为±2；b．胰蛋白酶酶切肽段的蛋白质修饰类型包括半胱氨酸的羧甲基化以及蛋氨酸的氧化；c．糖肽的蛋白质修饰类型包括半胱氨酸的羧甲基化、蛋氨酸的氧化以及在糖基化位点上天冬酰胺酶促的天冬酰胺到天冬氨酸的转化。

数据库的搜索结果用 PeptideProphet 进行统计学分析。选择得分最高的两条胰蛋白酶酶切肽段和两条 *N*-连接糖肽来代表每种肿瘤标志物。

（5）结果

① 酶切肽段的鉴定　经过酶切的肽段通过液相色谱-串联质谱（LC-MS/MS）进行分析，并运用数据库搜索来进行识别。每种蛋白质的酶切肽段序列见表 1-5。根据肽段识别概率从每种蛋白质中选出两条肽段序列。

表 1-5　通过质谱鉴定的 5 种肿瘤标志物的酶切肽段序列[53]

蛋白质名称	肽段序列	前体质量（m/z）	前体电荷	概率
PSA	LSEPAELTDAVK	637.217	+2	0.999
PSA	IVGGWECEK	539.592	+2	0.857
CEA	SDLVNEEATGQFR	733.777	+2	0.999
CEA	CETQNPVSAR	581.609	+2	0.945
Her-2	NTDTFESMPNPEGR	806.344	+2	0.999
Her-2	CWGESSEDCQSLTR	858.355	+2	0.983
HCG	VLQGVLPALPQVVCNY	886.042	+2	0.999
HCG	LPGCPR	350.401	+2	0.879
CA125	NSLYVNGFTHR	654.723	+2	0.952
CA125	DSLYVNGFTQR	650.710	+2	0.836

② 糖肽的鉴定　由于：a．所有这 5 种蛋白质属于糖肽；b．糖肽分离有效地去除了大部分的高丰度血清肽段，大大降低了样本的复杂性；c．糖肽可以通过固相萃取法富集起来，这将大大增加 LC-MS/MS 识别肽段的概率，所以选择固相萃取法[55] 作为附加的肽段提纯方法。根据 MS/MS 数据库的搜索结果，所有这 5 种蛋白质至少被识别出了一种糖肽，具体见表 1-6。

表 1-6　通过质谱鉴定的 5 种肿瘤标志物的 *N*-连接糖肽序列[53]

蛋白质名称	肽段序列	前体质量（m/z）	前体电荷	概率
PSA	N*KSVILLGR	1000.616	+1	0.998
CEA	NSGLYTCQAN*NSASGHSR	642.321	+3	0.999

续表

蛋白质名称	肽段序列	前体质量（*m/z*）	前体电荷	概率
CEA	ITPNNN*GTYACFVSNLATGR	1086.174	+2	0.979
Her-2	ALAVLDNGDPLN*NTTPVTGASPGGLR	841.268	+3	0.999
Her-2	GPGPTQCVN*CSQFLR	861.425	+2	0.999
HCG	CRPIN*ATLAVEK	687.284	+2	0.999
HCG	VN*TTICAGYCPTMTR	881.464	+2	0.999
CA125	TLN*FTITNLR	597.691	+2	0.974

注："*"为 *N*-连接糖肽的连接位点。

（6）讨论

质谱检测与色谱分析法和多反应监测（MRM）模式结合使用会提高样品中目标蛋白质定量的灵敏度。由于可以同时监测多个肽段，这一方法可在一次实验中检测多种蛋白标志物。它为临床实验室测定病人样本中的蛋白标志物水平提供了一个准确、敏感且高通量的方案。

该实验中被鉴定出的肽段可用于临床样本中蛋白标志物的定量分析。重同位素标记的肽段可以根据本实验中这 5 种肿瘤标记物的肽段序列来合成。另外，这些肽段还能被用于许多癌症蛋白质组学研究实验室，并且可能会为众多蛋白质组学团体的标准化提供根据，这将为肿瘤标志物研究中标准物质和标准方法的进一步改良提供有价值的信息。

二、液相色谱-质谱联用技术在糖化血红蛋白检测中的应用

糖尿病（diabetes mellitus，DM）是世界性的公共卫生问题，近年来糖尿病的患病率在世界范围内呈现出上升趋势，已成为继心脑血管病、肿瘤之后的第三类严重危害大众健康的慢性非传染性疾病。且糖尿病常伴有各种并发症，严重影响人们的健康和生活质量。因此，在糖尿病早期能实现诊断并且采取合理的防治措施，是目前亟待解决的问题。

其中，糖化血红蛋白（HbA1c）是葡萄糖分子和血红蛋白 A 成分在红细胞内经非酶促反应后形成的酮胺化合物，糖化血红蛋白可以稳定可靠地反映出检测前120d 内的平均血糖水平，与血糖浓度成正比，且受抽血时间、是否空腹、是否使用胰岛素等因素干扰不大。因此，国际糖尿病联盟推出了新版的亚太糖尿病防治指南，明确规定糖化血红蛋白是国际公认的糖尿病监控"金标准"，如果空腹血糖或餐后血糖控制不好，糖化血红蛋白就不可能达标。

鉴于 LC-MS 在复杂生物样品分析中的快速、高灵敏度、高通量、高专一性等优势，国际临床化学联合会（IFCC）关于 HbA1c 含量测定的参考方法就是以液相色谱-质谱联用技术为基础的。然而定量分析中通常采用的是外标校准法，这

就要求所使用的 LC-MS 系统具有高的长期稳定性，尤其是对于 HbA1c，因为它的值是两个不同理化性质分析物含量之比（糖基化的血红蛋白/总的血红蛋白）。Patricia[56]等通过运用液相色谱-同位素稀释质谱（LC-IDMS）方法，引入内标，消除了各种不稳定因素的影响，有效减小了测量误差，从而提高了 IFCC 关于 HbA1c 测量参考方法的精度。

【实例 1-8】液相色谱-同位素稀释质谱（LC-IDMS）用于糖化血红蛋白的检测[56]

（1）实验材料的准备　乙腈，98%的甲酸，蛋白内切酶 Glu-C（测序纯），Jupiter™ Proteo 柱（C_{12} 反相柱，150mm×2.0mm，4μm），校准物和溶血标本由 IFCC 的 HbA1c 标准化工作小组提供。用作 IDMS 校准品的六肽 VHLTPE 和 1-脱氧果糖基-VHLTPE，作为内标的氘代六肽[D7]-VHLTPE 和[D7]-1-脱氧果糖基-VHLTPE（标记部位为亮氨酸的异丙基），将 6mg 校准品溶于 1mL 的水解缓冲液（50mmol/L 的醋酸铵缓冲液，pH 4.3）中制成校准储备液，分装，−20℃储存。

（2）IDMS 程序　按照 HbA1c 的 IFCC 参考方法对样品进行前处理，然后加入内标，使得标记与未标记的六肽比约等于 1∶1；取 2μL 样品进行 LC-IDMS 分析。

（3）LC-IDMS 参数设置　Jupiter™ Proteo C_{12} 反相柱，流动相 A 为含 0.1% 甲酸的水，流动相 B 为含 0.1%甲酸的乙腈，流速 300μL/min，柱温 50℃，进样量 2μL。

未标记六肽的质荷比：m/z 348.3（未糖化）以及 m/z 429.3（糖化）。标记六肽的质荷比：m/z 351.8（未糖化）以及 m/z 432.8（糖化）。驻留时间 1s；针的位置，保持与水平轴相距 5mm，与垂直轴相距 10mm。

（4）结果　对 IFCC 所用的外标校准程序和本实验所用的同位素标记内标校准程序进行比较。

因为 HbA1c 的表达形式是糖化血红蛋白浓度/总的血红蛋白浓度，即 HbA1c/（HbA1c+HbA0）（单位：mmol/mol），所以需要对两种分析物——糖化和非糖化 VHLTPE 六肽进行定量。每种六肽加入其相对应的氘代六肽作为内标，按照 IDMS 原则，计算出糖化和非糖化六肽的准确浓度。从而就可计算出 HbA1c。通过这种方法可以将基质和系统误差降低到最小[57]。

此实验测得的 HbA1c 数值与 IFCC HbA1c 标准化工作小组所规定的目标值进行相关性分析，结果见图 1-18。

回归方程为 $y=1.044x-0.482$（$r^2=1.00$），说明相关性很好，LC-IDMS 方法所得结果可靠。

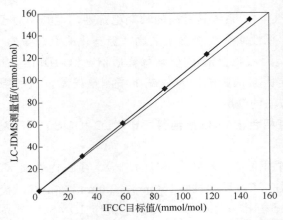

图 1-18　IFCC 规定的 HbA1c 目标值与 LC-IDMS 所测值的相关性[56]

三、液相色谱-质谱联用技术在心血管疾病诊断中的应用

心血管疾病，又称为循环系统疾病，是一系列涉及循环系统的疾病，循环系统指人体内运送血液的器官和组织，主要包括心脏、血管（动脉、静脉、微血管），可以细分为急性和慢性，一般都是与动脉硬化有关。这些疾病都有着相似的病因、病发过程及治疗方法。心血管疾病是全球性的头号死因，每年死于心血管疾病的人数多于任何其它死因，常见的有：

冠心病——心肌供血血管疾病；

脑血管疾病——大脑供血血管疾病；

周围末梢动脉血管疾病——手臂和腿部供血血管疾病；

风湿性心脏病——由链球菌造成的风湿热对心肌和心脏瓣膜的损害；

先天性心脏病——出生时存在的心脏结构畸形；

深静脉血栓和肺栓塞——腿部静脉出现血块，脱落并移动至心脏和肺部。

心血管疾病的急骤发展已给患者及社会造成了极大的负担，如何早期监测心血管疾病，做好疾病的一级预防，是临床医务工作者的重要职责。

1. 载脂蛋白 A1 和载脂蛋白 B

载脂蛋白 A1（apolipoprotein A1，Apo-A1）和载脂蛋白 B（apolipoprotein B，Apo-B）分别是组成高密度脂蛋白（high density lipoprotein，HDL）与低密度脂蛋白（low density lipoprotein，LDL）的主要蛋白质，其主要功能是维持脂蛋白结构与脂类的运输，调控脂代谢。现已公认 Apo-A1 增高是发生动脉粥样硬化（atherosclerosis，As）的防御因子，而 Apo-B 增高是发生 As 的风险因子。测定其含量和比值对动脉粥样硬化、心血管疾病的判断和预测提供了有价值的指标，具有重要的诊断和预防意义。

Apo-A1/Apo-B 比值降低至小于 1 可视为心血管疾病的危险指标。比单独测定 Apo-A1 或 Apo-B 更有意义。

Sean A. Agger[58] 等利用液相色谱-质谱/质谱联用对人血浆样本中的 Apo-A1 和 Apo-B 同时进行测定，所得结果与传统的免疫比浊法进行了对比，证明了方法的准确性和可行性。

【实例 1-9】LC-MS/MS 用于载脂蛋白 A1 和载脂蛋白 B 的同时测定[58]

（1）实验材料的准备 使用 BNⅡ浊度计对 Apo-A1 和 Apo-B 进行测量。Apo-A1（796mg/L）的批间精密度 CV=4.63%，Apo-B（356mg/L）的批间精密度 CV=8.83%，定量限分别是 50mg/L 和 240mg/L。

通过固相合成法制备 Apo-A1 的多肽内标 $V_{121}QPYLDDFQK^*_{130}$，以及 Apo-B 的多肽内标 $V_{1968}SALLTPAEQTGTWK^*_{1982}$。

将纯化、去脂的载脂蛋白添加到正常血清基质中，得到用于 LC-MS/MS 测量的外标校准混合液，接着用水逐级稀释，Apo-A1 的最终一系列浓度是 249mg/dL、124.5mg/dL、62mg/dL 和 31mg/dL，Apo-B 为 142mg/dL、71mg/dL、35mg/dL 和 17.5mg/dL。每个校准混合液进行分装，-80℃冷冻备用。

（2）样品前处理 取 10μL 血清或血浆样本，加入 25μL 0.5mol/L 的碳酸氢铵稀释，再加入 35μL 的三氟乙醇（trifluoroethanol，TFE）变性，65℃加热搅拌 1h，然后加入 1μL 0.5mol/L 的二硫苏糖醇（dithiothreitol，DTT）水溶液，重复上面的加热过程，之后加入碘乙酰胺（iodoacetamide，IAA）（使终浓度为 38mmol/L）室温下暗反应 30min 进行烷基化处理。过量的 IAA 溶液用 1μL 0.5mol/L 的 DTT 中和，然后用 0.7mL 0.14mol/L 的碳酸氢铵溶液稀释，加入乙酰化的非测序级胰蛋白酶（40μg 胰蛋白酶/10μL 样品）37℃搅拌酶解 2h，之后补加胰蛋白酶（终浓度为 80μg 胰蛋白酶/10μL 样品），继续在 37℃酶解，控制总的酶解时间不超过 21h。用 1μL 甲酸终止反应，30mg Oasis HLB 固相萃取柱进行纯化。上样前用 1mL 甲醇和 1 mL 含 0.1%甲酸的水对柱子进行活化，上样后，先用 1mL 含 0.1%甲酸的水洗去未结合的杂质，接着用 1mL 甲醇洗脱结合的肽段，收集洗脱液，真空离心干燥，在 300μL 含 0.1%甲酸和 5% 乙腈的水中复溶。最后加入 2μL 稳定同位素内标液到 20μL 样品中，用于 LC-MRM-MS 分析。

（3）液相色谱条件 岛津 LC-20AD C_{18} 液相色谱系统，反相色谱柱（Restek，Pinnacle Aqueous，14nm，3μm，100mm×3.2mm），流动相为乙腈-水（含 0.2%甲酸），10min 内乙腈比例由 20%到 90%线性增加，流速 400μL/min。

（4）质谱条件 API 4000 QTRAP 三重四极杆质谱仪（AB Sciex），入口电压 10V，聚焦电压 80～90V，碰撞室出口电压 7～15V，驻留时间 25ms。

（5）结果 方法的批间变异系数 CV<6%，批内变异系数 CV<12%，并且与免疫比浊法具有良好的可比性［n=47；Deming 回归分析，LC-MRM-MS=1.17×免

疫比浊法−36.6；$S_{x|y}$=10.3（Apo-A1），LC-MRM-MS=1.21×免疫比浊法+7.0；$S_{x|y}$=7.9（Apo-B)]。由此说明运用 LC-MRM-MS 对人血浆/血清中多个蛋白质的同时定量是可行的。

（6）讨论　液相色谱法-串联质谱（LC-MS/MS）法对于小分子化合物的绝对定量有着强大的优势，可以实现高通量，低定量限和对复杂基质诸如全血、血浆中分析物的特定检测。然而，目前大多数的临床实验室普遍使用的仍然是免疫测定方法，这种方法有着很多局限性，包括抗体的干扰、交叉反应和钩状效应等[59]。

液相色谱-同位素稀释串联质谱（LC-IDMS）法在蛋白质定量方面已经取得了实质性的进展[60~67]。蛋白质定量方法的准确性取决于样品中蛋白质是否变性完全以及蛋白质水解为多肽的过程。产生的肽段可作为完整蛋白质的替代物，通过单反应监测（SRM）模式和稳定同位素标记的内标肽进行定量。越来越多的科学家开始对液相色谱-多反应监测-质谱分析（LC-MRM-MS）法在假定生物标志物的大规模验证研究中表现出强烈的兴趣[68~70]。

2．C 反应蛋白

C 反应蛋白（C-reactive protein，CRP）是指在机体受到感染或组织损伤时血浆中一些急剧上升的蛋白质（急性蛋白）。CRP 可以激活补体和加强吞噬细胞的吞噬而起调理作用，从而清除入侵机体的病原微生物和损伤、坏死、凋亡的组织细胞，在机体的天然免疫过程中发挥重要的保护作用。关于 CRP 的研究已经有70 多年的历史，传统观点认为 CRP 是一种非特异的炎症标志物，但近十年的研究揭示了 CRP 直接参与了炎症与动脉粥样硬化等心血管疾病，并且是心血管疾病最强有力的预示因子与危险因子。

CRP 在炎症开始数小时就升高，48h 即可达峰值，随着病变消退及组织、结构和功能的恢复降至正常水平。此反应不受放疗、化疗、皮质激素治疗的影响。因此，CRP 的检测在临床应用相当广泛，包括急性感染性疾病的诊断和鉴别诊断，手术后感染的监测；抗生素疗效的观察；病程检测及预后判断等。CRP 值为 10～50mg/L 表示轻度炎症，例如局部细菌性感染（如膀胱炎、支气管炎、脓肿）、手术和意外创伤、心肌梗死、深静脉血栓、非活动性结缔组织病、许多恶性肿瘤和多数病毒感染；CRP 值升为 100mg/L 左右表示较严重的疾病，它的炎症程度必要时需静脉注射；CRP 值大于 100mg/L 表示严重的疾病过程，并常表示细菌感染的存在。

Eric 等[71~73]利用亲和纯化技术结合 LC-MS/MS 对人血清中的 CPR 进行了定量参考方法的研究。由于缺乏合适的 CRP 内标物（即同位素标记的完整 CRP 蛋白），所以该实验采用标准加入法代替。在此之前利用抗 CRP 单克隆抗体和磁性微球对样品进行了纯化富集，然后胰蛋白酶酶切，LC-MS/MS 法对酶切肽段进行定量分析。最终结果用外标校准法进行了验证，显示了该方法在分析血清中低丰度蛋白质方面的可行性。具体实验过程如下：

【实例 1-10】LC-MS/MS 用于人血清中 C 反应蛋白的测定[71~73]

（1）实验材料　乙腈（色谱纯），三氟乙酸，水（LC-MS 级），RapiGest SF 蛋白酶解表面活性剂，胰蛋白酶，磁珠，CRP 单克隆抗体，高纯度 CRP 蛋白，高灵敏度对照血清。同位素标记和未标记的两种肽段：GYSIFSYATK 和 YEVQGEVFTKPQLWP，二者标记部位分别为 $^{13}C_9$，$^{15}N_1$-苯丙氨酸和 $^{13}C_5$，$^{15}N_1$-缬氨酸。

（2）CRP 的亲和纯化　取磁珠-CRP 单克隆抗体（以下简称 CRP 单抗）15μL，置于 1.5mL 含 CRP 样品的离心管中，离心，用磁分离器除去上清。加入含 1g/L 牛血清白蛋白（albumin from bovine serum，BSA）的磷酸盐缓冲液（phosphate buffered saline，PBS）和 0.5mL/L 的吐温-20 补足体积至 500μL。室温下涡旋温育 2h。磁珠先用 1mL 含 1g/L BSA 的 PBS 洗涤两次，再用含 1g/L BSA 的水溶液洗涤两次，然后加入 40μL 洗脱液（100mL/L 乙腈，含 1.67g/L BSA 的 4mL/L 三氟乙酸），轻柔涡旋，洗脱下来的 CRP 于-20℃储存，用于下一步的酶切。

（3）标准加入法　含有 38mg/L CRP 的高浓度对照血清 A 和 0.5mg/L CRP 的低浓度对照血清 B 按上述纯化方法处理，然后加入 0μg 和 3μg 的 CRP 标准蛋白按标准加入法进行定量分析，加入 1μg 和 2μg 的标准蛋白用于方法的线性验证。第一天和第三天对 A 组（含 A1、A2、A3、A4、A5、A6 六个平行样本）进行亲和纯化，第四天对 B 组（含 B1、B2、B3 三个平行样本）进行亲和纯化。在第一天和第四天对加入 0.1μg、1μg、3μg 和 5μg CRP 标准蛋白的水溶液进行亲和纯化，以得到外部校准曲线。

（4）酶切　样品 30℃下真空离心干燥，复溶于 50μL 50mmol/L 的 Tris（pH 8.3，含 5mmol/L 的 DTT 和 2g/L 表面活性剂）中，99.5℃加热 5min，60℃保持 30min。冷却，轻柔涡旋，加入 15mmol/L IAA，暗反应 1h，加入 DTT 使其浓度达到 21mmol/L 以终止反应，最后用 50mmol/L 的 Tris 和 5mmol/L 的 DTT 稀释表面活性剂浓度至 1g/L。按质量比 60：1（蛋白质：胰蛋白酶）的量加入胰蛋白酶，37℃酶切 45～48h，24h 时补加一次酶确保酶切完全。加入 0.5μL 三氟乙酸终止反应，继续在 37℃下温育 1h，然后离心，取上清，-20℃储存用于 LC-MS/MS 分析。

（5）LC-MS/MS 分析　取 80μL 酶切后样品转移至 1.5mL 离心管中，浓缩干燥，加入 30μL 标记肽段（130pmol）的水溶液。混合液室温下平衡 45min，转移到自动进样瓶中，用 API 4000 质谱仪联合 Agilent 1100 液相色谱仪进行定量分析，肽段的质谱图见图 1-19。

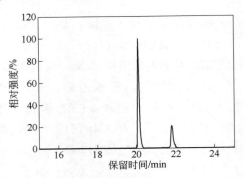

图 1-19　GYSIFSYATK（20.2min）和 YEVQGEVFTKPQLWP（21.8min）肽段的质谱图[71]

（6）结果　质谱图见图 1-19。按标准加入法计算得到表 1-7 的结果，高浓度样品 A 中 CRP 含量为 33.3mg/L（±8.7%），低浓度样品 B 中 CRP 含量为 0.34mg/L（±4.5%）；为了验证此结果的准确性，采用外标曲线进行校准，所得结果分别为 35.8mg/L（±11.5%）和 0.33mg/L（±9.2%）。两种方法间无明显差异，说明标准加入法准确可行。

表 1-7　CRP 血清样品标准加入法的定量结果[71]

时间/d	样品编号	CRP 含量平均值 / （mg/L）	日内平均值 / （mg/L）	日间平均值/（mg/L）（CV）
1	A1	32.9		
1	A2	29.3		
1	A3	35.7	33.0	
3	A4	32.8		
3	A5	37.3		
3	A6	31.5	34.6	33.3（8.7%）
4	B1	0.35		
4	B2	0.34		
4	B3	0.32		0.34（4.5%）

（7）讨论　目前用于复杂生物基质（如血清）中低丰度蛋白质定量的参考方法比较少，其难点主要在于高丰度蛋白质对目标蛋白质的离子抑制效应。因此在 LC-MS/MS 分析之前对样品进行纯化处理，去掉大多数高丰度杂质，实现目标蛋白质富集，从而提高其信噪比显得非常重要。

另外，由于缺乏合适的内标蛋白质，在样品纯化和酶切过程中引入的误差无法被估计，使得实验结果不够准确可靠。如果能有标记的完整蛋白质作为内标，在实验的一开始就将其加入样品中，利用该已知量的内标对整个实验过程的误差进行校正，可以达到很高的准确性和精密度。因此研制与目标蛋白质具有同样翻译后修饰和蛋白质互作性质的同位素标记蛋白质是当下解决这一问题的关键。

四、液相色谱−同位素稀释质谱在参考方法建立中的应用

1995 年国际计量委员会（CIPM）物质量咨询委员会（CCQM）确认了同位素稀释质谱法、库仑法、重量法、滴定法和凝固点下降法是具有权威性的化学计量方法。

所谓权威方法是指其特性值可以依据基本测量单位直接被测量的或可能通过用准确的数学公式表示的物理或化学理论间接地联系到基本单位进行测量的方法。这些方法有可靠的理论基础和严格的数学表达式；测量环节清楚、明了，不确定度能够估计和表达；在同等品种和同等量级的测量中，所提供的量值同其它方法相比具有最高的计量特性，即准确度高，并能直接溯源到国际基本单位。

同位素稀释质谱法（IDMS）是通过同位素丰度的精确质谱测量和所加入稀释剂的准确称量，求得待测样品中某元素的绝对量，有效地把元素的化学分析转变为同位素测量，因此具有同位素质谱测量的高精度和化学计量的高准确度。一旦稀释剂加入并与待测物达到平衡，同位素比值即已恒定，只要测量操作正确不致污染就不会改变，即使在元素分离与取样过程中有所丢失，对分析结果也无影响，不需严格定量分离，测量结果可直接溯源到国际单位 mol。使用高灵敏度的质谱仪可以进行微量、痕量和超痕量的分析，元素周期表中大约 80%的元素都可用该法进行测量，与其它方法相比，IDMS 具有测量范围广、灵敏度高、准确度好的特点。

自 20 世纪中期，随着高性能单聚焦、双聚焦质谱仪器和动态质谱仪器的大量涌现，质谱仪与计算机、质谱仪与色谱技术的联合使用，质谱分析获得了新的发展。方法的灵敏度、测量精度和测定值的不确定度有了较大的提高。应用范围不断拓宽，在稳定同位素、放射性同位素精确测量的基础上，同位素质谱与分析化学、化学计量学在样品消解、元素分离、浓缩和准确计量的成就相结合，为同位素质谱成为化学成分分析的有力手段开辟了新的途径，也为 IDMS 的发展奠定了基础。

科技发达国家的相关实验室和国际计量委员会物质量咨询委员会、分析化学国际溯源性工作组等国际组织都很重视 IDMS 的应用研究，自 1993 年起 CIPM-CCQM 每年都组织 IDMS 国际比对，目的是检验该法在各国开展的水平，规范测量程序，为化学测量国际溯源体系的建立打下基础。现在 IDMS 已广泛地应用在环境化学、生物化学、医学、营养学、地球化学、核科学等领域，并在实现化学测量国际溯源中起到重要的作用。

甲状腺疾病目前已成为除糖尿病外内分泌领域的第二大疾病，中国的甲状腺疾病发病率近年也呈逐年上升的趋势。相较于较高的发病率，甲状腺疾病并未得到足够的重视，加之某些疾病症状往往在较长时间内很隐匿，使得很多患者并不知晓，从而延误了治疗。甲状腺激素是反映甲状腺生理、病理状态的实验室检测

指标，甲状腺激素对健康的影响不仅表现在甲亢、甲减、甲状腺炎、甲状腺结节等甲状腺疾病上，越来越多的研究发现其与高血压、心脑血管疾病、糖尿病等疾病有关，可导致心脑功能异常、血脂紊乱、不育等。

Susan[74]等利用液相色谱-同位素稀释质谱法建立了人血清中总甲状腺素含量的候选参考方法。结果显示出了良好的精密度、准确度以及抗干扰能力，使用该方法可以降低常规方法中常见的误差以及实验室间的不精确度。

【实例1-11】LC-IDMS 用于人血清中总甲状腺素的测定[74]

（1）实验材料　L-甲状腺素标准物质，稳定同位素标记的 L-甲状腺素-d_5，Bond-Elut Certify™ SPE 柱（LRC；10mL；300mg），Zorbax Eclipse XDB-C$_{18}$ 柱［15cm×2.1mm（内径）；5μm 粒径］和 Zorbax Extend-C$_{18}$ 柱［15cm×2.1mm（内径）；5μm 粒径］，LC-MS 所用试剂皆为色谱纯，其余化学品为试剂纯。

（2）校准溶液的配制　取约 5mg 的甲状腺素标准物质，精确称量，溶于 20mL 甲醇（含几滴 1mol/L 的盐酸）中，在 100mL 的容量瓶中用甲醇定容，得到校准储备液，按这种方法配制 2 份；从中各取 5.0mL，用 0.05mol/L Na$_2$HPO$_4$ 缓冲液（pH 11.6）稀释，然后加入 5mg 二碘酪氨酸作为保护剂，在 100mL 容量瓶定容，制成校准溶液（也为 2 份），其浓度约为 2.5mg/L。按照同样的方法配制甲状腺素-d_5 内标溶液。从 2 份校准溶液中各取 1 份，加入内标溶液，使得 4 份校准液中非标记甲状腺素与标记甲状腺素质量之比落在 0.68～1.32 的范围内，用乙腈-水（32：68，含 10 mL/L 的乙酸）稀释至约 0.25mg/L，即可用于 LC-IDMS 分析。

（3）样品前处理　冷冻血清样品分三批处理（不同日期），每批包含 50μg/L、110μg/L 和 168μg/L 3 个浓度（分别记为 1、2、3），每个浓度 2 份，从每份中取 3.0mL，重复取样 2 次（这样每个浓度会有 4 个样品），置于 50mL 特富龙（聚四氟乙烯）离心管中，加入 5μg 二碘酪氨酸作保护剂，然后加入适量的甲状腺素-d_5 内标溶液，使得样品中未标记甲状腺素与标记甲状腺素质量之比约为 1：1，用 1mol/L 的盐酸调至 pH 2，然后 37℃平衡 2h。

平衡后，加入 5mL 150g/L 的三氯乙酸，冰浴 30min 除去蛋白质，然后加入 5mL 乙酸乙酯提取甲状腺素[74]，充分摇匀 10min，2000g 离心 10min，取上层乙酸乙酯层，置于 50mL 特富龙管中，加入 5μg 二碘酪氨酸，再分别用 4mL 和 3mL 乙酸乙酯重复提取两次。最后将乙酸乙酯提取液混合，40℃氮吹浓缩至 0.5mL。

为了进一步纯化血清中的甲状腺素，使用 Bond-Elut Certify™ SPE 柱进行固相萃取：在上述浓缩后的初提物中加入 4mL 0.01mol/L 的盐酸，用 3mol/L 的氢氧化钾调 pH 至 1.5±0.5。固相萃取柱使用前先以 6mL 的二氯甲烷-异丙醇（75：25）、6mL 甲醇和 6mL 0.01mol/L 的盐酸进行活化，然后以 3～4mL/min 的速度上样，接着按照 10mL 水、10mL 0.1mol/L 的盐酸、20mL 甲醇和 10mL 二氯甲烷-异丙醇

（75∶25）的顺序洗去杂质，最后用 5mL 二氯甲烷-异丙醇-氨水（70∶26.5∶3.5）洗脱甲状腺素并收集，40℃氮气吹干，复溶于乙腈-水（32∶68，含 10mL/L 的乙酸）中，使得甲状腺素的最终浓度为 0.25mg/L，即可用于 LC-MS 分析。

（4）LC-IDMS 分析　安捷伦 Hewlett Packard 1100 Series LC/MSD 质谱仪，ESI 离子源，流速为 0.3mL/min，干燥气温度为 350℃，干燥气流速为 12L/min，雾化压力为 172kPa（25psi），毛细管电压 3500V，碎裂电压为 100V。

正离子模式监测：甲状腺素和甲状腺素-d_5 的[M＋H]$^+$质荷比为分别是 m/z 778 和 783，Zorbax Eclipse XDB-C$_{18}$ 柱用于改善峰形，20μL 校准品和样品（约含 5ng 甲状腺素）用于 LC 分析，乙腈-水（32∶68，含 1mL/L 的乙酸）作为流动相，等度洗脱；

负离子模式监测：甲状腺素和甲状腺素-d_5 的[M－H]$^-$质荷比为分别是 m/z 776 和 781，Zorbax Extend-C$_{18}$ 柱有着很高的 pH 耐受度，适用于负离子检测，用于上述正离子检测的校准品和样品在进行负离子检测时，应先用 5mol/L 的氨水（1mL NH$_4$OH/5mL 校准品或样品）将 pH 调至 10 左右，甲醇-水（32∶68，含 2mL/L 的氨水）作为流动相，等度洗脱。

（5）结果　表 1-8 和表 1-9 的结果显示，批内 CV 在 0.2%～1.0%之间，批间 CV 在 0.2%～0.6%之间，说明方法具有很高的重现性。

表 1-8　正离子模式下血清中甲状腺素的 LC-IDMS 测量结果[74]

浓度号	批次	甲状腺素			汇总		
		平均值 /(μg/L)	SD /(μg/L)	CV /%	平均值 /(μg/L)	SD /(μg/L)	CV /%
1	1	49.4	0.24	0.5			
1	2	49.4	0.31	0.6	49.5	0.1	0.2
1	3	49.6	0.47	1.0			
2	1	108.0	0.55	0.5			
2	2	109.2	0.34	0.3	109.1	0.6	0.5
2	3	110.1	0.52	0.5			
3	1	167.0	0.96	0.6			
3	2	166.8	1.07	0.6	167.7	0.8	0.5
3	3	169.2	1.20	0.7			

表 1-9　负离子模式下血清中甲状腺素的 LC-IDMS 测量结果[74]

浓度号	批次	甲状腺素			汇总		
		平均值 /(μg/L)	SD /(μg/L)	CV /%	平均值 /(μg/L)	SD /(μg/L)	CV /%
1	1	50.0	0.34	0.7			
1	2	49.2	0.49	1.0	49.9	0.3	0.6
1	3	50.3	0.18	0.4			

续表

浓度号	批次	甲状腺素			汇总		
		平均值 /(μg/L)	SD /(μg/L)	CV /%	平均值 /(μg/L)	SD /(μg/L)	CV /%
2	1	109.1	0.32	0.3			
2	2	109.8	0.24	0.2	109.8	0.4	0.4
2	3	110.5	1.05	1.0			
3	1	168.3	0.86	0.5			
3	2	167.1	0.35	0.2	167.6	0.4	0.2
3	3	167.2	1.33	0.8			

统计学分析见表 1-10。

表 1-10　LC-IDMS 法测量血清中甲状腺素的扩展不确定度计算[74]

项目	浓度 1	浓度 2	浓度 3
正离子模式			
平均值/(μg/L)	49.5	109.1	167.7
平均值的 RSD/%	0.15	0.55	0.46
负离子模式			
平均值/(μg/L)	49.9	109.8	167.6
平均值的 RSD/%	0.63	0.39	0.22
方法间偏差/%	0.45	0.45	0.45
标准物质纯度的不确定度/%	0.2	0.2	0.2
不确定度的合并 RSD/%	0.81	0.84	0.71
自由度	5.58	8.38	10.52
K 因子	2.57	2.31	2.23
相对扩展不确定度/%	2.1	1.9	1.6
平均值/(μg/L)	49.7	109.5	167.7
不确定度/(μg/L)	1.0	2.1	2.7

以上结果显示，三个浓度下，正离子模式和负离子模式之间的偏差为 0.45%，说明两种操作模式具有很好的一致性。

LC-IDMS 法与临床常规方法的比较见表 1-11。

表 1-11　LC-IDMS 法与临床常规方法的对比（平均值±标准偏差）[74]

浓度号	LC-IDMS 法/(μg/L)	临床常规方法/(μg/L)	绝对偏差/(μg/L)	相对偏差/%
1	49.7±1.0	54.4±5.9	4.7	9.5
2	109.5±2.1	113.9±11.1	4.4	4.0
3	167.7±2.6	172.6±19.2	4.9	2.9

常规方法所得数据是来自美国病理学家协会（College of American Pathologists，CAP）2000 个临床实验室的平均结果，数据显示浓度 1 的相对标准偏差在 10% 以

上，说明这些临床实验室之间的结果具有统计学上的差异，即现存的临床常规检测方法不能在各实验室间实现一致性。

综上，此试验中使用的 LC-IDMS 法具有很好的稳定性、精密度和准确度，达到了作为候选参考方法所要求的水平。

五、液相色谱-同位素稀释质谱在临床诊断标志物标准物质定值中的应用

标准物质的定值是对标准物质特性量赋值的全过程。标准物质作为计量器具的一种，它能复现、保存和传递量值，保证在不同时间与空间量值的可比性与一致性。要做到这一点就必须保证标准物质的量值具有溯源性，即标准物质的量值能通过连续的比较链以给定的不确定度与国家或国际基准联系起来。要实现溯源性就必须对标准物质研制单位进行计量认证，保证研制单位的测量仪器经过计量校准，要对所用的分析测量方法进行深入的研究，定值的测量方法应在理论上和实践上经检验证明是准确、可靠的方法，应对方法、测量过程和样品处理过程所固有的系统误差和随机误差如溶解、消化、分离及富集等过程中被测样品的玷污和损失、测量过程中的基体效应等引起的误差进行研究，选用具有可溯源的基准试剂，要有可行的质量保证体系。要对测量结果的不确定度进行分析，在广泛的范围内进行量值比对，而且要经国家主管部门的严格审核等。

同样，在对临床诊断标志物的标准物质定值时也应遵循以上原则。

临床上有许多氨基酸代谢病是以与其相关的氨基酸作为诊断标志物的，常见的有苯丙酮尿症、同型胱氨酸尿症、酪氨酸血症、组氨酸血症等[75]。氨基酸代谢病多是由于体内某种关键酶的缺乏，从而导致相应氨基酸代谢发生障碍，在血液中浓度升高，产生毒性作用。对患者体内氨基酸水平的检测将有助于疾病的早期诊断、治疗以及监测。此类疾病也是新生儿疾病筛查中的重要部分。那么，在对氨基酸进行定性或定量分析时，高等级的标准物质可以保证分析结果的准确可靠。

Mark[76]等应用液相色谱-同位素稀释质谱法（LC-IDMS）对美国国家标准与技术研究院（NIST）的一种标准物质 2389a（SRM 2389a）进行了定值。SRM 2389a 是由 NIST 研制的用于实验室内部校准和质量控制的氨基酸标准物质，含有 17 种氨基酸，其基体为 0.1mol/L 的 HCl。测量结果重复性的变异系数（CV）为 0.33%～2.7%，平均变异系数为 1.2%。A 型和 B 型不确定度的平均相对扩展不确定度为 3.5%。对于所有氨基酸，LC-MS/MS 测量和重复测定数值的平均精度一致为 1.1%。结果表明 NIST 参考物质 SRM 2389a 可以应用于常规氨基酸分析技术，并可作为一种高水平测量可溯源性中的标准物质。这是 LC-IDMS 方法首次应用于 NIST SRM 物质中进行氨基酸定量分析。

【实例 1-12】基于液相色谱-同位素稀释质谱法的 NIST 标准物质 2389a 的定值[76]

（1）实验材料 SRM 2389a 为 NIST 内部配制，高纯度 LC-MS 级水和乙腈，三氟乙酸（trifluoroacetic acid，TFA），恒沸点盐酸溶液（hydrochloric acid，HCl），未标记的氨基酸，标记的氨基酸购自剑桥同位素实验室，同位素标记情况如下：L-丙氨酸（U-$^{13}C_3$ 98%，^{15}N 98%），L-精氨酸（U-$^{13}C_6$ 98%），天冬氨酸（U-$^{13}C_4$ 98%），胱氨酸（U-$^{13}C_6$ 98%，$^{15}N_2$ 98%），谷氨酸（U-$^{13}C_5$ 98%），甘氨酸（U-$^{13}C_2$ 97%～99%，^{15}N 97%～99%），组氨酸（U-$^{13}C_6$ 98%，＜5% D），L-异亮氨酸（U-$^{13}C_6$ 98%），亮氨酸（U-$^{13}C_6$ 98%），L-赖氨酸（U-$^{13}C_6$ 98%），蛋氨酸（U-$^{13}C_5$ 97%～99%，^{15}N 97%～99%），苯丙氨酸（U-$^{13}C_9$ 97%～99%，^{15}N 97%～99%），L-脯氨酸（U-$^{13}C_5$ 98%，^{15}N 98%），丝氨酸（U-$^{13}C_3$ 98%，^{15}N 98%），苏氨酸（U-$^{13}C_4$ 97%～99%），酪氨酸（U-$^{13}C_9$ 98%，^{15}N 98%），缬氨酸（U-$^{13}C_5$ 98%）。

（2）实验设计 由于标记的氨基酸不是同时获得的，故所有氨基酸分 5 组分析：①脯氨酸，缬氨酸，异亮氨酸，亮氨酸，苯丙氨酸；②天冬氨酸，丝氨酸，酪氨酸，赖氨酸；③苏氨酸，丙氨酸，蛋氨酸，精氨酸；④谷氨酸，组氨酸；⑤甘氨酸，胱氨酸。每组随机取 4 安瓿瓶不同生产批次的 SRM 2389a，各安瓿瓶中的试样三等分，重复分析两次（分 2d），所以一共可以得到 24 个测量值，浓度值的精度就是基于这 24 个测量值；氨基酸样品组 1 重复分析三次（分 3d），那么一共会有 36 个测量值，所以它们浓度值的精度就是基于这 36 个值。样品分两组进样，每组 6 个，按照括号法的原则，在每个样品进样前后都使用校准品进行校准，另外在样品和校准品之间进空白样品。在不同的日期，改变组内和组间的进样顺序。

（3）内标溶液和校准溶液的制备 在 0.1mol/L 盐酸中按重量法制备同位素标记与未标记的氨基酸储备液。氨基酸 4℃下溶解过夜。由内标储备液，按 SRM 中重量法测量的氨基酸水平（约等于 50μmol/L 氨基酸）配制等摩尔比的内标工作溶液；由校准储备液，按重量法制备两组用于 LC-MS/MS 分析的校准溶液（每组 4 个，共 8 个），校准液浓度按目标分析物与内标摩尔比为 0.8、0.9、1.1、1.2（约等于 40μmol/L、45μmol/L、55μmol/L 和 60μmol/L）来制备。对于氨基酸样品组 1，只需制备 45μmol/L 和 55μmol/L 两个浓度。然后在校准液中添加相同的内标溶液。在每个样品分析之前，在较宽的浓度范围内评价质谱响应的线性。

（4）样品制备 图 1-20 提供了样品制备和定量分析的基本流程。SRM 2389a 制备、装瓶、4℃存储于棕色玻璃安瓿瓶中。随机选取 4 瓶 SRM 2389a 样品，室温平衡 30min。量取三份 20μL 的样品置于自动进样瓶中，然后在真空离心蒸发浓缩器中冷冻干燥过夜（＞16h）。第二天，各样品瓶中按重量法添加约 1000μL 的内标溶液，使得标记和未标记氨基酸的最终工作浓度约为 50μmol/L。进样瓶轻柔涡旋，4℃放置过夜（＞16h）供质谱分析。

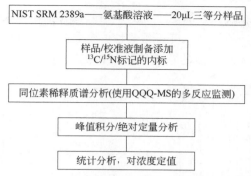

图 1-20 SRM 2389a 氨基酸定量分析流程图[76]

（5）LC-MS/MS 分析 Agilent 1100 系列液相色谱系统，在线联合 API 4000 三重四极杆质谱仪（后因故改用 Agilent 1200 系列液相色谱系统/API 5000 质谱仪分析样品组 5），Primesep 100 混合式色谱柱（250mm×2.1mm，5μm 粒径，孔径 10nm）和 Primesep 100 保护柱（10mm×2.1mm，5μm 粒径，孔径 10nm），进样量 5μL，实现氨基酸的色谱分离。流动相 A 和 B 分别为含有 0.5mL/L 和 4.5mL/L TFA 的 0.3L/L 的乙腈水溶液。对于样品组 1，需要分离异亮氨酸/亮氨酸的同分异构体，色谱分离首先在等度条件（100%A）、其次在强洗脱条件（95%B）下完成，然后再平衡。对于样品组 2～5，采用线性梯度增加的有机相（乙腈），在 30min 内从 0% B 开始到 50% B 结束，结合 pH 梯度递减（增加 TFA 浓度），然后进行柱洗脱和再平衡。

实验过程中柱温维持在 30℃，自动进样器温度控制在 10℃，流速恒定在 200μL/min。所有分析采用下面的质谱参数（括号内的值表示分析氨基酸组 5 时对于 API 5000 的设置）：Q1 和 Q3 单位分辨率，碰撞气压力为 41kPa（6psi），气帘气（CUR）压力为 69kPa（10psi）/275kPa（40psi），离子源气体 1（GS1）压力为 552kPa（80psi）/207kPa（30psi），

离子源气体 2（GS2）压力为 345kPa（50psi）/276kPa（40psi），离子喷雾电压（IS）为 5000V，毛细管温度（TEM）为 500℃，接口加热器打开，驻留时间为 200ms。

（6）结果 以质量比（标记/未标记）为横坐标，峰面积比值（标记/未标记）为纵坐标，绘制校准曲线（见图 1-21，以丙氨酸为代表）。数据回归模型分析表明在目标浓度

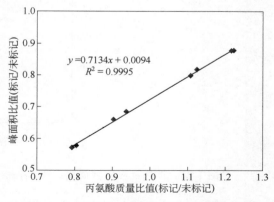

图 1-21 以丙氨酸为例的典型校准曲线[76]

范围内所有校准曲线呈线性，满足 $y=mx+b$ 的回归模型，相关系数（R^2）≥0.99，显示了低偏差以及良好的样品浓度可预测性。校准曲线的斜率介于 0.6678～1.227。

每组氨基酸中代表性样品的总离子流（TIC）图如图 1-22 所示。

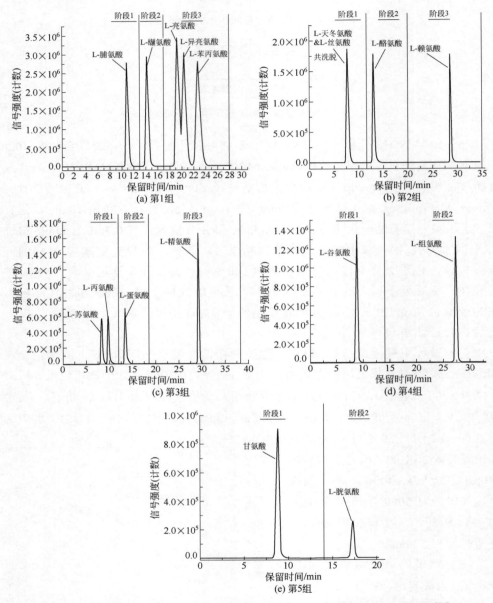

图 1-22　选择反应监测模式：5 组样品中代表性氨基酸的总离子流图[76]

SRM 2389a 中所有氨基酸的定值浓度和扩展不确定度（包括 A 类和 B 类不确定度）如表 1-12 所示，相对扩展不确定度介于 2.8%～6.5%。

表 1-12 SRM2 389a 中氨基酸的定值浓度和相对扩展不确定度[76]

氨基酸	定值质量分数±扩展 不确定度/(mg/g)	相对扩展不确定 度/%	定值浓度±扩展不确定 度/(mmol/L)	相对扩展不确定 度/%
丙氨酸	0.2226±0.0064	2.9	2.501±0.072	2.9
精氨酸	0.4361±0.0124	2.8	2.507±0.071	2.8
天冬氨酸	0.3326±0.0097	2.9	2.502±0.074	2.9
胱氨酸	0.2954±0.0133	4.5	1.231±0.056	4.5
谷氨酸	0.3679±0.0106	2.9	2.504±0.073	2.9
甘氨酸	0.1889±0.0054	2.9	2.520±0.072	2.9
组氨酸	0.3899±0.0110	2.8	2.516±0.071	2.8
异亮氨酸	0.3197±0.0145	4.5	2.440±0.111	4.5
亮氨酸	0.3192±0.0143	4.5	2.436±0.109	4.5
赖氨酸	0.3525±0.0229	6.5	2.414±0.157	6.5
蛋氨酸	0.3733±0.0108	2.9	2.505±0.072	2.9
苯丙氨酸	0.4205±0.0127	3.0	2.549±0.077	3.0
脯氨酸	0.2824±0.0127	4.5	2.456±0.110	4.5
丝氨酸	0.2563±0.0091	3.5	2.441±0.086	3.5
苏氨酸	0.2962±0.0084	2.9	2.490±0.071	2.9
酪氨酸	0.4594±0.0133	2.9	2.539±0.074	2.9
缬氨酸	0.2933±0.0095	3.2	2.506±0.082	3.3

以上所使用的 LC-IDMS 法被认为是生物分子定量的"金标准"[77]。对于复杂生物基质中的低丰度分析物，LC-MS/MS 分析表现出了极为出色的准确度、精密度和特异性[78]。

同位素稀释法测量程序是指在样品和校准液中添加同位素标记内标品的技术。用同位素标记的被测量模拟物作为内标，在样品制备、色谱分离、电离、碎裂和检测过程中稳定的同位素内标将与被测物质表现出相同的特性，二者质量比始终保持一致，从而可以消除操作过程中基体干扰和系统误差。而质谱方法的特点是具有高选择性，能够降低干扰，在一个大的动态范围内保持高精度，易于根据样品制备情况添加稳定同位素内标。所以，同位素稀释质谱法可以满足测量程序中各个环节的高要求，对于标准物质的定值我们非常需要这种高精度和高准确度水平的测量方法。

参 考 文 献

[1] 宋德伟, 董晓杰, 等. 质谱学报, 2014, 35(5): 462-466.

[2] Morrow D A, Rifai N, Antman E M, et al. J Am Coll Cardiol, 1998, 31(7): 1460-1465.

[3] 顾克东, 张雅青. 西北民族大学学报: 自然科学版, 2005, 26(3): 85-88.

[4] Corg A, Obermaier C, Boguth G. Electrophoresis, 2002, 21(6): 1187-1201.

[5] 胡晓舟, 张捷. 临床检验杂志, 2005, 23(4): 314-316.

[6] 刘钰, 宋德伟, 等, 质谱学报, 2017, 38 (6): 640-646.

[7] 马芸, 林国跃, 黄萍. 中华现代护理学杂志, 2006, 3(23): 2121-2122.

[8] 王维鹏, 魏中南. 简明医学检验参考手册. 武汉: 湖北科学技术出版社, 2006.

[9] Roy K M, Bagg J, McCarron B. Oral Dis, 1999, 5(2): 123-127.

[10] Posyniak A, Zmudzki J, Semeniuk S. J Chromatogr A, 2001, 914(1-2): 89-94.

[11] Draisci R, Marchiafava C, Palleschi L, et al. J Chromatogr A, 2001, 753(2): 217-223.

[12] Benthin B, Danz H, Hamburger M. J Chromatogr A, 1999, 837(1-2): 211-219.

[13] Yu Liu, Dewei Song, et al. Anal Bioanal Chem, 2017, 409(13): 3329-3335.

[14] 冯健男, 杜守颖, 白洁, 等. 中国中药杂志, 2014, 39(21): 4143-4148.

[15] Eva Aguilera-Herrador, Rafael Lucena, Soledad Cárdenas, et al. Anal Chem, 2008, 80(3): 793-800.

[16] Robin Tuytten, Filip Lemière, Walter Van Dongen, et al. Anal Chem, 2008, 80(4): 1263-1271.

[17] 戴国梁, 居文政, 谈恒山, 等. 中国医院药学杂志, 2013, 33(6): 484-487.

[18] Ralf E, Janusz P. Anal Chem, 1997, 69(16): 3140-3147.

[19] Jonathan E T, Thomas W V, et al. Anal Chem, 1999, 71(13): 2379-2384.

[20] Hooshang P, Nadereh R. J Pharmaceut Biomed, 2009, 50(1): 58-63.

[21] Jee Yeon Jeong, Ji Hyun Lee, Eun Young Kim, et al. Saf Health Work, 2011, 2(1): 57-64.

[22] Stephen C J, Roland H, Lance B K, et al. Anal Chem, 1994, 66(7): 1107-1113.

[23] Ceriotti L, De R, Verpoorte E. Anal Chem, 2002, 74(3): 639-647.

[24] Lazar I M, Li L, Yang Y, et al. Electrophoresis, 2003, 24(21): 3655-3662.

[25] 孙雪晴, 胡高飞, 宋德伟. 质谱学报, 2015, 36 (1): 16-22.

[26] Riggs L, Sioma C, Regnier F E. J Chromatogr A, 2001, 924(1): 359-368.

[27] Melissis S C, Rigden D J, Clonis Y D. J Chromatogr A, 2001, 917(1-2): 29-42.

[28] John M N, Xuyuan Gu, Dustin E G, et al. Tetrahedron Lett, 2004, 45(21): 4139-4142.

[29] Aqai P, Peters J, Gerssen A, et al. Anal Bioanal Chem, 2011, 400(9): 3085-3096.

[30] Yishan Wang, Yanjie Hu, Di Wang, et al. Cancer Biomarkers, 2012, 11(4): 129-137.

[31] 戴新华, 杨梦瑞, 徐蓓, 等. 化学分析计量, 2008, 17(3): 78-80.

[32] 陈忠余, 张天娇, 张传宝, 等. 临床检验杂志, 2011, 29(9): 660-662.

[33] Masatoki K, Yoshifumi M, Kensuke K, et al. Biomed Chromatogr, 2006, 20: 440-445.

[34] White V E, Welch M J, Sun T, et al. Biomed Mass Spectrom, 1982, 9(9): 395-405.

[35] Reinauer H, et al. Clin Chem, 1993, 39(6): 993-1000.

[36] Thienpont L M, Van Nieuwenhove B, et al. Eur J Clin Chem Clin Biochem, 1996, 34(10): 853-860.

[37] Stewart T C. Clin Chem, 1976, 22(1): 74-78.

[38] 董晓杰, 徐蓓. 化学分析计量, 2012, 21(4): 81-83.

[39] 李明, 宋爱羚, 等. 临床和实验医学杂志, 2011, 10(11): 844-845.

[40] Johnna A B, Tiffany A M. Anal Chem, 2013, 85: 7398-7404.

[41] Hubbard K E, Amy W, et al. Biomed Chromatogr, 2010, 24: 626-631.

[42] Huang K J, Yu S, Li J, et al. Microchimica Acta, 2012, 176(3-4): 327-335.

[43] 张宇浩, 马昱, 等. 中国临床医学, 2012, 19(3): 227-229.

[44] 邹美芬, 周杏琴, 等. 分析测试学报, 2009, 28(8): 981-984.

[45] Taoguang Huo, Yinghua Zhang, Weikai Li, et al. Biomed Chromatogr, 2014, 28: 1254-1262.

[46] Elvis M K Leung, Wan Chan. Anal Bioanal Chem, 2014, 406: 1807-1812.

[47] 冯蕾, 鄢爱平, 等. 分析化学, 2009, 37.

[48] Markina N E, Goryacheva I Y, et al. Anal Bioanal Chem, 2018, 410 (8): 2221-2227.

[49] 冯斌, 邵华, 程学美. 中国卫生检验杂志, 2006, 16(2): 207-208.

[50] Jongeneelen F J, et al. J Chromtogr, 1987, 413: 227-232.

[51] Thaneeya C, Akira T, et al. Anal Bioanal Chem, 2006, 386: 712-718.

[52] 盛晓燕, 段京莉. 中国药物与临床, 2009, 9(8): 730-732.

[53] Yan Li, Lori J S, Peter E B, et al. Clin Proteom, 2008, 4: 58-66.

[54] Eng J, McCormack A L, Yates J R 3rd. J Am Soc Mass Spectrom, 1994, 5: 976-989.

[55] Tian Y, Zhou Y, Elliott S, et al. Nat Protocols, 2007, 2: 334-339.

[56] Patricia K, Theodorus A, Rudiger O, et al. Clin Chem, 2010, 56(5): 750-754.

[57] Henrion A F J. Anal Chem, 1994, 350: 657- 658.

[58] Sean A A, Luke C M, Andrew N H, et al. Clin Chem, 2010, 56(12): 1804-1813.

[59] Hoofnagle A N, Wener M H. J Immunol Methods, 2009, 347: 3-11.

[60] Addona T A, Abbatiello S E, Schilling B, et al. Nat Biotechnol, 2009, 27: 633-641.

[61] Bondar O P, Barnidge D R, Klee E W, et al. Clin Chem, 2007, 53: 673-678.

[62] Hoofnagle A N, Becker J O, Wener M H, et al. Clin Chem, 2008, 54: 1796-1804.

[63] Kuhn E, Addona T, Keshishian H, et al. Clin Chem, 2009, 55: 1108-1117.

[64] Dewei Song, Hongmei Li, et al. Int J Mol Med Epub, 2013, 24: 736-742.

[65] R D Josephs, Li M, D Song, et al. Metrologia, 2017, 54: 08007.

[66] Neubert H, Gale J, Muirhead D. Clin Chem, 2010, 56: 1413-1423.

[67] Whiteaker J R, Zhao L, Anderson L, et al. Mol Cell Proteomics, 2010, 9: 184-196.

[68] Anderson N L, Anderson N G, Pearson T W, et al. Mol Cell Proteomics, 2009, 8: 883-886.

[69] Carr S A, Anderson L. Clin Chem, 2008, 54: 1749-1752.

[70] Paulovich A G, Whiteaker J R, Hoofnagle A N, et al. Proteom Clin Appl, 2008, 2: 1386-1402.

[71] Eric L K, David M B. Anal Chem, 2009, 81: 8610-8616.

[72] 张方彦, 肖鹏, 等. 生命科学仪器, 2018, 16(4): 34-39.

[73] 张春鹏, 宋德伟, 等. 生命科学仪器, 2016, 14(4): 47-50.

[74] Susan S-C Tai, Lorna T S, Michael J W. Clin Chem, 2002, 48(4): 637-642.

[75] Hay I D, Annesley T M, Jiang N S, et al. J Chromatogr, 1981, 226: 383-390.

[76] Mark S L, James Y, David M B, et al. Anal Bioanal Chem, 2010, 397: 511-519.

[77] Deleenheer A P, Thienpont L M. Mass Spectrom Rev, 1992, 11: 249-307.

[78] Tai S S C, Xu B, Welch M J, et al. Anal Bioanal Chem, 2007, 388: 1087-1094.

CHAPTER 2

色谱在药物代谢研究中的应用

第一节 概述

药物代谢和药代动力学（drug metabolism and pharmacokinetics，DMPK）定量描绘药物及其它外源性物质经过各种途径进入机体后的吸收、分布、代谢、排泄过程及其机制，阐释机体对药物的处置、揭示药物在体内的生物转化以及与内源性和外源性物质的相互作用，为新药研发和药物临床安全有效使用提供科学依据。

对于机体而言，大多数药物是外源性分子，经口服或注射等途径进入体内后，吸收入血，随血液循环分布到全身，在药物代谢酶的作用下发生生物转化（或代谢），以原型或产物的形式排出体外。药物代谢和药代动力学研究中涉及大量的生物样品定性定量分析，样品种类包括血浆、血清、尿、唾液、胆汁等各种体液，以及组织样品和排泄物。这些生物样品的取样量少、基质复杂、药物和代谢产物浓度低但样本量大，因此，要求生物分析方法的特异性强、灵敏度高、重现性好、简便快速，并具有一定的通量。目前，药物代谢相关的生物分析技术首选色谱法，连接不同类型的检测器的液相色谱或气相色谱，可以适应不同类型化合物的定性定量分析，特别是选择性强、灵敏度高、集分离和分析功能为一体的色谱-质谱联用技术，已成为药物代谢研究以及药物毒物分析的主流技术[1]。

一、药物的生物转化和代谢产物

药物代谢是药物在体内代谢酶的作用下经历的生物化学转化过程，这一过程因药物的结构而异，并依赖于机体的生物学条件。药物在体内的生物转化通常涉及一个或多个连续的反应时相，即Ⅰ相和Ⅱ相代谢转化反应。Ⅰ相反应是功能团的代谢反应，通过氧化、还原或水解，在药物结构上引入新的基团或对已有基团进行修饰。介导药物Ⅰ相代谢反应的酶有细胞色素 P450 酶、单胺氧化酶、酯酶和酰胺酶等。Ⅱ相反应是结合反应，药物或Ⅰ相代谢产物在Ⅱ相酶的作用下，与内源性的物质（如葡萄糖醛酸、硫酸）以及谷胱甘肽等形成结合物。常见的Ⅱ相酶有尿苷二磷酸-葡萄糖醛酸转移酶、磺基转移酶和谷胱甘肽-S-转移酶等[2]。

药物或外源性化合物在体内代谢酶催化下的生物转化过程是机体自身防御功能之一，通过在药物结构中加入离子化的基团而产生极性或水溶性更高的代谢产物，使其能更快地排出体外。因此，大多数代谢途径是失活或解毒的过程。但是药物的生物转化也会生成活性代谢产物，在体内发挥与原型药物相似或不同的药理或毒理效应。有些药物在代谢酶的作用下能生成反应性产物或中间体，在体内与蛋白、酶、DNA 等生物大分子结合或反应，引起肝毒性等不良反应或毒性反应。因此，药物代谢途径及产物与其药效和安全性紧密相关。

在现代新药发现和开发的实践中，先导化合物和药物候选物代谢途径及产物的筛查和评价已成为新药研究中的一个不可缺失的重要部分，对化合物体内代谢途径和可能代谢产物的早期认识有助于先导物的优化及候选物的选择；临床前在实验动物上以及临床人体的代谢途径和产物研究，都是新药研发中的重要内容，对于药物的安全有效使用至关重要。

二、药物代谢和药代动力学研究方法

药物代谢和药代动力学研究通常采用体内和体外相结合的方式进行。动物体内代谢研究通常在小鼠、大鼠、犬或猴等实验动物上进行，按照药物临床给药途径，经口服、静脉或肌内注射等途径给予一定剂量的药物后，采集血液、胆汁、尿液或粪便；人体试验则采集血浆和尿粪排泄物，应用色谱、色质联用等各种分析手段检测原型药物及其代谢产物，得到动物或人体的代谢产物谱，并对主要的产物进行结构分析和确证。随后，在分离纯化或合成获得产物标准品的基础上，定量分析血循环、组织器官和排泄物里代谢产物浓度，比较产物与原型药物在血循环和特定组织中的暴露水平，并计算排泄物的回收率进行物料平衡分析，确定药及其代谢产物的消除或排泄途径，用于指导药效学和安全性评价以及临床合理给药方案的制定。

体外代谢试验通常应用血浆、组织匀浆、细胞或亚细胞成分等实验材料。肝脏是药物代谢的主要器官，含有大部分的Ⅰ相和Ⅱ相药物代谢酶，因此，肝细胞和肝 S9、肝微粒体等亚细胞成分是常用的体外试验材料，如果需要也可以用肾、肺、小肠微粒体。试验时将药物与细胞或加入辅酶因子的肝微粒体孵育一定时间后，测定孵育液中的原型药物和代谢产物。相对于体内试验，体外孵育体系具有简便、快速、通量较高以及可以采用人源材料获得人体相关数据等优点。体外肝细胞或微粒体孵育试验可以用于肝脏代谢稳定性评价、代谢产物谱研究、代谢产物鉴定，以及用作生物反应器生产和分离主要代谢产物。

三、药物代谢研究中的生物样品及前处理方法

药物代谢的体内体外研究涉及血、组织匀浆、排泄物、细胞或肝微粒体孵育液等多种类型的生物样品。在色谱或色质联用分析前，需要进行样品的前处理，去除内源性的蛋白、脂质等内源性物质，微量或痕量药物及代谢产物的分析还需对样品进行必要的富集。复杂生物样品前处理的步骤往往繁琐耗时，易引起误差，已成为制约分析效率和准确度提升的关键环节[3,4]。

药物代谢研究中常用的生物样品前处理技术主要有蛋白沉淀、液液萃取和固相萃取，在微量代谢产物的定量分析中也可用固相或液相微萃取等方法。

1. 蛋白沉淀（protein participation）

药物代谢研究中常用的蛋白沉淀方法包括有机溶剂沉淀法和盐析法，适用于强极性药物或两性类药物。由于药物代谢途径多样化，可产生氧化、还原、水解或结合产物，大多数产物的结构未知且极性或理化性质差异较大，应用萃取方法通常不能有效回收所有的产物。因此，蛋白沉淀是未知代谢产物检测的通用方法，操作简单且能最大程度保留样品中结构和极性各异的代谢产物。甲醇和乙腈是常用的沉淀剂，色谱分析的样品前处理还可在有机溶剂中加入10%三氯乙酸以提高待测物的回收率，但液质联用分析最好避免使用三氯乙酸。

2. 液液萃取（liquid-liquid extraction，LLE）

LLE一般用于亲脂性药物或其Ⅰ相代谢的代谢产物的提取，对于微量或痕量待测物，具有较好的分离和富集作用。生物样品（血浆、尿液等）中的大多数内源性杂质是强极性的水溶性物质，选用适宜的有机溶剂提取，对大多数药物可以达到满意的提取回收率。提取溶剂的选择主要依据被测物的极性，极性较小的药物可选择正己烷等极性相对较弱的溶剂；对于极性较强的药物，可选用二氯甲烷、丙酮等溶剂，乙酸乙酯、石油醚和叔丁基甲醚也是常选的提取溶剂。在测定多个药物组分或者同时测定药物及其代谢产物时，可以选用多种溶剂配比混合。溶剂的选择除了考虑提取效率外，还要兼顾操作是否便利以及对人体和环境的影响。

3. 固相萃取（solid-phase extraction，SPE）

SPE适用于复杂基质生物样品中药物和代谢产物的分离富集，特别是血、尿、胆汁和组织样品。SPE一般以吸附剂为固定相，当液体样品通过固定相时，保留

其中某些组分，用适当溶剂淋洗可去除杂质，然后用少量溶剂洗脱待测物，从而达到分离、净化与富集的目的。SPE 的一般操作流程见图 2-1。

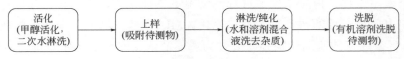

图 2-1　固相萃取操作流程

血浆、胆汁、尿等体液样品可直接上 SPE 柱处理。对于固体或半固体的组织样品，如肝脏、脑和粪便等，通常先用生理盐水或缓冲液等制成匀浆，经离心或 LLE 后，取上清液过萃取小柱，进行萃取或富集。与 LLE 相比，SPE 有以下优势：①市场上已有多种材料的成熟商品小柱，易于获取；②回收率高；③不易产生乳化，分离效率较高；④溶剂用量减少，降低了费用且环保；⑤自动化程度高，与分析仪器的兼容性好。但 SPE 柱填充材料的普适性给多个成分的分离带来问题，不同的待测物适用的柱子也不同，需要通过实验比较来选择；离线手动 SPE 操作因上样、冲洗和洗脱环节多，耗时且样品间因处理手法的差异或洗脱速度不同可能造成重现性差，采用在线或自动萃取装置可以改善。

4．液相微萃取（liquid-phase microextraction，LPME）

LPME 是在 LLE 基础上发展起来的液液萃取新技术，与 LLE 相比，LPME 可以达到相同的灵敏度，但所需溶剂更少，适用于生物样品中痕量或超痕量药物的测定。LPME 技术包括分散液相微萃取、单滴液相微萃取以及中空纤维液相微萃取等。分散液相微萃取的萃取时间大幅缩短，常与气相色谱或液相色谱联用测定生物样品中药物含量。单滴液相微萃取采用微量注射器的针尖悬住一小滴有机溶剂，通过液相顶空或深入生物样品（如血浆）内部进行萃取，一段时间后，回收微滴至注射器，直接进样分析。中空纤维液相微萃取可有效减少生物样品中内源性物质的干扰，提高回收率。

5．固相微萃取（solid-phase microextraction，SPME）

SPME 是在固相萃取基础上发展起来的一种新型前处理方法。SPME 基于液-固吸附、气-固吸附平衡原理，利用待测物在固定相涂层与样品之间的吸附平衡原理富集待测物，经解吸附，用联用的分析仪器对待测物进行分析，是集萃取、浓缩、解吸、进样于一体的样品前处理方法。SPME 所需的样品量比传统的萃取技术要少，便于与分析仪器联用。与 SPE 相比，SPME 具有操作时间短，样品量小，无需萃取溶剂，适于分析挥发性与非挥发性物质，重现性好等优点。常见的 SPME 方法有直接取样（direct-SPME，DI-SPME）和顶空取样（headspace-SPME，HS-SPME）。

6．微透析（microdialysis，MD）

MD 是基于"膜分离"原理，集"采样"和"前处理"于一体的技术，MD 可以与高灵敏度分析系统如液质联用仪在线联用，实现从样品的采集、处理到分析的全自动化。MD 系统一般由探针、连接器、收集器、灌流液和微量注射泵组成，可以在基本不干扰体内正常生命过程的情况下进行在体、实时和在线取样，特别适用于研究生命过程的待测物的动态变化。MD 在药代动力学和药效学研究中多有应用，可在线连续监测药物和内源性物质体液浓度的动态变化以及靶器官/部位的浓度变化，例如应用 MD 技术可以动态采样检测脑脊液中的单胺类神经递质。MD 的主要缺点包括：①缺乏准确易操作的探针回收率校准方法；②采集对象的局限性，由于半透膜技术发展的限制，目前主要适用于生物样品中的亲水性小分子物质；③探针重复使用性较差，成本高[5]。

第二节　色谱及其联用技术在药物代谢定量分析中的应用

一、气相色谱和气相色谱-质谱联用的药物定量分析技术

1. 气相色谱定量分析技术

气相色谱法（gas chromatography，GC）是一种对易于挥发而不发生分解的化合物进行分离与分析的色谱技术。GC 由于其高效、快速的分离特性，已成为物理、化学分析不可缺少的重要工具，广泛用于分子量较小、易挥发和热稳定性好的物质分析[6]。

GC 对分析样品的要求较高，药物代谢涉及的生物样品在 GC 分析前必须经过前处理。GC 的定量分析功能通过与其相连的检测器实现，常见的 GC 检测器包括通用型的氢火焰离子化检测器（FID）、专用于含氮或磷药物的氮磷检测器（NPD）以及适用于具有电负性的物质，如含卤素、硫、磷、氮等药物的电子捕获检测器（ECD）。目前临床应用的多数药物不易挥发，在 GC 分析前需要经过衍生化，常用的衍生化反应包括有碳硅烷衍生化、酯化衍生化和酰化衍生化。鉴于上述的原因，GC 法在药物代谢，特别是新药代谢研究中的应用，受到了一定的限制，仅在易挥发药物的质量控制分析和临床用药监测等常规分析中有一定的应用。

2. 气相色谱-质谱联用定量分析技术

在色谱联用仪中，气相色谱和质谱联用仪（GC-MS）是开发最早的色谱联用仪器。适用于 GC 分析的样品，均可用 GC-MS 分析，例如中草药的挥发性成分鉴定，挥发性较好的药物、毒物、毒品及违禁药物的鉴定和检测等。GC-MS 法综合了气相色谱和质谱的优势，具有灵敏度高、分析速度快和鉴别能力强的特点，可

同时完成待测组分的分离和鉴定，能准确地测定化合物的分子量和元素组成分析，是目前能为皮克级（10^{-12}g）样品提供结构信息的工具[6]。由于许多药物是热不稳定或难挥发化合物，难以直接用 GC-MS 进行分析。对于这些样品，虽然可以采取衍生化等预处理技术，但增加了操作的繁琐性，并影响定量分析的准确性。因此，GC-MS 技术本身的特点使得其在药物代谢和分析中的应用受到一定的限制[7]。随着液质联用技术和仪器的普及，GC 法在药物及其代谢产物的定量分析应用日趋减少。

3. 气相色谱-质谱联用常用的定量分析方法

（1）总离子流色谱（total ionization chromatography，TIC） 总离子流质量定量法以色谱保留时间和质谱图双重因素对待测物质定性后再定量。总离子流图是总离子流强度与时间相对应的关系图（见图 2-2）。反复扫描法（repetitive scanning method，RSM）是按一定间隔时间反复扫描，自动测量、运算，制得各个组分的质谱图，可进行定性分析。质量色谱（mass chromatography，MC）是记录特定质荷比的离子强度随时间变化图谱的方法。在选定的质量范围内，任何一个质量数都有与总离子流色谱图相似的质量色谱图。此法优点是能在复杂的 TIC 图中快速寻找所需的化合物或同系物，在药物代谢研究中主要用于未知代谢产物的分析。

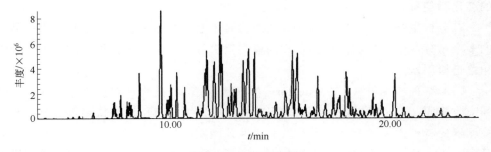

图 2-2 总离子流图

（2）选择离子监测（selected ion monitoring，SIM） 选择离子监测对选定的某个或数个特征质量峰进行单离子或多离子检测，获得这些离子流强度随时间的变化曲线，是 GC-MS 联用中一种高灵敏度、高选择性的检测技术，且其检测灵敏度较总离子流检测高 2～3 个数量级，适用于复杂基质中微量或痕量药物的定量分析。选择能够表征某个药物的一个质谱峰进行检测，叫作单离子检测（SID）；选择多个质谱峰进行检测，叫作多离子检测（MID）。单离子检测的灵敏度比全扫描检测可以高 2～3 个数量级，多用于痕量成分的测定，尤其适合于复杂基质或混合物中某个痕量药物或代谢产物的测定。应用单离子检测法，即使混合物的分离效果不够理想，也可以获得较好的定量结果。

二、液相色谱和液相色谱-质谱联用的药物定量分析技术

1. 液相色谱定量分析技术

液相色谱（liquid chromatography，LC）法是用液体溶剂作为流动相的色谱法，其利用被测物在固定相和液态流动相之间不同的相互作用，实现混合物中各个成分的分离，分离程度取决于溶质组分与固定相之间相互作用的程度，通过选择流动相和固定相可以控制这种相互作用[2]。20 世纪 60 年代后期发展起来的高效液相色谱（high performance liquid chromatography，HPLC），是目前分离复杂混合物最为广泛使用的分析工具之一。2004 年以来，仪器公司又相继开发了小粒径色谱柱（约 1.7μm）和可以耐受更高压力的仪器，这种超高效液相色谱（ultra performance liquid chromatography，UPLC）新技术显著提高了色谱分离性能。优越的分辨率、灵敏度和分析速度使其成为药物代谢研究中复杂生物样品分离分析的理想仪器。

与气相色谱法相比，液相色谱法不受样品挥发性和热稳定性的限制，与多种检测器连接，兼具分离和分析功能，可对样品中的多个组分进行分离和定量分析；普适性强，可用于小分子化合物以及蛋白质、多肽、多糖等生物大分子的分离分析[8]。液相色谱法的分析样品易于回收，可作为分离手段，用于药物或代谢产物的纯化和制备。

在分析生物样品中的药物和代谢产物时，液相色谱的主要作用是分离样品中的多个组分，定量检测由与其相联的检测器进行。药物代谢分析中常用如下的液相色谱检测器：

（1）紫外检测器（UV detector，UVD） 大部分药物是有机小分子，具有紫外吸收基团，在 200～400nm 有较强紫外吸收能力，可用紫外检测器检测。紫外检测器的特点是灵敏度高、噪声低、线性范围宽、有较好的选择性，而且对环境温度、流动相组成变化和流速波动不太敏感，既可用于等度洗脱，也可用于梯度洗脱。紫外检测不破坏样品，且对流速和温度均不敏感，可用于制备 LC，并能与其它检测器串联使用。在药物及其代谢产物的分析中，为了得到高的灵敏度，常选择待测物能产生最大吸收的波长作检测波长，但在多组分分析中，为了追求选择性，也可适当牺牲灵敏度而选择吸收稍弱的波长。紫外检测使用的流动相应尽可能选择在检测波长下没有背景吸收的溶剂。

（2）二极管阵列检测器（diode array detector，DAD 或 photo-diodearray，PDA） 二极管阵列检测器，又称光电二极管阵列检测器，是 20 世纪 80 年代出现的一种光学多通道检测器。其原理是在晶体硅上紧密排列一系列光电二极管，每一个二极管相当于一个单色器的出口狭缝，对应接收光谱上一个纳米谱带宽的单色光，二极管越多分辨率越高。二极管阵列检测器的开发是近十多年内高效液

相色谱技术最重要的进步，一次进样可得到大量的定性定量信息，数据处理快，不仅具有紫外可见吸收检测器的所有优点，还能获得色谱分离组分的三维光谱色谱图，随着波长分辨率和灵敏度的不断改进，已逐渐取代紫外检测器，成为药物代谢研究中主要的液相色谱检测器。

（3）荧光检测器（fluorescence detector，FLD） 有些化合物用紫外光照射时可受激发而发出荧光，测定其发出的荧光能量即可定量。据此原理设计的荧光检测器，可用于测定生物样品中具有荧光发光性能的药物或代谢产物，具有重复性好、灵敏度高的优点。一些不发光的物质也可经化学衍生法生成荧光衍生物，拓宽了其应用范围。

（4）放射性检测器（radio detector） 与液相色谱相连的放射性检测器主要用于放射性核素标记（^{3}H、^{14}C）药物的分析。生物样品中标记药物或代谢产物经液相色谱的分离后进入在线的放射性检测池，与闪烁液混合、计数；或者离线收集流分，进行闪烁计数。液相放射性色谱技术在药物代谢产物谱和未知产物相对含量测定中具有重要的地位（详见本章第三节）。

2．液相色谱-质谱联用定量分析技术

液相色谱-质谱联用（liquid chromatography-mass spectrometry，LC-MS）技术集高效液相色谱的高分离能力与质谱的高灵敏度和定性能力于一体，已成为包括药物微量杂质的分析鉴定、药物降解产物的分析鉴定、药物生物转化产物的分析鉴定、体内药物及代谢产物的药物动力学研究、组合化学高通量分析以及天然产物的化学筛选等在内的现代药学研究领域应用最为广泛的分析工具之一[9]。

液质联用技术是以质谱为检测手段的色谱技术，目前在药物代谢定量分析中的应用占到色谱技术的 80%以上。液质联用可分为液相-单级质谱联用（LC-MS）和液相-串联质谱联用（LC-MS/MS），后者具有灵敏度高和特异性强的特点，适用于分析复杂生物基质中的微量或痕量待测物，可同时得到化合物的保留时间、分子量及特征结构碎片等丰富的信息。在药物和代谢产物定量分析中，最常用的仪器是液相色谱-三重四极杆串联质谱和液相色谱-线性离子阱串联质谱。单极质谱主要采用选择单个离子扫描的方式；串联质谱则采用多反应监测（multiple reaction monitoring，MRM）模式或单反应监测（single reaction monitoring，SRM），用内标法定量，以消除因操作波动引起的误差，提高分析的准确度和重现性。药物代谢定量分析方法通常需要按照药物管理法规机构制定的指南或要求，进行严格的验证，并且在每一分析批中用随性标准曲线和一定数目的质控样品，对分析结果进行质量控制。

液质联用定量分析技术也存在一些不足：①由于质谱离子化问题，某些结构类型化合物因离子化效率低而导致分析灵敏度低；②对色谱流动相的组成有限制，不宜使用非挥发性缓冲盐，挥发性缓冲盐的浓度也应控制在 10mmol/L 以下；

③在分析复杂基质生物样品时，由于待测物与内源干扰物共流出，导致较强的基质效应，降低了分析灵敏度或重现性，特别是在分析人体样品时，由于饮食习惯等的差别，不同人体样品基质效应会有差别，需要在方法学研究中加以关注。

三、药物及其代谢产物的定量分析方法建立和验证

1. 药物及其代谢产物定量分析方法的选择

药物代谢定量分析面临的最大挑战是在复杂生物样品中微量药物或代谢产物浓度远低于内源性物质。要求方法的特异性、准确度、精密度、灵敏度既要符合生物样品定量分析要求，又要满足具体研究目的的需要。由于药物代谢和药代动力学研究中面临大量样品的检测，因此方法还要简便、省时，具有一定的通量。

药物代谢定量分析的样品前处理和分析方法的选择，首先要考虑待测物的结构特征和理化性质、分析的目的和涉及的样品类型，以及实际样品中待测物的含量；其次是利用实验室现有的仪器设备和条件，确定具体的分析方法。通常可以考虑以下两个策略：①在不具备高选择性、高灵敏度的仪器时，优化样品前处理方法，最大限度去除杂质、富集待测成分；②采用高选择性分析仪器和分析方法时，可简化样品前处理过程，通过仪器的分离和分析功能，实现对生物样品中药物及其产物的定量分析。例如，应用分离效率高、灵敏度高的液质联用技术，可采用一步蛋白沉淀或 LLE 处理后，直接进样分析。仪器条件允许时，还可以在96 孔板上进行蛋白沉淀、离心后直接进样分析，样品和溶剂用量小，操作简便，分析通量高，适合大量样本的测定。应用气质联用技术，则需要考虑待测物的挥发度和热稳定性，或采用衍生化反应。在没有液质联用仪器的条件下，可以采用液相色谱与不同的检测器联用，通过实验优化样品前处理和色谱分离条件，尽可能去除生物样品中内源物对待测物分析的干扰，必要时可采取衍生化来提高分析方法的选择性和灵敏度。

早期的药代动力学研究主要采用色谱法或光谱法定量分析药物和产物，要达到高重现性和准确定量，在样品的前处理和富集过程中需要做大量工作，有时还需要对样品进行衍生化，复杂繁琐的样品前处理过程尽管可以去除内源物质干扰，但费力耗时，过多的环节和步骤还会影响分析结果的准确性和重现性。随着色谱-质谱联用技术的发展，同时具有分离和定量分析功能的液质联用技术和气质联用技术逐渐替代色谱法，特别是液质联用技术，以其高选择性、高灵敏度和良好的普适性，已成为药物代谢定量分析的首选技术。

2. 药物及其代谢产物定量分析方法学研究

方法学研究是药物和代谢产物定量分析的首要环节，下文以液质联用技术为

例，简述样品前处理方法的优化以及色谱和质谱条件研究。

（1）样品前处理方法的选择和优化　　选择合适的样品前处理方法是消除基质效应影响、提高灵敏度和重现性的最有效方法。液质联用分析的样品前处理可以离线，也可在线进行。经常采用的离线方法主要有蛋白沉淀、液液萃取和固相萃取法。具体应用可以根据回收率和基质效应的评价结果，选择一种或多种方法合用。蛋白沉淀法是液质联用分析的首选方法，适用于大多数的药物和代谢产物。甲醇和乙腈是常用的蛋白沉淀剂，通常 1 体积的血浆加入 1.5 体积以上的乙腈或加入 2 体积以上的甲醇可除去大部分的蛋白质，在达不到理想的沉淀效率时，可以使用二者比例混合的溶剂。对于含量较低的待测物，可以在样品中加入适量硫酸铵等无机盐，用盐析法提高回收率。蛋白沉淀法的缺点是复杂基质中可溶性蛋白或磷脂等内源性物质去除不彻底，脂溶性高的化合物的基质效应较大，方法灵敏度和重现性可能受到影响。此时，可以考虑选择液液萃取法，根据相似相溶的原则选择适宜的溶剂，或者选择不同极性的溶剂，测定并比较提取回收率，确定使用的溶剂。在应用液液萃取法时，还需考虑待测物的 pK_a 值，适当调节样品的pH 值，提高回收率。对于胆汁、尿液等排泄物样品，或者那些与内源性物质结构相近的药物（如核苷类抗 HIV 药物），SPE 法的净化效率更高，内源性物质去除得比较彻底，可显著降低样品的基质效应。近年来出现的 96 孔板固相萃取小柱，可以批量处理样品，大大提高了工作效率[10]。但离线的 SPE 法，样品处理过程步骤多、耗时长，在大量样本的药代动力学分析中，应用受到一定的限制。

近年来，基于二维液相色谱的在线固相萃取技术（online SPE），显著简化了样品前处理程序，使得高通量的全自动样品分析成为可能[11]。二维液相色谱是将分离机理不同而又相互独立的两支色谱柱串联起来构成的分离系统，通过柱切换技术来完成样品在二维色谱柱之间的流动。分析时，样品经过第一维色谱柱的分离，进入切换阀的接口中，通过捕集或切割后被切换进入第二维色谱柱及检测器。将二维色谱的其中一维配置 SPE 柱，可以完成自动固相萃取、脱盐、除蛋白以及低浓度分析物的富集，血浆等生物样品可直接进样，或经蛋白沉淀后进样，样品的自动化前处理显著改善了基质效应和残留现象，提高了分析的灵敏度和重现性，满足了大批量样品的全自动和高通量分析要求。除此之外，由于整个分析过程在密闭系统中进行，可以减少样品污染以及可能发生的分析物降解[12~14]，在药物代谢研究中有较好的应用前景。

（2）色谱条件优化　　色谱分离的核心是色谱柱和流动相，在建立液质联用定量分析方法时，首先选择色谱柱，确定流动相的组成，然后优化流速、柱温、进样量等参数。

① 色谱柱的选择　　对于大多数的药物和代谢产物，最常用的是 C_{18} 反相色谱柱，适合中等极性到非极性的化合物。如果药物的极性小，可以考虑短链的 C_8

柱；极性大的化合物在 C_{18} 反相柱上的保留较差，可选择亲水色谱柱（HILIC 柱）结合高比例有机相/低比例水相的流动相，改善色谱保留行为。除了固定相外，色谱柱的选择还应考虑柱径、填料粒径大小和柱长。柱径大小决定进样量，较小的柱径有利于提高灵敏度且节省流动相，液相色谱分析常用 4.6mm 的柱径，对于液质联用分析，可选用 3mm 或 2mm 的柱径。常用色谱柱的粒径是 5μm，粒径减小可显著提高柱效和分离度，例如粒径 1.7μm 或 1.8μm 的超高效色谱柱能有效快速分离多个组分，但其柱压高于 5μm 的标准柱。生物样品分析用蛋白沉淀或 LLE 法处理样品时，由于不能完全去除样品中的内源性蛋白或磷脂，很容易造成小粒径色谱柱的堵塞，采用 SPE 方法处理样品或者选用 2～3μm 粒径可以提高分离度并延长柱子使用寿命。为了提高分析的通量，快速分离通常选用较短的柱子，例如 50mm 或 100mm，但如果同时分离多个组分，则需要根据这些组分的色谱行为和分离度，选择合适柱长的柱子。

② 流动相的选择和优化　用于液相色谱流动相的理想溶剂应具有黏度低、与检测器兼容性好（背景低）、反应性和毒性低等特点，并有商品化的色谱纯产品。方法建立需依据待测物或具体分析目标选择或调整流动相。甲醇或乙腈与水配对，是药物代谢分析中最常用的流动相。通过调整甲醇或乙腈与水的比例，以及加入适宜的添加剂，得到理想的分离度、峰形和分离时间。LS-MS/MS 分析的添加剂只能使用可挥发的酸碱或缓冲盐，例如甲酸、乙酸、氨水和甲酸铵、乙酸铵等，避免使用磷酸-磷酸盐缓冲液或三乙胺，以免造成系统堵塞或抑制待测成分的离子化。

③ 等度或梯度洗脱　对于复杂基质生物样品中多组分的 LC-MS/MS 测定，色谱分离采用梯度洗脱有利于去除内源性干扰，提高分离效率。血浆等生物样品的反相色谱分离梯度多从高比例水相开始，最初流出的主要是基质中的内源性极性成分，这些成分往往是引起基质效应的主要原因，在不影响待测成分分析的前提下，利用仪器的方法设置功能，将最初的流出液直接切入废液，有助于减小内源性物质对测定的干扰，降低基质效应。

（3）内标的选择　药物代谢和药代动力学的定量分析，一般采用内标（IS）法，以消除操作误差。内标化合物的选择是方法开发的一个重要内容。理想的内标应与待测组分有相似的理化性质、色谱行为和质谱响应，样品前处理回收率较高且重现性好，在提取过程中，内标如能追踪待测组分，则可以补偿待测组分提取回收率的变化。LC-MS/MS 分析时最好选用待测成分的同位素标记化合物或相似结构同系物作为内标。

（4）质谱条件优化　质谱分析方法的开发首先需要了解化合物性质，包括结构、极性、pK_a 值以及在所用质谱离子源条件下的裂解方式，选择稳定的碎片离子作为定量反应的子离子。目前，用于定量的质谱离子源主要是 ESI（电喷雾离子源）和 APCI（大气压化学电离源），且以前者为主。在药物和代谢产物的 ESI 测定时，需要根据碎裂方式和离子对的质谱响应，选择正离子或负离子模式，随后根据具体使用的仪器进行参数优化，例如毛细管温度和电压、碎裂或碰撞电压/能量、气体流速、锥体电压、离子源温度、分辨率等，以确定最佳的质谱分析参数。

3. 药物和代谢产物定量分析方法的验证

药物及其代谢产物的定量分析方法的科学性、正确性和可靠性是药物代谢和药代动力学研究的重要基础，方法学验证（method validation）是分析质量保障和控制的重要环节，关系到药代动力学、毒代动力学、生物等效性等试验数据的可靠性，也是药物临床前研究良好实验室操作规范（good laboratory practice，GLP）和临床试验质量管理规范（good clinical practice，GCP）的重要内容。药物和代谢产物定量分析方法验证的项目和标准通常按照药物法规监管机构的相关指南原则，例如美国食品和药品监督管理局（FDA）的指南[15]，同时考虑分析对象、研究目标和内容。对于首次开发的方法，一般需要进行全面的验证（full validation），内容包括方法的特异性、线性、定量限、回收率、基质效应、精密度和准确度以及待测物的稳定性等。

（1）特异性　特异性（specificity）是分析方法能在复杂基质样品中准确、专一地测定待测物的能力。方法学验证需要证明方法对目标药物或代谢产物的专一性，生物样品的内源性物质和其它相关物质对测定没有干扰。在 LC-MS/MS 定量测定中，一般考察来自 6 个不同个体的空白生物样品、空白样品添加目标待测物标准对照品以及给药后采集的生物样品的 MRM 或 SRM 色谱图，确认目标待测物的检出，以及在其出峰区域没有干扰。

（2）线性范围和定量限　待测物浓度与仪器响应值之间的关系是液质联用技术定量的基础，通过制备和测定标准曲线确定线性范围。使用与待测配制样品相同的生物基质，加入待测物对照品溶液，配制系列浓度的标准曲线，除了零浓度外，一般要用至少 6 个浓度点建立标准曲线，经回归分析（如加权最小二乘法等）得到浓度对响应值的线性方程以及相关系数、y 轴截距、斜率和残差平方和等参数。线性标准曲线的高低浓度范围为线性或定量范围，最低浓度点为定量下限（lower limit of quantification，LLOQ），最高浓度点为定量上限（upper limit of quantification，ULOQ）。标准曲线各浓度点的实测值与理论值之间的相对偏差（relative error，RE，% bias）应符合以下的接受标准：LLOQ 和 ULOQ 的偏差在±20%以内，其余浓度点的偏差在±15%以内。标准曲线测定时至少 75% 的标样或至少 6 个标样应符合上述标准。LLOQ 的值也可以由信噪比>10：1 的标准确定，并同时满足此浓度点在定量线性范围内的要求。

线性范围应尽可能覆盖待测样品浓度，如果待测样品浓度的范围过宽，可以分段做标准曲线，或者对于浓度高出 ULOQ 的样品，用相同的空白基质稀释至标准曲线范围内的浓度，但需要在方法学验证中评价稀释样品的准确度和精密度，确定稀释不会影响测定值。

（3）准确度与精密度　在确定的分析条件下，准确度（accuracy）是指实际测得的样品浓度与真实（或配制）浓度的接近程度。精密度（precision）是相同浓度和基质的平行样品系列测量值的分散程度。在方法学验证过程中，在线性范围内，用相同基质的空白样品加标配制数个质控（quanlity control，QC）样品，以高、中、低三个 QC 样品为例，低浓度 QC 样品的浓度应不高于 3 倍的 LLOQ，高浓度 QC 样品的浓度应不低于 ULOQ 的 75%，中浓度 QC 样品浓度可在线性范围中段，QC 样品的浓度不应与标准曲线浓度点重合，每一浓度至少有 3 个平行样品。由 QC 样品的实测浓度与理论浓度的相对误差（relative error，RE，%）评价准确度，由平行样品测量值之间的相对标准偏差（relative standard deviation，RSD，%）评价精密度。在一个分析批内（或同一天内）测定高、中、低浓度的平行 QC 样品，得到批内或日内精密度和准确度。在连续不同的 3 个分析批，或者连续 3 天测定上述 QC 样品，得到批间或日间精密度和准确度。准确度的接受标准为 RE≤±15%（LLOQ≤20%），精密度的接受标准为 RSD≤±15%（LLOQ≤20%）。

（4）回收率和基质效应　回收率，又称提取回收率（extraction recovery）是指经样品前处理后可用于分析的待测物比例。将待测物对照品加入空白基质，经蛋白沉淀或提取等处理后，测得的待测物响应值相对于对照品标准溶液响应值的百分率，就是方法的回收率。

基质效应（matrix effect，ME）是液质联用分析方法需要考察的指标。特指待测物与生物样品中的内源干扰物经色谱柱共流出时，虽然在色谱图上未见干扰峰，但共流出成分对待测物在质谱离子源中的离子化产生抑制或加强的效应。评价方法是将待测物对照品加入经蛋白沉淀或提取法等处理后的空白基质，测定待测物响应值相对与标准溶液响应值的百分率，即为基质效应，计算值高于 100% 时为增强效应，低于 100% 时是抑制效应。

液质联用分析方法的验证，通常应考察线性范围内高、中、低 3 个浓度 QC 样品的回收率和基质效应，空白基质样品应采自不同个体。回收率原则上应高于 50%，且不同浓度和平行样品之间的 RSD≤±15%，有较好的重现性。如果生物样品基质对待测物的影响较大（80%<ME<125%），且测定值的准确度和精密度达不到接受标准，可以考虑以下措施来降低基质效应的影响：①改变样品前处理方法，尽可能清洁样品，去除干扰；②改变色谱条件，分离待测物和干扰物；③选用待测物的类似物或同位素标记物作为内标，用内标来校正基质效应的影响。

（5）稳定性　评价待测物在采集、存储、样品处理和测定过程中的稳定性

（stability），是方法学验证的重要内容，用以保障待测物浓度从采集到分析的全过程中不受实验条件影响而发生显著改变。在方法学开发早期，需要考察待测物在研究涉及的不同生物样品中的稳定性。例如，血浆中还有大量的酯酶，部分酯类药物在血浆中的稳定性较差，在采样、离心分离血浆和处理过程中可能被酯酶水解，影响测定的准确性。因此，样品采集和处理需要采取措施，如采集全血后直接加入含有沉淀剂的试管内，使酶灭活。

在方法学验证过程中，需要配制高、中、低 3 个浓度 QC 样品（或者至少考察高、低两个浓度）的平行样品（*n* 至少等于 3），分别考察长期低温冻存、多次冻融以及实验过程中常温实验台短期放置和仪器分析过程的稳定性。长期低温冻存稳定性考察时间应至少覆盖从采样到仪器分析的时间；多次冻融实验一般考察从低温冻存温度到室温 3 次冻融的稳定性；实验过程的稳定性考察根据具体实验条件而定，常温实验台短期放置通常考察常温放置 4h，仪器分析过程考察进样室温度放置 24h 的稳定性。将样品在不同条件下冻存或放置后，按建立的方法处理并分析，与理论配制浓度相比，实测浓度变异的 RE 和 RSD≤±15%。

（6）残留效应　残留（carry-over）效应又称记忆效应，是进样分析高浓度样品后，部分待测物可能残留在进样系统中，对后续的样品分析产生的影响。残留效应通过进样分析 ULOQ 样品后随即进样空白样品进行评价，接受标准为空白样品在待测物保留时间区域的峰面积小于 LLOQ 样品峰面积的 20%，内标保留时间区域的峰面积小于常规样品内标峰面积的 5%。如果发现有残留效应存在，应采取必要的措施，例如在进样高浓度样品后增加洗针次数，或进样空白样品/溶剂来清洗系统；或者将高浓度样品稀释后再分析等。

对于已经通过全面验证的药物和代谢产物定量分析方法，在同种属间基质改变（如从血浆变为尿液）、同基质间种属改变（如大鼠血浆变为小鼠血浆）以及定量范围、抗凝剂、样品处理方法、样品储存条件、分析仪器或软件操作系统等发生改变时，可以根据需要进行部分验证（partial validation）。例如，同基质间种属变化时，需要考察特异性、标准曲线和基质效应。其它情况，例如脑脊液等稀有基质不易获得、儿童研究中采样量和频率受限、待测样品量有限等，可以根据具体情况进行方法的部分验证，或者用相近的基质进行替代。

四、药物及其代谢产物的色质联用定量测定方法应用实例

1. GC-MS 法同时定量测定比格犬血浆中的羟考酮和罗通定[16]

（1）方法概述　罗通定（rotundine，RTD）又名左旋四氢帕马汀（*l*-tetrahydropalmatine，*l*-THP），是从千金藤属植物中提取的延胡索乙素左旋体，具有良好的镇静止痛作用。RTD 是选择性多巴胺受体拮抗剂，近年来的研究发现，RTD 能

有效抑制成瘾动物对阿片类药物的需求量和精神依赖性，减少戒断综合征。例如，能抑制羟考酮（oxycodone，OCD）躯体依赖的形成，RTD 与阿片类药物 OCD 等合用，能产生镇痛的协同作用，并有望降低阿片类药物成瘾的不良反应。为了评价两药合用的药代动力学行为，首先需要建立两药的定量检测方法。由于两药合用时，OCD 和 RTD 的剂量比为 1：10，检测方法的选择首先考虑 OCD 的检测和定量范围。OCD 具有良好的 GC 行为，GC-MS 分析的灵敏度能满足其检测需求。同时，GC-MS 法也能满足较高剂量水平 RTD 的定量分析。

（2）GC-MS 分析条件 Agilent 6890 GC-5975 MSD，配有 Ultra 2 毛细管色谱柱（12m×0.2mm×0.33μm，美国 J&W Scientific 公司）。

GC 条件：柱流速 1mL/min；进样口温度 290℃。GC 柱升温程序，80℃（0.5min），30℃/min 升至 260℃（8min），20℃/min 升至 290℃（4min）。载气为氦气；脉冲不分流进样 0.7min；进样量 2μL。

MS 条件：方法采用 GC-MS 选择离子的模式进行定量，以磷酸可待因为内标。选择磷酸可待因的特征离子 m/z 299 和 162 作为定量内标，以 OCD 离子的 m/z 315 和 230、RTD 离子的 m/z 354 和 164 作为检测靶离子；进样口温度 280℃；质谱 EI 源温度 150℃；电子轰击能 70eV。

（3）样品前处理 采用 LLE 法处理血浆样品。取 0.5mL 犬血浆，加入 0.1mL 内标溶液（磷酸可待因，1mg/L）和 0.3mL 碳酸钠-碳酸氢钠缓冲液（1mol/L，pH 10.0），混匀后加入 2mL 氯代正丁烷，混合 5min 后在 4000g 离心 2min，取上层有机相于另一离心管中，下层水层再加入 2mL 氯代正丁烷萃取一次，合并两次萃取的有机相，50℃氮气吹干，用 50μL 乙酸乙酯重溶，离心，清液待 GC-MS 进样检测。

（4）方法学验证 分别取盐酸 OCD 和 RTD 系列浓度标准溶液 0.1mL 加入 0.5mL 空白犬血浆中，配制 OCD 和 RTD 终浓度分别为 2μg/L、5μg/L、10μg/L、20μg/L、50μg/L、100μg/L、200μg/L 和 50μg/L、100μg/L、200μg/L、500μg/L、2000μg/L、10000μg/L、20000μg/L 的标准曲线样品（$n=5$），按上述血浆样品前处理方法萃取和测定。结果表明，在所用的实验条件下，被测组分均获得良好分离，内源性杂质对分离检测没有干扰（图 2-3）。在 2～200μg/L 和 50～20000μg/L 的血浆浓度范围内，血样中 OCD 和 RTD 的浓度与响应值呈良好的线性关系，二者的标准曲线线性方程分别为 $y=0.0224x-0.0354$（$r=0.9979$）和 $y=0.0071x+2.071$（$r=0.9971$），LLOQ 分别为 2μg/L 和 50μg/L。

同法配制和处理低、中、高三个浓度的质量控制（QC）样品，分别含有羟考酮 6μg/L、45μg/L 和 160μg/L 和罗通定 60μg/L、7000μg/L 和 15000μg/L，与配制在流动相中的同浓度标准溶液相比，测得 OCD 和 RTD 的回收率分别在 91% 和 61% 以上，RSD 均小于 10%。在一天内测定 3 个浓度的 5 个平行 QC 样品，考察方法

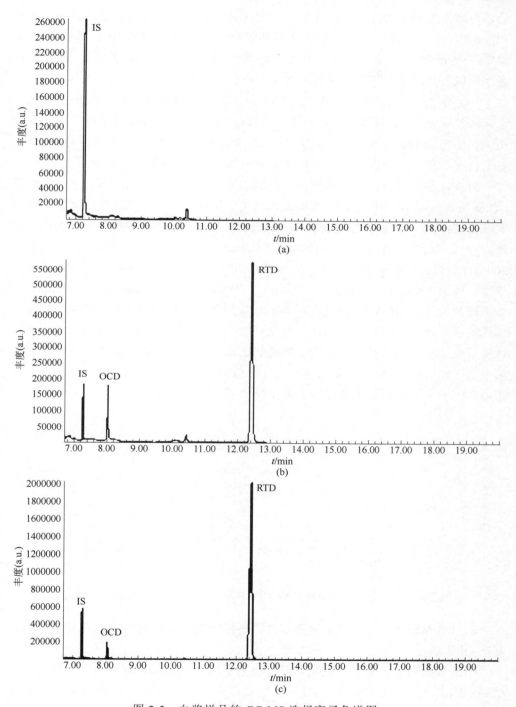

图 2-3 血浆样品的 GC-MS 选择离子色谱图

（a）空白血浆；（b）空白血浆添加标准对照品；（c）比格犬给药后的血浆样品

的日内精密度和准确度；连续 5 天，测定上述 QC 样品，考察方法的日间精密度和准确度，二者的日内和日间 RSD 分别≤5%和≤11%，RE≤10%。稳定性考察表明，OCD 和 RTD 在 3 个 QC 浓度水平的血浆样品在-20℃冰箱放置 90 天、冻融 3 次以及处理后的样品在室温放置 1 天和在 4℃冰箱放置 3 天都是稳定的。

（5）OCD 和 RTD 的比格犬药代动力学　雄性比格犬 4 只，体重 8kg±2kg，给药前禁食 12h。实验当日经口服给予 2.1mg/kg OCD 和 21mg/kg RTD，分别于给药前和给药后 15min 和 30min，1h、2h、4h、8h、12h 和 24h 经四肢静脉采血 2mL，肝素抗凝，离心后分离血浆，取 0.5mL 血浆置于-20℃冰箱保存至分析。

血浆样品的测定：制备随行标准曲线用于定量分析，并配制高、中、低浓度 QC 样品，以每 10 个样品的分析间隔加入 QC 样品，以保证结果的准确性。由于实际血浆样品中 RTD 的浓度范围较宽，为提高测定准确性，采用分段标准曲线定量，当样品中 RTD 的浓度低于 100μg/L 时，标准曲线浓度范围为 50μg/L、100μg/L、200μg/L、500μg/L 和 2000μg/L；当 RTD 浓度高于 100μg/L 的样品时，标准曲线浓度范围为 100μg/L、200μg/L、500μg/L、2000μg/L、10000μg/L 和 20000μg/L。

比格犬口服 OCD 和 RTD 后两药的血浆药代动力学的曲线见图 2-4。OCD 在体内的吸收较快，给药后 2h 前达到血浆峰值（C_{max}），平均 C_{max} 为(13.5±6.9)ng/mL；达峰后血浆药物的消除较快，大多数动物的血浆 OCD 浓度在给药后 12h 降至检测限之下。口服后 RTD 血浆浓度很快达峰值，平均 C_{max} 为(2528±724)ng/mL，给药后 24h 大多数犬血浆中的浓度下降至峰值的 1/10 以下。

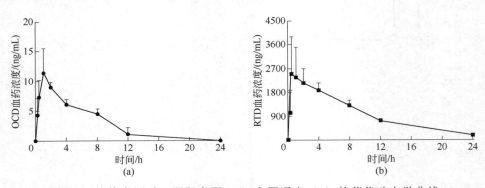

图 2-4　比格犬同时口服羟考酮（a）和罗通定（b）的药代动力学曲线

2. LC-MS/MS 法同时定量测定大鼠尿样中的左旋四氢帕马汀及其去甲基代谢产物[17]

（1）方法概述　左旋四氢帕马汀（又名罗通定）是延胡索属和千金藤属草本植物中的主要活性生物碱之一,临床上主要作为镇静止痛药应用。研究表明,*l*-THP 能够用于羟考酮、可卡因、海洛因和甲基苯丙胺等药物成瘾治疗。动物体内和人肝微粒体的体外代谢研究显示,*l*-THP 的代谢途径是在细胞色素 P450 介导下,生成去甲基化代谢产物，特别是单去甲基的 4 个同分异构体产物，随后发生葡糖醛酸化和硫酸化结合反应，生成 Ⅱ 相结合产物。l-THP 的 4 个单去甲基产物也是存在于延胡索属和千金藤属草本植物中的活性生物碱，对多巴胺受体也有不同的拮抗活性，是活性代谢产物。为了了解 l-THP 及其活性产物的体内暴露及清除途径，建立了同时检测生物样品中 l-THP 及其 5 个去甲基代谢产物（图 2-5）的 LC-MS/MS 方法，以尿样为对象，进行了方法学验证。为了解决结合产物无定量标准品的问题，在样品前处理中采用酶水解后再提取的步骤，将葡糖醛酸结合物和硫酸结合物酶解生成游离产物进行测定，间接定量尿样中的结合产物。

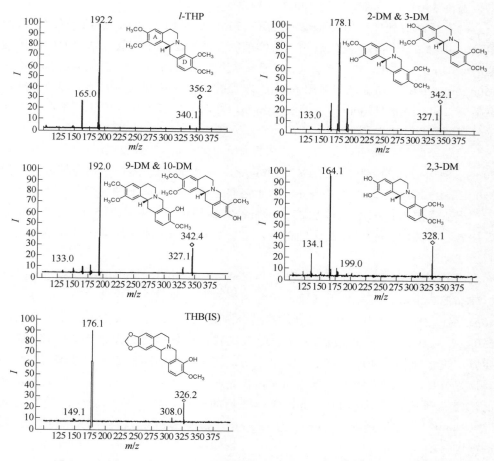

图 2-5 l-THP、去甲基代谢产物和内标（THB）的化学结构和质谱图

（2）LC-MS 分析条件 Agilent 6410B 型三重四极杆串联质谱仪，配有 Agilent 1290 型超高效液相色谱仪、ESI 离子源和 MassHunter B.04.00 化学工作站，Agilent Poroshell 120EC-C$_{18}$ 色谱柱（2.1mm×100mm，2.7μm）。

LC条件：流动相A为含5mmol/L甲酸铵的0.1%甲酸水溶液，B为含0.1%甲酸的甲醇。按如下程序梯度洗脱，0～3min，22%B→28%B；3～10min，28%B→30%B；10～12min，30% B→45% B；12～12.5min，45%B→22%B。柱流速0.22mL/min，柱温30℃，进样量5μL。

MS条件：电喷雾离子源（ESI），正离子扫描，多反应监测（MRM）方式检测；各待测物的目标定量离子对为 l-THP（m/z 356/192）、2-DM和3-DM（m/z 342/178）、9-DM和10-DM（m/z 342/192）、2,3-DM（m/z 328/164），内标THB（m/z 326/176）。干燥气为 N_2，喷雾器压力20psi（1psi=6894.76Pa），干燥气流速10L/min，汽化温度350℃，毛细管电压4000V。

（3）样品前处理 硫酸酯酶水解组：50μL尿样加入200mmol/L醋酸钠缓冲溶液（pH 5.0）50μL，混匀后加入新鲜配制在冰冷2mg/mL氯化钠溶液中的硫酸酯酶（5U/mL）50μL，37℃孵育16h，孵育结束后冰水浴终止反应。加入内标50μL（50ng/mL THB），涡旋混匀后用600μL叔丁基甲醚-二氯甲烷（9：1）混合溶剂涡旋振荡2min提取，5000r/min离心10min，移取上层有机相480μL，室温氮气吹干，残留物以100μL流动相溶解。

葡萄糖醛酸苷酶水解组：50μL尿样加入100mmol/L醋酸钠缓冲液（pH 5.0）50μL，混匀后加入新鲜配制在冰冷2mg/mL氯化钠溶液中的 β-葡萄糖醛酸苷酶（500U/mL）50μL，37℃孵育16h，冰水浴终止孵育后，同上法处理。

无酶水解组：50μL尿样加入200mmol/L醋酸钠缓冲液（pH 5.0）50μL，混匀后加入不含酶的2mg/mL氯化钠溶液，37℃孵育16h，冰水浴终止孵育反应后，同上法处理。

（4）方法学验证 取适量各待测物母液（1mg/mL），用甲醇配制成50μg/mL标准品混合溶液，进一步用纯净水稀释为系列浓度的混合工作液，取10μL加入40μL空白大鼠尿液中，配制得到终浓度分别为1μg/L、5μg/L、25μg/L、100μg/L、250μg/L、500μg/L、1000μg/L的 l-THP及其代谢产物标准曲线样品（n=5）。按上述方法进行样品前处理和测定。结果表明，在所用的实验条件下，被测组分均获得良好分离，内源性物质对待测物和内标无明显干扰（图2-6）。在1～1000μg/L的浓度范围内，尿样 l-THP及其代谢产物的浓度与响应值呈良好的线性关系（$R^2 > 0.993$），各待测物的LLOQ为1ng/mL，信噪比 $S/N > 5$，精密度（RSD）和准确度（RE）均小于20%。

同法配制和处理低、中、高3个浓度的QC样品，分别含有2μg/L、80μg/L和800μg/L的 l-THP和去甲基代谢产物，进行精密度、准确度、回收率、基质效应和稳定性的评价。结果表明，各待测物的日内及日间RSD均小于8.97%，日内和日间准确度（RE）分别在-8.74%～8.65%和-6.39%～5.33%的范围内，均满足方法学验证的要求。方法的回收率大于70%，且无明显的基质效应（86%～113%）。

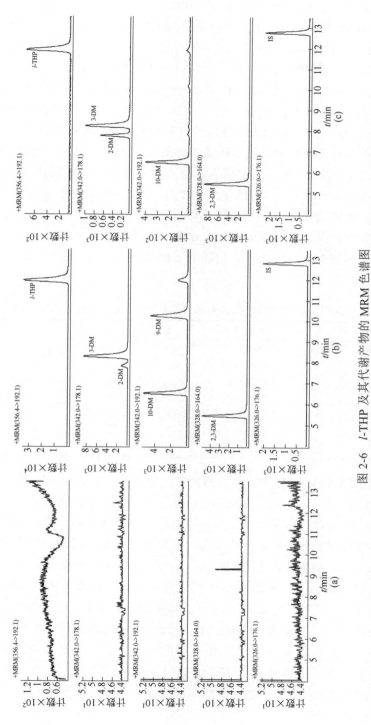

图 2-6　*l*-THP 及其代谢产物的 MRM 色谱图

(a) 空白尿样；(b) 空白尿样添加标准对照品；(c) 给药后的大鼠尿样

稳定性考察表明，在 3 个 QC 浓度水平，*l*-THP 及其代谢产物的尿样在−20℃冰箱放置 90 天、冻融 3 次以及处理后的样品室温放置 6h 和 4℃进样器放置 24h 后的 RSD＜9.31%，样品的稳定性满足测定条件的需要。

（5）大鼠口服 *l*-THP 的尿排泄　大鼠口服 9mg/kg *l*-THP 后，分段收集尿样，按上述方法处理和测定，得到 *l*-THP 以及产物的累积尿排泄和排泄特征。结果表明，口服给药后 *l*-THP 及代谢产物在大鼠 24h 和 72h 的累积排泄量分别为 (1.24±0.09)mol 和 (1.30±0.08)mol，分别为给药剂量的 27.2%和 28.5%。*l*-THP 主要以代谢产物的形式经尿排泄，原型药物的排泄量＜0.16%。代谢产物的 72h 尿累积排泄率见表 2-1，游离产物、葡糖醛酸结合产物和硫酸结合产物的 72h 尿排泄量分别占给药剂量的 2.76%、11.81%和 13.90%，表明结合型产物是大鼠口服 *l*-THP 后尿排泄的主要形式，其中 2-DM 的结合产物所占比例最高，其葡糖醛酸及硫酸结合物的累积排泄率分别为 8.54%和 9.02%。由此可见，*l*-THP 口服后在体内主要经历去甲基化和结合反应，并以去甲基的葡糖醛酸结合物和硫酸结合物形式经尿排泄。

表 2-1　大鼠给药后 72h 罗通定及产物尿累积排泄率（Mean±SD，*n*=5）　单位：%

化合物	游离产物	葡糖醛酸结合产物	硫酸结合产物
l-THP	0.16±0.05	—	—
2-DM	1.00±0.49	8.54±2.49	9.02±1.78
3-DM	0.23±0.13	0.57±0.30	0.88±0.26
9-DM	0.02±0.02	0.16±0.05	0.11±0.04
10-DM	0.20±0.20	0.20±0.12	1.17±0.44
2,3-DM	1.17±0.86	2.34±0.98	2.72±1.13
总	2.78±1.75	11.81±3.94	13.90±3.65

3. 柱前衍生化 LC-MS/MS 法定量测定大鼠血浆中的补骨脂酚[18]

（1）方法概述　补骨脂（*Psoralea corylifolia* L.），又称破故纸、川故子、怀故子等，是豆科补骨脂属的一年生草本植物。临床外用消风祛斑，治疗白癜风和斑秃；内服可用于肾阳不足、肾虚作喘、五更泄泻、阳痿遗精、遗尿尿频、腰膝冷痛等病证。补骨脂酚是补骨脂的主要有效成分，具有抗炎、抗菌、抗癌、降血糖、抗氧化、抗病毒和雌激素样作用等药理活性。建立灵敏、特异的生物样品定量检测方法，是补骨脂酚药代动力学研究的重要前提。由于补骨脂酚的 ESI 离子化能力较弱，直接采用 LC-MS/MS 检测的灵敏度较低。利用补骨脂酚结构上的酚羟基，通过丹磺酰氯（DNS-Cl）衍生化（图 2-7），得到的衍生物 ESI 离子化能力显著增强，可提高 LC-MS/MS 分析灵敏度。为此，该方法以 4-二甲氨基苯酚（4-DMAP）为内标，经丹磺酰氯衍生化，建立了定量检测大鼠血浆中补骨脂酚的 LC-MS/MS 方法。

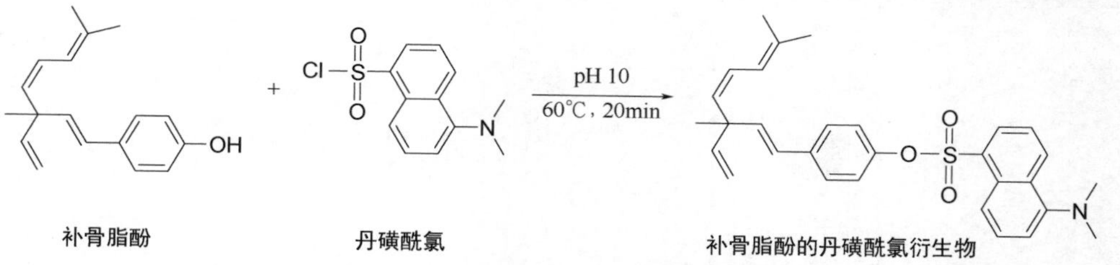

图 2-7　补骨脂酚的化学结构及其单磺酰氯衍生化反应

（2）LC-MS/MS 分析条件　Agilent 6410B 型三重四极杆串联质谱仪，配有 Agilent 1290 型超高效液相色谱仪、ESI 离子源和 MassHunter B.04.00 化学工作站（美国 Agilent 公司）；Hypersil GOLD C_4 色谱柱［50mm×2.1mm(id)，1.9μm 粒径，美国 Thermo 公司］。

LC 条件：流动相 A 为含 0.1%甲酸的纯水，B 为含 0.1%甲酸的乙腈。梯度洗脱程序，0～0.4min，30% B；0.4～1.0min，30%～90% B；1.0～1.2min，90%～30% B；1.2～2.0min，30% B。柱温 25℃，流速 0.5mL/min，运行时间 2.0min，进样体积 5μL。

MS 条件：ESI 源正离子 MRM 方式检测，毛细管温度 320℃，毛细管电压 4000V，雾化器压力 25psi，干燥器流速 11L/min。补骨脂酚的选择性检测离子对为 m/z 490/171，裂解电压和碰撞电压分别为 115V 和 32V；内标 4-DMAP 的选择性检测离子对为 m/z 371/137，裂解电压和碰撞电压分别为 130V 和 20V。补骨脂酚和内标衍生物的质谱图见图 2-8。

（3）柱前衍生化样品前处理　取 100μL 补骨脂酚血浆样品，加入 10μL 4-DMAP 内标溶液（1μg/mL），涡旋混匀，加入 600μL 叔丁基甲醚萃取样品，取 500μL 上层有机相置玻璃试管中，常温氮气吹干，在残渣中加入 40μL 缓冲液（pH 10.0）和 160μL DNS-Cl 溶液（1mg/mL），涡旋混匀，于 60℃避光反应 20min，迅速取出置冰上终止反应，14000r/min 离心 10min，取 5μL 进样。

（4）方法学验证　取 90μL 大鼠空白血浆加入 10μL 补骨脂酚系列标准曲线工作液，配制补骨脂酚终浓度为 1ng/mL、2ng/mL、5ng/mL、20ng/mL、100ng/mL、500ng/mL、2000ng/mL 的系列标准曲线血浆样品（n=5），按上述血浆样品处理方法萃取和衍生化后，进样测定。结果表明，在优化的质谱条件下，补骨脂酚和内标丹磺酰氯衍生化产物的信号强且稳定，生物样品中的内源性物质对测定无干扰（图 2-9）；补骨脂酚在 0.5～1000ng/mL 的浓度范围内显示良好的线性关系，标准曲线线性方程为 $y=21.0032x+0.0361$（$r=0.9993$），LLOQ 为 0.5ng/mL。

同法配制和处理分别含补骨脂酚 1ng/mL、25ng/mL 和 800ng/mL 的低、中、高 3 个浓度的 QC 样品。补骨脂酚 QC 的批内和批间精密度分别小于 8.13% 和 6.19%，RE 在 0.86%～5.31%范围之内,回收率为 60%～70.9%,基质效应在 87.2%～99.6%范围

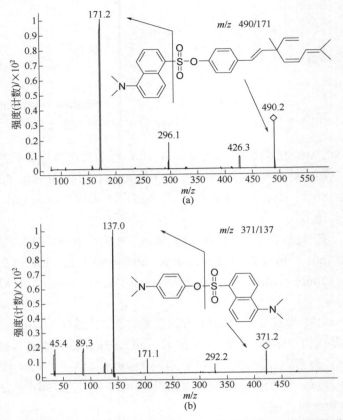

图 2-8 补骨脂酚（a）和 4-DMMP（b）丹磺酰氯衍生物的质谱图

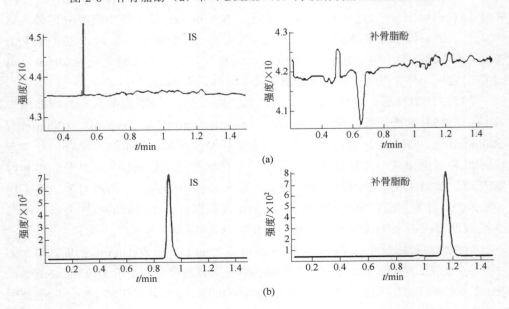

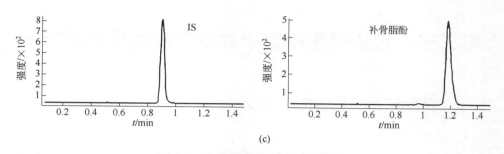

(c)

图 2-9　血浆样品的 MRM 色谱图

（a）空白血浆；（b）空白血浆添加标准对照品；（c）补骨脂酚给药后的血浆样品

之内，衍生化样品在室温 1h、4℃进样器放置 16h 以及-20℃放置 3 天的稳定性均达到要求。

（5）补骨脂酚的大鼠药代动力学　取 10 只雄性 SD 大鼠（280g±10g），分为两组，分别灌胃（p.o.）30mg/kg 和尾静脉注射（i.v.）15mg/kg 的补骨脂酚，于给药前、给药后 0.03h（i.v.）、0.08h、0.25h、0.5h、1h、2h、4h、8h、12h、24h 和 36h 静脉采血，离心分离血浆，取上层血浆 100μL，衍生化后存放于-20℃冰箱待测。

将建立的定量检测方法应用于补骨脂酚的大鼠药代动力学研究，得到药代动力学参数和口服生物利用度，血浆药代动力学的曲线见图 2-10。静注给药后，补骨脂酚的血浆清除率和组织分布容积分别为 59.8mL/（min·kg）和 17.8L/kg。口服补骨脂酚后 1h 达到血浆峰值，平均 C_{max} 为（77.9±48.9）ng/mL，大鼠口服生物利用度为 3.2%。

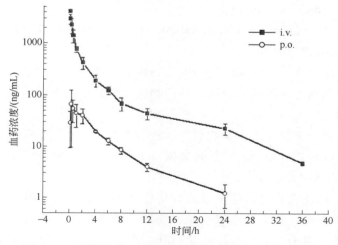

图 2-10　补骨脂酚口服和静注的大鼠药代动力学曲线

第三节 药物代谢研究中的液相放射性色谱技术

一、药物代谢的放射性示踪技术

1. 基本概念

同位素（isotope）是具有相同原子序数同一元素的不同原子，它们具有相同的质子数和不同的中子数，在元素周期表上占有同一位置。具有放射性的同位素称为放射性同位素（radioisotope），其以放射性衰变的形式进行能量衰退；相对于放射性同位素的是稳定性同位素（stable isotope），后者是不发生衰变的化学元素。例如，氢元素有 3 个同位素，氕（^1H）、氘（^2H，又称重氢）和氚（^3H，又称超重氢），它们原子核中都有 1 个质子，但分别有 0 个、1 个和 2 个中子，原子量分别为 1.007947、2.274246 和 3.023548，所以互为同位素，其中 ^3H 是放射性同位素，^1H 和 ^2H 是稳定性同位素。碳元素也有 3 个同位素，分别是 ^{12}C、^{13}C 和 ^{14}C，其中 ^{12}C 和 ^{13}C 是稳定性同位素，^{14}C 是放射性同位素。在药物代谢研究中常用的放射性同位素有 ^3H、^{14}C 和 ^{131}I。

放射性活度（radioactive activity，A）是指处于某一特定能态的放射核素在单位时间内的衰变数，$A=dN/dt=\lambda N$，用于表示放射性核的放射性强度。放射性活度的国际单位制单位是贝可勒尔（Bq），常用单位是居里（Ci）。

放射性比活度（radioactive specific activity，SA），或比放射性，是指单位放射性物质所含的放射性活度。其单位与 Bq 相对应为 kBq/μg 或 MBq/mg，与 Ci 相对应为 Ci/g（mCi/mg，μCi/μg）。

放射性浓度（radioactive concentration）是指单位体积溶液中含有的放射性活度。单位为 Bq/L 或 Bq/mL。

放射性化学纯度（radioactive purity）是指放射性样品中特定标记化合物的放射性活度占总放射性活度的百分比，在药物代谢研究中用于表示放射性标记样品中目标化合物的纯度。

放射性元素半衰期（$t_{1/2}$）是放射性同位素的原子核有半数发生衰变时所需要的时间，也是标记化合物所含放射量衰减一半所需要的时间。^3H 和 ^{14}C 的半衰期分别为 12.35 年和 5730 年[19]。

同位素示踪技术是用同位素或其标记化合物指示或追踪相应元素或化合物在生物体内或环境介质中分布或积累、迁移或转化过程的方法。目前同位素示踪技术已广泛应用于生命科学、环境科学、农业科学，以及考古和地质石油等领域。

2. 药物代谢研究中的放射性同位素示踪技术

在药物代谢研究领域，应用放射性同位素标记的药物或药物候选化合物追踪药物在动物或人体内的去向，研究吸收、分布、代谢和排泄等体内处置过程，已成为国际制药业的一个常规技术。药物代谢研究常用的放射性同位素包括 ^{14}C、^3H、^{32}P、^{33}P、^{35}S、^{125}I 和 ^{131}I 等。由于标记化合物与其想要的非标记化合物（拟追踪物质）具有相同或相似的化学和生物学性质，将二者混合后给予受试对象，它们在生物机体内的化学变化和生物学过程也相同或相似，通过放射性比活度变化的指示（放射性同位素示踪），测定目标药物及其相关物质的相对含量和动态变化，从而可以反映目标药物在有机体内的生物利用度和代谢处置规律。与化学分析或仪器分析相比较，放射性同位素分析技术的优点是具有较高的灵敏度，只要药物及其代谢产物的结构上标记有放射性同位素，就可以追踪药物及其相关物质，即使是浓度较低的成分也可得到体内的分布、代谢和排泄的全貌，测定这些物质在血浆、组织等样品中的放射性含量，而不需要预先知道代谢产物的结构并获得标准对照品，特别适用于药物分布、代谢产物谱和定量研究[2,19]。

目前，药物代谢研究相关的放射性同位素技术包括放射性自显影技术（radioautography）、基于液体闪烁计数（liquid scintillation counting）的生物样品放射性定量技术和液相放射性色谱（liquid radiochromatography）检测技术等。前两项技术都是测定总放射性活性，不分离药物和代谢产物。液相放射性色谱检测技术利用液相色谱的分离功能，将生物样品中标记药物和代谢产物进行分离，流出组分经放射性检测器检测，获得各个组分的放射活性数据。在液相色谱分离后，将流出物分别引入平行连接的放射性检测器和质谱仪，可以同时定性分析代谢产物的结构并定量分析各个组分的含量。国际制药企业和新药研发机构不仅在临床前药代动力学研究的动物试验中应用放射性同位素技术，更重要的是在新药研发中用于低能量和低剂量的人体放射性代谢试验，尽早获得新药的人体代谢产物谱和主要的排泄途径。鉴于这一技术在评价新药人体代谢产物全貌和排泄途径中的优势，美国 FDA 鼓励在新药研发中尽可能使用这项技术[2]。

大多数药物代谢研究使用放射性核素 ^3H 和 ^{14}C 取代药物分子中的 H 或 C 原子，这两种放射性核素是低能量，半衰期分别为 12.35 年和 5730 年。由于其半衰期长，短周期实验测得的数据一般不需要进行物理半衰期的校正，便于测量和结果计算。再者，^{14}C 和 ^3H 发射的 β 射线能量较低，易于防护，并可用液闪技术进行定量测定。^3H 的标记合成相对容易，在新药发现的早期评价中经常使用 ^3H 标记的放射性化合物进行放射活性的药代动力学、分布或初步代谢研究。由于 ^3H 可能与水中的 H 交换或者经代谢转化丢失标记的氚，^{14}C 标记更适合于新药开发阶段的分布和代谢试验，为新药申请和法规审批提供较为可靠的数据[2]。放射性同位素的药代动力学和代谢研究主要包括不同种属的体外代谢比较，实验动物的血浆动力学、分布、代谢和排泄试验，人体血浆动力学、分布、代谢和排泄试验，以及标记药物在血液及胆汁和尿等排泄物中的代谢产物谱，鉴定代谢产物和测定暴露浓度等[20]。

二、液相放射性色谱技术

1. 用于液相色谱的放射性检测技术

目前在药代动力学研究中应用较多的液相色谱放射性检测技术是在线放射性流动检测（radio flow detection，RFD）、液体闪烁计数（liquid scintillation counting，LSC）和微板闪烁计数（microplate scintillation counting，MSC），均已有商品化的检测器可用。

（1）高效液相色谱-放射性流动检测（HPLC-RFD）　放射性流动检测器是与液相色谱相连接的在线放射性检测器，从色谱柱洗脱的流分在检测池中与闪烁液混合并计数，以检测流出物的放射活性。在线 HPLC-RFD 在分辨率、放射性检测的精密度和准确性以及分析速度方面，具有一定的优势，适用于放射性色谱的方法学开发以及药代动力学研究中大量生物样品的测定。但 HPLC-RFD 的灵敏度相对较低，这是因为放射性色谱峰在检测池中的停留时间较短（5～15s）[21]。RFD 的检测限以每分钟衰变次数（DPM）计为 250～500 DPM，定量限为 750～1500 DPM（表 2-2），在浓度相对较低的血浆代谢产物等的定量分析中的应用受到限制。

表 2-2　液体放射性色谱技术的灵敏度[2]

放射性检测	背景 /CPM	计数效率 /%	计数时间 /min	检测限 /DPM	定量限① /DPM
HPLC-LSC	25	90	10	10	31
HPLC-RFD	15	70	5～10s	250～500	750～1500
HPLC-MSC②	2	70	10	5	15
停流 HPLC-RFD③	15	70	1	25～50	75～150
HPLC-AMS④				0.0001	

① 检测下限（LOD）的计算基于参考文献[21]的公式。

② 使用 TopCount 仪器。

③ 使用流分停流模式。

④ AMS 为加速器质谱法，见参考文献[22,23]。

在药物代谢产物谱和代谢产物定性定量分析的实际应用中，RFD 通常与 UV 检测器和质谱联用，如图 2-11 所示。检测时通过 UV、放射活性色谱图和质谱全扫描色谱图的比对，可以筛查代谢产物，由多级质谱的结构分析功能鉴定代谢产物的结构，由色谱峰的放射活性测定，得到代谢产物的相对含量，确定主要的代谢途径。

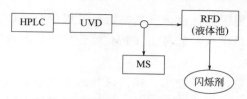

图 2-11　在线 HPLC-RFD 与紫外检测器和质谱的联用

（2）高效液相色谱-液体闪烁计数（HPLC-LSC）　HPLC-LSC 是离线的放射性色谱检测方法，待测的放射性组分经 HPLC 分离，收集流分，离线与闪烁液混合后，经液闪计数器测定放射性活度。HPLC-LSC 法收集的流分可以计数较长时间（10min 或更长），其放射性计数灵敏度至少是 HPLC-RFD 的 25 倍（表 2-2），但分析过程耗时、耗力，按照时间分段收集样品的峰分离度比其他技术差。因此，目前低浓度放射性标记代谢产物的分析已逐渐被 MSC 等新技术所取代。

（3）高效液相色谱-微板闪烁计数（HPLC-MSC）　MSC 是近年来发展的，用于放射性代谢物谱分析的离线液相放射性色谱技术，适用于低浓度放射性代谢产物的分析，与质谱联用还能同时分析鉴定代谢产物的结构和代谢途径，特别适用于体内代谢研究，图 2-12 展示了 HPLC-MSC 与质谱的两种联用方式。与 HPLC-LSC 相比，HPLC-MSC 不仅增加了分析的通量和灵敏度，而且减少了放射性废物量和人工操作。应用 MSC 分析可检测出 RFD 或 LSC 法检测不到的代谢产物，对于微量产物的检出和鉴定，有较大的优势。

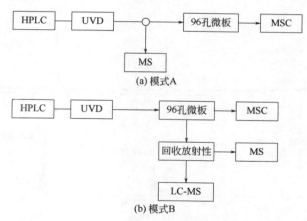

图 2-12　HPLC-MSC 及其与质谱的联用方式

HPLC-MSC 分析是将色谱洗脱液收集到 96 孔板上，经快速真空浓缩后，孔内加入闪烁液，用微板闪烁计数器进行放射性检测（图 2-12）。商业用微板闪烁计数仪器有 TopCount 和 MicroBeta 计数器两种，TopCount 计数器的灵敏度稍高于 MicroBeta 计数器。通常用 HPLC-MSC 分析得到的每分钟计数值（CPM）计算相对放射性丰度，其前提是在色谱分离的运行过程中 HPLC 流分的计数效率是一致的或变化在可接受范围内，此时由 CPM 值计算得到的放射性色谱峰相对丰度与 DPM 计算值的偏差较小。

（4）停流液相放射性色谱技术　停流液相放射性色谱检测技术（又称准确放射性同位素计数技术），是在 HPLC-RFD 基础上发展起来的，以改善 HPLC-RFD 的灵敏度。停流 RFD 系统有 3 种操作模式：流分停流；浓度停流和非停流[24]。流分停流模式可以在预先设定的计数区域或整个色谱运行过程中停流；浓度停流模式只有在流出液的放射性高于预设最低值时才会停流；非停流模式与常规 RFD 的运行方式相同。图 2-13 是同一放射性样品经 3 种不同模式检测获得的典型放射性色谱图[2]，流分停流模式和浓度停流模式的灵敏度比传统 RFD 模式有显著的提高。但停流 RFD 的不足是使用不同操作模式时，分析物的保留时间会有显著的变化，流分停流和浓度停流分析时的保留时间较非停流模式缩短（图 2-13），这可能是停流时分析物的扩散造成的。因此，停流 HPLC-RFD 技术不宜用色谱保留时间鉴别放射性代谢产物。

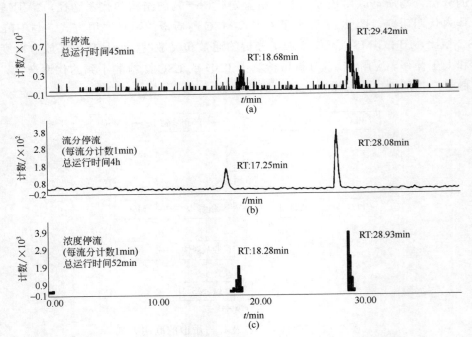

图 2-13　不同的 HPLC-RFD 模式分析两个放射性化合物[2]

（a）非停流模式；（b）流分停流模式；（c）浓度流模式
（流分停流和浓度停流模式对每个流分的计数时间为 1min）

（5）高效液相色谱-加速器质谱（HPLC-AMS）　加速器质谱法（accelerator mass spectrometry，AMS）是 20 世纪 70 年代中后期发展起来，检测微量核素和分析稀有粒子的测量方法。AMS 的灵敏度比 LSC 及其他衰变计数方法增加了 $10^3 \sim 10^9$ 倍，检测水平可达到 0.0001 DPM，是核分析技术中灵敏度最高的核素测量方法。AMS 法已在药物代谢研究中用于给药剂量的物料平衡测定，标记药物总放射活性的药代动力学研究，以及低剂量放射性同位素标记药物给药后，人体 DNA 和蛋白质化学修饰的测定。在药物代谢产物研究中，进样 $0.25 \sim 5$ DPM 的放射性标记药物，就可用离线 HPLC-AMS 法获的代谢产物谱[21,22]。人体放射性标记药物的代谢研究，使用非常低的放射性同位素给药剂量（出于安全性考虑，药物的总给药剂量＜1mg）。HPLC-AMS 的高灵敏度特别适用于人体研究，但是 AMS 分析的成本相对较高，HPLC-AMS 分析收集和预处理样品比较困难，限制了方法在药物代谢研究中的普及。

2. 液相放射性色谱与质谱联用

在药物代谢产物研究中，液相放射性色谱通常与质谱联用。根据不同的放射性检测器和研究目标，放射性色谱与质谱有不同的连接方式。在线 HPLC-RFD 的流出物可以串联依次进入放射性检测器和质谱，也可以经分流阀并列分流进入放射性检测器（约 80%）和质谱（约 20%）。前者适合流速较低的色谱分析，且进入质谱的样品量较大，可提高分析灵敏度；后者的分流使得流速分别适合流动放射性检测和质谱分析。HPLC-RFD-MS 联用得到的放射性色谱图和离子流色谱图的代谢产物保留时间和峰形相同，可以对产物平行进行相对含量和结构的分析。但是，在线 RFD 的检测灵敏度较低，有可能检测不到生成量较低的代谢产物。

HPLC-MSC-MS 联用法是目前应用较多的方法，适用于低浓度代谢产物的研究[25]。图 2-12 展示的两种分析模式，模式 A 通常使用 4.6mm 内径的色谱柱，可以进样较大体积的样品且不牺牲色谱效能，为微板闪烁计数和质谱分析提供较好的灵敏度，并可同时得到放射性色谱图和离子流色谱图，MSC 的检测灵敏度较高，有利于检出低浓度的代谢产物；模式 B 的 HPLC 的洗脱液不分离，96 孔微板收集后用微板闪烁计数仪测定放射活性，获得代谢产物色谱图，随后，将感兴趣的放射性代谢产物从微板回收，采用毛细管和纳升 LC-MS 或者纳升喷雾质谱直接输注进样进行产物的质谱分析，对结构进行表征。这一方法提高放射性测定和质谱分析的灵敏度，双重液相色谱分离可以降低基质对产物质谱分析的影响，第二次色谱条件可进一步优化，有利于多个结构相似产物的分离。

三、应用实例：液相放射性色谱法研究丁螺环酮在人肝微粒体的代谢产物谱[21]

1. 方法概述

丁螺环酮（Bu）是非苯二氮䓬类抗焦虑药，对 5-HT1A 具有高亲和性，通过部分激动 5-HT1A 发挥抗焦虑作用，并对大脑的多巴胺 D2 受体具有中等活性，适用于治疗各种焦虑症。Zhu 等[21]应用液相放射性色谱技术研究了 ^{14}C 标记的丁螺环酮（图 2-14）在人肝微粒体孵育液中的代谢产物，并评价了基于 TopCount 微板闪烁计数器的 HPLC-MSC 检测方法的灵敏度、精密度和准确度。

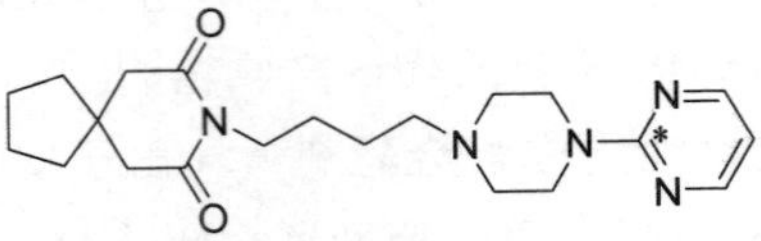

图 2-14　^{14}C 标记的丁螺环酮（星号表示 ^{14}C 标记部位）

2．分析条件

岛津 VP 型 HPLC，装备有 LC-10AD 双泵、SIL10AD 自动进样器和 SPD-MA10A 二极管阵列检测器和 Zorbax RX-C$_8$ 柱（4.6mm×250mm）。流动相：溶剂 A（0.01%的三氟乙酸）和溶剂 B（乙腈）线性分段梯度，溶剂 B 的梯度为 8%（0～8min）、40%（30min）、90%（35min）、8%（40min）。

HPLC 分离后的流出液用 GilsonFC204 流分收集仪，以 15s/孔的速度收集至 96 孔微板（PE 公司），将微板置于快速真空蒸发器，挥去样品中的色谱流动相。用 TopCount 微板液闪计数仪（PE 公司）同时检测微板的 12 孔样品的放射活性，计数时间为 10min。

不同放射性检测灵敏度比较。HPLC-LSC 法：HPLC 洗脱液由流分收集器收集至试管中（30s/管），与 4.5mL 的 Ecolite 液体闪烁剂混合，液体闪烁计数器计数 10min。HPLC-RFD 法：HPLC 洗脱液与 ULTIMA-FLOM 液闪剂以 1∶3 的比例混合后，经 500μL 检测池时测定放射活性。

3．人肝微粒体孵育和样品前处理

将 ^{14}C 标记丁螺环酮（0.5～40μmol/L）在 37℃含有人肝微粒体（蛋白浓度 0.2～1mg/mL）和 NADPH 的磷酸钠盐缓冲液（pH 7.4）中孵育，在孵育终点加入同体积的冰冷甲醇终止反应，并沉淀蛋白，离心、取上清液直接进样 HPLC 分析。

4．不同放射性检测方法的代谢产物谱和灵敏度比较

应用不同的放射性检测方法，测定 ^{14}C 标记丁螺环酮在人肝微粒体的代谢产物谱，比较代谢产物的检出种类和灵敏度。其中，TopCount 计数的 HPLC-MSC 法，进样 8000DPM，计数 10min；HPLC-LSC 法，进样 8000DPM，2 流分/min，计数 10min；HPLC-RFD 法，进样 32000DPM。结果见图 2-15。由图可见，放射性色谱方法可以检测到螺环酮主要代谢产物 M3（1-PP）、M5（3-羟基丁螺环酮）、M8（Oxa-丁螺环酮）、M9（6-羟基丁螺环酮）、M11（5-羟基丁螺环酮）和 M12（N-氧化丁螺环酮）。其中以 TopCount 计数的 MSC 灵敏度最优，可以检测到 14 个代谢产物，包括低水平的代谢产物；其次是 LSC 法，检测到 8 个产物；在

线的 RFD 法灵敏度较低，尽管提高进样量至 32000DPM，但仅检测到 5 个主要代谢产物。MSC 和 LSC 法延长计数时间可显著提高灵敏度，两种方法的检测灵敏度比较见表 2-3。

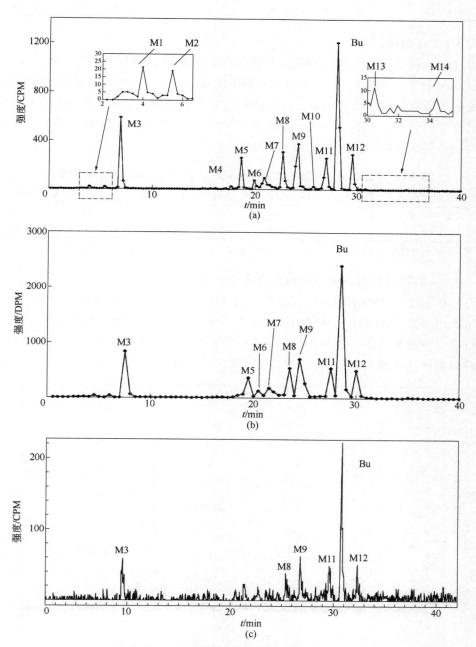

图 2-15 丁螺环酮代谢产物放射性色谱图
（a）HPLC-MSC；（b）HPLC-LSC；（c）HPLC-RFD

表 2-3　TopCount 计数的 MSC 法和 LSC 法的灵敏度比较

放射性检测	背景/CPM	计数效率/%	计数时间/min	检测限/DPM	定量限/DPM
HPLC-LSC	25	90	10	10	31
HPLC-MSC	2	70	10	5	15

5．方法的精密度

比较 3 种检测方法得到的代谢产物谱的重现性，5 次进样分析得到精密度值。TopCount 计数的 HPLC-MSC 法的分析精密度是 2%～11%，与其它两种方法相当。但是对于低水平代谢产物的测定，TopCount 计数则有明显优势（表 2-4）。对于低浓度水平的代谢产物 M1、M2、M4、M10 和 M13（为 23～42CPM），RSD<15%；而对于痕量水平的产物 M14（为 15CPM），RSD 为 27.8%。

表 2-4　TopCount 计数的定量分析低水平放射性代谢产物的精密度

代谢产物	M1	M2	M4	M10	M13	M14
放射性[①]/CPM	32	30	32	42	23	15
RSD	14.6	10.8	14.6	5.3	9.0	27.8

① 平均放射活度百分比（n=5），根据 5 次进样测得，CPM 是计数率（每分钟计数次数）。

6．人肝微粒体孵育液中代谢产物浓度测定

将低浓度的[^{14}C]丁螺环酮（底物浓度 0.5μmol/L）与人肝微粒体（蛋白浓度 0.2mg/mL）和 NADPH 在磷酸钠缓冲体系（pH 7.4）37℃孵育，得到图 2-16 所示的低底物浓度孵育的丁螺环酮的代谢产物谱（40～110CPM/峰）。由代谢产物峰的相对放射活性丰度，测得孵育液中代谢产物的浓度在 0.032～0.101μmol/L 的水平。

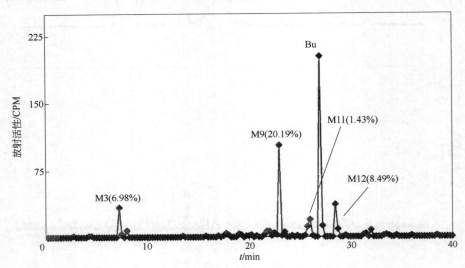

图 2-16　HPLC-MSC 定量分析人肝微粒体孵育液中低浓度
水平的[^{14}C]丁螺环酮代谢产物

第四节　液相色谱-质谱联用技术检测和鉴定药物代谢产物

药物进入人体后，在药物代谢酶的作用下发生生物转化，生成代谢产物。对于人体而言，代谢产物是与原型药物结构不同的新化合物，其中有些代谢产物具有生物活性，甚至活性高于原型药物；有些产物的作用靶点或药理学活性与原型药物不同，其体内浓度达到一定水平后，通常引起副作用或不良反应；还有一些药物在代谢酶的作用下，会产生高反应性的代谢产物或反应中间体，并与体内的蛋白、酶、DNA 等发生反应，产生毒性。因此，药物代谢途径和产物是影响药物的安全性和有效性的重要因素，代谢产物鉴定和体内暴露水平测定是新药评价的重要内容。

一、新药发现和开发过程中的药物代谢产物的研究

在现代新药研发过程中，药物代谢产物研究贯穿发现、优化、开发和临床使用阶段。在不同的研发阶段，根据研发策略，药物代谢产物研究的目的和重点又不相同。在药物发现阶段，药物代谢研究与新药活性和药效优化同步，目的是优化先导物或候选化合物的代谢性质，使其在体内的代谢或清除性质与治疗目标相符[2]。例如，需要长期服用的药物，药物在体内的清除性质应能满足每天给药一次的目标；对于那些应急药物，则应吸收迅速，代谢清除较快。因此，在新药发现阶段，药物代谢研究的主要目的是选择具有良好吸收、分布、代谢和排泄性质的化合物，及早剔除代谢性质差且具有安全或开发风险的化合物。具体内容是优化先导化合物或候选化合物的代谢清除性质，评价代谢稳定性和主要的代谢转化途径，筛查主要产物或反应性产物，优化化合物结构，以提高代谢稳定性或避免产生可能引起不良反应或毒性反应的代谢产物，最终选择吸收良好、具有较高代谢稳定性、多重清除途径、代谢酶抑制或诱导可能性低，以及生成反应性产物可能性低的候选化合物进入临床前开发研究[26,27]。

在药物的开发阶段，药物代谢研究的重点是在实验动物和人体上，提供详细的药代动力学和代谢数据，评价候选化合物的代谢和清除途径，研究血浆、尿、胆汁和粪的代谢产物谱，并研究代谢产物的种属差异，对于那些在血循环和排泄物中含量较高的代谢产物，应鉴定其结构，进行药理活性或安全性评价。

二、药物代谢产物的定性定量分析

药物的体内生物转化通常可生成多个代谢产物，有些生物转化反应在化学反

应条件下很难实现，因此用已知的化学反应知识难以预测产物结构。相对于生物基质中的内源性物质，代谢产物的浓度较低，给分离分析和结构鉴定带来困难。因此，药物代谢产物研究是具有挑战性的工作，很大程度上依赖于分离分析仪器和技术的发展，研究方法和策略要根据研究目的、待测药物的结构及其代谢性质而定。

1．新药发现期的代谢产物快速筛查

新药发现的早期，为了避免快速代谢转化导致的代谢不稳定以及毒性或反应性产物的生成，需要尽早了解新化合物可能的代谢途径、代谢位点以及产物的类型。产物的筛查通常在体外孵育体系中进行，包括组织匀浆、肝亚细胞成分（S9，胞质及微粒体）、肝细胞或精细肝切片、离体/在体灌流器官以及重组人源细胞色素 P450（rCYP）酶。体外试验体系单一且不受给药剂量的限制，并可以考察各种因素对代谢转化的影响。应用 96 孔平板进行体外孵育试验可以提高筛查的通量，增大孵育体系的体积、受试药和代谢酶的含量，可以制备足够量的代谢产物进行结构鉴定。

人和动物肝脏微粒体孵育是最常用的体外代谢转化试验体系，孵育液以 pH 7 的 Tris 缓冲液或磷酸缓冲液为基质，加入肝微粒体（蛋白浓度为 0.5～1mg/mL）待测物（常用浓度为 1～50μmol/L）和还原型辅酶Ⅱ（NADPH）或还原型辅酶Ⅱ再生系统，37℃孵育一定的时间，孵育结束后在试验体系中加入甲醇、乙腈或其它蛋白沉淀试剂中止反应、沉淀并离心去除蛋白，取上清液样品待测。孵育液中代谢产物的检测和分析主要应用液相色谱-质谱联用技术，特别是液相色谱-高分辨质谱结合代谢产物鉴定辅助软件，可以快速筛查代谢产物。

2．代谢产物鉴定和定量分析

在新药的临床前和临床评价阶段，需要进行代谢产物的结构鉴定和定量分析，理解新药的代谢转化途径、产物的血浆和靶器官暴露水平以及主要的排泄消除途径。目前，液相色谱联用高分辨质谱并辅以代谢产物分析软件相结合，是最常用的代谢产物定性和定量分析平台。与其它质谱技术相比，高分辨质谱的优势在于其能给出原药和代谢产物及其碎片离子的精确质量数，由精确质量数可以得到原药和代谢产物分子离子或碎片离子的准确元素组成，从而推断增减基团和转化反应的部位，这一实践可以将代谢产物与生物基质中同质量的干扰物进行分离，减少假阳性，提高产物鉴定的可信度。在高分辨质谱上应用代谢产物鉴定辅助软件，将有效降低生物样品的基质干扰，提高产物分析鉴定的效率和准确性。常见的软件功能包括数据依赖性获取、质量亏损过滤、基于准确质量的背景扣减和核素模式扫描等[28,29]。

（1）数据依赖性获取 这一策略将大多数预期的或可预测产物的结构和质量数列表，当复杂基质中含有与待测药物相关的低浓度水平产物时，即使产物的信

噪比低，也可以通过选择质量表强行触发二级质谱采集，提高产物离子 MS^2 谱图采集的可能性。这一功能可以显著提高低水平或低信号强度产物的检出率。

（2）质量亏损过滤　质量亏损是指元素的准确质量与整数质量之间的差异。原子质量标度将碳12的准确质量定义为12.0000Da，所有其它元素有其特定的质量亏损，氢元素和氧元素的质量亏损值分别为0.007825Da和-0.005085Da。因此，药物分子的氧化反应加入一个氧原子的质量亏损是-5.1mDa，而葡萄糖醛酸化则引入+32mDa。实验表明，分子量为200～1000Da的化合物在分辨率大于50mDa时就能与基质中同质量水平的干扰物分离，如果生物基质中干扰离子的质量亏损在待测药物及产物相关离子的特定范围外，就可以用高分辨质谱的精确质量分析将其过滤。在高分辨质谱精确质量数据采集中应用质量亏损过滤模式，可有效降低生物基质干扰，提高罕见或不可预测产物的检出，特别适用于代谢产物谱的研究[28]。

（3）基于准确质量的背景扣减　在高分辨质谱上平行测定含待测药的样品和不含药的空白基质样品，进行基于准确质量数据的背景离子扣减，可有效减少基质离子对药物和代谢产物测定的干扰，经背景扣减处理的质谱图有助于代谢产物分子离子的鉴定。

（4）核素模式扫描　此功能基于高分辨质谱的准确质量，设立同位素过滤器，辅助检测含氟、氯、溴等同位素的药物及其代谢产物，可去除大多数基质离子，凸显出药物相关分子的离子色谱峰，有利于鉴定代谢产物的分子离子。

近年来，随着高分辨质谱灵敏度的大幅提高，液相色谱-高分辨质谱联用仪器已成为代谢产物定性和定量分析平台，可同时获得产物结构和生成量信息，加快代谢产物研究进程，使得以往产物研究周期长、分析难度大的瓶颈问题，得以改善。

三、应用实例：DAPA-7012 的大鼠肝微粒体代谢产物分析[30]

1. 方法概述

非核苷类逆转录酶抑制剂（nonnucleoside reverse transcriptase inhibitors，NNRTI）是目前临床应用的重要的抗 HIV 治疗药物，NNRTI 通过改变 HIV-1 逆转录酶（reverse transcriptase，RT）的活性构象，达到抑制酶功能、阻断 HIV 复制的目的。抗 HIV 药物需要长期口服用药，理想的药物在人体应有合理的代谢清除率，给药间期为每天给药一次或更长，以提高患者的依从性。为此，新型 NNRTI 先导物的代谢稳定性是研究中最为关键的成药性质。二芳烃取代吡啶胺类化合物（diarylpyridinamine，DAPA）是一类 NNRTI 活性先导化合物，大鼠肝微粒体代谢稳定性评价表明，此类化合物经细胞色素 P450（CYP）酶介导可快速代谢。王瑞等[30]应用飞行时间液质联用技术（UPLC-Q-TOF-MS/MS）并辅以代谢软件，快速筛查了代表性化合物 DAPA-7012 在大鼠肝微粒体中的代谢产物，并分析了易代谢位点，为此类先导物的分子结构修饰与优化提供必要的信息和依据。

2. 大鼠肝微粒体孵育及样品制备

平行进行肝微粒体反应样品和对照样品的孵育。孵育体系为磷酸缓冲液（pH 7.4），内含受试化合物（20μmol/L）、大鼠肝微粒体（1mg/mL）和 NADPH（1mmol/L）。反应样品（S_{2h}）将受试化合物和大鼠肝微粒体加入缓冲液，于 37℃水浴预孵育 5min 后，加入 NADPH 启动反应，37℃孵育 2h 后加入两倍量的冰甲醇终止反应，混合物涡旋后以 13800g（4℃）离心 15min，取上清液于 27℃浓缩至几乎干燥，150μL 甲醇复溶，离心后取上清液进样。对照样品（S_0）在仅含大鼠肝微粒体的孵育液中先加入甲醇涡旋使酶灭活，然后再加入受试化合物及辅酶，同法孵育并处理。为了证实化合物在肝微粒体中存在Ⅱ相结合反应，在上述孵育体系中分别加入还原型谷胱甘肽（20μmol/L）或尿苷-5′-二磷酸葡糖酸三胺盐（20μmol/L），同法孵育后检测Ⅱ相结合产物。

3. UPLC-Q-TOF-MS/MS 分析条件

分析用液相色谱-质谱联用仪为 Xevo™ G2 四极杆飞行时间质谱仪（Q-TOF-MS/MS），配有 ACQUITY™超高效液相色谱（UPLC）和 MetaboLynx™代谢软件（美国 Waters 公司）。色谱柱为资生堂 CAPCELLPAK C_{18} 柱（150mm×2.0mm id, 5μm）。流动相 A 为 0.1%甲酸的水溶液，流动相 B 为含 0.1%甲酸的甲醇。采用梯度洗脱程序：0～1min，10% B；1～6min，10%～90% B；6～9min，90% B；9～9.1min，90%～10% B；9.1～11min，10% B。流速 0.3mL/min；进样量为 2μL；洗脱时间为 11min。产物筛查分析的质谱扫描时间为 0～10min。质谱主要参数：离子源为 ESI 源；检测模式为正离子模式；雾化气流量 600L/h；毛细管电压 3kV；去溶剂温度 350℃，离子源温度 100℃。MS 一级谱扫描范围 m/z 100～1000，扫描时间 1s，碰撞能 30eV，数据采集方式为 Centroid；MS/MS 二级谱扫描范围 m/z 100～1000，扫描时间 0.5s，目标质量数依据 MS 一级谱获得的代谢产物精确质量数设定，低能量扫描的碰撞能量梯度范围为 6～20eV，高能量扫描的碰撞能量范围为 20～40eV。在确证葡糖醛酸和谷胱甘肽结合产物时，应用负离子检测模式进行扫描检测。

4. MetaboLynx™代谢软件的应用和分析流程

将对照样品（S_0）设置为"Control"项，将反应样品（S_{2h}）设置为"Analyte"项，利用 MetaboLynx™代谢软件采集并处理数据，筛选相关代谢产物。为了去除内源性物质对代谢产物检测的干扰，将质量亏损过滤的范围设定为 50mDa。样品分析流程：首先获得原形化合物的 MS/MS 图谱，并推断其碎裂途径。随后，依次进样 S$_0$ 和 S$_{2h}$，用 MetaboLynx™软件采集数据。软件可根据原型化合物的结构推测得到可能的生物转化反应（例如氧化、水解以及去烷基反应等）列表以及相应代谢产物的元素组成，对质谱采集的数据进行自动处理，生成系列提取离子色谱图（XICs），并自动生成报告，报告包括 S$_{2h}$ 样品中除去干扰杂质/本底后可检出的所有成分的信息。在此基础上，根据原型化合物的结构信息、药物生物转化规律等，手动删去无关成分，并选择丰度较高的代谢产物进行 MS/MS 分析，应用低能量和高能量交互扫描获得代谢产物的碎片，推断碎裂途径及产物结构。

5. DAPA-7012 的结构和质谱碎裂方式

DAPA-7012 在 UPLC 上的保留时间为 7.38min。扫描得到 DAPA-7012 的 [M+H]$^+$离子为 m/z 401.1991，主要碎片离子有 m/z 343.1567、225.0775、197.0831 和 119.0861 等。DAPA-7012 的结构式、MS/MS 图谱和主要的碎裂方式见图 2-17。

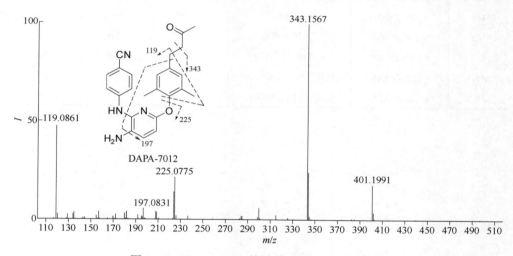

图 2-17 DAPA-7012 的结构式和 MS/MS 图谱

6. DAPA-7012 的大鼠肝微粒体代谢产物分析

在 UPLC-Q-TOF-MS/MS 上依次分析 DAPA-7012 的 S$_0$ 和 S$_{2h}$ 样品，应用 MetaboLynx™软件采集并处理数据，得到的代谢产物信息见表 2-5。在 S$_{2h}$ 样品中筛查到 14 个代谢产物，表明 DAPA-7012 在肝微粒体中代谢广泛。其主要的 I 相反应类型为羟基化，Ⅱ 相反应类型为谷胱甘肽结合反应等。采用碰撞能量梯度功能（MS$_E$）对 4 个丰度较高的产物进行二级质谱分析，由获得的特征离子碎片信息，对产物结构进行初步鉴定。推测得到的 DAPA-7012 在大鼠肝微粒体的代谢途径和主要产物见图 2-18。DAPA-7012 的易代谢位点是 B 环上的伯氨基和 C 环上的甲基。

表 2-5　MetaboLynx™软件报告的 DAPA-7012 代谢产物信息

编号	分子式	代谢反应类型	m/z	质量亏损值/mDa	t/min
M0	$C_{24}H_{24}N_4O_2$	DAPA-7012 原形	401.1991	0.6	7.38
M1-1	$C_{24}H_{24}N_4O_3$	氧化	417.1907	−1.9	6.73
M1-2	$C_{24}H_{24}N_4O_3$	氧化	417.1930	0.4	6.91
M1-3	$C_{24}H_{24}N_4O_3$	氧化	417.1951	2.5	7.13
M1-4	$C_{24}H_{24}N_4O_3$	氧化	417.1988	6.2	8.68
M2-1	$C_{24}H_{24}N_4O_4$	2×氧化	433.1911	3.5	5.53
M2-2	$C_{24}H_{24}N_4O_4$	2×氧化	433.1878	0.2	6.14
M2-3	$C_{24}H_{24}N_4O_4$	2×氧化	433.1893	1.7	6.42
M2-4	$C_{24}H_{24}N_4O_4$	2×氧化	433.1894	1.8	6.59
M3	$C_{24}H_{24}N_4O_5$	3×氧化	449.1872	4.7	9.18
M4	$C_{30}H_{32}N_4O_8$	葡糖醛酸化	577.2299	0.1	6.05
M5	$C_{30}H_{32}N_4O_9$	氧化+葡糖醛酸化	593.2233	−1.4	6.32
M6	$C_{34}H_{39}N_7O_8S$	S-谷胱甘肽结合	706.2778	11.9	7.03
M7-1	$C_{34}H_{39}N_7O_9S$	氧化+谷胱甘肽结合	722.2579	−2.9	6.67
M7-2	$C_{34}H_{39}N_7O_9S$	氧化+谷胱甘肽结合	722.2745	13.7	6.77

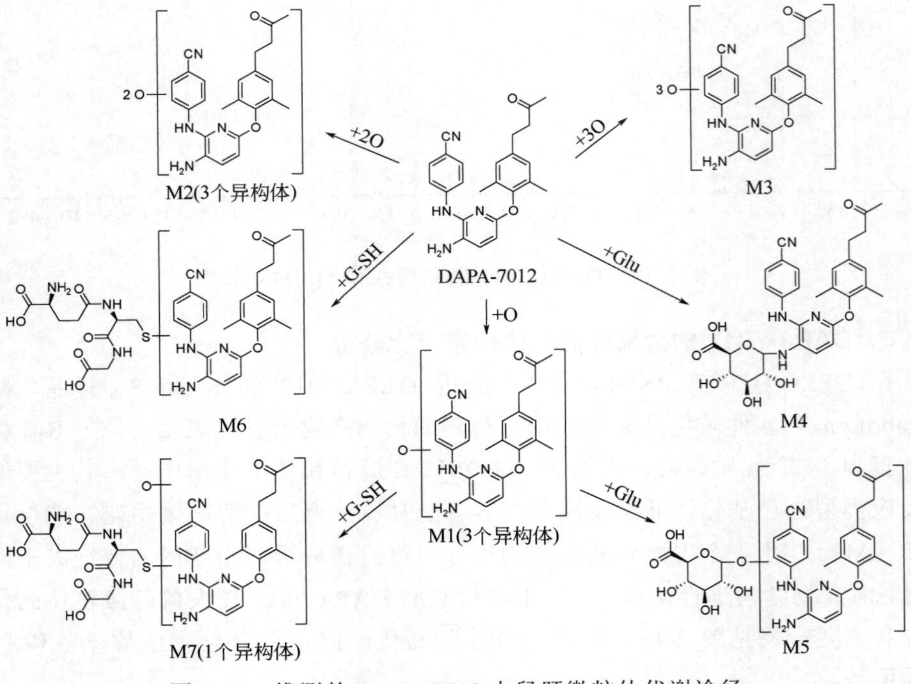

图 2-18　推测的 DAPA-7012 大鼠肝微粒体代谢途径

参 考 文 献

[1] Lee M S, Zhu M. Mass Spectrometry in Drug metabolism and Disposition. New York: John Wiley & Sons Inc, 2011.

[2] 钟大放, 等. 药物设计与开发中的药物代谢——基本原理与实践. 北京: 人民军医出版社, 2011.

[3] Turnera N W, Subrahmanyamb S, Piletsky S A. Anal Chim Acta, 2009, 632: 168-180.

[4] Pan J, Zhang C, Zhang Z, et al. Anal Chim Acta, 2014, 815:1-15.

[5] 戴国梁, 居文政, 谈恒山. 中国医院药学杂志, 2013, 33 (6): 484-486.

[6] 张艳华. 光谱实验室, 2013, 30(6):2836

[7] 杨松成. 有机质谱在生物医药中的应用. 北京: 化学工业出版社, 2009: 121-124.

[8] 戴冬艳, 朱静毅, 闻瑚毓. 天津药学, 2012, 4 (3): 50.

[9] 徐 颖, 李豪, 修佳, 等. 中国医药科学, 2014, 4 (2): 36.

[10] 张娟红, 王荣, 谢华, 等. 分析仪器, 2010, 3: 25-28.

[11] 萧伟斌, 塞阳, 李桦. 分析化学, 2014, 42 (12): 1851-1858.

[12] Vega-Morales T, Sosa-Ferrera Z, Santana-Rodríguez J J. J Chromatogr A, 2012, 1230: 66-76.

[13] Mangani F, Luck G, Fraudeau C, et al. J Chromatogr A, 1997, 762: 235-241.

[14] Chiuminatto U, Gosetti F, Dossetto P, et al. Anal Chem, 2010, 82: 5636-5645.

[15] US Department of Health and Human Services, Food and Drug Administration, Center for Drug Evaluation and Research (CDER). Guidance for Industry, Bioanalytical Method Validation. 2001.

[16] 白海红, 林缕, 李桦, 等. 分析化学, 2009, 37(增刊): D184.

[17] Xiao W, Zhuang X, Shen G, et al. J Sep Sci, 2014, 37: 696-703.

[18] Zhuang X, Zhong Y, Yuan M, et al. J Pharm Biomed Anal, 2013, 75: 18-24.

[19] 边诣聪, 胡海红, 曾苏. 药物分析杂志, 2012, 32 (5): 906-911.

[20] Zhu M, Zhang D, Zhang H, et al. Biopharm Drug Dispos, 2009, 30: 163-184.

[21] Zhu M, Zhao W, Vazquez N, et al. J Pharm Biomed Anal, 2005, 39: 233-245.

[22] Brown K, Dingley K H, Turteltaub K W. Methods Enzymol, 2005, 402: 423-443.

[23] Brown K, Tompkins E M, White I N. Mass Spectrom Rev, 2006, 25: 127-145.

[24] Nassor A E, Bjorge S M, Lee D Y. Anal Chem, 2003, 75: 785-790.

[25] Zhang D, Wang L, Raghavan N, et al. Drug Metab Dispos, 2007, 35: 150-167.

[26] Baillie T A, Cayen M N, Fouda H, et al. Toxicol Appl Pharmacol, 2002, 182: 188-196.

[27] Bjornsson T D, Callaghan J T, Einolf H J, et al. J Clin Pharmacol, 2003, 43: 443-469.

[28] Zhang H, Zhang D, Ray K, et al. J Mass Spectrom, 2009, 44: 999-1016.

[29] Zhu M, Zhang H, Humphreys W G. J Bio Chem, 2011, 286: 25419-25425.

[30] 王瑞, 陈佳, 秦炳杰, 等. 药学学报, 2012, 47 (12): 1671-1677.

CHAPTER 3

色谱在脂质组学分析中的应用

第一节　概述

一、脂类化合物和脂质组学

1. 脂类化合物简介

脂类化合物通常被定义为自然界中存在的一类难溶于水、易溶于有机溶剂的小分子化合物，是生物体内非常重要的一类物质。作为构成生物膜的主要成分，脂类化合物极具分子的多样性和多种生物功能，包括为蛋白质相互作用提供合适的环境，储存能量，一些脂质分子以及其代谢产物是重要的信使分子。国际脂质分类和命名委员会（International Lipid Classification and Nomenclature Committee）给出的脂质类化合物定义为：全部和部分来自基于负碳离子的硫酯缩合（脂肪酰类、甘油脂类、甘油磷脂类、鞘脂类、糖脂类和聚酮类）和/或基于正碳离子的异戊二烯缩合（异戊烯醇类和固醇类）的疏水性或两性小分子[1]。这一定义将脂类化合物分为八大类型，每个类型又可根据极性头基的不同分为不同的亚类，每一亚类又可进一步根据碳链的长度和不饱和度细分为不同的分子种属，这就构成了脂类化合物的三级分类系统。脂质代谢通路战略（LIPID MAPS）联合会也采用这一定义[2]，目前 LIPID MAPS 的数据库中包含了 4 万多个脂质类化合物[3]。

　　LIPID MAPS 基于化学结构，根据不同脂质亲水和疏水基团的差异将脂质分为八大类型，包括脂肪酰类、甘油脂类、甘油磷脂类、鞘脂类、固醇类、萜类、糖脂类、聚酮类，具体如表 3-1[2]所示。该分类方法不仅适用于真核和原核细菌含有的脂类化合物，也同样适用于古生菌所含的脂类化合物和合成（人造）脂质。这八大类型脂类化合物的代表性结构如表 3-2[4]所示。其中脂肪酰类（FA）、甘油脂类（GL）、甘油磷脂类（GP）和鞘脂类（SP）这四大类是目前研究最为广泛的脂类化合物。作为后面章节讨论色谱分离脂类化合物的基础，我们先简要介绍一下这四类化合物。

表 3-1　脂质综合分类系统及 LIPID MAPS 数据库中脂质数目[3]

脂类化合物分类	缩写	数据库中的化合物数 （截至 2018.12.17）
1. 脂肪酰类（fatty acyls）	FA	9134
2. 甘油脂类（glycerolipids）	GL	7625
3. 甘油磷脂类（glycerophospholipids）	GP	9916
4. 鞘脂类（sphingolipids）	SP	4411
5. 固醇类（sterol lipids）	ST	2850
6. 萜类（prenol lipids）	PR	1252
7. 糖脂类（saccharolipids）	SL	1316
8. 聚酮类（polyketide）	PK	6803
合计		43307

表 3-2　八大类脂类化合物代表性结构及分类表[2]

类型	代表性结构	代表性类别
脂肪酰类 （FA）	棕榈酸(hexadecanoic acid)	脂肪酸 类花生酸 脂肪醇 脂肪胺 脂肪酰胺
甘油脂类 （GL）	1-十六酰-2-(9Z-十八烷酰基)-*sn*-甘油 [1-hexadecanoyl-2-(9Z-octadecenoyl)-*sn*-glycerol]	甘油单酯 甘油二酯 甘油三酯
甘油磷脂类 （GP）	1-十六酰-2-(9Z-十八烷酰基)-*sn*-甘油-3-胆碱磷酸 [1-hexadecanoyl-2-(9Z-octadecenoyl)-*sn*-glycero-3-phosphocholine]	磷脂酰胆碱 磷脂酰乙醇胺 磷脂酰丝氨酸 磷脂酰甘油 磷脂酸 磷脂酰肌醇

续表

类型	代表性结构	代表性类别
鞘脂类（SP）	 *N*-(十四酰)-鞘氨-4-醇[*N*-(tetradecanoyl)-sphing-4-enine]	鞘氨醇类 神经酰胺 鞘磷脂 中性鞘糖脂 酸性鞘糖脂
固醇类（ST）	 胆甾基-5-en-3*β*-醇(cholest-5-en-3*β*-ol)	固醇系列 胆固醇系列 类固醇 胆酸系列
萜类（PR）	 2*E*,6*E*-金合欢醇(2*E*,6*E*-farnesol)	异戊二烯 醌和氢醌 聚戊烯醇
糖脂类（SL）	 UDP-3-*O*-(3*R*-羟基-十四)-αD-*N*-乙酰氨基葡萄糖 [UDP-3-*O*-(3*R*-hydroxy-tetradecanoyl)-αD-*N*-acetylglucosamine]	酰基氨基糖 酰基氨基聚糖 酰基海藻糖 酰基海藻聚糖
聚酮类（PK）	 黄曲霉毒素B₁(aflatoxin B₁)	大环内酯类 聚酮类化合物 芳香聚酮类化 合物

（1）脂肪酰类（FA） 游离脂肪酸（free fatty acid，FFA）是 FA 类化合物最重要的代表，它是一种端基为羧基，碳链中碳数为 2～20 个或更多的碳氢链有机物。脂肪酸是由一分子链伸长的 acetyl-CoA 引物和 malonyl-CoA（或 methylmalonyl-CoA）生成的。它含有一个重复的亚甲基疏水尾链，这个疏水尾链赋予脂肪酸疏水性，因此脂肪酸是一类疏水性脂质。

脂肪酸结构是复杂脂质的基本结构之一，因此它是最基本的生物脂类，许多复杂脂类化合物的物理特性取决于脂肪酸的饱和程度和碳链的长度[5]。

（2）甘油脂类（GL） GL 是除了甘油磷脂类（GP）之外的一类以甘油为骨

架的脂质类化合物，生物体内的 GL 含量较高，同时也是细胞代谢燃料和信使分子。GL 主要根据其酯化取代数目的不同分为甘油单酯、甘油二酯和甘油三酯（triacyl- glycerol，TG）。动、植物油脂的主要化学成分就是甘油脂类，其中最主要是 TG，或称三羧酸甘油酯，此外还有少量甘油二酯和甘油单酯[5]。

（3）甘油磷脂类（GP）　GP 主要存在于真核细胞，约占类脂分子的 60%，其结构通式如图 3-1 所示，其中 C1 位上连接的多为饱和脂肪酸，C2 位上连接的多为不饱和脂肪酸。GP 的结构中包括一分子甘油骨架、两分子脂肪酸及一分子磷酸酯化基团，具有一个磷酸基团亲水极性头基和两条长脂肪酸链疏水尾部的特殊两亲性结构。因此，GP 能够通过形成磷脂双分子层构成细胞的骨架结构。此外，它还能够形成微囊结构和稳定单分子层结构。

根据极性头基的不同，GP 主要可以分为磷脂酰胆碱（卵磷脂，PC）、磷脂酰乙醇胺（PE）、磷脂酰丝氨酸（PS）、磷脂酰肌醇（PI）和磷脂酰甘油（PG）等，其中 PC 在细胞膜中的含量最高。

（4）鞘脂类（SP）　SP 是含量仅次于 GP 的第二大类极性脂质。在多数脑细胞中，SP 的含量占整个类脂分子的 5%～10%，而在人大脑白质中 SP 的含量占整个类脂分子的 30%[6]。SP 的结构中包含一个鞘氨醇骨架或者其类似物，图 3-2 所示为其结构通式。可知，SP 由一分子鞘氨醇或其衍生物，一分子长链脂肪酸及一分子极性头基构成。在哺乳动物中，含 18 个碳环骨架的鞘氨醇是最主要的 SP 化合物，但同时也有少量的碳链长度为 14～22 个碳原子的鞘氨醇类似物。

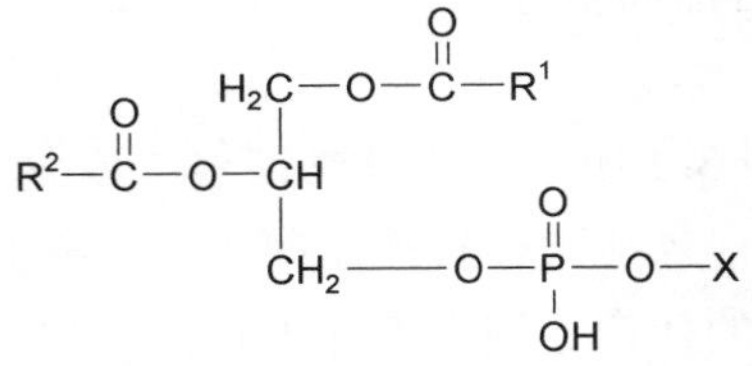

图 3-1　甘油磷脂结构通式 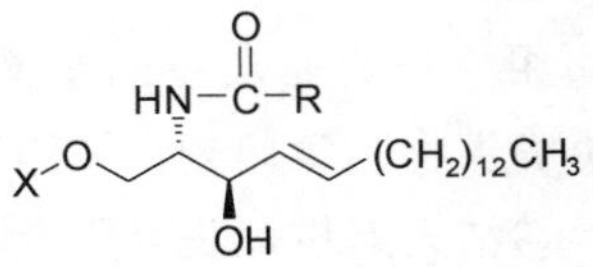　　　　　图 3-2　鞘脂结构通式

基于连接到神经酰胺（即 *N*-酰基鞘氨醇）上极性头基的不同，SP 化合物可分为鞘磷脂（SM）、神经酰胺（Cer）、乳糖基神经酰胺（LacC）、半乳糖基神经酰胺（GalC）和葡萄糖基神经酰胺（GluC）等。

2.　脂质组学

脂质化合物是生命体内一类十分重要的物质，其代谢水平和功能的变化与细胞生理功能的实现和生命体病理性紊乱是密切相关的。研究已证明，脂类化合物与细胞凋亡、信号传导、疾病感染、免疫功能，以及胎儿代谢缺陷都密切相关[1]。脂质类化合物的代谢与糖尿病[7]、肝癌[8]、肾病[9]、乳腺癌[10]密切相关。随着研究的深入和各种组学的出现，有学者于 2003 年提出了脂质组学（lipidomics）的概念[8,11]。脂质组学是对脂质分子种属以及其生物功能的全面描述，主要研究与蛋白质表达有关的脂质代谢及其功能，包括基因调控等[12]。其主要内容包括脂质及其代谢物分析鉴定，脂质功能与代谢调控（含相关关键基因、蛋白质、酶的研究）和脂质代谢途径及网络。脂质组学现在已成为代谢组学最重要的分支之一，且是一个非常活跃的研究领域，尤其在临床诊断和治疗方面的重要性已经引起了科学界的广泛关注[13]。还有人研究了肥胖症[14]、动脉粥样硬化[15]、脑脊髓液[16]、代谢综合征[17]的脂质组学，植物脂质组学的研究也有报道[18]。国际上有关脂质组学的论文发表数量也呈逐年增加趋势。

虽然作为一门新兴学科，脂质组学的相关研究还存在着诸多挑战，如高通量快速分析手段尚不完善、数据处理和整合方法仍存在许多问题、功能性研究还停留在初级阶段等，但脂质组学依然吸引了越来越广泛的关注，并且在一些方面取得了一定的进展。脂质组学已发展出了许多研究分支，诸如细胞脂质组学[19]、计算脂质组学[20]、氧化脂质组学[21]、二十烷酸脂质组学[22]、靶向手性脂质组学[23]、调节介质脂质组学[24]以及神经脂质组学[25]等。近年来，脂质组学在脂质及其相关代谢物的研究、脂质功能与代谢调控的研究以及脂质代谢途径及网络的研究等方面取得了快速进展，在寻找疾病的潜在脂质生物标志物、鉴定药物靶点以及研发新药等方面也取得了一定的进展[2]。目前，脂质组学已经被广泛用于药物研发、分子生理学、分子病理学、功能基因组学、营养学以及环境与健康等重要研究领域。随着特定的脂类生物标志物的发现和确认，以及新的数据处理软件的发展，脂质组学在生物医学研究中已被用于药物活性和治疗效果的评价，以及某些疾病的早期诊断。

脂质组学研究是典型的交叉学科，如图3-3所示，其研究过程一般分为三步，即：①明确生物医学问题；②脂质组学分析，包括取样和样品制备、分离鉴定和数据处理；③结果解析，获得脂类化合物相关的代谢通路，筛选生物标志物。其中非常重要的部分是脂质组学分析，它为最终研究结果提供关键的数据。生物功能解析则要借助于生物信息学、病理学、临床数据和计算机软件等工具来实现。可见，脂质组学分析是这个流程的重要组成部分，也是实现脂质组学研究目标的关键。

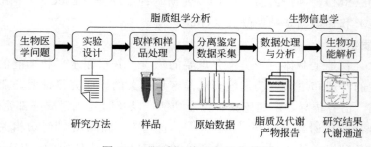

图 3-3　脂质组学研究工作流程

二、脂质组学分析方法概述

由于脂类化合物种类繁多，且生物样品基质复杂，故实现其完全的分离分析较为困难，需要借助尖端的、专门的分离技术和检测手段[26]。就脂类化合物的结构鉴定而言，一般有 5 个层次：①类别鉴定，即根据极性头基的结构确定属于哪一脂质大类；②亚类鉴定，即确定分子的组成单元和基本连接方式，包括碳原子数和双键数目，比如含有磷酸胆碱的醚（E）为 PC，含有 34 个碳原子和 2 个双键，就鉴定为 PC（E-34:2）；③总组成鉴定，即确定分子组成单元的特定连接方式，比如 *O*-烷基（*O*）对 *O*-链-1′-烯基（缩醛磷脂，P）醚结构，就鉴定为 PC（P-34:1）；④分子种属鉴定，即确定分子组成单元如酰基、烷基、链烯基的结构，以及它们特定的 *sn* 连接方式（也可以不确定 *sn* 连接方式），比如 PC（P-16:1_18:0）和 PC（P-16:1/18:0）；⑤分子结构鉴定，即确定双键的位置和顺/反立体结构，比如 PC［P-16:1(9*Z*)/18:0］。前三个层次的鉴定一般用液相色谱-质谱（LC-MS）或者直接用电喷雾质谱（ESI-MS）就可完成，第四个层次常常需要 LC-MS/MS 或者高分辨 MS 方法，而第五个层次的鉴定仅用高分辨 MS 还不够，常常需要 LC-MS^n，或者对样品进行特殊衍生化处理后再用高分辨 MS 鉴定。本章主要讨论脂质组学分析的色谱方法，包括色谱与 MS 的联用方法，但限于篇幅，不再展开讨论脂类化合物的结构鉴定问题。读者需要时可以参考丛书第二版《色谱定性与定量》分册，以及 MS 和核磁共振（NMR）等方面的书籍。

脂质组学分析首先是样品预处理，然后通常有三种脂质组学分析策略，轮廓分析（profiling analysis）、目标分析（targeted analysis）和成像分析（imaging analysis）。就分离分析而言，脂质组学的主要手段是各种色谱技术，包括薄层色谱法（TLC）、气相色谱法（GC）、毛细管电泳法（CE）、超临界流体色谱法（SFC）、液相色谱法（LC）（现在多用高效液相色谱法，即 HPLC），以及各种 MS 技术，包括联用技术。NMR、红外光谱和拉曼光谱等技术用得较少，原因主要是这些技术的分离能力差，且检测灵敏度有限[27]。关于脂质组学的分析方法，读者可以参阅相关文献综述[26~30]。

1. 样品处理

首先要从复杂的基质中将脂类物质提取出来，这是保证后续分析成功的前提。全脂质化合物最常用的提取方法是 Folch[28]等人提出的氯仿甲醇提取法。近年来也有改进这一方法的报道[31~33]。由于脂质中的不饱和脂肪酸结构长期暴露在空气中易被氧化，人们也在研究用固相萃取（SPE）、微波辅助提取（MAE）、超临界流体萃取（SFE）和加压流体萃取（PFE）等技术来处理脂类样品[34]，以期借助自动化提高样品处理通量。

2. 轮廓分析

轮廓分析也称非目标分析（untargeted analysis）或全脂分析（global analysis），即对生物样品中所有的脂类化合物及其代谢产物进行分离鉴定，以便从中筛选生物标志物。此种分析需要分离能力和鉴定能力都十分强大的技术，主要是色谱-质谱联用技术。早期多用 TLC（以及 TLC-MS）和 GC（以及 GC-MS），但前者分离效率低，后者需要对脂类化合物进行衍生化处理，使得分析步骤复杂而耗时，现已较少使用。而 LC-MS 则越来越多地用于脂质组学分析，这是因为 LC 的模式多，适合复杂的脂类化合物的分离，且无需衍生化；加之 MS 技术发展迅速，各种高分辨 MS 和串联 MS（常使用 MS/MS），以及与 LC 的接口（主要是电喷雾）的商品化，使得 LC-MS 具备了卓越的分离和鉴定能力[35]。尤其是二维液相色谱（2D LC）技术的发展，可以实现上万的峰容量，更是成为轮廓分析的首选。在各种 2D LC 中，正相（NP）LC 和反相（RP）LC 的联用最具优势，因为 NPLC 作为第一维可以按照分子极性（头基）的不同将脂质化合物分为大类，第二维的 RPLC 则依据分子的疏水性（脂肪酸链）不同而分离同一类脂质化合物中的分子种属。由于 NPLC 的流动相是有机溶剂，而 RPLC 则用水相流动相，二者是不互溶的，所以这一脂质组学分析技术[36]采用了真空蒸发接口[37]连接 NPLC 和 RPLC，并已成功用于生物样品的脂质组学分析。

此外，基于 MS 的"鸟枪"法（shotgun lipidomics）也用于轮廓分析[38]，其特点是分析速度快，鉴定能力强，但不足也比较明显：一是仪器价格昂贵，为保证定性准确性，需要用昂贵的高分辨甚至超高分辨 MS；二是脂质成分信息缺失，鸟枪法中全脂未经色谱分离即同一时刻在离子源电离，样品基质效应可能干扰脂类化合物的检测，导致低丰度和难电离脂质成分的电离受到明显抑制，造成相关脂质无法检出；三是脂质结构信息缺失，异构体在生物体内的作用可能存在明显差异，准确鉴定就显得尤为重要，单独采用 MS 的"鸟枪"法难以区分脂质某些异构体（如位置异构和对映异构），而 2D LC-MS/MS 可以分离并定性定量分析这些异构体[8,36]。因此，作为轮廓分析方法，单独采用 MS 的"鸟枪"法还是不及 2D LC-MS/MS 的分离鉴定能力高。

3. 目标分析

轮廓分析是脂质组学分析的基础。如果轮廓分析可以发现一些潜在脂质类生物标志物，那就可以针对几种、一类或少数几类脂质生物标志物进行分析，这就是目标分析。此类分析要求分析速度快，定性定量准确。RPLC 是常用方法，特别是超高效 LC（UPLC）与 MS 联用方法，其分离效率高，分析速度快。除了一维 LC-MS 以外，直接 MS 分析也是目标分析的主要方法。尤其是对于原位分析或者活体分析，敞开式 MS 是一种解决问题的选择。比如，采用声波辅助喷雾离子化（EASI）MS 可以原位分析活体蓝细菌表面的典型脂类代谢产物[39]，所得结果可以表征蓝细菌的生长期。

4．成像分析

成像分析是对生物样品中的脂类化合物分布进行可视化分析，以获取动态变化的数据。脂质组学的成像分析主要有荧光成像和 MS 成像[40]。前者灵敏度高，但需要对样品进行衍生化处理，而且，一次成像只能获得一种或几种脂类化合物的信息。后者一次成像可以获得很多种脂类化合物的信息，且无需对样品进行衍生化处理，但检测灵敏度有限[41~43]。在各种 MS 成像技术中，基质辅助激光解吸电离质谱（MALDI-MS）成像最具优势[44]，但仍然有灵敏度的限制[45]，有时还有基质效应的影响，且难以用于活体或原位成像分析。二次离子质谱（SIMS）空间分辨率高，已经用于单细胞的脂类化合物成像分析[46]。至于敞开式 MS 成像分析，解吸附电喷雾（DESI）用得较多，虽然其空间分辨率比不上 MALDI-MS 和 SIMS[47]，但由于可在常压敞开环境检测，保持样品的原始状态，甚至可以实现实时原位检测[48]。DESI-MS 已被用于癌症相关的脂质组学研究[49~53]，而其他敞开式离子化质谱，如等离子体辅助激光解吸电离质谱（PALDI-MS）成像分析的空间分辨率已可达到 60μm[54]，但远低于荧光成像的分辨率，有待进一步提高。

5．数据处理

脂质组学分析最后要进行数据处理，并将分析数据与脂类化合物的代谢通路或网络关联起来，获得生物标志物的信息。要完成这一步，一般是借助生物信息学和系统生物学的方法[55]，将脂质组学数据整合到代谢通路中[56]。在这方面已经有不少软件包可以使用，有一些商业软件是开发商在自己特定的仪器上发展的，使用方便，但通用性不很理想；而一些网上开放的软件则是一些研究人员合作开发的，实用性较好。然而，正如脂质组学分析没有标准的程序和仪器平台一样，生物信息学和系统生物学软件也没有通用的软件，需要研究人员根据自己的仪器装置和分析目的，对商业软件或开放软件进行优化和组合，甚至需要独立开发自己的软件[1]。

第二节　脂质组学分析样品处理技术

一、液液萃取方法

液液萃取（LLE）是利用两种互不相溶的溶剂形成两相，并利用不同物质在两相中的分配不同而实对目标化合物提取的过程。LLE 一般使用异丙醇、乙醇、酸化的甲醇、乙腈、水以及甲醇和水的混合物提取极性化合物，用氯仿和乙酸乙酯提取亲脂性化合物。对于脂类化合物的提取，主要有以 Folch 试剂提取法为代表的氯仿体系，以及以正己烷/异丙醇法为代表的无氯仿体系两种类型。

目前最常用于脂类化合物提取的 LLE 方法是 Folch 试剂提取法，该法由 Folch 等[57]于 1957 年首先提出。该方法将氯仿和甲醇按一定比例混合（一般为氯仿：甲醇=2∶1，体积比）作为萃取剂对生物样品中的脂类化合物进行提取。后来有人对该体系进行了改进[31,58]，通过加入少量的水及酸可在一定程度上抑制脂类化合物在提取过程中的降解，被称为 Bligh-Dyer 法[31]。以 Folch 试剂提取法为代表的氯仿体系 LLE 方法对于全组织、体液以及细胞中的全部脂类化合物的同时提取非常有效，但它的缺点是溶剂毒性较大。

对于尿液中脂类化合物的提取，有人[59]对比了 6 种萃取体系，即①氯仿/甲醇（1∶1，体积比）；②氯仿/甲醇（2∶1，体积比）；③正己烷/异丙醇（3∶2，体积比）；④氯仿；⑤乙醚；⑥正己烷，然后用 MALDI-TOF-MS 等技术对萃取的脂类化合物进行检测。结果证明，6 种萃取体系均可检测到 PG 和 PI，但只有①～④体系可以检测到 PC 和 SM，PS 则只在③～⑥体系中能检测到，而 PE 则只在⑤～⑥体系中能检测到，这说明，针对不同研究对象选择合适的萃取方法是很重要的。

对于组织和细胞样品中脂类化合物的提取，可以选择下面的方法。将冷冻的组织样品切碎（每片样品约 20mg），称重（湿重），然后置于磷酸缓冲液中做匀浆处理，或将 2 万个细胞置于旋盖试管中，匀浆采用二氯甲烷/甲醇/水体系萃取。首先用二氯甲烷/甲醇溶解（此时可以加入内标），静置 30min 后加入二氯甲烷和水，离心 10min 得到分离的有机相和水相，移出有机相用氮气吹干（也可采用部分真空条件）。将萃取物用甲醇/二氯甲烷（50∶50，体积比，含 5mmol/L 乙酸铵）溶解定容，就可用于 MS 分析[60]。

为了降低萃取溶剂毒性，人们试图采用无氯仿体系。比如正己烷/异丙醇法[61]，这种方法将正己烷和异丙醇按照一定比例混合（一般为正己烷：异丙醇=3∶2，体积比）作为萃取剂对生物样品中的脂类化合物进行提取。异丙醇体系也可以用于脂类化合物的提取[62]。这两种方法与 Folch 试剂萃取法相比均显著降低了溶剂的毒性和成本，但萃取效率也有所下降，故使用范围远不及 Folch 试剂广泛。此外，用丁醇/甲醇混合溶剂再加 1%的乙酸可以有效提取血浆中的脂类化合物。如果用 LiCl 溶液取代乙酸也可以获得好的提取效果，而且适合于生物组织样品[63]。

近年来人们倾向于用更高效的无氯仿体系，比如基于丁醇和甲醇（BUME）的 LLE 方法[64]，该方法对于胆固醇类、甘油脂质以及部分磷脂类化合物的提取效率与 Folch 方法类似或更高。BUME 方法快速、高通量，可以在 60min 内实现 96 份人血浆样品的提取。还有人[65]提出了基于甲基叔丁基醚（MTBE）的 LLE 方法（也称 Matyash 法），该方法不仅对脂类化合物有良好的提取效率，还可以同时对其他代谢产物进行提取。这种新颖的同时提取方式，可以实现脂质化合物的其他代谢产物的综合分析，从而为更完整地描述脂质及其他代谢通路提供了方法。

为了同时萃取样品中脂类化合物和蛋白质，可以采用基于 MTBE 的单一样品瓶中双萃取（IVDE）方法[66]。简单流程如下：采用一个带内插管的 LC 自动进样器样品瓶，将 60μL 的高密度脂蛋白（HDL）或低密度脂蛋白（LDL）与 10μL 高纯水混合后，用 120μL 甲醇沉淀蛋白，涡流混合 2min。然后加入 200μL MTBE，涡流混合 60min 后加入 50μL 高纯水，在 17℃ 下离心（3000g）20min。此时样品分为三相：底层是蛋白质，水相含有极性化合物，醚相含有亲脂成分。LC-MS/MS 分析时，先取上层醚相进样，以分析脂类化合物，然后用滴管移去醚相，剩余溶剂（甲醇/水）挥干后即为蛋白质部分，可以进行后续的蛋白组学分析。类似的方法可以用于植物样品中极性和弱极性代谢产物、脂类化合物、蛋白质、淀粉和细胞壁聚合物的同时提取[67]。

此外，基于离子液体的涡旋辅助表面活性剂增强乳化微萃取（IL-VASEME）也是一种有效提取脂类化合物的方法[68]。具体操作如下：取 0.1mL 血清，用水稀释至 1.0mL，置于 5mL 的离心管中。加入 20mg NaCl，涡旋 4min，然后加入 140mL 表面活性剂 Triton X-100 水溶液（1.25%，体积比）和 50mL 离子液体 1-丁基-3-甲基咪唑六氟磷酸盐（C4MIM-PF6），再涡旋 4min。最后离心 3min，弃去上清液，脂类化合物存在于下相，定容后即可用 LC-MS 分析。

二、其他萃取方法

1. 固相萃取法

固相萃取法（SPE）使用装填有类似于 LC 固定相的吸附剂填料的小柱对生物样品中的目标成分进行吸附，然后用适当溶剂进行洗脱，从而实现目标化合物的富集和纯化。有关 SPE 的原理和应用，读者可以参阅本丛书的《样品制备方法及应用》分册。脂质组学分析样品也可以用 SPE 处理，常用的 SPE 小柱多为硅胶柱或键合了氰基、氨基或二羟基的硅胶柱，洗脱溶剂一般为甲醇、氯仿、己烷等[69~71]。SPE 的优势在于耗时较短，比 LLE 节省溶剂，且纯化效果好，易于自动化，在脂质组学分析样品处理中将发挥更大的作用。但是，目前还没有一种 SPE 方法可以涵盖大部分脂类化合物，需要根据目标化合物的性质来选择适合的 SPE 填料和净化/洗脱方法。

对于生物组织和体液样品中脂类化合物的提取，可以采用一种商品化的半自动 SPE 装置，比如基于 Waters 公司产品的 OSPM 方法[72]。具体操作如下：取 100μL 的血浆或组织匀浆样品置于 Ostro 样品板上，然后加入 900μL 氯仿/甲醇/三乙胺（4.5∶4.5∶1，体积比）。充分混匀（4℃，5min），蛋白质沉淀后，抽真空 5～8min，收集滤出液（含脂类化合物），用氮气吹干，最后用 200μL 氯仿/甲醇（1∶1，体积比）溶解，即可用 LC-MS 分析。此外，采用两亲疏水相互作用色谱填料作为 SPE 的吸附剂，也可以从鱼类样品中有效富集磷脂[73]。而萃取血浆中的氧脂素时，C_{18} 萃取小柱就很合适[74]，可以在洗脱目标脂类化合物之前先用水和己烷除去样品基质，然后用甲酸甲酯洗脱氧脂素。

2．其它萃取方法

除了 LLE 和 SPE 方法，近年来，许多新的提取方法也已用于脂质组学分析，如固相微萃取（SPME）[75~77]，超声波辅助提取（UAE）[78]，加压流体萃取（PFE）[79] 和分散液液微萃取（DLLME）[80]等，它们分别应用于不同的目标化合物的萃取，且都表现出较高的提取效率。SPME 可以实现无溶剂萃取，在脂质组学分析中很有发展前途，但对于含量很低的脂类化合物及其他小分子代谢产物来说，SPME 的样品容量尚显不足，有待于继续提高。此外，对于结构多样的脂类化合物，很难用一种 SPME 探头实现全脂的提取。比如，对于细胞中脂肪酸的提取，可以先经过衍生化处理，将脂肪酸转化为脂类化合物，然后用非极性的二甲基聚硅氧烷纤维探头即可实现脂肪酸类化合物的高效提取，随后用 GC-MS 进行分析[77]。

三、衍生化方法

脂类化合物的衍生化首先是为了 GC 分析进行的。因为 GC 难以分析挥发性低的脂肪酸等脂类化合物，故需要对样品进行酯化或硅烷化。这些处理技术在《样品制备方法及应用》分册有详细介绍，这里不再赘述。比如测定人血清中的脂肪酸，可以采用如下处理步骤：取 100μL 血清，加入 1mL 甲醇的甲氧基钠溶液（5mg/mL），在玻璃管中密封，于 100℃下反应 15min，加入 1mL 正己烷、4mL 饱和 NaCl 溶液，搅拌 2min 萃取，离心（3000r/min）5min，上清液即可进行 GC 分析。下面介绍几种为了提高 MS 分析灵敏度而进行的脂类化合物衍生化方法。

用 ESI-MS 或者 LC-ESI-MS 分析脂类化合物时，游离脂肪酸的离子化效率比较低，进而影响检测灵敏度。为此可以采用三甲基硅烷基重氮甲烷对游离脂肪酸进行衍生化[81]。与未衍生化相比，甲烷化处理后游离脂肪酸的 MS 检测灵敏度显著提高。这一方法可以用于动物组织中游离脂肪酸的检测以及相关生物标志物的筛选分析。

单甘油酯在细胞能量存储和信号传导方面有重要的作用，但是，采用基于 MS 的"鸟枪"法分析单甘油酯时，其 α-羟基的酰基转移会导致快速异构化，这些同分异构体的存在给 MS 鉴定带来了很大的困难。为此，可以在甲基-叔丁基醚提取后，采用简单的低温双乙酰衍生化（−20℃，反应 30min）来阻止萃取后的乙酰化转移，从而保护单甘油酯的异构体区域选择性[82]。与此同时，单甘油酯的双乙酰化衍生物可以用 MS 正离子模式检测，灵敏度可提高几个数量级，该方法可以对生物组织提取液中的单甘油酯区域异构体进行直接定性定量分析。

实际上，采用基于 MS 的"鸟枪"法分析脂类化合物时常常遇到难以鉴定同分异构体或立体异构体的问题。如表 3-3 所示，有 5 种类型的脂类化合物异构体导致 MS 鉴定的困难，因为异构体之间的离子质量数完全一致，即使采用高分辨 MS 也难以对脂质分子结构进行确认。为此，有人提出基于 MS 脂质组学分析方法的化学策略[83]，包括脂类化合物的单相提取、氨基磷脂和缩醛磷脂的官能团选择性衍生化（如图 3-4 所示）、纳升电喷雾结合超高分辨 MS，以及自动检索定性鉴定和相对定量软件等。由于内容限定，本书不再详述此类衍生化技术，有兴趣的读者可以阅读有关文献。需要说明的是，有些衍生化方法不仅可以增强 MS 对脂类化合物的鉴定能力，还可以增强离子化效率，也可用于 LC-MS 分析以提高检测灵敏度。

表 3-3　离子质量数相同的异构化脂类化合物

异构体类型	离子质量数重合的离子举例
1. 种类不同但离子质量数相同的脂类	$PC_{(30:1)}+H^+=PE_{(33:1)}+H^+=PA_{(35:2)}+NH_4^+$ $PS_{(36:1)}+H^+=PG_{(36:3)}+NH_4^+$
2. 大类相同但亚类不同的脂类	$PC_{(34:2)}+CH_3CO_2^-=PS_{(38:1)}-H^-$ $PC_{(34:2)}+HCO_2^-=PS_{(37:1)}-H^-$
3. 同一大类且同一亚类、组成相同但酰基链组成不同的脂类分子种属	$PC_{(O-31:1)}+H^+=PC_{(P-31:0)}+H^+$
4. 同一大类且同一亚类、组成相同且酰基链组成也相同，只是 sn-1 和 sn-2 的连接方向不同，以及极性头基的方向不同的脂类	$PI_{(18:0/20:4)}+NH_4^+=PI_{(20:4/18:0)}+NH_4^+$ $PIP_2[3',4']_{(18:0/20:4)}+NH_4^+=PIP_2[3',5']_{(18:0/20:4)}+NH_4^+$
5. 结构基本确定，但双键位置和/或立体结构不同的脂类	$PE_{[16:0/18:1(\Delta 9Z)]}+H^+=PE_{[16:0/18:1(\Delta 11E)]}+H^+=$ $PC_{[16:0/18:1(\Delta 9E)]}+H^+$

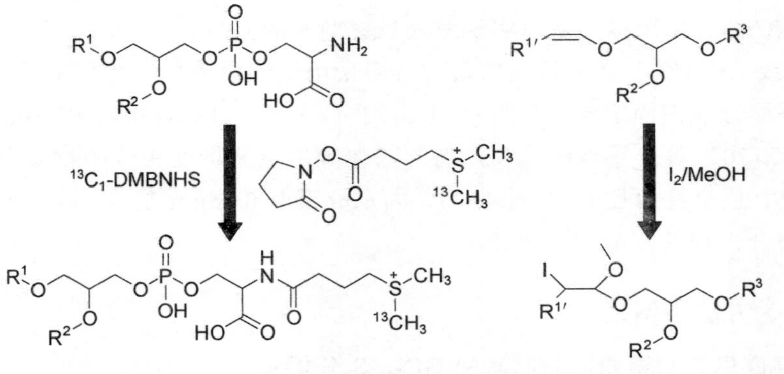

图 3-4　基于 MS 脂质组学分析方法化学策略中的官能团选择性衍生化方法[83]

第三节 气相色谱和超临界流体色谱在脂质组学分析中的应用

一、脂质组学分析中的气相色谱方法

（一）概述

GC 一般只能用于分析易挥发且热稳定的化合物。由于大多数脂类化合物的挥发性较低且有些脂类化合物在高温下容易分解，因此在使用 GC 进行脂质组学分析时常常需要先对脂类化合物进行衍生化处理，然后再进行分离分析[84]。对于目标分析，采用火焰离子化检测器（FID）一般能满足要求，但对于复杂的样品或者进行全脂分析，则必须采用 GC-MS。需要指出，衍生化后样品复杂性可能会增加，严重的可能会导致脂类化合物极性头基的结构信息缺失[85]。因此，GC 一般只能分辨脂类化合物所含的不同脂肪酸链，而不能确认其所属的类别。若要对不同类别的脂类化合物进行分析，通常需要与 TLC[86]或 SPE[87]等技术相结合，即先用 TLC 或者 SPE 将不同类别的脂质分离，然后用 GC 或 GC-MS 分别分离分析每一类别的脂类化合物。

尽管如此，GC 对于同分异构体有强大的分离能力，以及其较高的灵敏度和良好的定量能力，使其在脂质组学研究中仍然占有重要的地位。特别是对游离脂肪酸的分析，GC 或 GC-MS 一直发挥着重要的作用。GC 不仅可以分离脂肪酸链上双键所在位置不同的区域异构体，还可分离双键的顺反异构体，是目前分离脂肪酸链异构体的有效手段。近年来，高温气相色谱法（HTGC）的发展，可以在高柱温（430℃）下对高分子量（m/z 1860）的化合物实现分离检测，一定程度上拓展了 GC 的适用范围，从而实现对极长链脂质的分析[88]。

GC 或 GC-MS 分离分析脂肪酸时，多采用极性色谱柱。比如基于（50%氰丙基）-甲基聚硅氧烷固定相的色谱柱（DB-23、CP-Sil88、Rtx-2304、AT-Silar、SP-2330 或者 BPX-70）对位置异构体和几何异构体等沸点和极性相近的物质有很高的分离选择性。色谱柱内径 0.25mm 左右，固定液膜厚 0.25μm 左右，柱长 30～100m，可根据被分析物的复杂程度选择。

（二）方法举例

1. AD 患者脑组织中脂肪酸的 GC-MS 分析

AD 是退行性老年病，估计全球患者有一亿左右。其病理症状是 β-淀粉样蛋白斑的累积和神经原纤维缠结，导致失忆和认知能力衰退，目前尚无有效的临床治疗方法。

近年来脂质组学技术越来越多地用于临床疾病研究，包括研究 AD 的发病机理和诊断标志物。对于 AD 患者尸检脑组织和血浆中脂类化合物的分析已经证明，AD 与几乎每类脂质化合物的异常代谢有关，比如脑组织中 PC 显著上调，而去酰基化的 PC 产物则下调[89]。在血浆中，SP 显著减少，而神经酰胺则明显增加，故有人提出神经酰胺和 SP 的含量之比是区别 AD 患者和正常人的一个指标[90]。脂肪酸的代谢也与 AD 密切相关，采用 GC-MS 对 AD 患者尸检脑组织样品中的脂肪酸进行全面分析就可以证明这一点[91]。

将脑组织布罗德曼区样品冻干粉碎，−80℃保存。实验时用改进的 Folch 方法[57]提取，即取 50mg（±0.5mg）样品置于无菌试管，加入 1mL 甲醇-水（1∶1，体积比），振荡 10min，超声处理 15min，然后在 4℃离心（16000g）20min。取出上清液作为代谢组学研究样品，下层颗粒物用于脂肪酸分析，其中含有 95% 以上的脂类化合物。加入内标月桂酸（100ng/μL）后用 1mL 二氯甲烷提取。选择月桂酸作为内标是因为所有样品中均不存在此化合物。提取液挥发干后用 2mL 1.25mol/L 的盐酸甲醇溶液溶解，于 100℃加热 1h，实现脂肪酸的甲酯化。再用 1mL 正己烷萃取脂肪酸甲酯，即可用 GC-MS 分析。整个分析过程中样品要 4℃冷藏保存，以防止代谢产物的变性。图 3-5 是 AD 患者脑组织样品中脂肪酸甲酯的 GC-MS 分析结果，实验条件见图注。

通过对脑组织中的脂肪酸进行全面分析，可以观察到晚期 AD 患者的脂肪酸代谢异常。研究证明，顺-13,16-二十二碳二烯酸和二十二碳六烯酸的含量显著增加是对 AD 疾病的神经保护抗炎响应，而且男性患者的脂肪酸浓度的增加趋势明显高于女性患者[91]。

2. 人血清中长链脂肪酸的快速 GC 分析

采用快速 GC 也可以分析未经衍生化的 C22:0～C26:0 长链脂肪酸[92]，要求用短而细的毛细管色谱柱，快速程序升温，以避免脂肪酸的分解。比如，0.30mL 血清样品用 1.5mL 异丙醇-正己烷（40∶10，体积比）提取，用磷酸调节 pH 为 2.0，置于 10mL 的具塞离心管中，振荡 5min。然后加入 0.60mL 正己烷和 1mL 去离子水，静置 10min。在室温下超声提取 30min，离心 10min，取 0.60mL 上层有机相转移至 1.5mL 的具塞玻璃瓶，氮气吹干后用 0.20mL 环己烷溶解，即可进行 GC 分析。

色谱条件：色谱柱 Agilent DB-1（10m×0.1mm id，0.1μm 膜厚）；程序升温，220℃恒温 0.01min，以 20℃/min 升温至 236℃，然后以 5℃/min 升温至 238℃，最后以 120℃/min 升温至 280℃，恒温 1.4min；载气 H_2，流速 48cm/s；进样体积

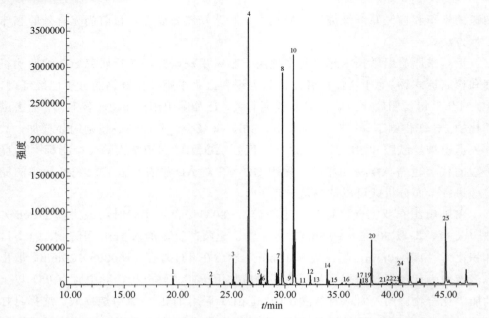

图 3-5　AD 患者脑组织布罗德曼区样品中脂肪酸的 GC-MS 分析总离子色谱图[91]

色谱柱：CP-Sil88 石英毛细管柱（100m×0.25mm×0.25μm）

载气：氢气，流速 1mL/min　　　　　进样口温度：220℃，分流进样（15：1）

程序升温：100℃起始，以 4℃/min 升温至 220℃，保持 5min，然后以 4℃/min 升温至 240℃，最后保持 8min

MS 条件：离子源温度 230℃，四极杆温度 150℃，接口传输管温度 225℃；电压 70eV，扫描范围 *m/z* 50～550；定性鉴定用扫描模式，内标定量用选择单离子监测（SIM）模式

色谱峰：1—月桂酸（内标）；2—肉豆蔻酸；3—十五酸；4—棕榈酸；5—9-十六碳烯酸；6—十七酸；7—顺-10-十七酸；8—硬脂酸；9—反油酸；10—油酸；11—反亚油酸；12—亚油酸；13—花生酸；14—顺-11-花生烯酸；15—亚麻酸；16—二十一烷酸；17—顺-8,11,14-二十碳三烯酸；18—芥子酸；19—顺-11,14,17-二十碳三烯酸；20—花生四烯酸；21—顺-13,16-二十二碳二烯酸；22—二十四烷酸；23—二十碳五烯酸；24—神经酸；25—二十二碳六烯酸

1μL，分流比 150：1；检测器 FID。图 3-6 为典型的分析结果，可见在 4min 内即可完成分析。需要指出，图（a）和图（b）显示，在此条件下亚油酸（图中 4 号色谱峰）和油酸（图中 4′号色谱峰）得不到完全分离。这一方法对于分析链长小于 C$_{26}$ 的游离脂肪酸是很有效的，但更长链的脂肪酸就需要衍生化处理，或者用 LC 或 LC-MS 分析。

3. 作为互补方法的 GC-MS 脂质组学分析

在全脂分析中，GC 或 GC-MS 方法可以配合其他脂质组学分析方法，以实现更为全面的脂类化合物分析。比如，TLC、GC-MS 和 LC-MS 相结合可以全面分析蟹类海洋无脊椎动物胚胎中极性磷脂类化合物的变化情况，证明磷脂在蟹类动物的胚胎发育过程中起着关键的作用[93]。发育一期的胚胎可以检测到四类共 68 种磷脂，而发育三期的胚胎可以检测到七类共 98 种磷脂。动物脂肪组织中的脂质组学分析可以采用 NMR、ESI-MS、TLC 和 GC-MS 相结合的方法，以便研究饲料营养对多种疾病模型小鼠的脂类化合物组成的影响[94]。

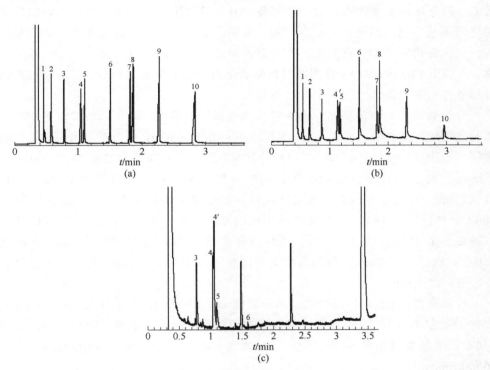

图 3-6 长链脂肪酸的色谱图[92]

（a）含亚油酸的 10 种标准长链脂肪酸；（b）含油酸的 10 种标准长链脂肪酸；（c）人血清的提取物

色谱峰：1—月桂酸（C12:0）；2—肉豆蔻酸（C14:0）；3—棕榈酸（C16:0）；4—亚油酸（C18:2）；4′—油酸（C18:1）；5—硬脂酸（C18:0）；6—花生酸（C20:0）；7—芥子酸（C22:1）；8—山嵛酸（C22:0）；9—木焦油酸（C24:0）；10—蜡酸（C26:0）

4．多维 GC 方法

多维 GC 技术也是脂质组学研究的有效方法，特别是全二维 GC（GC×GC）通过将两根不同极性的色谱柱相结合，从而大大提高峰容量和分离度。GC×GC 已被用于废水[95]、鱼油[96]、小鼠心脏[97]、人血清[98]和细胞[99]中的脂肪酸分析。下面以人血清中脂类化合物的分析为例，说明 GC×GC 脂质组学分析方法的应用。

人血清中脂肪酸和不可皂化的脂类化合物可以通过 GC×GC 进行分析[100]，典型的仪器配置是双柱箱 GC×GC 系统，第一维色谱柱出口经过一个可加热到 350℃ 的传输管进入第二维柱箱，两根色谱柱之间由一个调制器连接。该调制器内是一段 1m×0.25mm（id）的未涂层石英毛细管，用来捕集第一维流出物，并将其转移到第二维色谱柱。调制器配备液氮或液态二氧化碳冷却系统以及快速加热系统，每 5s 冷却一次以捕集第一维流出的组分，然后迅速加热到 370℃，并保持 300ms 将捕集的组分汽化后送入第二维色谱柱。采用自动进样器，分流/不分流进样口。检测器常用 FID，涉及色谱峰鉴定时，则需要采用 MS 检测。因为第二维 GC 的分离速度非常快，故一般需要 TOF-MS。有关 GC×GC 系统的详细信息请参阅本丛书《气相色谱方法及应用》分册。第一维 GC 柱的流出物一般需要分流，一部分进入 FID，得到第一维分离色谱图，另一部分进入第二维 GC 继续分离，然后用 FID 或/和 MS 检测器得到脂类化合物的定性定量信息。最后通过数据处理软件得到二维色谱图。

分析脂类化合物需要第一维用较长的弱极性色谱柱，如聚（5%二苯基/95%二甲基硅氧烷）固定相，规格为 30m×0.25mm(id)×0.25μm；第二维则用短的极性色谱柱，如聚（50%二苯基/50%二甲基硅氧烷）固定相，规格为 2m×0.25mm(id)×0.25μm。对于不可皂化的脂类化合物的分析，第一维程序升温是从 90℃ 开始以 3℃/min 升温至 325℃；第二维程序升温是从 140℃ 开始以 3℃/min 升温至 360℃，然后恒温 5min。对于脂肪酸甲酯的分析，第一维程序升温是从 90℃ 开始以 5℃/min 升温至 320℃；第二维程序升温是从 140℃ 开始以 5℃/min 升温至 360℃，然后恒温 2min。载气为氢气，柱前压力 138kPa（恒流模式），不分流进样，进样量 0.6μL。

检测条件：MS 全扫描模式，质量范围 m/z 40～600，扫描速度 20000 amu/s，数据采集频率每秒 25 张谱图，接口温度 280℃，离子源温度 200℃。FID 温度 360℃，采集数据速率 50Hz，尾吹气（氮气）40mL/min，氢气 40mL/min，空气 400mL/min。

样品制备：采用 Folch 溶剂萃取[57]，取 1mL 血清，加入 9mL 氯仿-甲醇（2：1，体积比），萃取两次并离心，脂类化合物在有机下相，取出用无水 Na_2SO_4 干燥，过滤后用旋转蒸发仪蒸干。这样的样品可以取一部分用 LC 分析，剩余的经皂化处理后用 GC 分析。皂化条件如下：在上述样品中加入 1mol/L KOH 乙醇溶液 10mL，室温下磁力搅拌，避光过夜。然后加入 10mL 蒸馏水，用乙醚萃取三次，合并提取液用蒸馏水洗涤直到 pH 呈中性。再用无水 Na_2SO_4 干燥，过滤后蒸干。残留物即是不可皂化部分，需要进行三甲基硅烷化处理。即用 200～400μL 溶解残留物，然后加入 100μL N,O-双(三甲基硅烷基)三氟乙酰胺和三甲基氯硅烷试剂（在 100μL 吡啶中），最后加热至 70℃ 保持 30min。

图 3-7 是不可皂化的脂类化合物的 GC×GC 色谱图（FID 检测）。经过与 TOF-MS 联用，可以鉴定出 63 种脂类化合物，这对深入了解血清中不可皂化脂类化合物是很有意义的。与此同时，用一维 GC-MS 还可以对脂肪酸进行分析。尽管用 GC 分析脂类化合物时样品的衍生化处理较为复杂，但 GC×GC 还不失为一种有效的脂质组学分析方法，有望得到更多的应用。

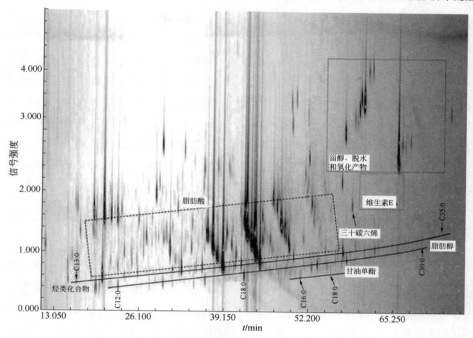

图 3-7 血清中不可皂化部分脂类化合物的 GC×GC 色谱图（FID 检测）[100]

二、脂质组学分析中的超临界流体色谱方法

（一）概述

超临界流体色谱（SFC）是一种以超临界流体为流动相的色谱技术，也是一种可用于各种脂质类化合物的高效分离技术。根据所用色谱柱的不同，有开管柱（毛细管）SFC 和填充柱 SFC 之分。SFC 既可像 LC 方法那样分析全脂，也可以像 GC 方法分离同分异构体。当与 MS 联用时，可以同时具备 GC-MS 和 LC-MS 的分析性能。SFC 分析脂类化合物可以采用类似 GC 的色谱柱，也可以采用 LC 填充柱，固定相多用弱极性的。流动相是超临界二氧化碳，当分析极性脂类化合物时，流动相中可以加入甲醇等改性剂，以增加流动相对样品的溶解性。检测器可以使用与 GC 系统类似的 FID，也可以用 LC 系统的 UV 检测器。SFC-MS 方法可以实现小鼠血浆中脂质组学轮廓分析，检测到包括 GL、GP、神经酰胺类、ST 等 12 类共计 416 种脂质类化合物[101]。而 SFC-MS/MS 方法还可以实现氧化 PC 的各种区域异构体的分离[102]。通过与高分辨 MS 联用，SFC-MS/MS 的灵敏度可以达到飞摩尔的数量级[103]。尽管 SFC 在脂质组学中的应用不如 LC 广泛，但该技术已表现出很好的应用潜力[104]。

在脂类相关的生物学研究中，对各种各样的脂类化合物对映异构体和位置异构体的研究尚不深入，这在很大程度上受限于分离分析方法。SFC 具有很强的手性分离能力。即使在脂类化合物的分离中，SFC 也已经成功分离了螺环萜类化合物的手性异构体[105]和胡萝卜素的结构异构体。脂类氧化物的分离是脂类化合物分析的另一个难题，而脂类氧化物往往具有重要的生物学功能。SFC 对于脂肪酸氧化衍生物（即氧脂素）或者氧化磷脂都表现了很好的分离能力，比如在 PC 类氧化衍生物的分离方面就有很成功的例子[102]。磷酸肌醇在信号传导方面独特的作用主要由其极性头基的磷酸化来精确调控的，而目前磷酸化的磷酸肌醇异构体的分离主要借助于放射标记方法，还没有很有效的色谱分离方法。SFC 有望在这方面发挥重要的作用，为细胞功能的研究提供强有力的手段。

（二）方法举例

1. 脂肪酸分析

采用 C_{18} 色谱柱和流动相梯度洗脱的 SFC-MS 可以有效分离亚麻酸的位置异构体[106]，从而在 3min 内实现肉豆蔻酸、棕榈酸、α-亚麻酸、亚油酸、油酸、硬脂酸和花生酸的分离。植物油经过简单的正己烷萃取，不用衍生化就可进行 SFC 分析。对数据进行主成分分析，就可以区分花生油、玉米油、大豆油、葵花籽油和橄榄油。如果采用多维色谱，就可以分离更多的脂类化合物。比如，对鱼油的提取物进行苯乙酮酯衍生化后，采用 SFC 和 RPLC 组成二维色谱系统，配备 UV 或 ELSD 检测器，就可以分离鱼油中的游离脂肪酸，以及高度不饱和的酰基化合物[107]。采用全二维 SFC×SFC，第一维用硅胶柱，可以按照饱和度不同实现脂肪酸的分离，第二维采用 ODS 柱，可以按照链长不同实现分离[108]。近年来发展起来的超高效 SFC 采用亚-2μm 键合硅胶固定相，可以在 7min 内有效分离 31 种未经衍生化处理的游离脂肪酸及其异构体[109]，结果如图 3-8 所示。

2. 甘油脂分析

对于甘油脂类化合物的分析，毛细管柱 SFC 采用纯 CO_2 流动相和 FID 或 MS 检测器，在 140～170℃的柱温下可以分析未经衍生化的、含 6～22 个碳的脂肪酸连的单、双和三酰基甘油。在色谱柱使用小粒度固定相的条件下，SFC 流动相的低黏度允许使用高的流速，实现快速分离。三酰基甘油的区域异构体的分离是一个挑战性的问题，目前可以采用银离子色谱或多级 MS 数据处理的方法。银离子色谱柱也可用于 SFC 实现某些区域异构体的分离[110]。采用二维 SFC 则可以实现更有效的分离[107]。此外，采用高分辨 MS 检测，能够提高定性鉴定的准确性。有人采用 SPC 与傅里叶变换轨道离子阱 MS 联用分析复杂的脂质样品，鉴定了 200 多种单、双和三酰基甘油[101]。图 3-9 是 SFC 分离菜籽油中甘油脂类化合物的典型色谱图[111]，分离采用了串联色谱柱（60cm Kinetex C_{18}+15cm Accucore C_{18}），检测器是 UV 和 ELSD 并联，流动相是 CO_2 加乙腈作为改性剂。

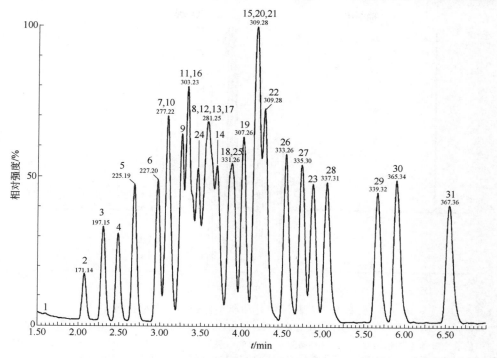

图 3-8　超高效 SFC-MS 分离标准游离脂肪酸的总离子流色谱图[109]

色谱柱：HSS C$_{18}$ 150mm×3.0mm，1.8μm；柱温 25℃；柱压 1500psi

流动相：A，CO$_2$；B，含 0.1%（体积分数）甲酸的甲醇

线性梯度洗脱：0～0.5min，A：B=98：2，8min 时为 96：4，9min 时为 80：20，保持到 11min，然后变为 98：2

补充液体：异丙醇（有提高质谱检测灵敏度的作用），流速 0.2mL/min

样品：GLC411 标准样品混合物，每种化合物的浓度为 3μg/mL

色谱峰：1—辛酸（C8:0）；2—癸酸（C10:0）；3—11-十二碳烯酸［C12:1（Δ11）］；4—月桂酸（C12:0）；5—肉豆蔻脑酸（C14:1）；6—肉豆蔻酸（C14:0）；7—棕榈油酸（C16:1）；8—棕榈酸（C16:0）；9—亚麻酸［C18:3（Δ9,12,15）］；10—γ-亚麻酸［C18:3（Δ6,9,12）］；11—亚油酸（C18:2）；12—11-十八碳烯酸［C18:1（Δ11）］；13—油酸［C18:1（Δ9）］；14—岩芹酸［C18:1（Δ6）］；15—硬脂酸（C18:0）；16—花生四烯酸（C20:4）；17—11,14,17-二十碳三烯酸［C20:3（Δ11,14,17）］；18—Homo γ-亚麻酸［C20:3（Δ8,11,14）］；19—11,14-二十碳二烯酸［C20:2（Δ11,14）］；20—5-二十碳烯酸［C20:1（Δ5）］；21—8-二十碳烯酸［C20:1（Δ8）］；22—11-二十碳二烯酸［C20:1（Δ11）］；23—花生酸（C20:0）；24—二十二碳六烯酸（C22:6）；25—7,10,13,16-二十二碳四烯酸［C22:4（Δ7,10,13,16）］；26—13,16,19-二十二碳三烯酸［C22:3（Δ13,16,19）］；27—13,16-二十二碳二烯酸［C22:2（Δ13,16）］；28—芥（子）酸（C22:1）；29—辣木子油酸（C22:0）；30—神经酸（C24:1）；31—二十四酸（C24:0）（注："Δ"表示双键的位置）

　　一个很有趣的应用实例是采用 SFC-Q-TOF-MS 分析中国人母乳与进口婴儿奶粉中主要脂肪成分三酰基甘油（TAG）的组成，从人母乳和婴儿奶粉中可分别鉴定出 60 种和 50 种 TAG。结果表明，分泌期显著影响人母乳中 TAG 的组成，而母乳和婴儿奶粉中的各 TAG 组成有很大的不同，比如，进口婴儿奶粉中的饱和 TAG 和中等链长的 TAG 的含量明显高于中国人的母乳，这说明外国生产的婴儿奶粉不一定适合中国婴儿[112]。

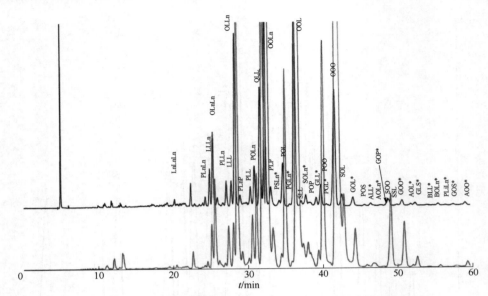

图 3-9　SFC 分离菜籽油中甘油脂类化合物的典型色谱图[111]

（上方是 UV 检测结果，下方为 ELSD 检测结果）

色谱峰归属名称缩写：P=C16:0（棕榈酸）、S=C18:0（硬脂酸）、O=C18:1（油酸）、L=C18:2（亚油酸）、
Ln=C18:3（亚麻酸）、A=C20:0（花生酸）、B=C22:0（辣木子油酸）、G=20:1（二十碳烯酸）

3．甘油磷脂（GP）和鞘脂（SP）分析

　　GP 和 SP 化合物有众多分子种属，已有的 LC 方法能够较好地分离这些化合物。因此，SFC 分离 GP 和 SP 的应用不是很多。用填充柱 SFC 配以 ELSD 检测，可以实现 PC、PE、PA 和 PI 等主要磷脂类别的分离[113]。后来有人[114]采用 SFC-MS 分离了经三甲基硅烷化处理的 10 种极性脂类化合物，包括 PG、PA、PI、LPC、LPE、LPG、LPA、LPI、SM 以及鞘氨醇-1-磷酸酯（S1P）。该方法的有效性经过了羊血浆样品的验证。如果将 SFC 与高分辨 MS 联用，采用 C_{18} 柱的 SFC-MS 可以实现脂类同分异构体的有效分离鉴定[115]，如图 3-10 所示。实验证明，与传统的一维 NPLC 或者 RPLC 相比，SFC 在异构体的分离方面具有明显优势。

　　SFC 方法应用的另一个例子是对干血液或干血浆样品进行磷脂的轮廓分析[102]。样品经超临界流体萃取 5min 后，采用含有 15%甲醇和 0.1%甲酸铵的 CO_2 为流动相，可以在 15min 内完成 78 种磷脂的快速分离。更重要的是，采用 ESI 和 Q-TRAP-MS 检测，可以鉴定磷脂 PC 的氧化产物。由于氧化位点不同的 PC 具有不同的生物功能，故这样的分离鉴定对于临床研究很有意义。

4．其他脂类分析

　　固醇类（ST）也可以用 SFC 分析，样品处理可用溶剂萃取或超临界流体萃取，检测器可用 FID[116]、UV[117]、ELSD[118]以及 MS[119]。

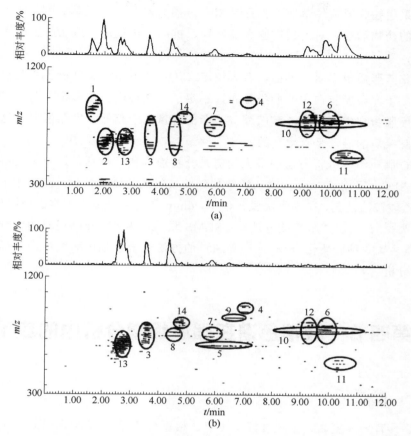

图 3-10　采用氰基色谱柱的 SFC-MS 分析脂类混合物的基峰色谱图和二维图[115]

（a）正离子模式；（b）负离子模式

色谱峰：1—甘油三酯；2—甘油二酯；3—单酰基甘油；4—甘油二酯二聚体；5—磷脂酸；6—卵磷脂；7—磷脂酰乙醇胺；8—磷脂酰甘油；9—磷脂酰肌醇；10—磷脂酰丝氨酸；11—溶血卵磷脂；12—鞘磷脂；13—神经酰胺；14—脑苷脂

　　萜类（PR）脂质是一类立体结构多样的类异戊二烯或萜类化合物，采用 SFC 可以实现萜类顺/反异构体的分析[120]。比如，SFC-MS/MS 可以有效分离人血清中的 α-胡萝卜素和 β-胡萝卜素[121]，以及隐黄质及其脂肪酸酯类化合物[122]。虽然挥发性萜类化合物多用 GC 分析，但 SFC 可以更有效地分离螺环萜类的对映异构体，如香料工业常用的茶螺烷（theaspirane）和 vitispirane[105]。SFC-FID 还成功分离了三萜化合物，如桦木酸、齐墩果酸、美登木酸和熊果酸[123]。SFC-ELSD 一次进样可以分析 51 种三萜类化合物[124]，SFC-UV 能实现类视黄醇的定量分析[125]，SFC-MS 则可分析经超临界流体萃取的辅酶 Q_{10}[126]，等等。

　　采用 SFC 分离分析聚酮化合物（PK）的报道很少，1993 年有人[127]对植物柑橘样品采用超临界流体萃取，然后用 SFC 分离检测了多甲氧基黄酮。此类化合物有很好的药物活性，对人类细胞有抗增殖、抗癌、抗炎症、抗脂肪生成和抗突变的作用。

在临床脂质组学研究方面，有人用 SFC/Q-Orbitrap-MS 分析了心肌梗死兔子和正常兔子血浆脂蛋白中的脂类分布，鉴定了 172 种脂类化合物[128]。结果发现，在低密度脂蛋白中磷脂酰乙醇胺缩醛磷脂的含量高于超低密度脂蛋白，这对认识冠状动脉疾病的病理是有意义的。

SFC 脂质组学分析方法的最大优势是分析速度快，特别是近年来发展起来的超高效 SFC。采用 1.7μm 桥联乙烯杂化硅胶填料的色谱柱，CO_2 流动相中添加甲醇-水-乙酸铵改性剂，在梯度洗脱条件下，6min 之内可分离六大类 30 种极性和非极性脂类[129]。上述文献将此方法与 ESI-MS 联用，从猪脑样品提取物中分离鉴定了 24 类共 436 种脂质化合物。这一高通量的方法适合于临床研究中大量样本的脂质组学分析。

第四节　液相色谱在脂质组学分析中的应用

一、概述

LC 具有分离度高、重现性好等优点。根据分离原理的不同，LC 可分为正相液相色谱（NPLC）、反相液相色谱（RPLC）、离子对色谱（IPLC）、亲水作用色谱（HILIC）、体积排阻色谱（SEC）等。随着各种 MS 技术的迅速发展，LC-MS技术越来越成熟，目前已经成为脂质组学乃至代谢组学研究中最常用的分析方法[26,29]，特别是在实际生物体系和临床分析研究中。与 GC 相比，LC 对样品的挥发性没有要求，故分析脂类化合物时一般不需要衍生化处理。相比于直接进样MS 方法，LC-MS 也有其优势：一是可对同分异构体和对映异构体进行分离和检测；二是可降低样品基质以及不同脂质分子之间的离子抑制效应；三是根据被分析物的理化性质采用不同 LC 模式进行分离后，MS 的鉴定精准度更高[130]。表 3-4给出了脂质组学中常用的 LC-MS 分离模式。一般来说，NPLC 固定相多采用硅胶柱、羟基柱或氨基柱，流动相多使用氯仿/甲醇/水体系、正己烷/异丙醇/水体系或乙腈/甲醇/水体系。RPLC 固定相多用 C_8、C_{18} 色谱柱，流动相多为乙腈/水或甲醇/水体系。氨水或铵盐经常作为缓冲溶液加入流动相中以调节流动相的 pH 值，改善脂类化合物的分离[131]。

表 3-4　脂质组学中常用的 LC-MS 分析方法

LC 分离模式	分离机理	典型流动相	典型固定相	局限性
RPLC	基于脂质的疏水性进行分离，出峰顺序主要由碳链长度和不饱和度决定	H_2O/ACN，含一定量的异丙醇	C_{18}，C_8	使用异丙醇背压高；PA 和 PS 两类脂质峰形宽；对不同类别的脂质的分离效果不及 NPLC
NPLC	基于脂质极性头基的不同进行分离，出峰顺序从非极性到极性	正己烷、氯仿、正庚烷，含一定量的 ACN 或 MeOH	硅胶	可分离不同类别的脂质，但对同一脂质类别的分子种属的分离效果不及 RPLC
HILIC	基于脂质极性头基的不同进行分离，出峰顺序从非极性到极性	ACN →H_2O	硅胶,氨基键合相	平衡色谱柱用时较长
SEC	基于分子尺寸进行分离，出峰顺序从大到小			

二、基于一维液相色谱的脂质组学分析方法

前已述及，LC 具有快速、分离度高、重现性好的优点。又因为 LC 分析系统相对密闭，可有效减少分析过程中不饱和脂类化合物的氧化，无需对脂类化合物进行衍生化即可分析。LC 分析脂类化合物的传统检测手段主要有示差折光检测器（RID）、蒸发光散射检测器（ELSD）和紫外可见检测器（UV）等。以上几种传统检测手段对脂类化合物的检测灵敏度均较低，而且难以对未知脂类化合物进行鉴定，所以较少用于脂质组学分析。近年来，ESI-MS 技术迅速发展，促进了 LC-MS 联用技术的应用。这种联用技术将 LC 高分离效率与 ESI-MS 的高灵敏度和高定性能力结合起来，目前已成为脂质组学研究中最常用的分析方法[132]。

1. 脂质组学分析中的正相液相色谱方法

如前所述，NPLC 可以根据脂质的极性头基不同实现不同类别脂类化合物的有效分离，若采用 MS 作为检测器，则可以鉴定脂类化合物的结构，若采用高分辨 MS，则效果更好。因此，NPLC-MS 是目前脂类化合物分离分析很常用的一种一维 LC 方法。

下面我们以大鼠腹膜表层的磷脂分析为例来说明这一方法的实用性。磷脂双层分子是生物膜的主要组成部分，它不仅在维持细胞正常的结构和功能方面起重要作用，同时也参与细胞的信号转导过程和细胞的代谢过程。研究发现，在腹膜的间皮细胞表面有一由磷脂双层分子构成的活性层，能够有效地降低水的重吸收率，提高腹膜透析的超滤量。此活性层中磷脂含量和分布的改变，能够反映腹膜结构和功能的变化。因此，有效的分离和鉴定腹膜表层磷脂成分对于腹膜透析临床治疗有重要的意义。下面是 NPLC-MS 分析大鼠腹膜表层磷脂的

一个方法[133]。

（1）大鼠腹膜磷脂的提取　Sprague-Dawley（S.D.）雄性大鼠（体重约310～340g）经过麻醉处理致死后，将20mL Folch溶液（氯仿-甲醇，2∶1，体积比）注入大鼠腹腔内，振荡30s后将液体引出。在提取前向4mL引出液中加入一定量的磷脂内标［1,2-二(十四碳烯酰Δ^9-反)十四碳烯酰磷脂酰胆碱，即PC（14∶1/14∶1）（2μg）；1,2-二(十四碳酰Δ^9-反)十四碳酰磷酸甘油，即DMPG（2μg）；1,2-二(十四碳酰Δ^9-反)十四碳酰磷酸乙醇胺，DMPE（2μg）；1,2-二(十四碳酰Δ^9-反)十四碳酰磷酸丝氨酸，即DMPS（2μg）；1-十七碳酰-2-羟基-酰磷脂酰胆碱，即Lyso-PC（17∶0）（2μg）］，然后采用改进的Folch方法[57]提取磷脂。将提取液用氮气吹干后在-20℃保存。每次进样前，用正己烷-异丙醇（3∶1，体积比）稀释到合适浓度，并用0.45μm尼龙膜过滤。

（2）色谱条件　硅胶柱：150mm×4.6mm id，5μm。流动相：A，正己烷-异丙醇（3∶2，体积比）；B，正己烷-异丙醇-5mmol/L醋酸铵水溶液（56.7∶37.8∶5.5，体积比）。洗脱梯度：从0→23min，B从53%升到80%，在80%保持4min，然后在9min内升到100%的B，保持14min，色谱柱平衡时间5min。柱温：30℃。流速：1mL/min。进样量5μL。

（3）质谱条件　离子阱MS，电喷雾接口，负离子模式检测。从色谱柱流出的分析物通过喷雾针直接进入离子源。雾化器压力50psi（345kPa）；干燥气（N_2）流量8L/min；干燥气温度300℃；离子源和离子传输参数都用磷脂标样进行优化；毛细管电压为4kV；扫描范围m/z 500～1000。对每类磷脂组分中的不同分子种属，采用AutoMS^{n}的方式进行确认。AutoMS^{n}模式的扫描范围为m/z 100～1000，碎裂电压为1V。

（4）分离结果　从图3-11可见，首先流出的是非磷脂类（NPL）的成分，然后依次是PE、PI、PS、PC、SM和LPC。通过与标准样品保留时间和MS图的比较就可以确定磷脂类别。

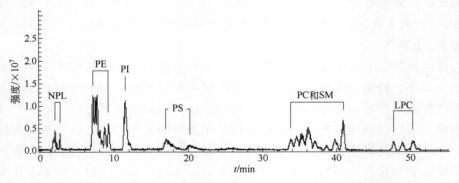

图3-11　NPLC/ESI-MS分析大鼠腹膜磷脂的基峰色谱图[133]

由于大多数磷脂在生理条件下（pH≈7）带负电荷，比如 PG 和 PI 带一个负电荷，而 PS 带有两个负电荷，PS、PI 和 PG 在电喷雾条件下很容易形成 [M-H]⁻的分子离子峰，因此对磷脂要采用 ESI-MS 负模式进行检测。对其他磷脂如 PE、PC、LPC 和 PE，也可采用负模式进行检测。在上述实验条件下，PE 分子离子峰为 [M-H]⁻，其他三类带乙酰胆碱的磷脂则形成与甲酸根的加合离子[M+45]⁻。

采用多级 MS 方法就可对每一类磷脂所含的分子种属进行确认。通过碰撞诱导碎裂（CID）方式产生的不同磷脂分子的特征碎片离子（主要包括脂肪酸负离子和降解磷脂碎片），可用来对磷脂分子的脂肪酸链组成进行确定。这样就可以从上述分离结果中确认 90 多种磷脂分子的结构。

对于磷脂的定量，目前主要有两种类型：一是磷脂不同类别（classes）的定量，可采用 NPLC-UV 或者 NPLC-ELSD 分离后进行外标法定量；二是所有分子种属的定量，这一般需要采用 RPLC 将各种分子按不同脂肪酸链进行分离，通过做标准工作曲线进行定量。在脂类化合物的定量分析中，标样的缺乏是外标法定量的一个困难，目前解决的办法是每一类脂质化合物采用一个标准品作为内标来定量。虽然这种方法的定量精度不是很高，但对于生物分析研究中比较不同组（如疾病组和对照组）样品的差异，还是有效的。

采用 1.8μm 硅胶填料的 UPLC 进行上述分析可以大大缩短分析时间。比如可在 7min 内完成血浆中多种鞘脂类化合物的分析[134]。将该方法用于糖尿病伴随动脉粥样硬化患者、单纯糖尿病患者以及正常人血浆的鞘脂组学分析，能得到有临床意义的结果[134]。

2. 脂质组学分析中的反相液相色谱方法

众所周知，RPLC 是根据分子的疏水性差异进行分离的，这正好适合于含有疏水链的脂类化合物的分离。因此，在脂质组学分析中 RPLC 也是一种常用的方法。传统上人们先用 TLC 或者 NPLC 将脂类化合物分为不同的类别，然后用 RPLC 分离每一类别中的不同分子种属。但是，也有人用 RPLC 进行全脂分析的例子。特别是在目标分析中，针对几类或几种目标脂质，用 RPLC 可以实现较快速的分析。用 RPLC-MS 分析全脂时，要注意进样体积尽量小一些，因为不同类别的脂质可能在同一时间进入 MS 离子源，容易造成离子源的饱和，从而影响离子化效率[29]。下面举一个针对复杂生物样品的 RPLC 脂质组学分析方法的例子[135]。

（1）样品处理　采用改进的 MTBE 萃取方法对动物组织和细胞样品进行处理。将 50mg 鼠肝、100mg 线虫胚胎或者人的上皮细胞置于 12mL 具有聚四氟乙烯内衬盖的试管中，加入 1.5mL 甲醇和 5mL MTBE，在室温下振荡 10min；然后加入 1.25mL 去离子水再振荡 10min，所得混合物离心（1350g）5min 后将上相转移到新的试管中，下相再用 2mL 上相溶剂（MTBE-甲醇-水，10∶3∶2.5，体积比）

萃取一次，合并萃取液。真空离心去除溶剂后，用氯仿-甲醇（1：1，体积比）溶解，并在−20℃保存。样品分析前用氮气吹干，若用内标法定量，则可在此时加入内标。最后用异丙醇-氯仿-甲醇（90：5：5，体积比）溶解，即可进样分析。

（2）LC 分析条件　色谱柱：C_8 色谱柱（100mm×1mm，1.7μm），柱温 50℃。流动相：A，含 1%（体积分数）甲酸铵和 1%（体积分数）甲酸的去离子水；B，含同样添加剂的乙腈-水（5：2，体积比）混合物。梯度洗脱：50% B 开始，40min 内线性变化为 100% B，保持 10min；然后用 50% B 平衡色谱柱 8min。流速 150μL/min，样品保持在 8℃，进样量 2μL。

（3）MS 主要条件　采用 Orbitrap MS，实验前针对 PEC 16：0/18：1 的信号优化离子源参数，每个样品分析两次，一次用正离子模式检测，另一次用负离子模式检测。正离子模式检测操作参数：离子源电压 4.5kV，离子源温度 275℃，毛细管温度 300℃。负离子模式检测操作参数：离子源电压 3.8kV，离子源温度 325℃，毛细管温度 300℃。自动增益控制目标值设定为 106 个离子进入质量分析器，最大离子累积时间为 500ms。正离子模式和负离子模式的全扫描质量范围分别为 m/z 400～1200 和 m/z 400～1600，Orbitrap 质量分析器在 m/z 400 的分辨率设置为 100000。对于 MS/MS 分析，收集全扫描图上 10 个丰度最大的离子依次在离子阱中碎裂，碰撞气为氦气，CID 归一化碰撞能量为 50，分离宽度为 1.5，活化 Q 为 0.2，活化时间为 10。

（4）数据处理　LC-MS 数据用脂质数据分析软件（LDA）[136]处理，MS/MS 数据则手工处理，以获得脂质特征头基和脂肪酸链组成以及位置的信息。定量分析采用特征离子的强度数据，正离子模式检测 PC、PE、PS、LPC、LPE、SM 采用分子离子峰$[M+H]^+$，Cer 和 HexCer 用$[M+H-H_2O]^+$，DG 和 TG 用$[M+NH_4]^+$；负离子模式检测 CL、PI 和 PG 则用分子离子峰$[M-H]^-$。内标采用 LIPID MAPS 的含偶数脂肪酰基碳链的内标物。这里脂质的缩写采用文献命名方法[137,138]。

（5）分离结果[135]　图 3-12 是鼠肝样品提取液在不同色谱柱上优化条件下的总离子流色谱图，可见 C_8 柱的分离结果较好。由于篇幅所限，详细结果不在此处罗列，感兴趣的读者可以参阅文献[135]。

采用该方法可以同时分离多种脂类化合物，且能实现定量检测，适合于各种生物样品。RPLC 基于脂肪酰基链和不饱和度进行分离，一些结构异构体可以实现基线分离。高分辨 MS 通过正负离子模式检测脂质的分子种属，二级 MS 能更准确地鉴定分子结构，从不同生物样品中一共可以鉴定数百种脂类化合物，对大部分所分析的脂质的定量线性范围在 4 个数量级，检测限为 fmol 级。说明这是一种有效的脂质组学分析方法。

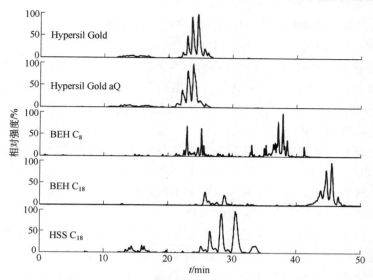

图 3-12　鼠肝样品提取液在不同色谱柱上的总离子流色谱图，正离子模式检测
（图中英文为色谱柱品牌）

3. 脂质组学分析中的其他液相色谱方法

除了 NPLC 和 RPLC 外，HILIC 也常用于脂质组学分析。HILIC 的分离机理与 RPLC 成正交关系，使用极性的硅胶键合相如氨基、二醇基柱为固定相，低比例水相和高比例有机相混合溶剂为流动相。在脂质分离中，HILIC 常用微径色谱柱[(100～150mm)×(1～2mm)，1.7～5μm]，流动相流速 0.1～1mL/min，柱温 25～40℃[35]。采用的弱流动相一般是纯乙腈或者与少量水、甲醇或异丙醇混合，有时加入甲酸（0.1%～0.2%）、甲酸铵或乙酸铵（5～20mmol/L）为改性剂。与 RPLC 相比，脂质在 HILIC 条件下的保留时间随着极性的增加而增加，因此是按照脂质极性头基的不同实现分离的，这一点类似于 NPLC。与 RPLC 相同的是，定量分析常用内标法（每类脂质至少用一个内标物）。由于 HILIC 按照极性头基不同分离不同类别的脂质，故当与 MS 联用时，内标物与相关脂质几乎在同一条件下电离，使得定量结果更为准确，这一点优于 RPLC。此外，与 RPLC 相比，每一类别内的脂质的色谱峰要窄一些[139]。

银离子液相色谱（Ag-LC）方法主要用于脂肪酸或带有脂肪链的脂类化合物的分析，其分离机理是基于银离子与双键的相互作用，故被分析物分子中双键数目越多，保留作用越强。Ag-LC 系统的构建主要有三种途径：①将银离子吸附在硅胶固定相上；②在流动相中加入银离子；③用银离子修饰的强阳离子交换树脂作为固定相。前两种途径因为在分离过程中银离子容易流失而逐步被淘汰，第③种途径是目前 Ag-LC 的主流。Ag-LC 所用流动相主要有两类：一类是二氯甲烷、二氯乙烷，有时添加少量乙腈、甲醇作为改性剂；第二类是己烷，常常含有少量极性添加剂如乙腈。Ag-LC 可以与 MS 联用,有效分离鉴定不饱和脂肪酸及其脂类[140]、蜡酯[141],还可以分离测定 TG 的区域异构体[142]。

TLC 是最早用于脂类化合物分离的色谱方法,而且今天仍然在使用。特别是对于磷脂的分离,TLC 是一种有效而通用的分离方法[143]。采用高效薄层色谱(HPTLC)分离磷脂可获得更高的效率[144]。TLC 分离磷脂常用硅胶固定相,氯仿、甲醇和水为流动相,有时需要添加改性剂,这与 NPLC 很类似。TLC 的优点是分析速度快、设备简单成本低、无样品相互干扰,还很容易实现二维分离(双向展开)。尽管如此,TLC 仍然不及 NPLC 和 RPLC 使用广泛,且越来越有被 NPLC 和 RPLC 取代的趋势。这是因为 NPLC 和 RPLC 的分离效率远高于 TLC,而且可以同多种检测器,尤其是与 MS 在线联用。

最后,讨论一个体积排阻色谱(SEC)分离脂类化合物的方法。脂类化合物是构成脂蛋白的分子,而脂蛋白是临床检验常常要检测的项目。然而,一般脂质组学分析方法采用有机溶剂从血清中萃取脂质,这样就导致了脂蛋白的降解,因此难以用一个分析系统实现脂质组学和脂蛋白的同时分析。为此,可以先用 SEC 按照分子大小来分离脂蛋白,用 MS 检测。这就是 SEC 与 MS 在线联用的方法[145],将人血浆用磷酸缓冲液稀释,并用磷酸缓冲液为流动相,在 Superose 6 PC 3.2 色谱柱上分离脂蛋白。然后将流出的脂蛋白组分用氯仿-甲醇(3:1)降解,经过滤后,将脂质分子直接引入 ESI-MS 进行检测。这样就可以得到对应于每个脂蛋白的脂类分子组成,是脂蛋白生物化学研究的新方法。

三、基于二维液相色谱的脂质组学分析方法

上面讨论的都是一维 LC 脂质组学分析方法,每种方法各有优缺点。NPLC 对脂类化合物进行分析时,各物质基于其极性头基的极性不同而分离,所以只能将脂类化合物分离到类别(classes)水平,即 PC、PI、PS、PE、PG、SM 等,却无法将脂类化合物分离到每一类别的不同分子种属(molecular species)水平。RPLC 对脂类化合物进行分析时,各物质是根据疏水尾部碳链的长度和不饱和度实现分离的,所以能将脂类化合物分离到分子种属水平,却难以确认某一分子种属的脂类化合物所属的类别。生物样品中往往存在着大量结构类似、质量数类似、色谱保留行为也非常类似,但生理功能却不尽相同的脂质。而一维 LC 无法提供足够的峰容量对脂类化合物进行全面的分离鉴定,因此人们将目光转向了二维(2D)LC 方法。

所谓 2D LC 就是将两种分离机理正交的方法串接起来进行在线分析,这样可以大大增加峰分量,减少共流出峰,提高分离效率和定性定量分析的准确度。当与 MS 联用时,还可以减少基质和不同分子间的离子化抑制效应。2D LC 有两种模式,一种是"中心切割"模式,即将第一维分离的部分流出组分转移到第二维

进一步分离；第二种是"全二维"模式，即将第一维分离的所有流出组分都转移到第二维进行分离。"中心切割"较为简单，主要用于脂质组学目标分析。下面主要讨论用于轮廓分析的全二维模式。

基于全二维 LC 的脂质组学分析方法主要两种：一是 NPLC×RPLC 2D 分离系统，二是 HILIC×RPLC 2D 系统。需要指出，2D LC 可以是离线的，也可以是在线的。前者是两种一维方法的简单组合，允许对两维的分离参数进行独立的优化，但由于要收集第一维流出组分并要将溶剂置换为与第二维流动相相容的溶剂，故费时费力；后者通过接口将两种一维方法链接成一个分析系统，可以实现自动化分析，提高工作效率，但因为第二维的分析时间很短（来自第一维色谱柱的组分进入第二维色谱柱之前，上一个组分必须全部流出第二维色谱柱），所以需要很短的色谱柱，这可能要损失一定的分离度。下面分别讨论两种在线联用的 2D LC 方法。

1．正相/反相二维液相色谱方法

NPLC×RPLC 2D 方法的第一维采用 NPLC 将脂类化合物分离到不同的类别水平，第二维采用 RPLC 将第一维分离得到的类别进一步分离到分子种属水平。由于 NPLC 和 RPLC 的分离机制完全正交，所以理论上该 2D 系统的峰容量应为这两个一维 LC 峰容量的乘积，被分析组分之间峰的重叠会大大减少，因而能够提供更好的分离效果和更多的分子种属信息[146]。但由于 NPLC 和 RPLC 分别使用的流动相不互溶，而且 NPLC 的流动相在 RPLC 体系中洗脱能力过强，这给 NPLC 和 RPLC 的在线联用带来了困难。因此，要实现 NPLC 和 RPLC 的在线联用，就需要一个接口，其作用是自动将来自第一维色谱柱的流出组分的溶剂去除，并引入第二维流动相，将第一维流出组分有效转移到第二维色谱柱进行进一步分离。在缺乏有效的接口装置时，人们多采用增加两维之间的流速比（第一维流速低，第二维流速高）或减小第二维色谱柱的上样量，以实现 NPLC 和 RPLC 的在线分离技术[146]，这就限制了 2D LC 优势的发挥。2006 年关亚风研究组发展了一种基于六通阀的溶剂蒸发接口技术[37]，可以有效地去除第一维 LC 的流动相，实现 NPLC 和 RPLC 的在线联用。基于此，刘虎威研究组开发了用于磷脂化合物轮廓分析的 NPLC×RPLC 方法[36]。然而，这一接口在挥发溶剂时，第一维 NPLC 需要停止流动相的流动，这会导致第一维的峰展宽，影响流出峰的准确捕获和转移。为克服这一问题，对接口进行了改进，采用十通阀取代六通阀，实现了第一维不停流的 2D 分析。下面重点介绍这一改进的 NPLC×RPLC 方法[7~10]。

十通阀接口设计如图 3-13 所示。在十通阀的真空出口处连接真空缓冲体系以及真空泵，使得第一维流动相的溶剂在真空的作用下挥发，在定量环中形成稳定的气液界面，从而对脂类化合物实现捕集。再通过切换十通阀，使第二维流动相流过定量环，从而将已捕集的脂类化合物带入 RPLC 进行分离分析。十通阀的两个定量环可以实现交替捕集和进样，通过优化两维的分离条件，就可以实现不停流的 NPLC×RPLC 分析。此外，在定量环前端设计加入一段细短管线（内径为 0.12mm，长度为 35mm），这非常有助于第二维色谱峰形的改善及回收率的提高。其主要原因是由于流动相液体的体积流速是恒定的，因此在通过细管线时，流动相的线流速要比通过较粗的进样环时快很多。这可以有效地压缩第二维进样时的样品谱带，改善峰形，提高回收率。八种标准脂类化合物的回收率均超过 90%，保留时间以及峰面积的重复性令人满意。

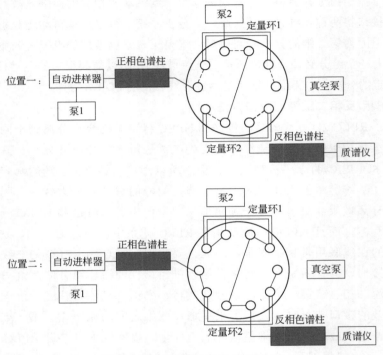

图 3-13　十通阀接口设计示意图

利用上述 NPLC×RPLC 方法与高分辨 MS 的联用，就可以分析生物样品中的脂类化合物。比如通过对腹膜透析病人血浆中的脂类化合物的分析，可以比较容量负荷以及容量超负荷腹膜透析病人血浆中的脂类化合物的含量变化，以期找出潜在的生物标志物，为研究容量超负荷引起营养不良的确切机制提供一定的依据[7,9]。

利用上述 2D LC-MS/MS 方法分别对动脉粥样硬化病人和肝癌病人血浆中的脂质全谱进行分析，可以鉴定 400 多种脂类化合物，包括脂肪酸、甘油脂类、甘油磷脂类和鞘脂类四大类。通过比较病人以及正常人血浆中的脂质类化合物，发现了两种疾病患者的血液中各有一些脂质类化合物的含量发生了显著变化，将此结果与文献报道结合进行讨论，就可为相关疾病的研究提供科学依据[8]。

下面以乳腺肿瘤患者的血清脂质组学为例来说明这一方法的分析流程和应用[10]。

乳腺癌是女性中最常见的恶性肿瘤，寻找早期乳腺癌的生物标志物是医学界乃至全社会普遍关心的问题。与乳腺癌类似，良性乳腺肿瘤也是一种结构上非均相的损伤，但它又与乳腺癌不同，因此，良性乳腺肿瘤可作为研究乳腺癌的一个很好的对照组。近年来，关于乳腺癌的脂质组学研究已有不少。研究表明，在乳腺癌患者体内和乳腺癌细胞中，某些与脂质代谢相关的蛋白质或基因是高度表达的[113,175]。此外，乳腺癌的发生总是伴随着脂质化合物含量的变化，包括磷脂[105,176]、鞘脂和糖脂[95]等。然而，这些研究中几乎没有涉及良性乳腺肿瘤患者。由于癌症的生物标志物不仅需要对乳腺癌患者和正常人进行区分，同时也应具有区分乳腺癌患者和良性乳腺肿瘤患者的能力，因此，这些生物标志物还有待进一步验证。虽然已有研究指出良性和恶性乳腺肿瘤的增殖均与血浆中脂质和脂蛋白的含量密切相关[177, 178]，但是有关两者中具体的脂质分子种属间的差异性研究还很有限。我们采用 NPLC×RPLC 方法研究了正常人、接受治疗前的良性乳腺肿瘤患者和乳腺癌患者血浆中的脂质类化合物，这有助于寻找与乳腺癌关系更为密切的生物标志物。

（1）脂质化合物的提取　在进行手术前采集 6 例良性乳腺肿瘤患者和 5 例乳腺癌患者的血浆样品，患者均通过组织病理进行诊断和确认。此外，还收集了 9 个正常人的血浆样品。实验前征得了每个患者和正常人的口头同意，并由权威伦理机构批准。

血浆中脂类化合物的提取采用 Folch 试剂萃取法[57]。样品处理前，血浆置于 4℃下解冻。此后，取 100μL 血浆样品，向其中加入 50μL 浓度为 1μg/mL 的内标混合溶液及 6mL Folch 试剂（氯仿-甲醇，2∶1，体积比）。将混合液超声 3min 充分混匀，以 10000r/min 的转速离心 30min。取上清液加入 1.2mL 纯净水，混匀后以 5000 r/min 的转速离心 15min。将下层溶液用 0.22μm 的 PTFE 膜过滤，氮气吹干，冻存于−20℃备用。实验前使用 500μL 的 Folch 试剂复溶。

（2）NPLC×RPLC 条件　第一维色谱柱为 Zorbax Rx-SIL（150mm×2.1mm id，5μm），柱温 25℃。流动相 A_1 为正己烷；B_1 为异丙醇∶水=100∶2（体积比），含 5mmol/L 甲酸铵；C_1 为甲醇∶水=100∶2（体积比），含 5mmol/L 甲酸铵。分离过程中色谱体系流速为 0.2mL/min。进样量为 20μL。

第二维色谱柱为 Poroshell 120 EC-C_8（50mm×2.1mm id，2.7μm），柱温 25℃。流动相 A_2 为含 5mmol/L 甲酸铵的甲醇,流动相 B_2 为含 5mmol/L 甲酸铵的水溶液。分离过程中色谱体系流速为 0.3mL/min。

NPLC×RPLC 的装置如图 3-13 所示，通过一个配有两个定量环（0.2mm id×100mm）的两位十通阀实现 NPLC 和 RPLC 的在线连接。定量环的出口连接着一台真空泵。实验过程中，通过真空泵和温控系统使第一维 NPLC 流动相在接口处挥发，从而将第一维 NPLC 色谱柱分离得到的组分保留在定量环中，随后该组分被第二维 RPLC 流动相溶解并输送到第二维 RPLC 色谱柱上进行进一步分离。十通阀置于水浴中，温度保持在 50℃。NPLC×RPLC 方法的洗脱时间为 170min。在这一过程中，通过十通阀的切换分为七个时段。具体的洗脱方法列于表 3-5。

表 3-5　2D NPLC×RPLC 洗脱方法

第一维 NPLC					接口	第二维 RPLC			
时间/min	流速/(mL/min)	流动相组成/% A_1	B_1	C_1	接口位置	时间/min	流速/(mL/min)	流动相组成/% A_2	B_2
0	0.2	80	20	0	1	0	0.3	90	10
5	0.2	80	20	0	2	5	0.3	90	10
						7	0.3	100	0
						14	0.3	100	0
						14.01	0.3	70	30
					1	19.50	0.3	70	30
						26.50	0.3	100	0
						33.50	0.3	100	0
35	0.2	50	50	0		33.51	0.3	70	30
					2	39.50	0.3	70	30
						44.50	0.3	70	30
55	0.2	30	70	0		54.50	0.3	100	0
65	0.2	30	70	0		64	0.3	100	0
						64.01	0.3	70	30
					1	70	0.3	70	30
75	0.2	20	80	0		75	0.3	70	30
						82	0.3	100	0
						88.50	0.3	100	0
						88.51	0.3	70	30
100	0.2	0	60	40	2	94.50	0.3	70	30
100.01	0.2	0	0	100		99.50	0.3	100	0
						106.50	0.3	100	0
						106.51	0.3	70	30
					1	112.50	0.3	70	30
						117.50	0.3	100	0
						123	0.3	100	0
130	0.4	0	0	100	2	129	0.3	70	30
						134	0.3	100	0
						149	0.3	100	0

（3）MS 条件　为了准确鉴定脂类化合物的结构，采用 Q-TOF-MS 仪器分别在正离子模式和负离子模式下采集数据。具体参数为：鞘气温度 350℃；鞘气流速 8L/min；干燥气温度 300℃；干燥气流速 5L/min；雾化气压力 20psi（1psi=

6894.76Pa）；毛细管入口电压 3500V；源内碎裂电压 190V；扫描速率 1.02spectra/s；质谱采集范围 *m/z* 100～2000。脂类化合物的定性分析采用的是二级质谱碎裂模式，该模式下质谱各参数与一级质谱相同。碰撞室碎裂电压为 40V，前导离子质量选择窗口设置为 "narrow（约 1.3 *m/z*）"。

（4）数据分析 数据的定性定量处理软件为安捷伦 MassHunter Qualitative Analysis B.04.00，定量采用相应化合物提取离子流图（相对质量误差范围小于 10×10^{-6} 的峰面积除以相同类别脂质标准品的峰面积进行计算）。此后对数据进行 PCA 分析。首先将原始数据通过上述软件进行分子特征提取，导出 .cef（compound exchange format）格式文件，进而导入安捷伦 MPP 软件进行分析。数据经过滤、对齐、去卷积和归一化后，进行 PCA 可视化分析。

最后使用 IBM SPSS 软件进行统计学分析。每个脂质分子使用所有样本中经过相应内标校正的峰面积进行 Mann-Whitney U test 分析。若 *p* 值小于 0.05 且变化倍数大于等于 2，则被认为在组间具有显著性差异。脂质化合物的箱形图也采用该软件绘制。

（5）分析结果

① 人血浆脂质轮廓分析 图 3-14 是正常人、良性乳腺肿瘤患者和乳腺癌患者血浆样品提取液的典型基峰离子流图。鞘脂类化合物，包括 Cer、LacCer、GalCer、GluCer，以及甘油酯类化合物，包括 MG、DG、TG，是在质谱正模式下检出的；而 FFA 和磷脂类化合物，包括 PI、PG、LPG、PS、PE、LPE、PC、LPC、SM 是在质谱负模式下检出的。

脂类化合物的鉴定是通过精确质荷比、保留时间、同一类脂质化合物的相对保留时间及二级质谱图相结合实现的[7]。最终共鉴定得到 512 种脂质化合物[10]，化合物的具体信息从略。

② 多元统计学分析 首先对数据进行无监督的 PCA 分析。图 3-15（a）、（b）分别为 MS 正模式和负模式下的 PCA 二维和三维得分图。可以看出，在两种检测模式下，均可明显区分正常人组、良性乳腺肿瘤患者组和乳腺癌患者，证明三组间存在有显著差异的化合物。

通过计算得到每个脂质化合物在正常人组（*n*=9）、良性乳腺肿瘤患者组（*n*=6）和乳腺癌患者组（*n*=5）的平均校正峰面积和标准偏差，进而得到组间含量的比值。同时，通过 Mann-Whitney U test 得到每两组间的 *p* 值。此后，基于这些数据进行脂质候选生物标志物的筛选。

在检出的脂质化合物中，4 个 PG 分子，1 个 LPE 分子，1 个 SM 分子，3 个 Cer 分子，1 个 GalCer 分子，3 个 MG 分子，10 个 DG 分子和 2 个 TG 分子在正常人组和任一病人组均存在显著性差异（*p*<0.05）。因此，这些化合物被筛选为乳

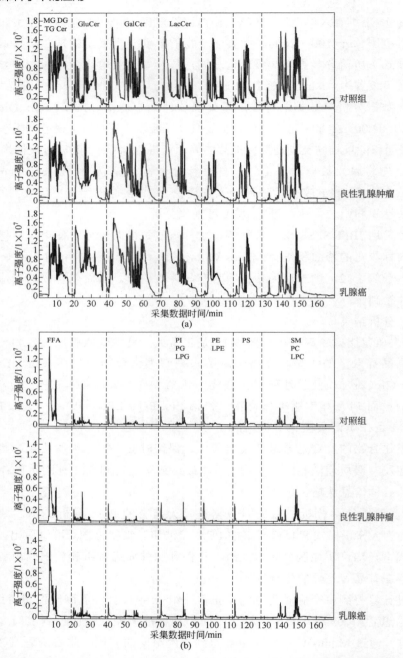

图 3-14　2D(NP/RP)LC-Q-TOF-MS 分析得到的正常人、良性乳腺肿瘤患者和乳腺癌患者血浆中的脂质化合物在 MS 正模式（a）和 MS 负模式（b）下的基峰离子流色谱图

MG—甘油单酯；DG—甘油二酯；TG—甘油三酯；Cer—神经酰胺；GluCer—葡萄糖基神经酰胺；GalCer—半乳糖基神经酰胺；LacCer—乳糖基神经酰胺；FFA—游离脂肪酸；PI—磷脂酰肌醇；PG—磷脂酰甘油；LPG—溶血磷脂酰甘油；PE—磷脂酰乙醇胺；LPE—溶血磷脂酰乙醇胺；PS—磷脂酰丝氨酸；SM—鞘磷脂；PC—磷脂酰胆碱；LPC—溶血磷脂酰胆碱

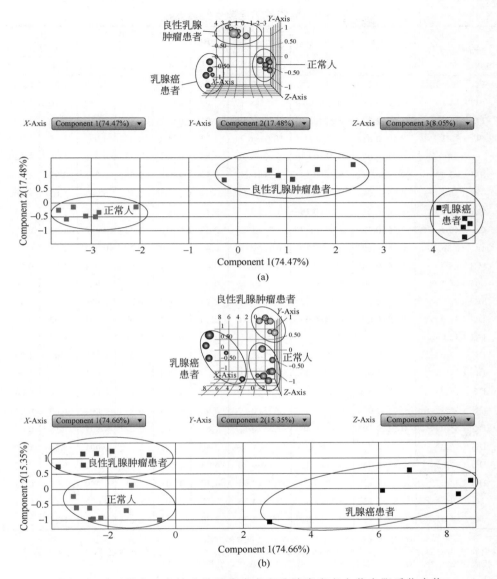

图 3-15　正常人、良性乳腺肿瘤患者和乳腺癌患者血浆中脂质化合物
在 MS 正（a）和负（b）模式下的二维和三维 PCA 图

腺肿瘤潜在生物标志物，如表 3-6 所示。必须指出，这些脂质分子在两组病人组间不存在显著性差异。虽然这些化合物能够将正常人和乳腺癌患者区分开来，但由于它们无法对良性乳腺肿瘤患者和乳腺癌患者进行区分，故不能作为乳腺癌生物标志物。这也表明在筛选乳腺癌生物标志物时，良性乳腺肿瘤患者组的引入是非常重要的。

表 3-6　乳腺肿瘤候选生物标志物[①]

脂质分子	校正峰面积（C）	校正峰面积（BBT）	校正峰面积（BC）	BC vs. C		BBT vs. C		BC vs. BBT	
				比值	*p*	比值	*p*	比值	*p*
PG（32:0）	0.27±0.17	0.65±0.35	0.89±0.64	3.26	0.019	2.41	0.018	1.36	0.662
PG（34:1）	6.52±4.28	11.70±2.64	13.51±4.19	2.07	0.012	1.79	0.012	1.16	0.662
PG（36:2）	3.47±2.77	6.27±2.00	7.14±2.49	2.05	0.012	1.80	0.012	1.14	0.792
PG（36:1）	7.12±2.88	14.39±3.96	18.03±6.24	2.53	0.002	2.02	0.005	1.25	0.329
LPE（24:0）	0.01±0.00	0.02±0.01	0.03±0.01	2.43	0.001	1.73	0.050	1.40	0.126
SM（43:2）	0.37±0.34	0.97±0.54	0.95±0.54	2.53	0.048	2.59	0.045	0.98	1.000
Cer（36:3）	0.06±0.04	0.31±0.09	0.33±0.11	5.83	0.003	5.47	0.001	1.07	1.000
Cer（38:1）	0.54±0.25	1.50±0.19	1.70±0.51	3.15	0.002	2.77	0.000	1.14	0.429
Cer（40:1）	0.55±0.22	1.87±0.37	1.92±1.14	3.52	0.029	3.42	0.000	1.03	0.792
GalCer（36:3）	0.46±0.30	0.12±0.10	0.19±0.08	0.41	0.050	0.27	0.012	1.51	0.286
MG（23:1）	1.80±0.68	0.71±0.24	0.73±0.59	0.41	0.019	0.40	0.001	1.03	0.537
MG（26:5）	2.57±1.06	1.06±0.37	1.07±0.33	0.42	0.001	0.41	0.001	1.01	1.000
MG（26:3）	0.95±0.25	0.33±0.12	0.24±0.24	0.25	0.009	0.35	0.000	0.72	0.381
DG（31:0）	0.09±0.05	0.28±0.09	0.26±0.11	2.80	0.004	3.03	0.002	0.92	0.931
DG（32:0）	9.50±3.93	23.86±4.56	26.65±6.25	2.81	0.001	2.51	0.001	1.12	0.662
DG（33:0）	0.26±0.14	0.78±0.39	0.78±0.33	3.04	0.001	3.02	0.008	1.01	1.000
DG（34:4）	0.05±0.02	0.58±0.27	0.66±0.39	12.60	0.003	11.19	0.001	1.13	0.662
DG（34:0）	21.03±7.65	45.64±9.58	49.49±14.19	2.35	0.002	2.17	0.001	1.08	0.662
DG（35:3）	0.04±0.02	0.28±0.09	0.33±0.20	7.62	0.004	6.35	0.004	1.20	0.841
DG（35:0）	0.52±0.19	1.17±0.40	1.35±0.57	2.61	0.002	2.27·	0.002	1.15	0.662
DG（36:0）	22.21±6.78	48.17±9.85	51.14±17.96	2.30	0.002	2.17	0.001	1.06	1.000
DG（37:0）	0.12±0.04	0.65±0.22	0.74±0.30	6.23	0.003	5.46	0.001	1.14	0.662
DG（38:0）	0.46±0.19	1.68±0.70	2.07±0.93	4.47	0.001	3.63	0.000	1.23	0.537
TG（50:0）	3.57±1.12	6.75±3.50	9.65±4.23	2.70	0.002	1.89	0.036	1.43	0.247
TG（54:0）	2.35±0.99	5.01±2.00	6.35±2.70	2.70	0.007	2.13	0.012	1.27	0.537

　　① 校正峰面积代表正常人组（*n*=9）、良性乳腺肿瘤患者组（*n*=6）、乳腺癌患者组（*n*=5）的平均校正峰面积及相应的标准偏差；*p* 值通过 Mann-Whitney U test 计算所得；比值为所列两组平均校正峰面积之比；C 代表正常人组；BBT 代表良性乳腺肿瘤患者组；BC 代表乳腺癌患者组。

　　为了筛选乳腺癌潜在生物标志物，将正常人组和良性乳腺肿瘤患者组均作为对照组，分别与乳腺癌患者组进行比较。若在乳腺癌患者组与任何一个对照组间均存在显著性差异（*p*<0.05），并且在两个对照组间不存在显著性差异，则被筛选为潜在乳腺癌生物标志物。最终，PI（32:1）[PI（16:0_16:1）]和 PI（38:4）[PI（18:0_20:4）]被筛选出来作为潜在乳腺癌生物标志物。此外，由于 PI（34:2）[PI（16:0_18:2）]在乳腺癌患者组和良性乳腺肿瘤患者组间的 *p* 值为 0.052，也被暂时考虑为候选乳腺癌生物标志物。除了上述结果外，还发现 PI（34:1）[PI（16:0_18:1）]、

PG（36:3）、GluCer（33:2）[GluCer（d18:1/15:1）] 和 MG（16:0）这四个脂质化合物在任意两组间均存在显著性差异。因此，它们是否可作为乳腺癌生物标志物需要进一步考察。

③ 乳腺肿瘤潜在生物标志物的验证　为了进一步验证乳腺肿瘤潜在生物标志物，将良性乳腺肿瘤患者组和乳腺癌患者组合并为一组作为病人组，来和正常人组进行比较。通过计算得到 25 个乳腺肿瘤潜在生物标志物在正常人组（*n*=9）和病人组（*n*=11）的平均校正峰面积和标准偏差、*p* 值以及组间含量的比值。若满足 *p*<0.05 及变化倍数≥2.0，则被进一步确定为潜在乳腺肿瘤生物标志物。这样共有 23 个脂质化合物被筛选为潜在乳腺肿瘤生物标志物，其中，PG、LPE、SM、Cer、DG 和 TG 在病人中上调，GalCer 和 MG 在病人中下调。

图 3-16 进一步给出了 23 个脂质化合物分别在三组中的平均校正峰面积。可以看出，PG（32:0）、PG（36:1）、LPE（24:0）、Cer（38:1）、DG（32:0）、DG（34:4）、DG（34:0）、DG（35:3）、DG（35:0）、DG（36:0）、DG（37:0）、DG（38:0）、TG（50:0）和 TG（54:0）从正常人组到良性乳腺肿瘤患者组，再到乳腺癌患者组，

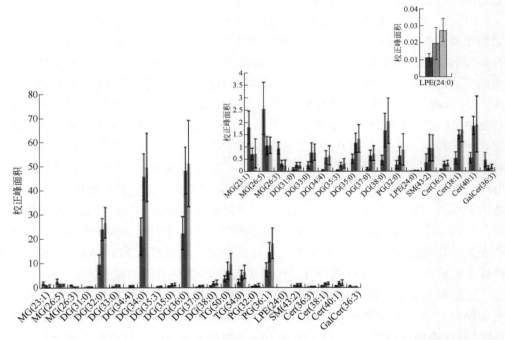

图 3-16　23 种潜在乳腺肿瘤生物标志物在正常人组、良性乳腺肿瘤患者组和乳腺癌患者组的平均校正峰面积（平均值±标准偏差）

图中每个脂质对应有三个数据，左侧为正常人对照组，中间为良性乳腺肿瘤组，右侧为乳腺癌组

MG—甘油单酯；DG—甘油二酯；TG—甘油三酯；PG—磷脂酰甘油；LPE—溶血磷脂酰乙醇胺；SM—鞘磷脂；Cer—神经酰胺；GalCer—半乳糖基神经酰胺

呈现一致的上升趋势。这些化合物可能与乳腺肿瘤的发展及恶化有关。更重要的是，这其中绝大部分脂质属于 DG。有研究证明，DG 类化合物通过蛋白激酶 C 在癌症发展进程中扮演重要的角色[181]，DG 化合物的改变会影响蛋白激酶 C 的激活进而影响细胞增殖[182]。由于 DG 是脂质代谢和细胞信号转导过程中重要的中间体，这些结果可能为乳腺癌中这条通路的研究提供更多依据。

此外，还发现 GluCer（35:1）、GluCer（40:6）和 GluCer（40:3）这 3 个脂类化合物只在正常人组检出，病人组无检出。这些化合物有可能作为乳腺肿瘤存在与否的判断依据。

④ 乳腺癌潜在生物标志物的验证　为了验证乳腺癌潜在脂类生物标志物，将良性乳腺肿瘤患者组和正常人组合并为一组，作为非癌组，与乳腺癌患者组进行比较。通过计算得到 3 个乳腺癌候选生物标志物在乳腺癌组（$n=5$）和非癌组（$n=15$）的平均校正峰面积和标准偏差、p 值以及组间含量比值。若满足 $p<0.05$ 及变化倍数 ≥2.0，则被进一步确定为潜在乳腺癌生物标志物。最终筛选出 2 个 PI 类化合物，即 PI（16:0_16:1）和 PI（18:0_20:4），为潜在的乳腺癌生物标志物。相比于非癌组，它们在乳腺癌患者组的含量显著下降。

PI 是一类由两条脂肪酸链和一个肌醇头基连接到甘油骨架上构成的化合物。它们是磷脂酰肌醇-3,4,5-三磷酸（PIP3）的前体[147]。PIP3 在细胞中充当信使分子，且参与到 PI3K/AKT 信号通路中。在这条通路中，活化的生长因子受体或 G 蛋白偶联受体的磷酸酪氨酸可以与 1A 类 PI3K 相互作用，这促进了 PIP3 的形成。另外，第 10 号染色体缺失的磷酸酶和张力蛋白（PTEN）具有抑制肿瘤的作用，能够使 PIP3 在 3′肌醇的位置脱磷酸[148,149]。PI3K/AKT 信号通路在乳腺癌细胞的细胞代谢、存活、生长、增殖和凋亡中扮演着重要的角色[150]。在约 18%～50%的乳腺癌组织和细胞系中都检测到了 PIK3CA 的体细胞突变[151,152]，它可以编码 PI3K 的 p110α催化亚基。此外，该基因在乳腺癌细胞中也是过表达的[153]。这些基因的改变引起不依赖生长因子的催化亚基的脂激酶活性增加，导致 PIP3 的累积，即 PI 的消耗增加。此外，由于启动子超甲基化、基因突变或缺失导致杂合性的丧失，在乳腺癌中也经常发生 PTEN 功能丧失，这将刺激 PI3K/AKT 下游信号传导和肿瘤生长[154]。这些均会导致癌症患者中 PI 类化合物的减少。

定量结果显示，PI（16:0_16:1）和 PI（18:0_20:4）在乳腺癌患者组的含量低于非癌组，这与上面所述 PI3K/AKT 信号通路的激活相一致。在乳腺癌患者尿液[155]和乳腺癌细胞[147]中，PI（18:0_20:4）的含量减少，也与脂质组学分析结果相符。图 3-17 是这两个化合物分别在三组中含量的箱形图。可见，乳腺癌患者组与正常人组/良性乳腺肿瘤患者组均存在明显的差异。此外，PI（16:0_16:1）箱形图中发现的两个极限异常值，一个来自多发肿瘤患者，另一个则是最年轻的患者，这是否是造成他们异常的原因还有待考察。

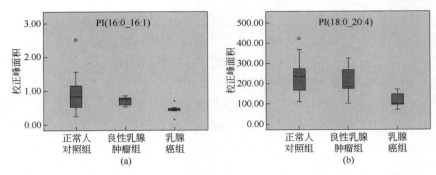

图 3-17　磷脂酰肌醇 PI（16:0_16:1）和 PI（18:0_20:4）在正常人组、
良性乳腺肿瘤患者组和乳腺癌患者组的箱形图

⑤ 衡量肿瘤恶性程度的生物标志物　进一步考察了任意两组间均具有显著性差异的 4 个脂质分子，分别进行了良性乳腺肿瘤潜在生物标志物和乳腺癌潜在生物标志物的验证。结果表明，PI（16:0_18:1）、PG（36:3）和 GluCer（d18:1/15:1）既可以作为良性乳腺肿瘤的潜在生物标志物，也可以作为乳腺癌的潜在生物标志物，而 MG（16:1）则被排除。从图 3-18 中可以看出，PI（16:0_18:1）随着疾病的严重程度呈现一致的下降趋势，而 PG（36:3）和 GluCer（d18:1/15:1）则随着疾病的严重程度呈现一致的上升趋势。因此，它们可作为潜在的衡量肿瘤恶性程度的生物标志物。

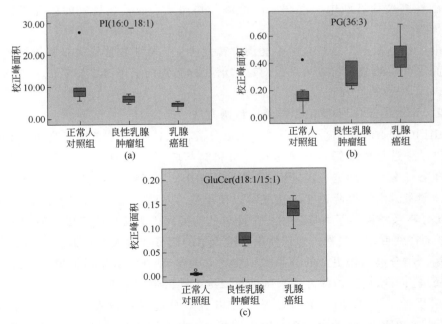

图 3-18　PI（16:0_18:1），PG（36:3）和 GluCer（d18:1/15:1）在正常人组、
良性乳腺肿瘤患者组和乳腺癌患者组的箱形图

PI（16:0_18:1）的改变与上文中提到的 PI3K/AKT 信号通路的激活相关，PG 在乳腺癌中含量的上调也与文献报道[155]相符。此外，GluCer（d18:1/15:1）的变化很有意义。GluCer 类化合物是由葡萄糖基神经酰胺合酶（GCS）催化神经酰胺得到的[156]，GCS 可以增强癌细胞的多药耐药性[157,158]。在乳腺癌细胞中，GCS 是过表达的[159]。此外，GCS 的表达增强了乳腺癌细胞对阿霉素的抗药性[160]。相反，抑制 GCS 的活性可以重新使乳腺癌细胞对抗癌药物敏感[161]。作为 GCS 的催化产物，GluCer 类化合物理应在癌组织中上调，这已在乳腺癌肿瘤样品中得到证实[162]。然而，之前的报道只是在脂质类别水平，而非脂质分子种属水平。NPLC×RPLC 脂质组学分析表明，GluCer（d18:1/15:1）是一个潜在的衡量乳腺肿瘤恶性程度的生物标志物，这可能为临床诊断提供帮助。

采用同样的分析方法和研究思路，对小血管病诱发卒中的亚型-腔隙性脑梗死患者的血浆进行了系统的脂质组学分析[163]，鉴定了正常人和腔隙性脑梗死患者血浆中的脂质类化合物。经过初期的筛选及进一步验证，共找到 13 种潜在的脂质类生物标志物。基于此，构建了在该疾病中可能受到扰动的脂质代谢通路。此后，通过二元逻辑回归分析，建立了一个包含 GluCer（38:2）、PE（35:2）、脂肪酸（16:1）和 TG（56:5）这 4 种脂质化合物的"血浆生物标志物模型"，并通过受试者工作特征曲线（ROC）对其进行评价。结果表明，该模型在 ROC 曲线最佳临界点处对疾病诊断的灵敏度和特异性分别为 93.3% 和 96.6%。说明脂质类化合物在腔隙性脑梗死诊断中的潜在应用价值，并为该疾病发病机制的研究提供了更多的依据。

最后特别指出，这些有关疾病的潜在脂质生物标志物尚需大量临床样本的验证，而进一步的验证可以采用针对这些潜在标志物的一维 LC-MS 或者直接 MS 方法，以实现快速分析。

2. 亲水相互作用/反相二维液相色谱方法

HILIC 和 RPLC 也是互为正交的 LC 分离模式，有人[164]曾用离线的 HILIC 和 RPLC 方法进行脂质组学轮廓分析。将猪脑萃取液先经 HILIC 分离为类别，手工收集各流分，然后进一步采用 C_{18} 柱进行 RPLC 分离，一共鉴定了 70 种磷脂和 100 种鞘脂。由于这两种 LC 模式可以使用基本互溶的流动相，这就为其组成在线 2D 分离系统提供了方便，用一个简单的切换阀作为接口就可以实现 HILIC 和 RPLC 的在线联用。当然，为了使第一维流出的组分在进入第二维之前实现浓缩，以便第二维分离获得更高的分离度和检测灵敏度，现在一般采用捕集柱作为接口，有时还采用反吹捕集柱的方法来压缩第二维进样谱带的宽度。

采用全二维 HILIC×RPLC 方法可以有效分离神经酰胺（Cer）和卵磷脂（PC）[165]。HILIC 按照极性头基的不同将化合物分为不同类别，每一类别中可能有几十甚至几百个分子种属同时被洗脱。然后将每类磷脂转移到 RPLC 柱上进行分子种属分离。为了提高第二维的分离效果，可以延长第二维的分离时间，此时第一维要停流，这样整个分析周期会很长[166]。许国旺研究组[167]用停流的 2D HILIC×RPLC-TOF-MS 方法（分析系统如图 3-19 所示），正离子模式检测，从血浆样品中分离鉴定了属于 13 个不同类别的 372 种脂质化合物。

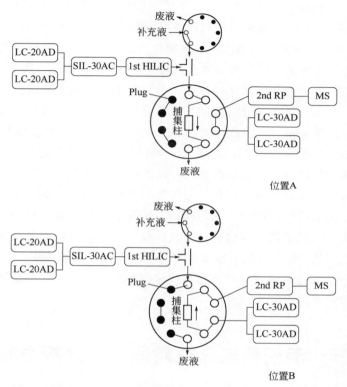

图 3-19　用于脂质组学轮廓分析的停流 2D HILIC×RPLC 系统示意图[167]

位置 A 时为捕获第一维 HILIC 流出物，位置 B 时为捕集组分转移到第二维 RPLC

　　这种 2D 分离模式还可用 RPLC 作为第一维分离，而 HILIC 作为第二维。此时第一维按照脂质的疏水性质实现分离，相当碳原子数相同的脂质可以同时流出（为化合物鉴定提供了另一种信息），然后用 HILIC 将这些同时流出的脂质分离为不同的类别。为使第二维分离尽可能快，可采用较大的流动相流速。已有报道[168]用 5mL/min 的 HILIC 流速分离鉴定了属于 4 个大类的 143 种脂类化合物。

　　3. 其他二维液相色谱方法

　　除了上述常用的 2D LC 方法之外，还有人[169,170]用 Ag-LC/RPLC 组成的 2D 系统与大气压化学电离（APCI）MS 联用，分离鉴定了菜籽油中的脂类化合物，主要是各种 TG 分子。这是因为 Ag-LC 特别适合于分离带有不饱和脂肪链的脂质。

　　另一种 2D LC 方法是强阴离子交换（SAX）色谱与 RPLC 联用[171]。SAX 与

RPLC 通过两个六通阀连接，中间连接一个短的 C_{18} 柱作为捕集柱，RPLC 再与 MS 联用。第一维分离首先用甲醇流动相，中性脂类 TG、DG、SM、CE 和 LPC 作为第一个组分被洗脱；然后在流动相中加入乙酸铵改性剂，在添加 10mmol/L 乙酸铵的条件下，弱阴离子脂类 LPE、Cer、So、Sa 等作为第二个组分被洗脱；然后在添加 250mmol/L 乙酸铵的条件下洗脱阴离子脂类 LPG、LPI、LPS、LPA 和 CL 等；最后在添加 1mol/L 乙酸铵的条件下洗脱其余脂类分子作为第四个组分。C_{18} 捕集柱将每个组分收集起来，同时将盐和杂质除去，然后转移到 RPLC 进一步分离。将该方法用于人血浆分析，共分离鉴定了 30 种脂类化合物。

总之，2D LC 方法能够从生物样品中分离鉴定尽可能多的脂类化合物，适合于轮廓分析。主要的缺点是分析时间长，而且二维色谱柱的接口有可能造成样品的稀释，降低检测灵敏度。因此，提高第二维的分离速度（如使用 UPLC），以及设计构建有效的接口是提高 2D LC 方法分析性能的关键。而对于目标分析，一般采用一维分离方法，或者中心切割方法，以提高分析通量。

最后再强调一下数据处理问题。对于在线联用的 2D LC-MS 分析，数据处理非常重要。一是要整合两维的分离数据，二是要用 MS 或 MS^n 对脂类化合物进行定性定量分析，三是要将定性定量分析数据与分析目标关联起来。这方面目前有不少商品软件可用，但有时仍然需要用户开发新的软件或数据库[172]，或者人工确认分析结果。尤其是新的脂类化合物和代谢物的结构鉴定，一定要严谨，尽量避免假阳性或假阴性结果。

第五节　毛细管电泳在脂质组学分析中的应用

一、概述

毛细管电泳法（CE）具有分析速度快、分离效率高、分离模式多、样品和试剂消耗少等优点，在生命分析化学领域有着广泛的应用，比如蛋白质和多肽的分析、DNA 测序、手性药物分离，以及分子之间相互作用研究，等等（请参阅本丛书《毛细管电泳技术及应用》分册）。然而，对于脂质组学或代谢组学分析，由于脂类化合物难溶于水、紫外吸光性能差、检测灵敏度有限等问题，CE 的应用远不及 LC 那么普遍[173]。尽管如此，还是有不少研究人员开发了一些基于 CE 的脂质组学分析方法。比如，通过在缓冲液中加入一定量的有机添加剂，如甲醇、乙腈等物质可以提高脂类化合物的溶解性[174]。采用胶束电动毛细管色谱（MEKC）能更好地溶解脂类化合物[175,176]，从而在一定程度上解决脂类化合物水溶性较差的问题，但用 UV 检测时灵敏度较低。采用激光诱导荧光检测器可以将脂类化合物的检测灵敏度提高到纳摩尔（nmol）数量级[177]，但是，脂类化合物需要先经过荧光标记，这使得分析过程变得更加复杂。非水毛细管电泳（NACE）是另一种适合于分析脂类化合物的 CE 模式，特别是采用 NACE-MS 还可以提高脂类化合物检测灵敏度，能够建立适合某些脂类化合物的快速分析方法[178]。不过，CE 分离缓冲液常用的不挥发性盐和 MEKC 常用的表面活性剂对 MS 检测有不利影响，这使得 CE-MS 的应用受到了一定的限制。此外，毛细管电色谱（CEC）用于脂质组学分析也有报道[179]。下面介绍两个简单的分析脂类化合物的 CE 方法。

二、脂质组学分析中的毛细管电泳方法

前已述及，由于脂类化合物的 UV 吸光性能差，故难以用 UV 检测器直接检测。采用毛细管区带电泳（CZE）-间接 UV 检测分析磷脂，仅对带负电的磷脂比较有效[174,180]。很多脂类化合物的水溶性较差，所以，CZE 用水相缓冲液不太适合脂质分析。采用优化的 NACE 方法分离磷脂，用间接 UV 检测，可分析带正电或中性磷脂，并可用于对实际血液样品中的磷脂进行分析[181]。

1. 测定条件

毛细管电泳仪配有 UV 检测器。熔融石英毛细管（50μm id×375μm od），总长度为 48.5cm，有效长度 40cm。分离电压为 30kV，分离温度 25℃；进样压力 50kPa×5s。为了获得好的重现性，毛细管清洗程序为：在更换不同缓冲液分析时，毛细管分别用 1mol/L NaOH 溶液冲洗 1min，去离子水冲洗 2min，甲醇冲洗 2min，电泳缓冲液冲洗 5min；对于同一缓冲液连续分析，进样前用甲醇冲洗毛细管 2min 后，用缓冲液冲洗 5min。

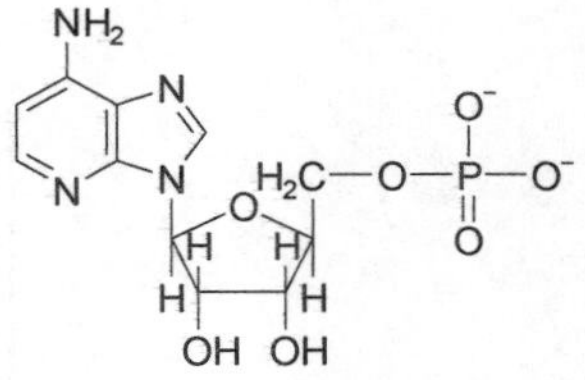

采用间接 UV 检测，需要在背景电解质（background electrolyte，BGE）中加入合适的生色剂以产生较强的背景吸收。实验证明 AMP（结构见图 3-20）具有较高的摩尔吸收率（最大吸收波长为 256nm）、较低的背景噪声，以及与磷脂有较为相近的电泳淌度等特点；同时，由于 AMP 上带有磷酸根基团，在溶液

图 3-20 AMP 的结构

中也具有缓冲能力，故选择 AMP 同时作为缓冲液电解质和生色剂，浓度为 5.0mmol/L，溶剂为甲醇-水（9∶1，体积比）。用 1mol/L 的 NaOH 溶液调节缓冲液到合适的 pH*值（注：有机溶剂的 pH 值和水溶液的 pH 值是不一样的，故把所测的 pH 叫作表观 pH 值，并用 pH*表示）。检测波长为 259nm。

标准溶液的配制：配制 PE、PS、PG、PI 和 PA 混合磷脂标样的甲醇溶液，浓度为 100μg/mL，然后用甲醇稀释到一系列浓度（从 1.0μg/mL 到 100μg/mL）。进样前，缓冲液和样品溶液都用 0.45μm 的尼龙膜过滤并经超声波脱气。

2. 血清样品处理

血清磷脂的提取采用文献[182]方法。即取 300μL 血清样品加入 0.7mL 去离子水、5mL 甲醇和 10mL 氯仿，超声 1min；加入 5mL 水，振荡混匀后在 5000g 条件下离心 10min；取下层溶液氮气吹干，样品低温保存。在每次进样前，用甲醇定容至 1mL 并用 0.45μm 的尼龙膜过滤。

3. 分析结果

在上述条件下，不仅可以分离带负电的磷脂，还可分离中性磷脂。图 3-21 是标准磷脂样品和血清提取物中磷脂的分离结果。连续 5 次进样，迁移时间和峰面积的相对标准偏差（RSD）分别小于 1.0% 和 2.0%。磷脂的浓度在 1～25mg/L 之间，峰面积与浓度之间有良好的线性关系，线性相关系数均大于 0.99；检测限（LOD）为 2.0～5.0μg/mL 之间，这与 LC-ELSD 测定磷脂的灵敏度相当。可见，血清中主要的磷脂组分 PE、PI、PG、PS 和 PA 都得到很好的分离和检测，而且分析速度快。需要说明，就每一类别磷脂的分子种属来说，NACE 的分离能力尚不及 LC。

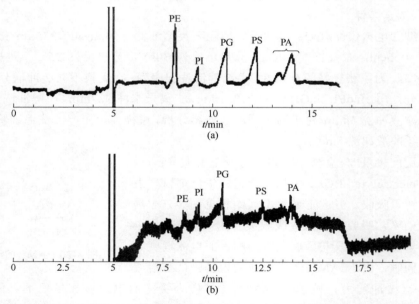

图 3-21　优化条件下标准磷脂样品（a）和血清提取物的电泳图（b）[181]

三、脂质组学分析中的毛细管电泳-质谱联用方法

前面介绍的 NACE 分析磷脂的方法采用间接 UV 检测，但检测灵敏度有限。为此，可以采用 MS 检测提高检测灵敏度，并可提供分子的结构信息。下面就简要介绍这一方法[183]。

1. 测定条件

CE-MS 联用仪，采用鞘液接口连接。熔融石英毛细管柱 50μm id×362 μm od，总长度为 60cm。进样压力 50kPa×5s；电压 30kV；毛细管温度 25℃；电泳缓冲液采用甲醇-乙腈（2：3，体积比）溶液中加入 20mmol/L 乙酸铵和 0.5%冰醋酸。对于新毛细管，用 0.1mol/L 的 NaOH 冲洗 10min，去离子水冲洗 10min，甲醇冲洗 10min，分离缓冲液冲洗 5min；在更换不同缓冲液时，毛细管分别用 1mol/L NaOH 溶液冲洗 1min，去离子水冲洗 2min，甲醇冲洗 2min，电泳缓冲液冲洗 5min；对于同一缓冲液连续几次进样前，毛细管用缓冲液冲洗 2min。所有溶液使用前均用 0.45μm 的尼龙膜过滤。

离子阱质谱仪配备有电喷雾（ESI）离子源及相应的质谱工作站。从毛细管柱流出的分析物通过喷雾针直接进入离子源。为了获得稳定的喷雾状态，毛细管尖端伸出喷雾针口大约 0.1～0.2mm，同时，去掉毛细管外表面大约 10mm 的聚酰亚胺涂层。鞘液组成为含有 50mmol/L 乙酸铵的甲醇-乙腈（2：3，体积比）混合液，流速为 2μL/min。雾化器压力 69kPa；干燥气（N_2）流量 4L/min；干燥气温度 200℃；离子化模式采用负模式，毛细管电压为 4kV；扫描范围 m/z 500～1000；扫描速度为每个时间点采集 5 张 MS 图。对每类磷脂组分中的不同分子种属的定性采用 $AutoMS^n$ 的方式进行确认。$AutoMS^n$ 模式的扫描范围为 m/z 100～1000，碎裂电压为 1V。

2. 大鼠腹膜磷脂的提取

Sprague-Dawley（S.D.）雄性大鼠经过麻醉处理致死后，将 20mL Folch 溶液（氯仿-甲醇，2：1，体积比）注入腹腔内，振荡 30s 后将液体引出。在进行提取前，向 4mL 引出液中加入一定量的磷脂内标磷脂酰甘油（PtdGro）（2μg），然后采用改进的 Folch 方法[57]对磷脂进行提取。将提取液在氮气下吹干后在−20℃保存。每次进样前，用 1mL MeOH 溶解并用 0.45μm 的尼龙膜过滤和超声波脱气。

3. 分析结果

在 NACE 的分离中，最常用的有机溶剂是甲醇、乙腈以及它们不同比例的混合溶液。不同比例的乙腈能够有效地改变电泳介质的黏度和介电常数，从而提高分离选择性。另外，在采用 CE-MS 时，必须考虑电泳缓冲液和质谱接口的匹配性，所选用的电解质应该是挥发性的盐。一方面考虑到缓冲盐在有机溶剂中的溶解性，另一方面是 ESI-MS 的离子化效率。实验证明，采用 NACE 中最常用的乙酸铵作为电解质分离磷脂是有效的。在酸性条件下（加入一定比例的冰醋酸时），能够抑制毛细管表面硅羟基的电离而使 EOF 降低，这对分离是有利的。

图 3-22 所示为典型的 NACE-ESI-MS 分离磷脂种类的总离子流电泳图。可见所有磷脂组分都得到较好的分离和检测。

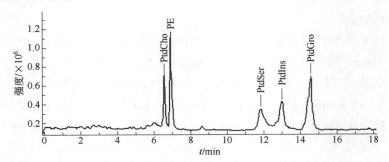

图 3-22 磷脂的 NACE-ESI-MS 总离子流电泳图

PtdGro—磷脂酰甘油；PE—磷脂酰乙醇胺；PtdSer—磷脂酰丝氨酸；PtdIns—磷脂酰肌醇；PtdCho—大豆磷脂酰乙酰胆碱

由于大多数磷脂都带负电荷，如磷脂酰甘油（PtdGro）、磷脂酰丝氨酸（PtdSer）和磷脂酰肌醇（PtdIns），它们在负模式条件下很容易形成[M-H]‾的分子离子而被检测；即使是兼性磷脂，比如大豆磷脂酰乙酰胆碱（PtdCho）和 PE，在负模式下也很容易被检测到。在此条件下，PE 形成[M-H]‾的离子，而 PC 是以乙酸根加合离子的形式被检测到，即[M+59]‾。

为了获得磷脂分子的结构信息，可以对磷脂分子进行多级 MS 碎裂，以获得磷脂的特征离子碎片峰——脂肪酸负离子和降解磷脂系列负离子（表 3-7 和图 3-23）。这两类碎片都可以用来鉴定磷脂分子种属。对于不带乙酰胆碱极性基团的磷脂，采用 MS^2 方式鉴定；但对于 PtdCho 来说，MS^2 只是给出一个丢失一分子乙酸甲酯的离子碎片峰[M-15]‾。为了获得完成的结构信息，需要作进一步碎裂以得到特征碎片峰。

表 3-7　NACE-ESI-MS^n 表征磷脂分子种属的分子离子和产物离子

磷脂	分子离子	MS^2 检测的主要碎片离子	MS^3 检测的主要碎片离子
PtdCho	$[M+CH_3COO]^-$	$[M-CH_3]^-$	$[Lyso\text{-}PtdCho\text{-}CH_3]^-$, $[FA\text{-}H]^-$
PE	$[M-H]^-$	$[FA\text{-}H]^-$, $[lyso\text{-}PE\text{-}H]^-$	
PtdSer	$[M-H]^-$	$[FA\text{-}H]^-$, $[M\text{-}Ser]^-$, $[Lyso\text{-}PtdSer\text{-}Ser\text{-}H]^-$, $[Lyso\text{-}PtdSer\text{-}Ser\text{-}H\text{-}H_2O]^-$,	
PtdIns	$[M-H]^-$	$[FA\text{-}H]^-$, $[Lyso\text{-}PtdIns\text{-}H]^-$, $[Lyso\text{-}PtdIns\text{-}H\text{-}H_2O]^-$	
PtdGro	$[M-H]^-$	$[FA\text{-}H]^-$, $[Lyso\text{-}PtdGro\text{-}H]^-$, $[Lyso\text{-}PtdGro\text{-}H\text{-}H_2O]^-$	

在最佳的 NACE 分离和 MS 检测条件下，电泳产生的电流很小，约 15μA，表明采用非水体系能够有效地减少焦耳热的产生。峰面积和迁移时间的 RSD 分别小于 6% 和 2%。所分析磷脂的检测限在 1.0μg/mL 到 8.0μg/mL 之间，比 CE-UV 方

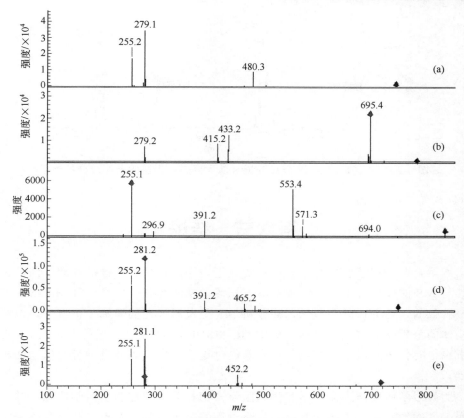

图 3-23 NACE-ESI-MS^n 负离子模式检测的每类磷脂在某一 *m/z* 值处的产物离子

（a）PtdCho（*m/z* 816.5）的 MS^3 图显示有 16:0/18:2 碎片；（b）PtdSer（*m/z* 782.5）的 MS^2 图显示有 18:2/18:2 碎片；（c）PtdIns（*m/z* 833.5）的 MS^2 图显示有 16:0/18:2 碎片；（d）PtdGro（*m/z* 747.5）的 MS^2 图显示有 16:0/18:1 碎片；（e）PE（*m/z* 716.5）的 MS^2 图显示有 16:0/18:1 碎片

法[184]低一个数量级。如果采用无鞘液的 CE-MS 接口技术[185]，以及在线富集等技术[186]还可以进一步提高检测灵敏度。

　　将上述 NACE-ESI-MS 方法用于分离分析 S.D.大鼠腹膜表层的磷脂成分，结果如图 3-24 所示。可见其中 PtdCho、PtdIns 和 PE 都得到了很好的分离。值得指出的是，由于 PtdSer 的 MS 响应较低而未能检出。

　　除了对大鼠腹膜表层磷脂进行分离外，还可利用多级 MS 技术对每类磷脂中的分子种属进行确认。在此例分析中，确定的分子种属有 8 种 PtdCho、2 种 SM、8 种 PE 和 6 种 PtdIns。其中的 SM 虽然和 PtdCho 共流出，但通过多级 MS 也能够将它们的分子分辨开来。同时，还能够对 PE 中的两个亚类（正常磷脂和缩醛磷脂）进行定性。另外，和 HPLC-ESI-MS 相比，NACE-ESI-MS 检测到较少的磷脂分子，主要原因是 CE 进样量小的限制所造成的检测灵敏度低。应该说，NACE-ESI-MS 方法是 HPLC-MS 分析磷脂类化合物的一个补充方法。

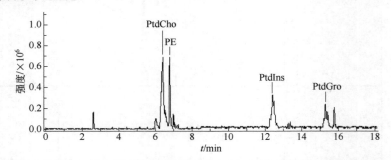

图 3-24 NACE-ESI-MS 分离分析 S.D.大鼠腹膜表层的磷脂成分的结果

第六节 结语

本章全面介绍了脂质组学分析中的色谱方法，包括各种样品处理方法、色谱及其与 MS 的联用方法、毛细管电泳方法等。就轮廓分析而言，2D LC-MS 方法是最有效的，但分析时间较长，高分辨 MS 是发展快速的轮廓分析方法，但对于异构体的分析能力有限。目标分析中 GC-MS 和 LC-MS 是主要的方法，MS 直接分析也很有优势。成像分析则不在本章的讨论范围内，需要时读者可以参阅相关文献。

脂质组学研究与生命科学和临床医学密切相关，通过脂质组学研究，并结合代谢组学的数据，有望搞清楚一些生命过程的分子机制，发现一些具有临床应用价值的生物标志物，这对于疾病诊断和治疗监测都有重要意义。因此，必将吸引更多的研究人员投入其中。通过分析化学家与生命科学家以及临床医生合作研究，必将推动这一领域的更大发展，也必将出现新的更高效的分析方法。比如，SFC 较之于传统的 GC 和 LC 方法具有更快的分析速度，近年来已经应用于脂质组学分析。SFC 与 LC 组成全二维分析系统，应该进一步提高脂质组学轮廓分析的速度。在目标分析方法中，除了 LC-MS 以及直接 MS 分析之外，多目标化学生物传感分析可能会发挥更大的作用。各种成像技术如 MS、NMR 以及荧光成像分析也会在临床脂质组学分析方面得到更多的应用。我们相信，脂质组学研究领域有着非常好的发展前景。

过去十多年来，脂质组学的发展非常快，文献数量大幅增加。在本章写作过程中就有很多新的文献发表，由于时间和篇幅有限，未能及时在本章中体现。好在互联网上有很多文献资源，读者可以随时查阅。这里给读者推荐一本新的很有价值的著作《脂质组学百科全书（Encyclopedia of Lipidomics）》，该书既有印刷版也有网络版[187]。著作的主编邀请国际上有影响的脂质组学研究学者撰写相关章节，且在不断更新。书中关于各种脂质组学分析的章节都是很好的参考资料。

参 考 文 献

[1] Vaz F M, Pras-Raves M, Bootsma A H. Inherit Metab Dis, 2015, 38: 41-52.

[2] Fahy E, Subramaniam S, Murphy R C, et al. Lipid Res, 2009, 50: S9-S14.

[3] Lipid Metabolites and Pathway Strategy, Lipidomics Gateway [2018-12-17]; http://www.lipidmaps.org/resources/databases/index.php.

[4] Fahy E, Subramaniam S, Brown H A, et al. Lipid Res, 2005, 46: 839-861.

[5] 王镜岩, 朱圣庚, 徐长法. 生物化学. 第 3 版. 北京: 高等教育出版社, 2002: 79.

[6] Han X L, Holtzman D M, McKeel D W, et al. Neurochem, 2002, 82: 809-818.

[7] Li M, Feng B, Liang Y, et al. Anal Bioanal Chem, 2013, 405: 6629-6638.

[8] Li M, Tong X, Lv P, et al. Chromatogr A, 2014, 1372: 110-119.

[9] Tang W, Li M, Lu X, et al. Biomarkers, 2014, 19: 505-508.

[10] Yang L, Cui X, Zhang N, et al. Anal Bioanal Chem, 2015, 407: 5065-5077.

[11] Han X L, Gross R W. Lipid Res, 2003, 44: 1071-1079.

[12] Spener F, Lagarde M, Géloen A, et al. Lipid Sci Tech, 2003, 105: 481-482.

[13] Rolima A E, Henrique-Araújo H R, Ferraz E G, et al. Gene, 2015, 554: 131-139.

[14] Scherer M, Montoliu Qanadli I S D, Collino1 S, et al. Obesity, 2015, 23: 130-137.

[15] Bojic L A, McLaren D G, Shah V, et al. Mol Sci, 2014, 15: 23283-23293.

[16] Colsch B, Seyer A, Boudah S, et al. Inherit Metab Dis, 2015, 38: 53-64.

[17] Jové M, Naudí A, Portero-Otin M, et al. The FASEB Journal, 2014, 28(12): 5163-5171.

[18] Eberlin L S, Norton I, Orringer D, et al. Proc Nat Acad Sci, 2013, 110: 1611-1616.

[19] Han XL, Gross R W. Mass Spectrom Rev, 2005, 24: 367-412.

[20] Forrester J S, Milne S B, Ivanova P T, et al. Molecular Pharmacology, 2004, 65: 813-821.

[21] Tyurin V A, Tyurina Y Y, Kochanek P M, et al. Methods Enzymol, 2008, 442: 375-393.

[22] Balazy M. Prostaglandins & Other Lipid Mediators, 2004, 73: 173-180.

[23] Lee S H, Williams M V, Blair I A. Prostaglandins Other Lipid Mediat, 2005, 77: 141-157.

[24] Serhan C N. Mediator lipidomics. Prostaglandins and Other Lipid Mediators, 2005, 77: 4-14.

[25] Han X L. Frontiers in Bioscience, 2007, 12: 2601-2615.

[26] Li M, Yang L, Bai Y, et al. Anal Chem, 2014, 86: 161-175.

[27] Li M, Zhou Z, Nie H, et al. Anal Bioanal Chem, 2011, 399: 243-249.

[28] Folch J, Ascoli I, Lees M, et al. Biol Chem, 1951, 191: 833-841.

[29] Cajka T, Fiehn O. Anal Chem, 2016, 88: 524-545.

[30] Pati S, Nie B, Arnold R D, et al. Biomed Chromatogr Bmc, 2016, 30: 695-709.

[31] Bligh E G, Dyer W J. Biochem Physiol, 1959, 37: 911-917.

[32] Matyash V, Liebisch G, Kurzchalia T V, et al. Lipid Res, 2008, 49: 1137-1146.

[33] Pellegrino R M, Veroli A D, Valeri A, et al. Anal Bioanal Chem, 2014, 406: 7937-7948.

[34] Bojko B, Reyes-Garcés N, Bessonneau V, et al. TrAC, 2014, 61: 168-180.

[35] Cajka T, Fiehn O. TrAC Trends Anal Chem, 2014, 61: 192-206.

[36] Nie H, Liu R, Yang Y, et al. Lipid Res, 2010, 51: 2833-2844.

[37] Tian HZ, Xu J, Xu Y, et al. Chromatogr A, 2006, 1137: 42-48.

[38] Almeida R, Pauling J K, Sokol E, et al. J Am Soc Mass Spectrom, 2015, 26: 133-148.

[39] Liu Y, Zhang J, Nie H, et al. Anal Chem, 2014, 86: 7096-7102.

[40] Amstalden van Hove E R, Smith D F, Heeren R M A. J Chromatogr A, 2010, 1217: 3946–3954.

[41] Ye H, Gemperline E, Li L. Clin Chim Acta, 2013, 420: 11-22.

[42] Nemes P, Vertes A. TrAC, 2012, 34: 22-34.

[43] McDonnella L A, Heerenb R M A, Andrénc P E, et al. Proteomics, 2012, 75: 5113-5121.

[44] Zemski B K A, Hankin J A, Barkley R M, et al. Chem Rev, 2011, 111: 6491-6512.

[45] Casanovas A, Hannibal-Bach H K, Jensen O N, et al. Eur J Lipid Sci Technol, 2014, 116: 1618-1620.

[46] Kiss A, Jungmann J H, Smith D F, et al. Rev Sci Inst, 2013, 84: 013704.

[47] Monge M E, Harris G A, Dwivedi P, et al. Chem Rev, 2013, 113: 2269-2308.

[48] Dill A L, Ifa D R, Manicke N E, et al. J Chromatogr B, 2009, 877: 2883-2889.

[49] Dill A L, Eberlin L S, Zheng C, et al. Anal Bioanal Chem, 2010, 398: 2969-2978.

[50] Eberlin L S, Dill A L, Costa A B, et al. Anal Chem, 2010, 82: 3430-3434.

[51] Dill A L, Eberlin L S, Costa A B, et al. Chem Euro J, 2011, 17: 2897-2902.

[52] Perry R H, Bellovin D I, Shroff E H, et al. Anal Chem, 2013, 85: 4259-4262.

[53] Roach P J, Laskin J, Laskin A. Analyst, 2010, 135: 2233-2236.

[54] Feng B, Zhang J, Chang C, et al. Anal Chem, 2014, 86: 4164-4169.

[55] Subramaniam S, Fahy E, Gupta S, et al. Chem Rev, 2011, 111: 6452-6490.

[56] Hadadi N, CherSoh K, Seijo M, et al. Metab Eng, 2014, 23: 1-8.

[57] Folch J, Lees M, Stanley G H S. J Biolog Chem, 1957, 226: 497-503.

[58] Rose H G, Oklander M. J Lipid Res, 1965, 6: 428-432.

[59] Tipthara P, Thongboonkerd V. Scientific Reports, 2016, 6.

[60] Liaw L, Prudovsky I, Koza R A, et al. J Cell Biochem, 2016, 117: 2182-2193.

[61] Hara A A, Radin N S. Anal Biochem, 1978, 90: 420-426.

[62] Eder K, Reichlmayrlais A M, Kirchgessner M. Clinica Chimica Acta, 1993, 219: 93-104.

[63] Cruz M, Wang M, Frisch-Daiello J, et al. Lipids, 2016, 51: 887-896.

[64] Löfgren L, Stahlman M, Forsberg G B, et al. J Lipid Res, 2012, 53: 1690-1700.

[65] Chen S, Hoene M, Li J, et al. J Chromatogr A, 2013, 1298: 9-16.

[66] Godzien J, Ciborowski M, Armitage E G, et al. J Proteome Res, 2016, 15: 1762-1775.

[67] Salem M A, Jüppner J, Bajdzienko K, et al. Plant Methods, 2016, 12: 45.

[68] Panchal S, Asati A, Satyanarayana G N V, et al. RSC Adv, 2016, 6: 91629-91640.

[69] Kim H Y, Salem N. J Lipid Res, 1990, 31: 2285-2289.

[70] Burdge G C, Wright P, Jones A E, et al. British J Nutrition, 2000, 84: 781-787.

[71] Peterson B L, Cummings B S. Biomed Chromatogr, 2006, 20: 227-243.

[72] Zhang Z Z, Zhang Y N, Yin J, et al. J Chromatogr A, 2016, 1461: 192-197.

[73] Jin R Y, Li L Q, Feng J L, et al. Food Chem, 2017, 216: 347-354.

[74] Ostermann A I, Willenberg I, Schebb N H. Anal Bioanal Chem, 2015, 407: 1403-1414.

[75] Horak T, Culik J, Jurkova M, et al. J Chromatogr A, 2008, 1196: 96-99.

[76] Meng Y J, Pino V, Anderson J L. Anal Chem, 2009, 81: 7107-7112.

[77] Bogusz S, Hantao LW, Braga S C G N, et al. J Sep Sci, 2012, 35: 2438-2444.

[78] Orozco-Solano M, Ruiz-Jimènez J, de Castro M D L. J Chromatogr A, 2010, 1217: 1227-1235.

[79] Herrero M, Vicente M J, Cifuentes A, et al. Rapid Commun Mass Spectrom, 2007, 21: 1729-1738.

[80] Pusvaskiene E, Januskevic B, Prichodko A, et al. Chromatographia, 2009, 69: 271-276.

[81] Mok H J, Lee J W, Bandu R, et al. RSC Adv, 2016, 38: 32130-32139.

[82] Yang K, Dilthey B G, Gross R W. Anal Chem, 2016, 88: 9459-9468.

[83] Ryan E, Reid G E. Acc Chem Res, 2016, 49: 1596-1604.

[84] Tserng K Y, Griffin R. Anal Biochem, 2003, 323: 84-93.

[85] Wang Y H, Krull I S, Liu C, et al. J Chromatogr B,2003, 793: 3-14.

[86] Koenig S, Hoffmann M, Mosblech A, et al. Anal Biochem, 2008, 378: 197-201.

[87] Bondia-Pons I, Morera-Pons S, Castellote A I, et al. J Chromatogr A, 2006, 1116: 204-208.

[88] Sutton P A, Wilde M J, Martin S J, et al. J Chromatogr A, 2013, 1297: 236-240.

[89] Nitsch R M, Blusztajn J K, Pittas A G, et al. Proc Natl Acad Sci USA, 1992, 89: 1671-1675.

[90] Han X, Rozen S, Boyle S H, et al. Plos One, 2011, 6: e21643.

[91] Nasaruddin M L, Holscher C, Kehoe P, et al. Am J Transl Res, 2016, 8: 154-165.

[92] Meng Z, Wen D, Sun D, et al. J Sep Sci, 2007, 30: 1537-1543.

[93] Rey F, Alves E, Melo T, et al. Sci Rep, 2015, 5: 14549.

[94] Popkova Y, Meusel A, Breitfeld J, et al. Anal Bioanal Chem, 2015, 407: 5113-5123.

[95] Beldean-Galea M S, Vial J, Thiébaut D, et al.　Anal Met, 2013, 5: 2315-2323.

[96] Tranchida P Q, Franchina F A, Dugo P, et al. J Chromatogr A, 2012, 1255: 171-176.

[97] Marney L C, Kolwicz S C, Tian R, et al. Talanta, 2013, 108: 123-130.

[98] Michael-Jubeli R, Bleton J, Baillet-Guffroy A. J Lip Res, 2011, 52: 143-151.

[99] Payeur A L, Lorenz M A, Kennedy R T. J Chromatogr B, 2012, 893: 187-192.

[100] Salivo S, Beccaria M, Sullini G, et al. J Sep Sci, 2015, 38: 267-275.

[101] Yamada T, Uchikata T, Sakamoto S, et al. J Chromatogr A, 2013, 1301: 237-242.

[102] Uchikata T, Matsubara A, Nishiumi S, et al. J Chromatogr A, 2012, 1250: 205-211.

[103] Lee J W, Nishiumi S, Yoshida M, et al. J Chromatogr A, 2013, 1279: 98-107.

[104] Laboureur L, Ollero M, Touboul D. Int J Mol Sci, 2015, 16: 13868-13884.

[105] Schaffrath M, Weidmann V, Maison W. J Chromatogr A, 2014, 1363: 270-277.

[106] Qu S, Du Z, Zhang Y. Food Chem, 2015, 170: 463-469.

[107] Francois I, Sandra P. J Chromatogr A, 2009, 1216: 4005-4012.

[108] Hirata Y, Sogabe I. Anal Bioanal Chem, 2014, 378: 1999-2003.

[109] Ashraf-Khorassani M, Isaac G, Rainville P, et al. J Chromatogr B, 2015, 997: 45-55.

[110] Laakso P, Manninen P. Lipids, 1997, 32: 1285-1295.

[111] Lesellier E, Latos A, de Oliveira A L. J Chromatogr A, 2014, 1327: 141-148.

[112] Tu A, Ma Q, Bai H, et al. Food Chem, 2016, 221: 555-567.

[113] Lafosse M, Elfakir C, Morin-Allory L, et al. J High Res Chromatogr, 1992, 15: 312-318.

[114] Lee J W, Yamamoto T, Uchikata T, et al. J Sep Sci, 2011, 34: 3553-3560.

[115] Bamba T, Shimonishi N, Matsubara A, et al. J Biosci Bioeng, 2008, 105: 460-469.

[116] McAllister H, Wu J. Curr Top Med Chem, 2012, 12: 1264-1270.

[117] Scalia S, Games D E. J Chromatogr, 1992, 574: 197-203.

[118] Loran J S, Cromie K D. J Pharm Biomed Anal, 1990, 8: 607-611.

[119] Tuomola M, Hakala M, Manninen P. J Chromatogr B Biomed Sci Appl, 1998, 719: 25-30.

[120] Schmitz H H, Artz W E, Poor C L, et al. J Chromatogr, 1989, 479: 261-268.

[121] Matsubara A, Uchikata T, Shinohara M, et al. J Biosci Bioeng, 2012, 113: 782-787.

[122] Wada Y, Matsubara A, Uchikata T, et al. J Sep Sci, 2011, 34: 3546-3552.

[123] Tavares M C, Vilegas J H, Lancas F M. Phytochem Anal, 2011, 12: 134-137.

[124] Lesellier E, Destandau E, Grigoras C, et al. J Chromatogr A, 2012, 1268: 157-165.

[125] Méjean M, Vollmer A, Brunelle A, Touboul D. Chromatographia, 2013, 76: 1097-1105.

[126] Matsubara A, Harada K, Hirata K, et al. J Chromatogr A, 2012, 1250: 76-79.

[127] Hadj-Mahammed M, Badjah-Hadj-Ahmed Y, Meklati B Y. Phytochem Anal, 1993, 4: 275-278.

[128] Takeda H, Koike T, Izumi Y, et al. J Biosci Bioeng, 2015, 120: 476-482.

[129] Lisa M, Holcapek M. Anal Chem, 2015, 87: 7187-7195.

[130] Blanksby S J, Mitchell T W. Annual Review of Analytical Chemistry, 2010, 3: 433-465.

[131] 许国旺, 等. 代谢组学方法与应用. 北京: 科学出版社, 2008: 161.

[132] Lesnefsky E J, Stoll M S K, Minkler P E, et al. Anal Biochem, 2000, 285: 246-254.

[133] Gao F, Tian X, Wen D, et al. Biochim Biophys Acta, 2006, 1761: 667-676.

[134] Li M, Yang L, Huang Y, et al. J Anal Test, 2017, 1: 245-254.

[135] Triebl A, Trotzmuller M, Hartler J, et al. J Chromatogr B, 2017, 1053: 72-80.

[136] Hartler J, Troetzmueller M, Chitraju C, et al. Bioinformatics, 2011, 27: 572-577.

[137] Liebisch G, Vizcaíno J A, Köfeler H, et al. J Lipid Res, 2013, 54: 1523-1530.

[138] Volmer D A. Rapid Commun Mass Spectrom, 2014, 28: 1853-1854.

[139] Astarita G, Yu K. LC GC EU, 2012, 30: 324.

[140] Nikolova-Damyanova B. J Chromatogr A, 2009, 216: 1815-1824.

[141] VrkoslavV, Urbanová K, Háková M, et al. J Chromatogr A, 2013, 1302: 105-110.

[142] Holčapek M, Dvořáková H, Lísa M, et al. J Chromatogr A, 2010, 1217: 8186-8194.

[143] Touchstone J C. J Chromatogr B, 1995, 671: 169-195.

[144] Carrasco-Pancorbo A, Navas-Iglesias N, Cuadros-Rodríguez L. TrAC Trends Anal Chem, 2009, 28: 263-278.

[145] Osei M, Griffin J L, Koulman A. Mass Spectrom, 2015, 29: 1969-1976.

[146] Dugo P, Favoino O, Luppino R, et al. Anal Chem, 2004, 76: 2525-2530.

[147] Luisa Doria M, Cotrim Z, Macedo B, et al. Breast Cancer Res Treat, 2012, 133: 635-648.

[148] Grunt T W, Mariani G L. Current Cancer Drug Targets, 2013, 13: 188-204.

[149] Vara J A F, Casado E, de Castro J, et al. Cancer Treat Rev, 2004, 30: 193-204.

[150] Cui W, Cai Y, Zhou X. Pathology, 2014, 46: 169-176.

[151] Bachman K E, Argani P, Samuels Y, et al. Therapy, 2004, 3: 772-775.

[152] Isakoff S J, Engelman J A, Irie H Y, et al. Cancer Res, 2005, 65: 10992-11000.

[153] Jiang B H, Liu L Z. Advances in Cancer Research, 2009, 102: 19-65.

[154] Ghayad S E, Cohen P A. Recent Patents on Anti-cancer Drug Discovery, 2010, 5: 29-57.

[155] Min H K, Kong G, Moon M H. Anal Bioanal Chem, 2010, 396: 1273-1280.

[156] Ryland L K, Fox T E, Liu X, et al. Cancer Biol Therapy, 2011, 11: 138-149.

[157] Liu Y Y, Han T Y, Giuliano A E,et al. FASEB J, 2001, 15: 719-730.

[158] Morjani H, Aouali N, Belhoussine R, et al. Int J Cancer, 2001, 94: 157-165.

[159] Liu Y Y, Patwardhan G A, Xie P, et al. Int J Oncology, 2011, 39: 425-431.

[160] Liu Y Y, Han T Y, Giuliano A E,et al. J Biol Chem, 1999, 274: 1140-1146.

[161] Gouaze V, Liu Y Y, Prickett C S, et al. Cancer Res, 2005, 65: 3861-3867.

[162] Lucci A, Cho W I, Han T Y, et al. Anticancer Res, 1998, 18: 475-480.

[163] Yang L, Lv Pu, Ai W, et al. Anal Bioanal Chem, 2017, 409: 3211-3222.

[164] Cifkova E, Holcapek M, Lisa M. Lipids, 2013, 48: 915-928.

[165] Ling Y S, Liang H J, Lin M H,et al. Biomed Chromatogr, 2014, 28: 1284-1293.

[166] Dugo P, Fawzy N, Cichello F, et al. J Chromatogr A, 2013, 1278: 46-53.

[167] Wang S, Li J, Shi X, et al. J Chromatogr A, 2013, 1321: 65-72.

[168] Holcapek M, Ovcacikova M, Lisa M, et al. Anal Bioanal Chem, 2015, 407: 5033-5043.

[169] Mondello L, Tranchida P Q, Stanek V, et al. J Chromatogr A, 2005, 1086: 91-98.

[170] Dugo P, Kumm T, Crupi M L, et al. J Chromatogr A, 2006, 1112: 269-75.

[171] Bang D Y, Moon M H. J Chromatogr A, 2013, 1310: 82-90.

[172] Trevino V, Yanez-Garza I L, Rodriguez-Lopez C E, et al. J Mass Spectrom, 2015, 50: 165-174.

[173] Kohler I, Verhoeven A, Derks R J E, et al. Bioanalysis, 2016, 8: 1509-1532.

[174] Chen Y L, Xu Y. J Chromatogr B, 2001, 753: 355-363.

[175] Ingvardsen L, Michaelsen S, Sorensen H. J Am Oil Chem Soc, 1994, 71: 183-188.

[176] Szucs R, Verleysen K, Duchateau G S M J E, et al. J Chromatogr A, 1996, 738: 25-29.

[177] Wang K, Jiang D, Sims C E, et al. J Chromatogr B, 2012, 907: 79-86.

[178] Raith K, Wolf R, Wagner J, et al. J Chromatogr A, 1998, 802: 185-188.

[179] Jang R, Kim K H, Zaidi S A, et al. Electrophoresis, 2011, 32: 2167-2173.

[180] Haddadian F, Shamsi S A, Schaeper J P, et al. J Chromatogr Sci, 1998, 36: 395-400.

[181] Gao F, Dong J, Li W, et al. J Chromatogr A, 2006, 1130: 259-264.

[182] Uran S, Larsen A, Jacobsen P B, et al. J Chromatogr B, 2001, 758: 265-275.

[183] Gao F, Zhang Z X, Fu X F, et al. Electrophoresis, 2007, 28: 1418-1425.

[184] Guo B Y, Wen B, Shan X Q, et al. J Chromatogr A, 2005, 1074: 205-213.

[185] Wu Y T, Chen Y C. Anal Chem, 2005, 77: 2071-2077.

[186] Britz-Mckibbin P, Terabe S. J Chromatogr A, 2003, 1000: 917-934.

[187] Wenk M R. Encyclopedia of Lipidomics. Dordrecht: Springer, 2015.

CHAPTER 4

色谱在蛋白质组学研究中的应用

第一节　概述

　　复杂生物体系中各种蛋白质的分离、鉴定和定量是生物学特别是蛋白质组学研究中面临的重大课题，也是分析化学发展中面临的巨大挑战和机遇。越来越多的生物物种基因序列的测定，比如人类基因组序列的完成[1,2]、小鼠基因序列的完成[3]和大鼠基因序列的完成等[4]，为人类了解细胞中蛋白质表达谱与基因组和转录组的关系以及蛋白质的功能和它们相互作用网络的研究奠定了基础[5]。但是，由于基因表达往往涉及多个步骤，并受多种因素的控制和影响，所以同样一个基因在不同条件、不同时间和不同空间可能会有几种甚至几十种产物执行相同或不同的生物功能。在如此错综复杂的表达过程中，任何一个步骤发生细微的差错即可导致肌体发生疾病。研究表明，基因不能完全决定蛋白质的后期加工、修饰以及转运定位的全过程。而且，近年来人们进一步研究发现蛋白质间亦存在类似于mRNA分子内的剪切和拼接现象，具有自身特有的运动规律。这种自主性不能从其基因编码序列中预测，只能通过对其最终的表达产物——蛋白质进行分析，才能了解蛋白质在肌体中发挥的不同作用。正是由于基因组学无法回答上述这些问题，所以，在人类基因组测序计划完成后，科学家们进一步提出了功能基因组计划，期望通过这一计划的实施，逐步解决生命科学中的重大问题，即在分子水平上研究细胞的增殖、分化、衰老和凋亡过程中蛋白质的变化、相互作用及其调控规律，同时通过进一步对正常组织和疾病组织中不同蛋白质表达丰度的比较，即蛋白质组的相对定量，确定出潜在生物标志物或药物靶标，并进一步通过对目标蛋白质组的绝对定量验证，确证生物标志物和药物靶标，为疾病的早期诊断、治疗和药物开发提供研究手段和方法，也为研究人类基因活性与疾病的相关性提供有力根据。解决这些问题的一个重要的策略就是蛋白质组学方法，而该方法的核心是高分离度、高灵敏度、高通量以及自动化的技术平台的建立，其技术路线流程如图 4-1 所示。

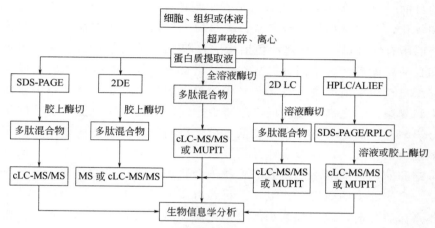

图 4-1 蛋白质组研究技术路线流程图

SDS-PAGE—十二烷基硫酸钠凝胶电泳；2DE—二维凝胶电泳；2D LC—二维液相色谱；HPLC—高效液相色谱；ALIEF—溶液等电聚焦；RPLC—反相液相色谱；cLC-MS/MS—毛细管液相色谱-串联质谱联用；MUPIT—多维蛋白质鉴定技术

在对复杂生物体系中蛋白质的分离和分析过程中，最佳技术路线是选择多维分离模式与生物质谱联用的方法。经过近年来的快速发展，生物质谱已发展成为最有效且快速的生物样本中蛋白质分析方法，但由于生物体系的极端复杂性，高效分离仍是蛋白质分析技术平台建立的瓶颈之一，需要进一步提高技术水平。目前，常用的二维凝胶电泳方法（2DE），系依据蛋白质等电点的不同，在固定 pH 胶条（IPG）上首先对蛋白质提取液进行第一维分离，然后对胶条上已经初步分离的蛋白质混合物再进行十二烷基硫酸钠-聚丙烯酰胺凝胶电泳（SDS-PAGE）的第二维分离，并通过胶上原位酶切和肽段的提取，最后进行质谱分析。尽管该方法在复杂生物样品的蛋白质分离和鉴定中发挥了重要作用，但由于该技术伴随其诞生所固有的缺陷，即：①在二维凝胶电泳图谱上，并不是每种蛋白点所包含的蛋白量都足以满足蛋白质鉴定之需；②2DE 方法存在歧视性问题，如对于低丰度蛋白、强疏水性蛋白、极碱性蛋白（pI>10）、一些分子量极大蛋白（>200kU）和极小蛋白（<8kU）等，还不能很好地将其分离并鉴定出来；③重现性不好，而且费时、费力、不容易实现自动化[6]。尽管近年来对该方法已经进行了一些改进，

如对电泳前生物样品进行预浓缩和预分离，分步提取以及对凝胶的染色过程进行优化等，但都未有令人满意的、实质性的进展。正是为了解决这种方法所存在的缺陷，解决蛋白质组学研究进展中所面临的瓶颈问题，另一种重要的高效分离方法，即高效液相色谱方法（HPLC）正获得愈来愈多的应用，特别是各种色谱模式（包括毛细管电色谱）组合的多维色谱分离技术逐渐被用于整体蛋白质混合物预分离、多肽混合物分离并与生物质谱联用，以达到高效分离和更多种类蛋白质鉴定的目的[7]。通常的多维分离方法是基于两种或两种以上不同分离机理方法的组合和优化，其关键指标是峰容量，即最后一种模式色谱对前一种模式色谱分离所得的所有馏分进一步分离的色谱峰的总和[8]。分离方法的选择除了根据分离对象和目的不同而考虑不同分离方法以及组合方式外，影响质谱鉴定以及蛋白质数据库自动检索的因素也是必须考虑的重要因素。由于生物体系中蛋白质组的庞大和复杂，加之高丰度与低丰度蛋白之间较宽的动态范围，现有的生物质谱的分辨率难以满足分析要求，使低丰度蛋白质检出困难，所以通常需要对其进行多维色谱预分离，以减小样品的复杂程度，然后再进一步对预分离的馏分进行浓缩和酶切，并对由此得到的多肽混合物进行进一步的高效色谱分离和质谱鉴定。愈来愈多的研究工作显示，已经有多种模式的多维液相色谱技术被用于整体蛋白质分离以及在线或离线分离与质谱联用进行多肽混合物的分析。色谱与质谱联用技术已经愈来愈引起人们的重视，它不仅可以作为二维凝胶电泳-质谱联用技术的一个重要的互补技术，而且已经发展成为蛋白质组学研究中的主流技术。

目前各种模式色谱分离方法的合理组合，甚至包括毛细管电泳方法的组合，或它们之间相互组合以及与各种质谱的在线或离线联用方法研究及应用仍将是蛋白质组学研究的重要内容和方向。

另外，亲和色谱方法在高丰度蛋白质去除、低丰度蛋白质浓缩、除盐、特定蛋白质组的选择性富集和蛋白质定量方面也发挥着越来越重要的作用，甚至在外泌体的分离分析中也有应用。例如，亲和色谱材料在调控基因表达功能的低丰度转录因子蛋白分子富集中的应用，即利用转录因子能与序列特异性 DNA 元件结合的特点，合成了含有大多数转录因子结合位点的 DNA 序列，并将此序列键合在载体上，然后在体外扩增生物素标记的 PCR 引物，从而得到生物素标记的 DNA 序列。再以生物素和亲和素之间的独特亲和特性为基础，将"DNA 诱饵"偶联到链霉亲和素标记的磁珠上，然后再与预先制备好的组织核蛋白一起孵育，得到 DNA-蛋白复合物，再经电泳和胶内酶解之后进行质谱鉴定。这种转录因子富集（TFRE）技术可以高效地对肺癌组织中的转录因子进行富集[9]。另一种具有高灵敏度、高选择性、高通量的 TOT（TFRE on Tip）技术是将级联串联转录因子效应元件（catTFRE）作为亲核试剂富集转录因子，规模化定量内源性转录因子，实现高效、精确、高通量地反映信号变化，达到从微量样本中筛选转录因子的目的，在细胞信号转导等功能研究中起到关键作用[10~12]。

　　亲和色谱材料在翻译后修饰蛋白质组研究中也发挥着重要应用。磷酸化修饰蛋白质丰度低、动态范围广，且酶解后磷酸化肽段离子化效率低，使得直接对磷酸化修饰蛋白质酶切样品进行质谱分析变得十分困难，需要对样品中的磷酸化肽段进行选择性的富集[13]。目前有许多方法应用于磷酸化肽富集，如固相萃取/固相微萃取、金属氧化物亲和色谱、固定金属离子亲和色谱、离子交换色谱、基于抗原-抗体相互作用的免疫亲和富集方法等[14]。其中金属氧化物亲和色谱法（MOAC）是磷酸肽富集的一种常用方法。近年来，多种金属氧化物（如 TiO_2、ZrO_2、Al_2O_3 等）被用于磷酸肽的选择性富集。例如，将 TiO_2 和反相填料装填于小柱可将磷酸肽从复杂样品中分离出来，并分离成不同馏分，再通过抗体特异性地富集酪氨酸磷酸肽，提高了富集的选择性，减少了样品的损失和人力物力的损耗[13]。另一种广泛应用于磷酸肽富集的固定金属亲和色谱（IMAC）是基于带正电的金属离子与带负电的磷酸基团产生静电相互作用而结合[15]。IMAC 的核心是螯合金属离子的基质材料制备，而材料性质不同又可分为纳米材料、微球色谱基质、棉纤维、分子印迹材料、整体材料、共价有机骨架材料等，基于此已开发了多种 IMAC 材料[16]。

　　蛋白质糖基化修饰也是一种重要的翻译后修饰，它以各种方式广泛参与基本生物学过程，包括基因转录、基因表达、蛋白质翻译调控、信号转导、蛋白降解和受体激活等[17]。由于糖肽丰度低、糖链结构复杂、糖基化位点的微观不均一性、糖肽的离子化效率差以及肽段的质谱信号受到非糖肽的信号抑制，导致直接用质谱分析糖基化蛋白面临许多挑战[18]。因此，质谱分析糖基化蛋白或糖肽前对复杂生物样品中的糖蛋白或糖肽进行选择性分离富集是成功鉴定糖蛋白或糖肽的关键。近年来，许多方法被应用于在复杂生物体系中选择性地分离和富集糖蛋白或糖肽，例如凝集素亲和色谱法、肼化学法、硼酸化学法和亲水相互作用色谱法等[19,20]。许多亲和色谱材料也被应用于糖蛋白或糖肽的富集和分离，主要有磁性微球[21]、磁性纳米颗粒[22,23]、氧化石墨烯[24]、介孔材料[25]、金属有机骨架材料（MOFs）、共价有机骨架材料（COFs）[26]等。例如，将麦胚凝集素（WGA）和伴刀豆凝集素 A（Con-A）的自由氨基与氧化石墨烯（GO）表面的羧基通过偶联反应，使凝集素键合在 GO 表面，成功合成了高负载量的氧化石墨烯固定化凝集素，可用于不同糖型的糖蛋白富集和质谱分析[27]。将聚乙烯亚胺作为还原剂和固定试剂，在磁性氧化石墨烯上键合金纳米颗粒合成了亲水性纳米复合材料，然后通过硫醇末端聚乙二醇固定化，实现对糖肽的高选择性富集[28]。另外，通过两步方法合成的固载半胱氨酸功能基团、比表面积大和亲水性强的金属有机骨架材料，实现了模型糖蛋白和 HeLa 细胞裂解物中 *N*-糖肽的特异性富集和分析。还有一种方法是通过溶剂热反应，在磁性纳米粒子表面上原位生长共价有机骨架，构建具有超顺磁性的海胆型复合材料，这种材料对糖肽有很好的特异性选择性，可以有效地消除非糖肽的干扰，有利于糖肽的质谱检测，而且由于该材料具有强的共价键、良好的稳定性，可以重复使用至少 10 次，在 *N*-糖肽富集中有良好的应用前景[29]。

外泌体（exosomes）是一类由细胞分泌到胞外的囊泡，其直径为 30～200nm，密度为 1.13～1.19g/mL，组成包括细胞来源相关的脂质、蛋白质、RNA、DNA 等物质，在其表面连接有大量的糖链，如甘露糖、聚乳糖胺和 α-2,6-唾液酸等，可实现细胞间交流、传递大量的生物功能分子[30,31]。但外泌体体积小、密度低，加之在粒径与组成方面存在异质性，给高效、高纯度的外泌体的提取带来困难。为此，建立了一种全新的、基于 TiO_2 和磷脂分子的磷酸基团之间特异性相互作用的外泌体提取方法可将外泌体的提取时间由传统超速离心法的 7～10h 缩短至 5min，同时模型外泌体的回收率可达 93.4%，远远高于其他传统方法[32]。

这些亲和色谱材料的成功应用表明其在生物学研究中具有巨大的潜力。

第二节　生物样品处理方法

组织或细胞中蛋白质的提取一般包括以下步骤[33]：清洗组织或细胞，裂解细胞，用适当的溶样缓冲液提取蛋白质。对于组织样品，在组织细胞破碎前，一般用缓冲盐溶液洗去残留在组织上的血液和污染物；对于培养的细胞，在细胞破碎前，通常用缓冲盐溶液混悬后，离心分离，除去残留的培养液等。细胞破碎后所获得的抽提物称为匀浆。根据不同目的和需要，对匀浆进行离心分离时，可以在 12000～100000*g* 条件下离心 10～60min，选择性地保留主要组分为膜组分的沉淀或保留主要组分为可溶性蛋白质的上清溶液。如果上清中含有漂浮颗粒，可以用纱布和玻璃纤维滤去后再进一步纯化。

各种组织和细胞常用的破碎方法列于表 4-1。

表 4-1　各种组织或细胞常用的破碎方法

组织或细胞种类	组织或细胞破碎方法
大多数动、植物组织	旋刀式匀浆
柔软的动物组织	手动式匀浆
细胞混悬液	超声
细菌、酵母、植物细胞	高压匀浆
细菌、植物细胞	研磨

组织或细胞种类	组织或细胞破碎方法
组织混悬液	高速珠磨
细菌、酵母	酶溶
组织细胞培养液	去垢剂渗透
细菌、酵母	有机溶剂渗透
红细胞、细菌	低渗裂解
培养细胞	冻融裂解

这里主要介绍用于蛋白质组学研究中的组织或细胞的破碎方法。

一、匀浆破碎

匀浆是机体软组织破碎最常用的方法之一。其工作原理是通过固体剪切力破碎组织和细胞，释放蛋白质进入溶液。市售的匀浆器主要有四类：刀片式组织破碎匀浆器、内切式组织匀浆器、玻璃匀浆器和规模化高压匀浆器。玻璃匀浆器的匀浆头（杵）有玻璃制作的，也有聚四氟乙烯制作的。既可手动，也可电动。由于匀浆过程中蛋白质被蛋白酶降解的可能性较小，而且简便、迅速、风险小，所以是实验室首选的组织破碎方法之一。其操作步骤为：

① 用组织剪和手术刀迅速将清洗后的组织分成适宜的小块（小于 3mm³）后，用清洗缓冲液对其进行清洗，一般清洗 3 次以上，1g 组织需要大约 50mL 清洗缓冲液。

② 每 1 体积湿重组织通常加入 3～5 体积预冷的匀浆缓冲液至匀浆器内。

③ 制备匀浆：当电动匀浆时，匀浆速度为 500～1500r/min，匀浆时间 5～10s，匀浆 3～6 次；当以手动玻璃匀浆器匀浆时，匀浆 10～20 次；当采用刀片式组织破碎匀浆器或内切式组织匀浆器匀浆时，匀浆速度为 1000～3000r/min，匀浆 3 次，每次 20～30s，每次匀浆期间暂停数秒钟时间。

需要注意的问题：

① 玻璃匀浆器的杵和臼之间的间隙为 0.35～0.70mm 之间。电动玻璃匀浆器常用于匀浆肝、心、肌肉等软组织的匀浆，手动玻璃匀浆器常用于培养细胞和脑组织等的匀浆。

② 匀浆过程应注意保持低温。玻璃匀浆器可以置于冰水浴中匀浆，其他匀浆器可预冷或在冷室内匀浆。

③ 在不同匀浆条件下，所需匀浆缓冲液的体积有所不同，有时甚至为湿重组织体积的 9～10 倍。

④ 匀浆的效果可用相差显微镜观察评估组织细胞状况，也可用定量单位湿

重组织释放的蛋白质含量进行监控。

二、固体研磨破碎法

这里介绍的固体研磨方法不同于常用的破碎单一细胞的研磨方法，而且在研磨过程中也不需要加入磨料，如沙子或氧化铝等，仅仅是在液氮冷冻条件下，将组织碎块研磨成细粉，便于分装和蛋白质提取，其操作步骤为：

① 用组织剪和手术刀迅速将清洗的组织分成适宜的小块（小于 $3mm^3$）后，用清洗缓冲液对其进行清洗，一般清洗 3 次以上，1g 组织需要大约 50mL 清洗缓冲液。

② 将清洗过的组织放入研钵内，加入液氮数次至组织完全冷冻后，用玻璃杵进行研磨至细粉，迅速称量分装后保存（在 -80℃冰箱或液氮中保存）或立即进行蛋白质提取。研磨过程中需要不断加入液氮使组织保持固体，便于研磨。

三、超声破碎法

超声破碎法适用于实验室中少量细胞（细菌）样品和脑组织的处理。其机理可能与强声波作用于溶液时气泡的产生、长大和破碎的空化现象有关。空化现象引起的冲击波和剪切力使细胞裂解。超声波的效率取决于声频、声能、处理时间、细胞浓度及细胞类型等。使用超声破碎时应控制强度，使其刚好低于产生气泡时的水平。其操作步骤为：

① 清洗后的组织碎块或细胞混悬于至少两倍体积的缓冲液内。

② 将超声探头伸入混悬液内，在冰浴中进行超声。一般超声数秒钟，暂停数秒钟，根据破碎情况进行几个到几十个周期。

四、组织、细胞清洗和蛋白质提取

1. 组织或细胞的清洗

配制清洗缓冲液，其配方为：10mmol/L Tris-HCl（pH 7.5）、150mmol/L NaCl，并加入蛋白酶抑制混合物［1mmol/L 苯甲基磺酰氟（PMSF），每 50mL 溶液中加入 Roche 公司蛋白酶抑制剂 1 粒］以及磷酸酶抑制剂（0.2mmol/L Na_3VO_4，1mmol/L NaF），使用时可根据清洗对象，适当调整清洗液的配方和浓度，一般洗涤 3 次以上。

2. 1DE-MS 或 2DE-MS 体系

1DE-MS 或 2DE-MS 体系是指首先对蛋白质混合物进行一维或二维凝胶电泳分离，然后进行胶上酶切和多肽提取，再进行一级质谱或串联质谱分析。为了适应这种体系的应用，所用裂解液的配方为：40mmol/L Tris，8mol/L 脲，4% 3-[3-(胆酰胺丙基)二甲氨基]丙磺酸内盐（CHAPS），65mmol/L DTT 以及上述的蛋白酶和磷酸酶抑制剂混合物；或采用配方：7mol/L 脲，2mol/L 硫脲，4% 3-[3-(胆酰胺丙基)二甲氨基]丙磺酸内盐（CHAPS），1%异辛基苯基聚氧乙烯醚（Triton X-100）以及上述的蛋白酶和磷酸酶抑制剂混合物。使用时，将组织或细胞悬浮于裂解液中，进行破碎或超声，最后在 25000g 离心 1h 左右，收集上清，备用。也可以采用商业试剂盒进行蛋白质分步提取。

3．2D LC-MS 体系

采用该方法时，首先对整体蛋白质混合物进行预分离，然后溶液酶切，最后对多肽混合物进行毛细管高效液相色谱-质谱联用分析。一般用于 2D LC-MS 体系的裂解液的配方为：8.0mol/L 脲或 6.0mol/L 脲，2.0mol/L 硫脲。使用时，将组织或细胞悬浮于裂解液中，进行超声破碎，最后在 25000g 离心 1h 左右，收集上清，备用。

4．RPLC-SDS-PAGE-MS 体系

该体系首先对组织或细胞提取的蛋白质混合物进行一维反相色谱分离，再对收集的色谱馏分进行 SDS-PAGE 分离，并对蛋白质条带进行胶上酶切和多肽混合物提取，最后对提取的多肽混合物进行毛细管高效液相色谱-串联质谱联用分析。一般用于 2D LC-MS 体系的裂解液的配方为：8.0～9.0mol/L 脲，2%～4% SDS 或6.0mol/L 脲，2.0mol/L 硫脲，2%～4% SDS。使用时，将组织或细胞悬浮于裂解液中，进行破碎或超声，最后在 25000g 离心 1h 左右，收集上清，备用。

5．多维分离蛋白质鉴定技术

对于用于该体系的蛋白质的提取，除了与 1DE-MS 和 2DE-MS 相同的方法提取蛋白质并进行溶液酶切、多维高效液相色谱-串联质谱联用分析外，另一种方法为：将 0.1g 左右的组织样品溶于 100μL 含 500mg/mL 溴化氰的 90%甲酸溶液中，在通风橱中孵育过夜，然后用氢氧化铵调节酸碱度至 pH 8.5，加入脲至浓度为8mol/L，在 37℃用 20mmol/L DTT 还原 3h，然后在黑暗处用 100mmol/L IAA 烷基化 1.5h，按 1：200（质量比）加入内切酶 Lys-C，并在 37℃过夜酶切。进一步将该样本稀释至 2mol/L 脲，补加 CaCl$_2$ 至 2mmol/L，乙腈浓度至 20%（体积分数），按 1：100（质量比）加入胰蛋白酶，在 37℃酶切 2～4h 后，再次按 1：100（质量比）加入胰蛋白酶，在 37℃酶切过夜，最后在 15000r/min 条件下离心 20min，取上清备用。

6．血清外泌体蛋白提取

TiO$_2$ 法提取人血清外泌体：取 100μL 血清，经过 0.2μm 滤膜去除其中的细胞碎片、凋亡小体和微囊泡等，加入 5mg TiO$_2$ 微球，4℃振荡孵育 5min 后，用 200μLPBS 洗 3 次，离心去除上清，沉淀即为表面富集有血清外泌体的 TiO$_2$ 微球，可直

接加入细胞裂解液提取外泌体蛋白或加入洗脱液洗脱外泌体[32]。

超速离心法提取人血清外泌体：取 100μL 血清按体积比 1∶1 加入 PBS 稀释，2000g 离心 30min，吸取上清，12000g 离心 45min，将上清转移至超速离心管中，110000g 离心 2h，收集沉淀重悬于 PBS 溶液中，经 0.22μm 滤膜去除团聚物和大粒径的颗粒后，110000g 离心 70min，收集沉淀，用 PBS 重悬清洗，再用 110000g 离心 70min，沉淀部分即为人血清外泌体[34]。

第三节   色谱在蛋白质预分离和鉴定中的应用

一、色谱用于蛋白质混合物的预分离

生物大分子的预分离是对复杂生物样品进行分离分析环节中的一个重要步骤。一般而言，常用的色谱分离模式都可以用于复杂生物样品的分离，如蛋白质混合物的预分离。常用的不同色谱模式包括：依据生物大分子分子量或体积大小进行分离的体积排阻色谱（size exclusion chromatography，SEC），包括以水为流动相的凝胶过滤色谱（gel filtration chromatography，GFC）和非水流动相的凝胶渗透色谱（gel permeation chromatography，GPC）；依据生物大分子带电状态不同进行分离的离子交换色谱（ion exchange chromatography，IEC），包括阴离子交换色谱和阳离子交换色谱（cation exchange chromatogragphy and anion exchange chromatography）；依据生物大分子疏水性不同进行分离的反相色谱（reversed-phase liquid chromatography，RPLC）和疏水作用色谱（hydrophobic interaction chromatography，HIC）；依据生物大分子特异性亲和作用进行分离的亲和色谱（affinity chromatography，AFC）等。

在分离原理上，用色谱方法对蛋白质等生物大分子的分离与其它小分子物质的分离没有显著的差异，只是由于生物大分子的分子量远高于小分子的分子量，与色谱填料作用时属于多位点吸附，所以，在色谱填料选择、色谱柱规格和洗脱方式选取方面与小分子色谱分离有所不同。

在对生物大分子混合物进行色谱分离时，由于它们的分子量大，故不管何种色谱模式，一般均需选择孔径为 30nm 以上的多孔填料或无孔填料。在对蛋白质混合物进行反相色谱分离时，反相填料的配基经常选用疏水性较弱的 $C_3 \sim C_8$ 或氰基[35]，但分离疏水性弱的蛋白质也可以采用 C_{18} 反相填料。

通过对蛋白质混合物反相色谱分离实验现象的观察，发现色谱分离度受色谱柱柱长影响不大，基于此，一些色谱工作者甚至提出了生物大分子在高效反相色谱上保留的"开关"机理（on-off mechanism）或"完全吸附与完全解吸"原理（all or nothing principle）[36,37]。进一步研究发现分离生物大分子时，柱长对分离度没有显著影响的现象可用计量置换理论对此进行定性和定量的描述及解释[38]。在此基础上还提出了短柱理论，从理论上推断出影响柱长的因素，并用实验对最佳柱长进行了验证。尽管柱长对分离度没有显著影响，但并不是色谱柱越短，其分离度越好，而是柱长应有一个最短限度。为了证明这一结论，选定 200mm×7.9mm id 和 2mm×7.9mm id 两种疏水色谱柱，在流速为 3.0mL/min、检测波长为 280nm、洗脱梯度为 100% A-100% B，40min 同样色谱条件下分离了 6 种标准蛋白：细胞色素-C（Cyt-C）、肌红蛋白质（Myo）、核糖核酸酶 A（RNase A）、溶菌酶（Lys）、α-淀粉酶（α-Amy）和胰岛素（Ins），如图 4-2 所示，色谱图 4-2（a）中的 6 个蛋白质峰的分离度明显好于图 4-2（b）中的 6 个蛋白峰的分离度。在两个色谱柱的长度相差 100 倍的条件下，图 4-2（b）中的 Myo 和 RNase A 没有完全分离，而且 α-Amy 和 Ins 远未达到基线分离的程度，表明分离生物大分子时确实存在最短柱长的问题。

理论和实验结果表明，在对蛋白质混合物进行预分离时可以采用较短的色谱柱，但应有限制，并不是色谱柱可以无限短，一般 5~10cm 比较合适。更长的色谱柱不仅对分离效率没有显著的贡献，而且会增加色谱系统的压力，浪费昂贵的填料，并由于不可逆吸附造成更多的蛋白质的损失，因此，在分离生物大分子，如蛋白质混合物时应选择合适的柱长。

在用色谱方法分别分离小分子和生物大分子混合物时，由于小分子与生物大分子在色谱保留行为上的不同，导致了洗脱方式的不同。对小分子物质进行色谱分离时，一般选用等度洗脱方式；而对生物大分子进行色谱分离时，经常选择梯度洗脱方式。

在用梯度洗脱方式进行色谱分离时，随着梯度时间的进行，流动相中置换剂（或强溶剂）的浓度是不断增加的。在梯度开始阶段，因为流动相中置换剂浓度很低，这时溶质的容量因子 k' 值很大，迁移速度很小，甚至可认为溶质在色谱柱上没有移动，被"阻留"在色谱柱的进口端。随着梯度洗脱过程的进行，流动相中强溶剂（或置换剂）浓度会不断增加，溶质在色谱柱中的迁移速度也会不断增大直至溶质从固定相上完全解吸附，这时溶质在色谱柱中的迁移速度应与流动相的线性速度近似相等。当溶质的容量因子值小的蛋白质被洗脱并随流动相一起流出色谱柱出口时，k' 值大的蛋白质可能几乎不动，或移动了很小一段距离，这便是在高效液相色谱分离过程中用梯度洗脱方式分离生物大分子的模式。

通过对生物大分子色谱分离时一般色谱保留特征的介绍，可以使我们对蛋白质混合物进行预分离时较好地选择色谱条件，提高色谱分离效率，达到减少样品复杂程度的目的，为后续步骤中进一步对蛋白质混合物进行分离、蛋白质分子量

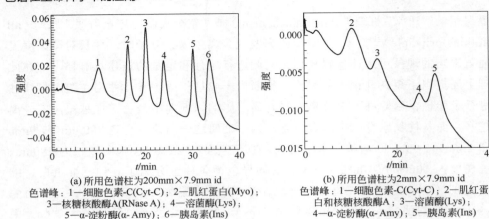

(a) 所用色谱柱为200mm×7.9mm id
色谱峰：1—细胞色素-C(Cyt-C)；2—肌红蛋白(Myo)；
3—核糖核酸酶A(RNase A)；4—溶菌酶(Lys)；
5—α-淀粉酶(α- Amy)；6—胰岛素(Ins)

(b) 所用色谱柱为2mm×7.9mm id
色谱峰：1—细胞色素-C(Cyt-C)；2—肌红蛋
白和核糖核酸酶A；3—溶菌酶(Lys)；
4—α-淀粉酶(α- Amy)；5—胰岛素(Ins)

图 4-2 色谱柱对 6 种标准蛋白的色谱分离图

测定以及蛋白质鉴定奠定基础。

预分离的模式多种多样。针对生物样品的复杂程度、质谱仪自身的分辨率和分析目的的不同，既可以采用一种色谱模式，如体积排阻色谱、强阳或强阴离子交换色谱等一维色谱对比较简单的生物样品进行分离或采用亲和色谱提取某一类特征蛋白质或某种特定蛋白质等，也可以采用多种色谱模式组成的多维色谱对复杂生物样品进行分离，如离子交换色谱和反相色谱组成的二维色谱对组织提取液的分离等。

预分离方法的应用范围包括了蛋白质组学研究的各个方面，包括：

① 在蛋白质表达谱构建方面的应用；

② 在蛋白质翻译后修饰研究中的应用；

③ 在比较蛋白质组或相对定量蛋白质组研究中的应用；

④ 蛋白质相互作用研究中的应用等。

用于蛋白质混合物预分离的各种色谱分离模式和不同规格的色谱柱包括不同基质和配基的装填柱、整体柱以及灌注色谱柱，这些色谱柱既可以自己制备，也可以与有关专业公司联系购买。

二、液相色谱－质谱联用方法对整体蛋白质直接分析

尽管一些基因已经得到完美的表征，但是还没有一种有效的方法仅从基因上确定其表达的完整蛋白质的组成和翻译后修饰以及预测蛋白质的结构和功能。人们研究基因的最终目的就是要了解基因组表达的蛋白质的功能，揭示生命的本质和活动规律，并由此进一步理解与疾病状态、药物开发和生物学基本问题相关的分子相互作用机制，为人类的生命健康服务。目前蛋白质组鉴定的常用方法包括：①对蛋白质数据库中已经存在的蛋白质进行分析，即通过生物质谱测定肽质量指

纹谱（peptide mass fingerprint，PMF）或肽序列标签（peptide sequence tag，PST），然后用搜索引擎，如 Mascot[39]或 SEQUEST[40]等在蛋白质数据库中进行检索，最后确定蛋白质的种类以及蛋白质的定位、分子量、理化性能和功能信息等；②对蛋白质数据库中不存在的蛋白质进行分析，即采用从头测序技术，首先对蛋白质分离纯化，然后对纯化的蛋白质进行不同种类酶的酶切，并对肽段进行串联质谱分析，最后根据获得的肽段碎片的质荷比，确定肽段序列，在肽段序列的基础上进一步确定蛋白质的序列。目前对大多数蛋白质的鉴定而言，鉴定的覆盖率为20%～70%[41]。由于蛋白质鉴定时有限的覆盖率，其中一些特征多肽序列可能漏检，所以与某一多肽序列同源的蛋白质有可能无法确定，如蛋白质鉴定时蛋白质簇以及蛋白质剪切体的出现等，也无法确定蛋白质的修饰情况，如磷酸化、糖基化、乙酰化和泛素化等，最终会影响蛋白质功能的研究。正是由于目前蛋白质鉴定中存在的缺陷，因此整体蛋白质分子量的测定以及直接进行部分肽段的序列分析是蛋白质鉴定中值得注意的问题。

基质辅助激光解吸电离质谱（matrix-assisted laser desorption ionization mass spectrometry，MALDI-MS）已经用于测定从胶上分离的或印迹到膜上的蛋白质的分子量。但是，随着蛋白质分子量的增加，用 MALDI-MS 测定蛋白质的分子量时仅能获得有限的分离度和 0.1%～0.5%的准确度[42]，因此测定较高分子量蛋白质时，准确度更高的电喷雾电离质谱（electrospray ionization mass spectrometry，ESI-MS）受到重视。目前，胶上分离的蛋白质不容易用电喷雾离子化源质谱直接进行在线测定，所以高效液相色谱与 ESI-MS 的联用便成了必然的选择。但需要注意的是 ESI-MS 比较适合小分子量蛋白质（≤40000Da）的测定，而 MALDI-MS 则可用于较高分子量蛋白质的测定。对于比较简单的蛋白质混合物中各组分分子量的测定，可以直接采用毛细管反相液相色谱与 ESI-MS 联用进行分析，但对复杂生物体系，则需要首先对样品进行预分离，然后再进行反相液相色谱与 ESI-MS 联用分析。

相对于肽质量指纹谱和肽序列标签对蛋白质进行鉴定的方法（bottom up 方法，即从下至上方法），通过对蛋白质分子量的测定和部分肽段序列分析，可以在分子水平上获得更多的蛋白质信息并对其进行鉴定（top down 方法，即从上到下方法）。将这两种方法结合，可以充分发挥这两种方法的优势，不仅可以对蛋白质进行有效的鉴定，而且可以有效地表征基因翻译时的起始位点、一般翻译后修饰以及蛋白质 N 端蛋氨酸的丢失和信号肽等。为了增加蛋白质检测的动态范围，减少高丰度蛋白质对低丰度蛋白质质谱信号的影响和抑制，对复杂蛋白质混合物进行分子量测定时，一般采取预分离后再进行质谱分析，技术路线如图 4-3 所示[43,44]。

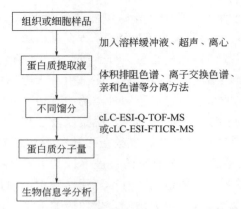

图 4-3 复杂生物体系中蛋白质分子量测定流程示意图

cLC—capillary liquid chromatography，毛细管液相色谱；ESI-Q-TOF-MS—electrospray ionization quadrupole time of flight mass spectrometry，电喷雾电离四极杆飞行时间质谱；ESI-FTICR-MS—electrospray ionization fourier transform ion cyclotron resonance mass spectrometry，电喷雾电离傅里叶变换离子回旋共振质谱

在对复杂生物体系中蛋白质分子量的测定过程中，一方面可以通过对色谱条件进行优化以提高检测动态范围，如色谱填料和流动相种类的选择、梯度陡度和溶剂强度的调整、离子对试剂的选用以及采用多维液相色谱对样品进行预分离等；另一方面也可设定不同的质谱质量检测范围，进行分段扫描。这些实验手段的有机组合和优化，已经在复杂生物体系中蛋白质混合物的分离分析发挥着重要的作用。

三、液相色谱-质谱联用技术在整体蛋白质直接分析中的应用

相对于一般蛋白质组分析方法，即对蛋白质混合物分离、纯化、酶解、洗涤和自动化的质谱分析而言，采用色谱方法对整体蛋白质混合物进行分离以及高分辨率的质谱对整体蛋白质进行准确的分子量测定和串联质谱分析是一种样本处理步骤比较少的方法。由于该方法是将分子量与肽序列标签结合用于蛋白质的鉴定，所以蛋白质数据库检索后仅提供少量的可供选择的蛋白质种类，可以给出确定的蛋白质鉴定结果，并提供蛋白质修饰方面的信息。其特点是节省实验时间，减少样品浪费。这里介绍的应用实例包括用已知蛋白质对所选定方法的验证和方法在实际样品中的应用[45]。

1．材料与方法

实验中所用的蛋白质，如牛胰岛素（insulin）、牛β-乳球蛋白（β-lactoglobin）、马肌红蛋白质（equine myoglobin）、枯草杆菌蛋白酶（bacillus licheniformis）、牛胰蛋白酶原（bovine trypsinogen）、牛血清白蛋白（bovine serum albumin）均为美国 Sigma-Aldrich 公司产品，并用混合溶剂（甲醇：水：乙酸=50：50：2，体积

比）配制成 5pmol/μL 溶液。其他试剂也为美国 Sigma-Aldrich 公司产品。含重组人 interleukin-11 的蛋白质混合物用磷酸盐缓冲液（10mmol/L 磷酸盐，150mmol/L 氯化钠）提取后，用 C_{18} Zip Tip 脱盐（溶剂为：异丙醇：乙腈：三氟乙酸=50：50：0.1，体积比）并使其浓度为 5pmol/μL。

色谱分离：蛋白质混合物在 Waters Alliance 2690 HPLC 系统上进行。色谱柱为 7.5cm×0.75cm 苯基柱。检测器为 Waters 2487 型紫外可见检测器。溶剂 A 为 0.1%三氟乙酸水溶液，溶剂 B 为 95%乙腈和 0.1%三氟乙酸水溶液。反相色谱分离后，所收集的馏分体积为 50μL～1mL。冷冻干燥后，进行质谱分析。

质谱条件：所用质谱仪为两台 ESI-Q-TOF（Waters，美国），离子化源为纳升级 Z 形电喷雾源，分辨率分别为 10500 和 12500（$m/\Delta m$），毛细管电压 700～850V，样品锥电压 45～50V，扫描时间 4.92s，信号累加时间为 1～30min，母离子选择窗口为 7Da。不同价态蛋白质的碰撞电压为 30～70eV。氩气为碰撞气，其压强为 6×10^{-5}mbar（1bar=10^5Pa）。采用 Waters 公司的 MaxEnt1 软件对质谱去卷积分获得分子量值。

2．实验结果和讨论

实验分三步进行。第一步是获得整体蛋白质的分子量，这对确定未知蛋白质，特别是由 5～7 个氨基酸组成的肽段序列所匹配的蛋白质的确认尤其重要。第二步是通过碰撞诱导裂解蛋白质，以获得多肽序列标签，并通过数据库检索对蛋白质进行定性。在对蛋白质进行串联质谱分析时，一般人为地选择 2～5 种不同电荷状态的离子，以便获得更多的碎片信息，找到连续分布的氨基酸序列。不同电荷状态蛋白质的裂解与其电荷状态相关，一般是电荷愈多，提供的蛋白质碎片的信息愈多。第三步需要考虑的是蛋白质分子量的大小。因为分子量决定着多少个不同电荷状态的蛋白质离子需要裂解。裂解多个不同电荷状态的蛋白质离子的目的是为了抵消质谱中大的碎片离子的效应。蛋白质离子裂解时，形成两类离子：一类是小的、同位素分辨的离子（≤8$^+$），另一类是大的、同位素不能分辨的离子（≥8$^+$）。在许多情况下，当同位素分辨的离子重叠时，还能够确定两种质/荷比值，但当两个同位素不能分辨的离子或一个同位素分辨的离子的质谱峰与另一个同位素不能分辨的质谱峰重叠时，很难确定离子的质/荷比值。对每一种电荷状态的蛋白质离子而言，大多数不能分辨同位素的碎片离子出现在母离子质/荷比值的附近。通过比较不同蛋白质离子的质谱图，可以获得更多的信息，而且，蛋白质的分子量愈大，愈需要裂解更多的蛋白质离子，以获得用于蛋白质鉴定的更多的数据。例如，当蛋白质的分子量小于 15kDa 时，需要裂解 2～3 种蛋白质离子；而当蛋白质的分子量大于 15kDa 时，需要裂解 3～5 种蛋白质离子。

（1）对标准蛋白质枯草杆菌蛋白酶的质谱分析　图 4-4（b）是对枯草杆菌蛋白酶的分子量的测定结果，蛋白质的分子量为 27288.3Da。图 4-4（a）中所标记的 19⁺~22⁺四个电荷状态的离子是被选定进行裂解和序列分析的离子，其中具有代表性的串联质谱图如图 4-4（c）所示，而图 4-4（d）则表征了所用质谱仪的分辨能力，这种能力对电荷状态的确定是十分重要的。

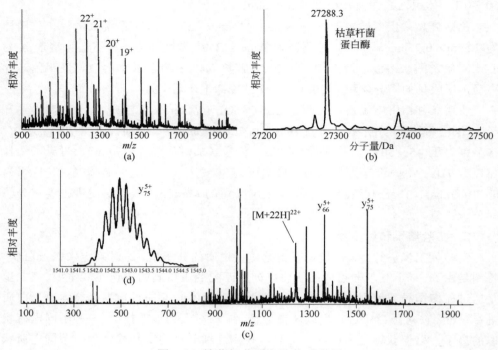

图 4-4　枯草杆菌蛋白酶的质谱图

（a）枯草杆菌蛋白酶的一级质谱，其中标明电荷状态的离子被选定进行串联质谱分析；（b）枯草杆菌蛋白酶去卷积分的质谱；（c）枯草杆菌蛋白酶的[M+22H]²²⁺离子的串联质谱；（d）枯草杆菌蛋白酶的碎片离子 y_{75}^{5+} 的放大质谱图，表征仪器的分辨率达到 9600

　　如图 4-5 为枯草杆菌蛋白酶的四种电荷状态离子的串联质谱图，即 5⁺电荷离子序列的比较和分析（所用程序为：AminoCacl，http://www.protana.com/solutions/aminoclc），确定的肽序列标签为 YTSYVG。将质谱图中直接读到的肽序列 YTSYVG 进行数据库检索（ProteinInfo），未给出任何结果，此时将其反序列 GVYSTY 再输入程序进行检索，得到 7 种与枯草杆菌蛋白酶相关的鉴定结果。将确定的枯草杆菌蛋白酶的分子量与其实际测定的分子量结果比较，误差在±0.5Da。由图 4-5 进一步看出，[M+21H]²¹⁺离子［图 4-5（c）］和[M+22H]²²⁺离子［图 4-5（d）］的串联质谱的信号强度大，可以给出可靠的肽序列标签，而[M+20H]²⁰⁺［图 4-5（b）］给出的 5⁺离子序列的信号很弱，仅从此质谱图分析，无法给出正确的肽段序列。产生图 4-5（b）的主要原因是 m/z 为 1363.6 的 y_{66}^{5+} 离子的裂解发生在酪氨酸（Y）和脯氨酸（P）之间，是一条低能量裂解途径。在[M+19H]¹⁹⁺蛋白质离子［图 4-5（a）］的串联质谱图中，由于信噪比较差，带星号离子难以确定，不能给出正确的肽序列标签，因此，选择一定数量的母离子进行串联质谱分析是必要的。其它标准蛋白，如牛胰岛素、牛β-乳球蛋白、马肌红蛋白的质谱分析结果可参考文献[20]。

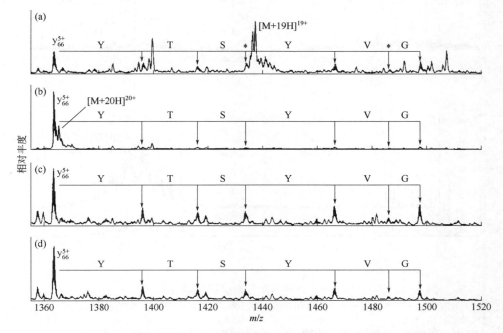

图 4-5　枯草杆菌蛋白酶的不同电荷状态的母离子的串联质谱图

（a）19$^+$；（b）20$^+$；（c）21$^+$；（d）22$^+$

（5$^+$离子系列用于肽序列标签 YTSYVG 的确定。星号标记离子是
分辨率较差的离子，其电荷状态难以确定）

（2）对未知样品的分析　通过对提取液的反相色谱分离和紫外检测器检测，收集相关馏分进行质谱分析。图 4-6 是对含重组人白细胞介素-13 受体（rhIL-13R）和免疫球蛋白融合蛋白（IgG1）馏分的质谱分析结果。

如图 4-6（a）所示，质谱分析检测出了一系列的离子。通过进一步采用 MaxEnt1 软件去卷积分处理，得到图 4-6（b）所示的不同糖基化的蛋白质分子离子峰。其中主要的质谱峰表明所测定的蛋白质中存在着一个 *N*-乙酰己糖胺（HexNAc，203Da）、两个己糖（Hex，162Da）和一个 *N*-神经氨糖酸（NeuAc，291Da）修饰位点。相对于高甘露糖和 *O*-糖基化而言，这些结果不仅充分说明了 *N*-糖基化的复杂性，而且说明分子离子的质谱分析可以提供修饰种类和位点信息。

通过质量分析，首先选择两种蛋白质分子离子：[M+21H]$^{21+}$和[M+22H]$^{22+}$进行碰撞诱导解离（CID）。由于这两种母离子仅给出部分序列信息，因此，无法获得明确的肽序列标签。一般而言，糖含量越高的多肽，其骨架断裂的概率越小。

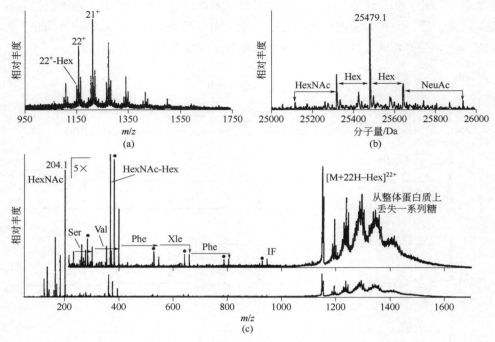

图 4-6　一种未知蛋白质的质谱分析

（a）具有确定电荷状态的母离子质谱图，Hex 为己糖（162Da）；（b）去卷积分的质谱图并标出了修饰糖的差异，HexNAc 为 *N*-乙酰己糖胺（203Da），NeuAc 为 *N*-神经氨糖酸（291Da）；（c）未知蛋白质 [M+22H−Hex]$^{22+}$ 母离子串联质谱图，图中标出了氨基酸序列，黑点为失去一分子水的离子，IF 代表内部裂解离子

这两种母离子产生较少的串联质谱峰则表明有必要选择含糖少的母离子，使用较高的能量，在多肽的骨架上进行断裂以便获得完整、有用的肽序列标签。为此目的，选择了 [M+21H−Hex]$^{22+}$ 进行串联质谱分析，如图 4-6（c）所示，基峰为质子化的 HexNAc 离子，*m/z* 204.1，在 *m/z* 210～1000 之间形成的离子为低丰度的离子，而高丰度的离子为分布于 *m/z* 1000～1700 的母离子。上部放大 5 倍的质谱图为碎片离子质谱图。这些碎片离子为丢失糖后的蛋白质分子离子的串联质谱。另外，在 *m/z* 250～1000 之间，给出四组相差 18Da 的碎片离子，表明多肽序列中可能有丝氨酸（Ser）或苏氨酸（Thr）的存在。进一步对 *m/z* 805～212 中电荷为 1^{+} 串联质谱图的分析，得出多肽序列为：SVF(L/I)F。由于所有离子为单电荷离子，所以这种多肽标签可能产生于 N 端或 C 端。基于此，用 ProteinInfo 对肽段 SVF(L/I)F 的四种可能的序列进行检索，物种选择哺乳类，检索结果表明蛋白质种类为免疫球蛋白-γ 或免疫球蛋白-χ。通过进一步对鉴定蛋白质氨基酸序列、糖基化、二硫键和分子量分析，说明该蛋白质 IgG1 为发夹结构，并在细胞后加工、分泌或纯化中与 rhIL-13R 分裂。

四、色谱预分离与液相色谱-质谱联用技术在复杂蛋白质混合物分析中的应用

首先对整体蛋白质进行预分离，然后再对蛋白质的不同馏分进一步分离和鉴定已经成为解决蛋白质组学技术瓶颈的主要途径之一，而对可能取得技术突破的 2D LC-MS/MS 进行深入研究，建立一个整体蛋白质组高效液相色谱预分离-馏分收集和酶切-二维毛细管液相色谱-串联质谱鉴定-数据库检索的分析技术平台便成了必然的选择。

肝脏是人体内复杂性仅次于脑的最大器官，在人体的生命活动中占有十分重要的地位。而 4～6 个月孕龄的人胎肝还是造血、免疫系统干祖细胞的主要来源。正是由于人胎肝在人发育过程中的重要作用，对人胎肝蛋白质组进行研究不仅对医学，而且对推动生物学的发展具有重要的意义。

基于以上考虑，拟以实例介绍一个新的技术平台，即采用 Beckman 公司的 ProteomeLab PF 2D 系统首先对人胎肝组织分级后的线粒体的全蛋白提取液进行整体蛋白质预分离，然后对分离馏分进行浓缩和溶液酶切，最后在 Finnigan 公司的 LCQ DECA XP 系统上和 Waters 公司的 ESI-Q-TOF-MS 上进行进一步的分离和鉴定，初步构建了人胎肝线粒体蛋白质组数据库，从而为大规模地分析鉴定人肝脏蛋白质组提供了一个方法学的新选择[46]。

建立的方法包括三个步骤，即第一步：在第一维阴离子交换柱上用双梯度洗脱方式和第二维反相色谱梯度洗脱方式对胎肝线粒体中整体蛋白质进行分离，并按不同时间段收集馏分。第二步：对馏分进行浓缩和溶液酶切。第三步：毛细管反相色谱-串联质谱分析和 Bioworks 和 Mascot 引擎数据检索。将该方法用于肝线粒体中蛋白质组的分析，共检出了 400 多种胎肝蛋白质，其中 140 多种是线粒体蛋白质，说明实验设计和技术路线是可行的。另外，双梯度洗脱模式以及整体蛋白质二维色谱预分离和一维反相毛细管液相色谱-质谱鉴定方法的使用为蛋白质组表达谱大规模鉴定的方法学研究提供了新的思路。但在实验结果检索时，由于蛋白质的疏水性、pI 值及数据库的选择等都会对最终的检出结果有影响，而且蛋白质簇的出现会影响蛋白质种类的确定，因此在进行实验及结果处理时值得注意。

1. 材料与方法

（1）仪器和试剂　ProteomeLab PF 2D 型二维高效液相色谱系统，包括一台单泵色谱聚焦仪、一支 pH 检测计、一台双泵反相色谱仪、一台自动馏分收集及进样器和 32 Karat 色谱工作站（Beckman 公司），并在反相色谱之后连接一台自动馏分收集器（Gilson 公司）。所用分析型 SAX 色谱柱为 250mm×2.1mm id，内装颗粒直径为 1.5μm 无孔阴离子色谱填料（Beckman 公司）；反相色谱柱：35mm×

4.6mm id，内装颗粒直径为 1.5μm 无孔反相色谱填料（Beckman 公司），制备型凝胶色谱柱为 PD-10，内填介质 Sephadex G-25，颗粒范围 85～260μm，柱床体积 8.3mL，截留分子量为 5000Da，pH 范围 2～13（GE Healthcare，美国）。毛细管液质联用系统包括两种系统，一种是由 Surveyor 二维毛细管液相色谱仪、LCQ DECA XP^{plus} 离子阱质谱仪以及控制软件 Xcalibur V1.3 和搜索软件 Bioworks V3.1 组成（美国 Finnigan 公司）。其中 Surveyor 二维毛细管液相色谱包括一台四元低压混合泵用于进样和一维阶梯梯度洗脱，另有一台四元低压混合泵用于二维反相液相梯度洗脱，并配有自动进样器。毛细管色谱柱为 100mm×180μm id，内装 Thermo Hypersil BioBasic-18，颗粒直径为 5μm，孔径为 30nm 反相色谱填料。另一种系统包括一台 CapLC 毛细管液相色谱系统和电喷雾源的 Q-TOF 质谱仪（Waters，美国），分离所用的毛细管反相柱为 150mm×75μm id 二氧化硅玻璃管，其中装填 PepMap C$_{18}$、直径为 3μm、孔径为 10nm 的填料；预柱为 5mm×320μm id，填料为 PepMap C$_{18}$、颗粒直径 3μm、孔径 10nm（赛默飞世尔公司，美国）。

超纯水由 Millipore 纯水系统（Millipore 公司，美国）制备，乙腈（HPLC 级）购自美国 J.T.Baker 公司，三氟乙酸和碘乙酰胺（iodoacetamide）购自比利时 ACROS 公司，胰蛋白酶（trypsin，bovine pancrease）和二硫苏糖醇（dithiothreithol，DTT）为美国 Promega 公司产品，碳酸氢铵购自美国 Sigma 公司。

人胎肝线粒体全蛋白提取：采用蔗糖密度梯度离心方法在 1000g 条件下，离心 10min 收集细胞核及细胞碎片后，在 15000g 离心 15min 提取粗线粒体，并在 60000g 离心条件下，采用不连续蔗糖密度梯度方法（51.3%，37.7% 和 25.2% 蔗糖溶解于 10mmol/L N-2-羟乙基哌嗪-N'-2-乙磺酸，1mmol/L EDTA 和蛋白酶抑制剂）对线粒体粗提物进行进一步精细分级，收集线粒体馏分，检测纯度和浓度后，进行分装和冷冻干燥，用 8.0mol/L 脲溶解样品，备用。

（2）实验方法

① 分析型一维和二维色谱条件　分析型一维色谱聚焦和盐梯度分离所用的流动相分别为：起始缓冲液（start buffer，Beckman 公司），pH 为 8.5；洗脱缓冲液（elute buffer，Beckman 公司），pH 为 4.0；盐洗脱液为氯化钠溶液，浓度为 1.0mol/L。流速为 0.2mL/min，检测波长为 280nm。梯度设定：进样完毕后，先用起始缓冲液平衡 SAX 柱 15min，然后以洗脱缓冲液进行内扩散梯度洗脱 100min 后，再用氯化钠溶液进行内扩散洗脱 40min，最后用去离子水充分冲洗色谱聚焦柱。第二维反相色谱分离所用的流动相 A 为 5% 乙腈+0.1%TFA 水溶液，流动相 B 为 95% 乙腈+0.1%TFA 水溶液，流速为 0.5mL/min，检测波长为 214nm。溶剂梯度：从 100%A 到 100%B 洗脱 60min，保持 100%B 8min，然后在 2min 内回到 100%A 对反相色谱体系进行再次平衡。

② LCQ DECA XP^{plus}毛细管液相色谱-离子阱质谱 对多肽混合物进行毛细管液相色谱分离时，选用的流动相 A 为 0.1%甲酸水溶液，流动相 B 为 0.1%甲酸乙腈溶液。分流后，进样和反相色谱洗脱时流动相的实际流速为 2.0μL/min，酶切后的多肽混合物全部进样到色谱柱上，溶剂梯度为：5%B～50%B，60min；50%B～95%B，5min，95%B 延长 5min 后，在 2min 内回到 5%B 后平衡色谱系统 18min。毛细管液相色谱分离在室温条件下进行。

质谱条件：雾化气（N$_2$）的流速 12L/min，碰撞气为高纯氩气。喷雾电压（spray voltage）3.2kV。毛细管温度 160℃，毛细管电压 2.8kV。数据依赖切换条件：一级质谱（MS1）的离子强度大于 10^4 counts/s 时切换到二级质谱（MS2）。当满足条件的所有离子的二级质谱（MS2）全部完成后，再回到一级质谱，不断重复，直至一个色谱梯度结束。其中进行二级质谱时，设定在 5min 时间内，同样一种离子出现时只作两次二级质谱，如果再次出现时将不进行二级质谱分析。Bioworks 搜索软件过滤条件为：当电荷为+1 时，X_{corr} 为 2.0；当电荷为+2 时，X_{corr} 为 2.2；当电荷为+3 时，X_{corr} 为 3.5。同时选择 $\Delta C_n \geq 0.1$。数据库为 IPI 蛋白质数据库。

（3）cLC-ESI-Q-TOF-MS 毛细管液相色谱-串联质谱 设定流速为 2.0μL/min，在预柱和毛细管反相柱前分流成约 0.15～0.2μL/min 的流速；用辅助泵 C 以 30μL/min 的流速首先进样到预柱，除盐后切换到分析柱进行梯度洗脱。流动相 A 为水-乙腈（95：5，体积比），加入 0.1% FA；流动相 B 为水-乙腈（5：95，体积比），加入 0.1% FA。分离时采用非线性梯度：4%B，0.1～3.5min，进样；4%～50%B，3.5～63.5min；50%～100%B，63.5～73.5min；100%B，73.5～80min；100%～4%B，80～85min。分离后的馏分通过 ESI 源直接进行串联质谱分析。

ESI-Q-TOF-MS 雾化气的流速：50L/h，样品锥电压 45V，毛细管电压 3000V，飞行管电压 5630V，MCP 电压 2700V，碰撞电压 35V，碰撞气体为高纯氩气。数据采集选用数据依赖模式，数据处理采用 Mascot[14]引擎在 IPI 蛋白质数据库中进行检索，确定蛋白质的标准采用 Mascot 给出的阈值。

2. 实验结果与讨论

（1）整体蛋白质的一维双梯度洗脱分离 用起始液平衡色谱柱至基线稳定后，进样 1.8mL（约 5.0mg 总蛋白），用上述一维色谱聚焦进行双内扩散梯度模式洗脱。在 5min 内，如果 pH 减小 0.3pH 单位，按 0.3pH 单位依次收集不同馏分于 96 深孔板中；如果在 5min 内，pH 变化小于 0.3pH 单位，则按时间进行收集，时间范围为 5min。如图 4-7 所示，通过一维色谱分离共得到 34 个馏分。重复上述一维分离过程，对剩余样品进行分离，并将相应保留时间或 pH 的馏分收集到与前次分离相应的 96 深孔板中，准备进一步对其进行反相色谱分离。

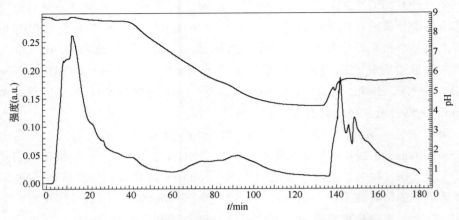

图 4-7 胎肝线粒体全蛋白提取液的色谱聚焦分离图

色谱柱：SAX 柱，25cm×2.0mm id 流速：0.2mL/min 检测波长：280nm
洗脱方式：起始溶液平衡 15min；洗脱液内扩散洗脱 100min；然后氯化钠溶液内扩散洗脱 40min；最后用水冲洗
馏分收集间隔：0.3pH 单位或 5min

由图 4-7 看出，通过人肝线粒体全蛋白质提取液的一维分离，将复杂组分至少分离为三个部分，即 pH 大于 8.5 的组分，pH 介于 8.5 与 4.5 之间的组分和 pH 小于 4.5 的组分。对 pH 小于 4.5 的组分进一步用 1.0mol/L 氯化钠溶液进行阴离子梯度洗脱，在 135min 后获得了三个色谱峰，使馏分中组成更加简化，表明这种双梯度内扩散洗脱方式可以简化样品的复杂程度。另外，鉴定结果中大部分理论计算 pH 与实验中采用的 pH 范围基本一致，部分差异可能是理论与实际 pH 之间因溶液环境或蛋白质立体构象变化等因素影响所致。不足之处是总的分离效率还不高，主要原因一是大多数蛋白质的 pI 值呈"双驼峰"分布，即主要分布在 8～10 和 5～6 之间[22]，而我们采用的 pH 范围为 4.0～8.5，所以需要对色谱聚焦的实验条件进一步优化；二是柱压较高，主要是流动相黏度较大所致。这些需要进一步改进，以满足复杂生物样品的分离要求。

对于一维双梯度洗脱分离所得的 34 个馏分进一步按实验部分所述方法进行分析。由于自动进样器的无损失上样体积仅为 228μL，为了使每个馏分的样品全部进样到反相柱上，采用了多次累积上样方法。另外，如图 4-8 所示（仅为 34 个馏分中之一，其余类似），考虑梯度延迟，第二维分离的馏分收集从 6min 开始，每管按 2min 收集，收集到 50min，每个一维馏分进行第二维分离后共收集 20 个馏分，覆盖了全部洗脱色谱峰。在反相色谱分离蛋白质样品时，回收率低一直是一个问题，为此实验中采用了无孔填料，同时选用较短的色谱柱。从分离鉴定的 1060 个胎肝蛋白质（未去除冗余）结果分析，对蛋白质混合物进行二维色谱预分离实验方案是可行的。

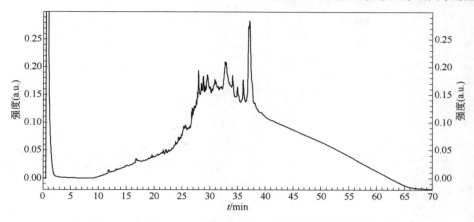

图 4-8　色谱聚焦分离的 M2B3 馏分的反相色谱分离图

色谱柱：反相柱为 35mm×4.6mm id，C$_{18}$，1.5μm

流速：0.5mL/min　　　　　　　检测波长：214nm

溶剂梯度：0～100%B，60min，100%B 保持 8min，1.0min 回到 100%A 平衡色谱系统，每管收集 2min

（2）对不同馏分中蛋白质的质谱鉴定　通过二维色谱对胎肝线粒体中整体蛋白质的分离，共收集了 680 个馏分。由于样品体积太大并考虑冷冻干燥机的要求，首先用氮气对样品进行吹干处理，以除去绝大部分乙腈，然后冷冻干燥成干粉。在含有冷冻干燥样品的 1.5mL 的小管中，加入 25μL 8.0mol/L 脲，使 DTT 终浓度达到 10mmol/L，在 37℃孵育 4h，使蛋白质充分变性溶解。按碘乙酰胺与 DTT 的比例为 5：1 加入碘乙酰胺，在暗处放置 1h，封闭多余的 DTT。加入 50mmol/L 碳酸氢铵溶液并使脲的最终浓度小于 1.0mol/L，再按蛋白质与酶的比例为 1：50 质量比加入胰蛋白酶，在 37℃水浴中孵育 10～16h，冷冻干燥浓缩成干粉，然后加入下述的流动相 A 液，进行毛细管液质联用分离分析。

由于样品量大，全部样品分析耗时太长（约 45～60d），所以根据一维色谱分离情况，选用了 pH≥8.5、5.0<pH<8.5 和 pH≤5.0 三个 pH 范围中的 17 个馏分进行反相色谱分离，并对馏分进行溶液酶切，最后对多肽混合物分别进行两种反相毛细管色谱-串联质谱分析，如图 4-9（仅给出其中一个馏分的一级总离子流色谱图和其中一个肽段的串联质谱图）所示，共检出 2977 个肽段，归属于 915 种蛋白质，去除不同实验批次间的冗余后共鉴定了 477 种蛋白质，其中 291 种为唯一鉴定蛋白质，186 种为蛋白质簇，144 种是线粒体蛋白质。对所鉴定的蛋白质进行统计分析表明，亲水性蛋白质占 90%以上，说明现在的提取方法主要适应于可溶性蛋白。蛋白质的分子量分布于 7000～330000Da，它们的 p*I* 范围为 4.0～11.89，表明液相色谱预分离可以克服二维凝胶电泳在分子量和 pH 方面的歧视效应。胎肝线粒体中蛋白质组的鉴定为其生物功能的研究奠定了基础。需要指出的是在实验数据处理中发现蛋白质的疏水性、p*I* 值及数据库的选择等都会对最终的检出

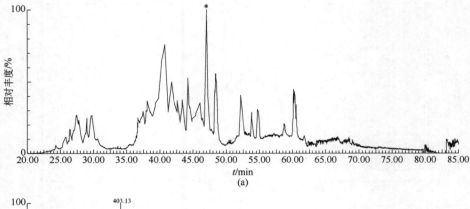

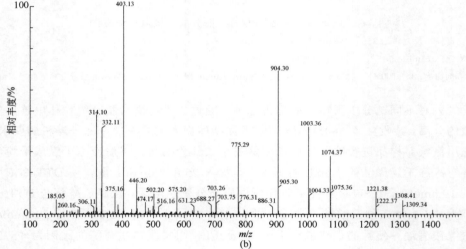

图 4-9 （a）为 M2B3_18 馏分的质谱总离子流色谱图；
（b）为星号标记肽段（795.6 *m/z*）的串联质谱图

结果有影响，因此在进行实验及结果处理时值得注意。另外，数据库检索时出现的蛋白质簇问题以及可靠地确定一种蛋白质所需最少肽段数目的问题还需要在今后蛋白质组学方法的建立和数据分析中进一步研究。

第四节　色谱在多肽分离和鉴定中的应用

一、一维液相色谱–质谱联用对简单肽混合物的分离鉴定

在对蛋白质进行鉴定时，肽质量指纹谱（PMF）一般适用于组分较少的混合物（例如一种或两三种蛋白质）中蛋白质的鉴定。一般步骤是首先对蛋白质混合

物进行酶切，然后采用 MALDI-MS 进行分析。当然也可以采用 ESI-MS 进行鉴定和数据库检索，但后者主要用于比较复杂体系中蛋白质的鉴定。而且为了使多肽混合物分离和鉴定自动化，一般将电喷雾源的串联质谱（ESI-MS/MS）与毛细管反相高效液相色谱（RPHPLC）系统联用[47,48]，这不仅可以进行在线质谱分析，而且可以避免其它模式色谱，如离子交换色谱、疏水色谱等，将有害的盐离子带入质谱系统，导致系统噪声增大，影响检测灵敏度。通过这种联用技术的运用，使得蛋白质的分离和鉴定达到前所未有的高灵敏度（$10^{-15} \sim 10^{-18}$ mol/L）和分析速度（每天鉴定数千种蛋白质）。借助于计算机的联机检索，使得这种对蛋白质混合体系进行高通量筛选和鉴定技术达到了很高的水平。通过二维凝胶电泳方法获得的蛋白质酶切的多肽混合物不仅可以通过 MALDI-MS 获得的 PMF 进行蛋白质鉴定，而且也可以选择 ESI-MS/MS 进行肽序列标签（PST）鉴定。现在，也可利用 MALDI-MS 进行串联质谱分析，即 MALDI-TOF/TOF-MS，这将为提高蛋白质鉴定的通量和灵敏度提供更好的手段。

在毛细管反相高效液相色谱-串联质谱技术基础上，已经衍生出多种分离鉴定技术，如一维凝胶分离-液相色谱-质谱联用分离鉴定技术、免疫亲和沉淀-液相色谱-质谱联用分离鉴定技术，甚至直接对全细胞裂解液进行液相色谱-质谱分析。现在该技术已经广泛应用于简单蛋白质混合物的鉴定以及生物体、组织或细胞中蛋白质组的研究，揭示生物体中蛋白质种类、丰度的变化、翻译后修饰以及降解等与生物体生理和病理之间的关系，为疾病预防和治疗、新药开发以及生命奥秘的探索提供了一种可靠的技术平台。

在该液质联用技术中，一方面要考虑分离和质谱鉴定条件的优化，另一方面就是如何使用该技术解决实际问题。通过对纳升级 LC-MS 中毛细管的内径、长度、多孔与无孔填料以及流速等因素对峰容量影响的研究[49]，发现 LC-MS 系统对低丰度蛋白质检测灵敏度随上样量的增大或随流动相流速的减小而增大，这对有限的样品量的蛋白质组分析具有重要意义。还发现分离时选择多孔与无孔填料色谱柱对多肽的质量回收率没有显著影响，表明在选择色谱填料时应尽可能选择高分离效率的多孔填料。当然高效反相毛细管色谱柱的装填也是蛋白质组学研究中需要考虑的关键技术之一。

为了对多肽混合物进行有效分离，减小质谱鉴定时信号抑制效应，扩展多肽的动态检测范围，人们对柱长对分离度的影响进行了仔细的研究，研发出了能够提供 10000psi 压力的色谱泵，使装填 5μm 多孔颗粒填料的毛细管色谱柱的长度可以达到 80cm 以上[50]，也可使装填 1.7μm 无孔颗粒填料的毛细管色谱柱的长度达到 30cm 以上（沃特斯公司产品说明书），显著地提高了色谱柱的分离效率。而且，通过对毛细管色谱柱内径大小与质谱离子化效率之间关系的研究，制备出了 15μm 内径的毛细管柱，可以使离子化效率接近 100%。这些技术方法上的改进措施显著地提高了质谱的检测灵敏度和分辨率。

另外，通过对 ESI 离子源喷头孔径的研究，表明该离子化源技术使用可靠、重现性好、灵敏度高，适合于做复杂样品的蛋白质组学研究。现在还发展了一种[51]流动相流速可变的"峰阱"色谱接口技术，可保证多肽混合物在分析柱上的充分分离和一级质谱鉴定及串联质谱分析所需足够的时间，从而可以避免纳升级 LC-MS/MS 分离鉴定时经常出现的肽段漏检问题。进一步[52]将固定化酶切的样品制备技术与 LC-MS 联用可使蛋白质组分析的自动化程度和灵敏度显著提高。

除了对方法本身的研究外，对 LC-MS 方法在蛋白质组学各个方面的应用也进行了广泛的研究。例如，用 LC-MS/MS（Q-TOF）[53]对商业收集的男性尿进行分析，采集了 1450 个 MS/MS 质量谱，匹配了 751 个肽序列，鉴定了 124 种蛋白质，整个实验所用的时间少于一次二维凝胶电泳所消耗的时间，表明在混合物中鉴定出同样蛋白质时，该方法具有高的效率。Cunsolo V 等[54]将 RP HPLC-ESI-MS 用于花粉中引起过敏的蛋白质中二硫键的确定以及所含半胱氨酸氧化态的表征，为蛋白质和多肽中二硫键的研究提供了一个新的方法。Shen [55]等还将在线 LC-MS 和 LC-MS/MS 用于研究戒酒硫治疗酗酒的代谢途径和代谢物，发现了药物的作用位点和作用机理，为该药物的有效利用提供了参考。

为了进一步提高 LC-MS 的分离分析能力，将反相毛细管色谱与高灵敏度、高分离度和准确的傅里叶变换离子回旋共振质谱（FTICR-MS）联用，可以用准确质量标签的方法一次表征 100000 个肽混合物，其肽的质量准确度小于 1×10^{-6}。该技术不但能进行大规模的蛋白质鉴定，而且没有"歧视性"，并能用于稳定同位素方法准确测定蛋白质的相对丰度[56]。当然，提取液也可以通过 RPHPLC 分离后，收集各个组分，用 MALDI-MS 测定不同蛋白质的分子量，再将含有生物标志物的馏分进行酶解，用 MS/MS 对目标蛋白进行鉴定[57]。

从一维色谱-质谱联用技术的发展看出，对于不很复杂的体系，可充分发挥该技术快速、灵敏以及便于自动化的优势，是蛋白质组学研究中值得重视的、简便的方法之一。

二、二维液相色谱-质谱联用对复杂多肽混合物的分离鉴定

对复杂多肽混合物，一维色谱技术往往很难满足分离度的要求，必然要考虑采用多维色谱分离的方法。一般可以根据分析对象的特点和分析要求对不同色谱模式进行组合，并与质谱联用，达到对不同肽段进行分离分析的目的。其中之一就是根据蛋白质混合物酶解所得的复杂多肽混合物电荷和疏水性的差异，首先进行离子交换色谱分离，然后对所分离的馏分再进行反相色谱分离，并通过与 MS/MS 联用对多肽进行序列分析，最后在计算机上利用数学算法对所获得的序列与蛋白质数据库

中已知的蛋白质序列或基因组翻译的蛋白质序列进行比较，确定出测定的多肽所对应的蛋白质。一般分析技术路线如图 4-10 所示。Link A J 等[58]提出的多维色谱分离-串联质谱鉴定技术路线与图 4-10 的技术路线稍有差别。他们是将串联色谱柱合并成在同一色谱柱中装填不同模式的填料，即色谱柱的前部分装填强阳离子色谱填料，色谱柱的后半部分装填反相色谱填料，最后与 ESI 源的串联质谱联用进行检测。该方法现在已经在实际生物样品中获得成功应用，并发展成为蛋白质组学研究中的重要工具，被称为多维蛋白质鉴定技术（multidimensional protein identification technology，MudPIT），获得广泛应用并被详细评述[59~62]。

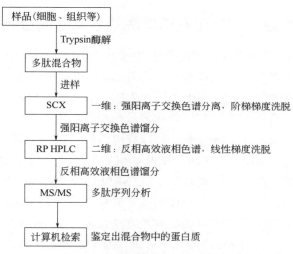

图 4-10　多维色谱-质谱分析蛋白质混合物示意图

采用 MudPIT 方法进行蛋白质组分离分析时，首先对变性和还原的蛋白质混合物进行全酶切得到多肽混合物，然后调节混合物的 pH<3，进样到强阳离子交换色谱柱，以阶梯梯度方式增加盐的浓度，依次将每一馏分直接洗脱并进样到预柱上，洗脱除盐后，线性或非线性梯度方式逐渐增加乙腈浓度，对反相柱上保留的组分进行反相高效液相色谱分离，并用 MS/MS 质谱对反相馏分中的多肽进行分析，最后用 SEQUEST 或 Mascot 算法从蛋白质数据库中进行检索，确定与测定的多肽序列相匹配的蛋白质。重复从强阳离子交换色谱分离到计算机检索步骤，就可对全细胞或组织裂解液进行全分析。由于该技术是将强阳离子和反相色谱填料依次装填在一个纳喷进样针中，而且一个分析周期可检测 100 多种蛋白质，所以该方法可对较少的样品量进行快速分析，适用于蛋白质组学中大规模蛋白质的分离鉴定。而且这种策略的重要优势是对蛋白质提取液直接进行全酶切，避免了整体蛋白质处理过程中的损失，其缺点是无法给出蛋白质分子水平上的信息，如分子量、等电点以及判断蛋白质翻译后修饰情况。利用该方法已经鉴定出啤酒酵

母和人的核糖体中新的蛋白质，并鉴定出了啤酒酵母中 1484 种蛋白质[63]。

由于 MudPIT 技术不容易在一维色谱-质谱和二维色谱-质谱之间进行转换以满足不同复杂程度的样品，而且对大量简单的样品也无须采用此复杂技术，于是Davis M T 等[64]设计了一种比较简单的多维色谱-质谱分离鉴定技术平台。其基本思想就是将进样、离子交换色谱、预柱、反相色谱和质谱鉴定系统用三个六通阀连接起来，可以进行一维或二维色谱分离，并可进行自动或手动进样。实际应用时也可将该技术与其它一维或多维预分离技术联用，进一步提高分离效率和动态检测范围，以满足不同复杂生物体系中蛋白质组分离分析的需要[65]。

三、反相高效液相色谱双梯度洗脱分离肽混合物及质谱分析

在广泛采用的"鸟枪"法技术路线的基础上，出现了许多改进的方法，如 Song 等[66]发展了一种新的二维分离磷酸肽的方法，即反相液相色谱-反相液相色谱方法（RPLC-RPLC）。他们收集在高 pH 条件下从第一维反相液相色谱（RPLC）分离出的 90 个馏分，然后将相等时间间隔的前段梯度和后段梯度的两个馏分混合（前段梯度洗脱出的馏分即 1~45 馏分，后段梯度洗脱出的馏分即 46~90 馏分），然后对混合的馏分在低 pH 条件下进行 RPLC-MS/MS 分析，发现这种二维分离收集馏分的方法具有高正交性，与常规的 RPLC-RPLC 方法相比，可以多鉴定到 30%的磷酸肽。Kaliszan 等[67]研究发现反相高效液相色谱（RP HPLC）的 pH 梯度洗脱分离是一种新的分离极性化合物的有效方法，即在 RP HPLC 系统上，通过 pH 值线性增加或减少，实现 pH 梯度洗脱分离，增加混合物的分离程度，减小峰宽。并在理论和实验上研究了 pH 梯度和有机相梯度 RPLC 的分离方法[68]，比较了 pH 梯度和有机溶剂梯度中含有多个 pH 梯度的 RPLC 分离模式下一系列肽段的保留参数，发现影响肽段洗脱的因素涉及肽段的疏水性和等电点[69]。在上述研究基础上，建立了 pH 梯度结合有机相梯度的双梯度 RP HPLC 进行分离，收集馏分并将相等时间间隔的前段梯度和后段梯度的两个馏分混合，进行纳升级 RPLC-MS/MS 分析的方法，并将该方法应用于酵母蛋白酶切产物的分离和质谱鉴定，结果表明该策略可显著提高蛋白质组的鉴定覆盖率。

1. 实验部分

（1）仪器和试剂　230 型高效液相色谱仪，包括两台 P230 高压恒流泵、一台UV230 紫外-可见检测器和 EC2000 色谱数据处理系统 V1.3（大连依利特分析仪器有限公司），纳升级毛细管高效液相色谱-电喷雾离子阱质谱仪（LTQ，美国Thermo Fisher 公司），Millipore 超纯水设备，奥立龙 81801 pH 计（美国 Thermo公司），C_{18} 反相柱（Waters，XBridge C_{18} 色谱柱，规格为 250mm×4.6mm，填料颗粒直径为 3.5μm）。

胰蛋白酶（trypsin，bovine pancrease）、二硫苏糖醇（DTT）为美国 Promega 公司产品，碘乙酰胺（IAA）购自比利时 Acros 公司产品，乙腈（ACN，HPLC 级）为美国 J.T.Baker 公司产品，甲酸（FA）为德国 Fluka 公司产品，氨水（$NH_3 \cdot H_2O$）、NH_4HCO_3 及尿素（分析纯）为北京化工厂产品，牛血清白蛋白（BSA，bovine serum albumin）和酵母（saccharomyces cerevisiae）为美国 Sigma 公司产品。

（2）样本制备　将牛血清白蛋白（BSA）溶于 50mmol/L NH_4HCO_3 溶液中，浓度为 2mg/mL。取 50μL，向其中加入 5.5μL 100mmol/L 的二硫苏糖醇，沸水加热 10min 进行蛋白还原变性。再加入 6.2μL 1mol/L 碘乙酰胺，在室温下置于暗处反应 1h 进行烷基化处理。按照胰蛋白酶与 BSA 的质量比为 1∶50，将胰蛋白酶（2μg）加入 BSA 溶液中，在 37℃ 水浴中孵育 12h 以上。

将 300mg 酵母置于 1mL 9.5mol/L 尿素裂解液中（其中加入二硫苏糖醇 10mg、蛋白酶抑制剂 20μL），在冰浴上超声裂解 2min（每超声 1s，暂停 1s）。室温静置 30min 后，将裂解液在 4℃ 20000g 离心 30min，提取上清液。上清液用 Bradford 法测定蛋白浓度为 23.58mg/mL。

在酵母蛋白提取物（100μg，4.5μL）中加入 25μL 溶于 50mmol/L NH_4HCO_3 的 10mol/L 尿素溶液，进行蛋白变性后，加入 3.28μL 100mmol/L 的二硫苏糖醇（DTT），在 37℃ 水浴中反应 4h，再加入 3.64μL 1mol/L 碘乙酰胺（IAA），在室温下置于暗处反应 1h。再用 50mmol/L NH_4HCO_3 溶液稀释（加入 215μL NH_4HCO_3），使脲的最终浓度小于 1mol/L，按照酶与蛋白的质量比为 1∶50，将胰蛋白酶加入蛋白溶液中，在 37℃ 水浴中孵育过夜。

（3）色谱条件　利用强阳离子色谱柱（Thermo，BioBasic SCX 色谱柱，250mm×4.6mm id，填料粒径 5μm）和 C_{18} 反相柱（Waters，XBridge C_{18} 色谱柱，250mm×4.6mm id，填料粒径 3.5μm），在流动相 pH 3、pH 10 和 pH 3～10 的梯度条件下分离牛血清白蛋白和酵母的酶切产物。

① 强阳离子色谱：流动相 A 为 5mmol/L KH_2PO_4、30%乙腈（ACN）（pH 2.7）；流动相 B 为 5mmol/L KH_2PO_4、1mol/L KCl、30%乙腈（pH 2.7）。

② pH 3 条件下反相色谱：流动相 A 为 2% 乙腈、98% H_2O（用甲酸调 pH 3.0）；流动相 B 为 98% 乙腈、2% H_2O（用甲酸调 pH 3.0）。

③ pH 10 条件下反相色谱：流动相 A 为 2% 乙腈、98% H_2O（用氨水调 pH 10.0）；流动相 B 为 98% 乙腈、2% H_2O（用氨水调 pH 10.0）。

④ pH 3～10 条件下反相色谱：流动相 A 为 2% 乙腈、98% H_2O（用甲酸调 pH 3.0）；流动相 B 为 98%乙腈、2% H_2O（用氨水调 pH 10.0）。

洗脱梯度：100% A，10min；0～30% B，45min；30%～100% B，10min；100% B，5min；100%～5% B，3min；5% B，15min。

流速为 0.8mL/min，检测波长 214 nm，牛血清白蛋白酶切产物上样量为 10μg，酵母蛋白酶切产物上样量分别为 10μg 和 50μg。

（4）纳升级 RPLC-MS/MS 分析　将第一维 SCX 色谱分离出的酵母蛋白酶切产物馏分进行收集。从出峰时间开始每 30 秒收集一次，共收集 52 个馏分。每个馏分进行脱盐，然后进行纳升 RPLC- MS/MS 分析。

将 pH 3 和 pH 3～10 条件下的 RPLC 分离出的酵母蛋白酶切产物馏分分别进行收集。在洗脱梯度 0～30% B（45min）、30%～100% B（10min）和 100% B（5min）过程中收集分离馏分，每 30s 收集一次，共收集 120 个馏分。将馏分分为 2 个部分：前段梯度洗脱馏分（1、2、3、…、60）和后段梯度洗脱馏分（61、62、63、…、120）。将馏分 1 和 61、馏分 2 和 62、…、馏分 59 和 119、馏分 60 和 120 分别混合。然后进行纳升 RPLC-MS/MS 分析。所用流动相 A 为 98% H_2O、2% 乙腈、0.1% 甲酸，流动相 B 为 80% 乙腈、20% H_2O、0.1%甲酸。溶剂梯度为 5%～50% B，60min；流速 0.3μL/min；毛细管色谱柱为 C_{18} 反相柱（100mm×75μm id，内装 Thermo Hypersil BioBasic-18，颗粒直径为 5μm，孔径为 30nm 反相色谱填料）。电喷雾电压 2.0kV，正离子模式，归一化碰撞能量设置为 35%，质量扫描范围 m/z 400～2000，在一级质谱图中选取最强的 5 个母离子进行串级质谱分析。实验重复两次。

（5）数据库检索　采集的质谱数据用 Bioworks 3.2 软件检索酵母蛋白质数据库（含有 11081 种蛋白质，2010 年 7 月从 http://downloads.yeastgenome.org/sequence/GenBank/下载）。为了考察数据的假阳性率，将蛋白质的氨基酸序列反转做成反库，将正库和反库整合在一起进行检索。检索参数：Trypsin 全酶切，2 个漏切位点，半胱氨酸设置为碘乙酰胺乙酰化可变修饰，蛋氨酸设置为氧化可变修饰，母离子质量误差为 1.5Da，碎片离子质量误差为 0.8Da。搜库的数据结果用 pBuild 软件合并计算，软件参数设置为：假阳性率（FDR）≤1%，DeltaCn≥0.1。

2．结果与讨论

（1）SCX 和不同 pH 条件下 RPLC 对牛血清白蛋白酶切产物的分离　在上样量 10μg 时，分别采用 SCX 和不同 pH 条件下 RPLC 对牛血清白蛋白的胰蛋白酶切产物进行分离。如图 4-11 所示，总体而言，不同 pH 条件下的牛血清白蛋白酶切产物的 RPLC 分离［图 4-11（b）～（d）］比 SCX 色谱分离［图 4-11（a）］具有更高的分离度。另外，从图 4-11（b）～（d）中可以看出，pH 3 时的峰容量为 57，pH 10 时的峰容量为 53，pH 3～10 时的峰容量为 66，表明 pH 3～10 梯度结合有机溶剂梯度构成的双梯度 RPLC 具有更好的分离效果，且在有效时间内色谱峰分布相对均匀。因此，与选择的其它色谱条件相比，pH 3～10 梯度结合有机溶剂梯度构成的双梯度 RPLC 分离具有明显的优势。

（2）SCX 和不同 pH 条件下 RPLC 对酵母蛋白酶切产物的分离　为了考察更复杂的生物样本情况下 SCX 和不同 pH 条件下 RPLC 的分离效果，选择酵母蛋白的胰蛋白酶酶切产物进行实验。从图 4-12 可以看出，分离酵母蛋白酶切产物与分

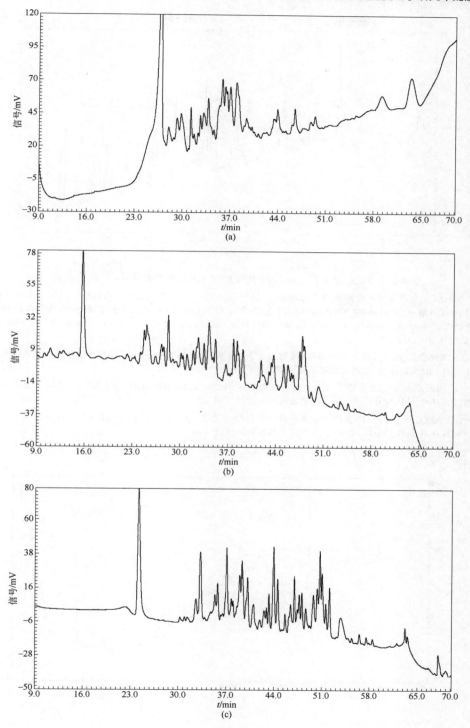

图 4-11

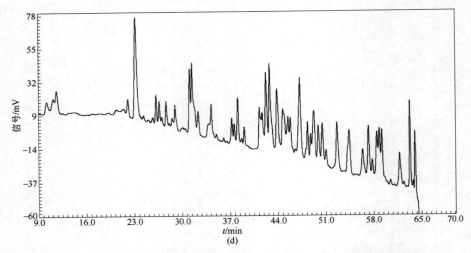

图 4-11　SCX 和不同 pH 条件 RPLC 对 BSA 酶切产物预分离色谱图

（a）SCX 分离条件：流动相 A 为 5mmol/L KH$_2$PO$_4$ + 30% ACN（pH 2.7）（流动相比例均为体积分数，下同）；流动相 B 为 5mmol/L KH$_2$PO$_4$+1mol/L KCl+30% ACN（pH 2.7）；流速 0.8mL/min，检测波长 214nm。洗脱梯度：100% A，10min；0～30% B，45min；30%～100% B，10min；100% B，5min；100%～5% B，3min；5% B，15min

（b）RPLC 在 pH 3 条件下分离条件：流动相 A 为 2% ACN+98% H$_2$O（pH 3.0）；流动相 B 为 98% ACN+2% H$_2$O（pH 3.0）；流速 、检测波长和洗脱梯度同（a）

（c）RPLC 在 pH 10 条件下分离条件：流动相 A 为 2% ACN+98% H$_2$O（pH 10.0）；流动相 B 为 98% ACN+2% H$_2$O（pH 10.0）；流速 、检测波长和洗脱梯度同（a）

（d）RPLC 在 pH 3～10 条件下分离条件：流动相 A 为 2% ACN+98% H$_2$O（pH 3.0）；流动相 B 为 98% ACN+2% H$_2$O（pH 10.0）；流速 、检测波长和洗脱梯度同（a）

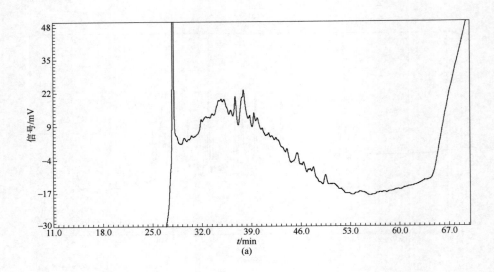

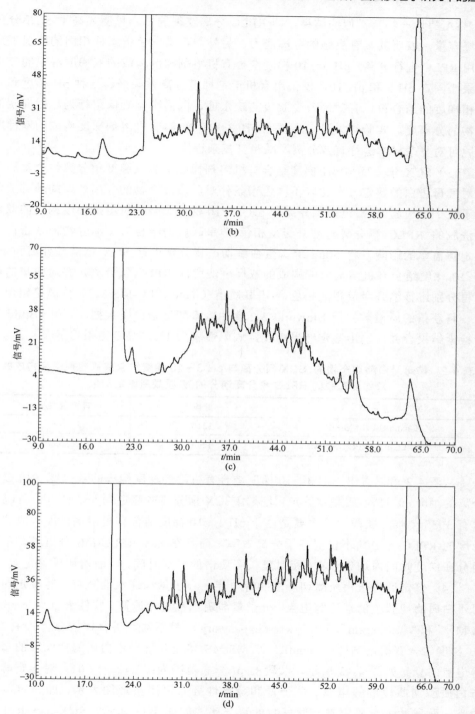

图 4-12　SCX 和不同 pH 条件 RPLC 对酵母蛋白酶切产物预分离色谱图
（色谱分离条件同图 4-11 图注部分色谱条件）

离 BSA 酶切产物有类似的结果，即 RPLC 分离获得的峰容量明显高于 SCX 分离的峰容量，表明其具有更强的分离能力。另外，在其它色谱条件相同的情况下，采用 RPLC 进行分离，pH 3～10 梯度结合有机溶剂梯度构成的双梯度洗脱的分离结果比固定 pH 3 和 pH 10，仅采用有机溶剂梯度分离效果好。这种 pH 梯度和有机相梯度的结合可以有效地改变肽段的疏水性，因而影响其保留行为，提高肽混合物的分离度。实验结果进一步说明 pH 3～10 梯度-有机溶剂梯度构成的双梯度洗脱可对复杂样本进行有效分离，减小其复杂程度。

（3）SCX 预分离与 pH 梯度结合有机溶剂梯度构成双梯度预分离结合串联质谱对酵母蛋白的鉴定　在比较不同色谱条件对肽段混合物的分离效率的基础上，为了进一步检验 SCX 色谱预分离和 pH 3～10 梯度结合有机溶剂梯度构成的双梯度洗脱的 RPLC 预分离与纳升级反相色谱-串联质谱结合对实际生物样本蛋白质鉴定覆盖率的影响，将 50μg 酵母蛋白酶切产物分别进行 SCX 色谱预分离和 pH 3～10 梯度结合有机溶剂梯度构成的双梯度洗脱的 RPLC 预分离，并对收集的馏分再分别进行纳升级反相液相色谱-串联质谱（nanoRPLC-MS/MS）分离鉴定。

将获得的质谱数据用 Bioworks 3.2 软件检索酵母蛋白质数据库，用 pBuild 进行检索结果合并，输出鉴定结果时设定假阳性率为 1%，鉴定结果列于表 4-2。

表 4-2　酵母蛋白酶切产物的 SCX 预分离与 pH 3～10 梯度结合有机溶剂梯度构成的双梯度洗脱的 RPLC 预分离馏分的液-质联用鉴定结果

方法	肽段	确定蛋白质组
SCX-nanoRPLC-MS/MS	1210	766
双梯度 RPLC-nanoRPLC-MS/MS	4245	1333

从表 4-2 可以看出，pH 3～10 梯度结合有机溶剂梯度构成的双梯度 RPLC 预分离的馏分，通过液-质联用鉴定，比采用 SCX 预分离多鉴定到 567 种蛋白质（簇，含有 3035 个唯一肽段）。这主要是由于 pH 3～10 梯度结合有机溶剂梯度构成的双梯度的 RPLC 预分离不仅提高了分离效率，而且在 nanoRPLC-MS 分析时，不同组分在梯度时间内均匀分布，相对延长了质谱的捕获时间，因而增加了鉴定效率。

（4）鉴定酵母蛋白质酶切肽段的等电点、分子量和疏水性分布　对鉴定的酵母蛋白质酶切肽段的理论等电点、分子量和疏水性进行计算（软件来自"Compute pI/Mw"和"ProtParam"，http://www.expasy.org），然后对其进行比较分析。pH 3～10 梯度结合有机溶剂梯度-nanoRPLC-MS/MS 鉴定到酵母蛋白质酶切肽段的理论等电点的分布如图 4-13 所示，肽段的 pI 分布范围为：3.42～12.01。对鉴定酵母蛋白质酶切肽段的等电点、分子量和疏水性分布采用条形图表示，即选定范围的唯一肽段数占总鉴定唯一肽段数的百分比。如图 4-13 所示，SCX-nanoRPLC-MS/MS 鉴定到较多的等电点为碱性的肽段，pH 3～10 梯度结合有机溶剂梯度构成的双梯度 RP-nanoRPLC-MS/MS 鉴定到较多的等电点为酸性的肽段，这两种方法有一定互补性。

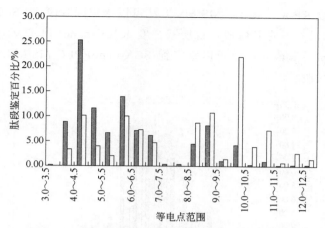

图 4-13 不同分离方法获得的肽段的等电点分布

▨ pH 3～10 反相色谱 pH 梯度；☐ 强阳离子交换色谱分离

肽段的分子量分布如图 4-14 所示，双梯度 RPLC-nanoRPLC-MS/MS 方法鉴定到肽段的分子量范围为：587.67～3499.79Da，与 SCX-nanoRPLC-MS/MS 方法鉴定的肽段的分子量分布类似；在分子量小于 1000Da 的范围，双梯度 RPLC-nanoRPLC-MS/MS 方法鉴定的肽段的百分比要高于 SCX-nanoRPLC-MS/MS 方法；在分子量大于 3000Da 的范围，SCX-nanoRPLC-MS/MS 方法没有鉴定到肽段。

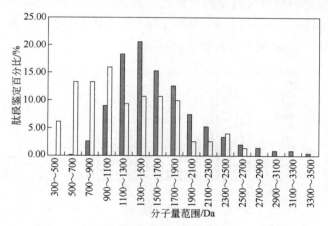

图 4-14 不同分离方法获得的肽段分子量的分布

▨ pH 3～10 反相色谱 pH 梯度；☐ 强阳离子交换色谱分离

图 4-15 展示了鉴定到不同肽段疏水性分布，双梯度 RPLC-nanoRPLC-MS/MS 方法鉴定的肽段 GRAVY 值的分布与 SCX-nanoRPLC-MS/MS 方法鉴定到肽段的 GRAVY

值的分布类似。但双梯度 RPLC-nanoRPLC-MS/MS 方法鉴定肽段的疏水性范围比 SCX-nanoRPLC-MS/MS 方法鉴定到肽段的疏水性范围要宽，且 GRAVY 值＞1.8 的范围内双梯度 RP-nanoRPLC-MS/MS 方法可以鉴定到肽段，但 SCX- nanoRPLC-MS/MS 方法却没有鉴定到肽段，说明双梯度 RPLC-nanoRPLC-MS/MS 方法可以鉴定更多的疏水性肽段，而且可以鉴定到 SCX-nanoRPLC-MS/MS 方法中无法检测到的疏水性肽段。

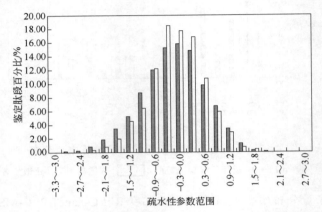

图 4-15　不同分离方法获得的肽段的疏水性参数的分布

▓ pH 3～10 反相色谱 pH 梯度；　□ 强阳离子交换色谱分离

（5）采用双梯度分离鉴定的酵母蛋白质的等电点和分子量分布　对采用双梯度分离方法所鉴定的酵母蛋白质的理化性质的统计分析结果如图 4-16 所示，蛋白质的 p*I* 分布范围为：3.82～12.19，并以 p*I* 6.0 和 9.0 为中心，形成"驼峰"分布，与文献报道的蛋白质 p*I* 值分布规律结果符合。

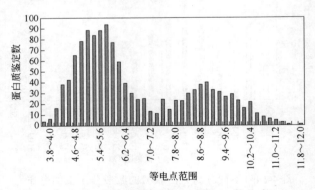

图 4-16　鉴定的酵母蛋白质的 p*I* 的分布

图 4-17 显示鉴定到蛋白质的分子量范围为：3446.55～432905Da，其中大于 100kDa 的蛋白质占到所鉴定蛋白质的 10.1%，高于二维凝胶电泳的等电点和分子

量范围（一般等电点 3～10；分子量 10～100kDa），表明双梯度的 RPLC-nanoRPLC-MS/MS 方法可以克服二维凝胶电泳在分子量和 pH 方面的歧视效应。

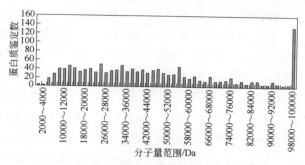

图 4-17　鉴定的酵母蛋白质分子量的分布

四、液相色谱-质谱联用对严重急性呼吸系统综合征冠状病毒结构蛋白质的分析鉴定

为了更全面表征严重急性呼吸系统综合征冠状病毒（SARS）相关蛋白质的特征，为阻止和杀死该病毒的药物研制和开发防治疫苗，本应用实例介绍了多维蛋白质鉴定技术（MudPIT）应用于多肽混合物分离和鉴定，即采用液相色谱和质谱联用的方法研究了 SARS 的结构蛋白质，并对研究 SARS 结构蛋白质组过程中所用的两种液相色谱分离和质谱鉴定方法进行了比较。通过高效液相反相色谱、毛细管反相色谱-串联质谱联用方法对 SARS 病毒攻击细胞的研究，鉴定出了 N、S 和 M 三种蛋白质，并准确测定了 N 蛋白质的分子量。由分子量结果和生物信息学推断的 N 蛋白质的理论分子量比较，可以确定 N 蛋白质不存在常见的磷酸化修饰和糖基化修饰或含量很低。进一步的研究表明 N 蛋白质可能存在降解现象，其降解机理尚需探索。另外，通过对样品直接酶切后进行二维毛细管色谱分离和串联质谱鉴定与对样品先进行分离，然后再进行毛细管反相分离-串联质谱鉴定方法比较，表明两种方法在蛋白质组学研究中各具优缺点，可根据不同目的选择使用。需要说明的是，实验过程中高丰度蛋白质的去除、低丰度蛋白质的富集以及疏水性强蛋白质的溶解和疏水多肽的鉴定仍然是难点，需进一步研究。

1. 材料与方法

（1）仪器和试剂　230 型高效液相色谱仪（大连依利特分析仪器有限公司）包括两台 P230 高压恒流泵、一台 UV230 紫外-可见检测器和 EC2000 色谱数据处理系统 V1.0，FC-95 自动馏分收集器（北京新技术应用研究所），毛细管高效液相色谱-电喷雾-四极杆-飞行时间串联质谱仪（cHPLC-ESI-Q-TOF-MS/MS，Micromass，Manchester，UK）主要包括一台毛细管高效液相色谱系统、一台电喷雾-四极杆-飞行时间质谱和 MassLynx V.3.5 软件，REFLEX™Ⅲ型基质辅助激光解吸电离/飞行时间质谱（MALDI-TOF-MS，Bruker，Daltonics Germany），无血清培养的细胞由军事医学科学院五所提供。

（2）样品制备和试剂配制　收集 SARS 病毒攻击的无血清培养的细胞和培养液，70℃灭活 2h 后，反复冻融以破裂细胞。通过 4000g 离心分离除去细胞碎片后，用切割分子量为 3000 的透析膜氯化钠降梯度直至去离子水除盐，Bradford 对蛋白质定量后，冷冻干燥成干粉保存，根据不同实验方案制备所需样品。

酶切条件：在含有冷冻干燥样品的 1.5mL 的小管中，加入 25μL 8.0mol/L 尿素，使二硫苏糖醇（DTT）终浓度达到 10mmol/L，在 37℃孵育 4h，使蛋白质充分变性溶解。按碘乙酰胺与 DTT 的比例为 5∶1 加入碘乙酰胺，在暗处放置 1h，封闭多余的 DTT。加入 50mmol/L 碳酸氢铵溶液并使尿素的最终浓度小于 1.0mol/L，再按蛋白质与酶的比例为 1∶50 质量比加入胰蛋白酶，在 37℃水浴中孵育 10～16h，冷冻干燥浓缩后进行质谱分析。

（3）色谱条件

① 分析型色谱柱为 50mm×4.6mm id Hypersil C$_{18}$ 反相柱，填料粒径为 5μm，孔径为 30nm，流动相 A 为 5%乙腈-0.1%三氟乙酸水溶液，流动相 B 为 95%乙腈-0.1%三氟乙酸水溶液，流速 1.0mL/min，检测波长为 280nm。色谱洗脱梯度：10%～90%B，60min；90%～100%B，5min；100%B 洗脱 5min 后，切换到 100%A 平衡色谱系统，样品收集用自动馏分收集器进行，所有色谱实验均在室温条件下进行。

② 第一维分离所用毛细管强阳离子交换柱（SCX）为 15mm×500μm id，填料为 BioX-SCX，5μm；第二维分离所用毛细管反相柱为 150mm×75μm id 二氧化硅玻璃管，其中装填 PepMap C$_{18}$、粒径 3μm、孔径 10nm 的填料（赛默飞世尔公司，美国），设定流速为 2.0μL/min，在预柱和毛细管反相柱前分流成约 0.15μL/min 的流速，用辅助泵 C 以 30μL/min 的流速首先进样到预柱上（5mm×320μm id，填料为 PepMap C$_{18}$，颗粒直径 3μm，孔径 10nm，赛默飞世尔公司，美国），除盐后，切换到分析柱进梯度洗脱。流动相 A 为水-乙腈（95∶5，体积比），加入 0.1% FA；流动相 B 为水-乙腈（5∶95，体积比），加入 0.1% FA。分离时采用非线性梯度：4%B，0.1～3.5min，进样；4%～50%B，3.5～63.5min；50%～100%B，63.5～73.5min；100%B，73.5～80min；100%～4%B，80～85min。分离后的馏分通过 ESI 源直接进行串联质谱分析和 Mascot[14]数据检索。

（4）质谱条件

① ESI-Q-TOF 质谱的 ESI 源流速约 0.15μL/min，样品锥电压 45V，毛细管电压 3000V，飞行管电压 5630V，MCP 电压 2500V，碰撞电压 35V，碰撞气体为高纯氩气，雾化气为高纯氮气。

② REFLEX™Ⅲ型基质辅助激光解吸电离/飞行时间质谱用于测定 N 蛋白质（nucleocapsid protein）分子量。该仪器所用激光器为 N$_2$ 激光器（Laser Science Inc.，

发射波长 337nm），线性飞行管长 1.6m，加速电压 20kV，Scout 384 型靶，MCP 电压 1.6kV。谱图采集采用正离子方式，信号为 300 次单次扫描的累加。样品用 1% TFA 溶解后，取 1μL 与 1μL 芥子酸（SA，Sigma，美国）混合、离心后，取上清液点靶。在所选定仪器条件下用 1.0pmol 的 BSA 校正仪器。

2. 实验结果与讨论

（1）二维毛细管 HPLC-ESI-Q-TOF-MS 体系对 SARS 病毒攻击的无血清培养细胞裂解液分析　将冷冻干燥的样品按上述方法用序列级胰蛋白酶酶切后，进行二维毛细管液相色谱和质谱分离与鉴定。如图 4-18 所示，首先上样约 40μg 到 SCX

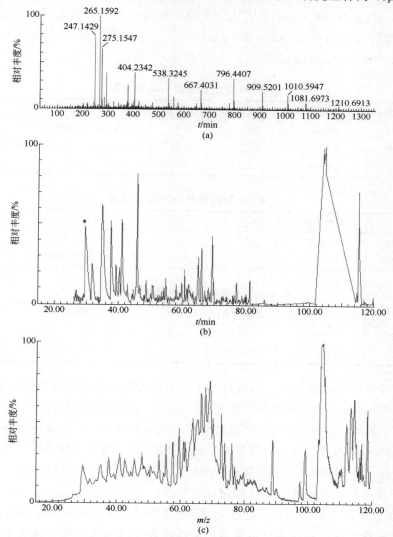

图 4-18　在强阳离子交换柱上不保留的组分的质谱总离子流色谱图（a）、部分肽段串联质谱总离子流色谱图（b）以及图（b）中标有星号串联质谱总离子流色谱峰的质谱图（c）

柱上，未在 SCX 柱上保留的组分保留在反相预柱上，在上述色谱条件下进行反相色谱分离，并直接通过 ESI 源进行串联质谱鉴定。然后用不同浓度的醋酸铵：30mmol/L、40mmol/L、50mmol/L、60mmol/L、75mmol/L、90mmol/L、100mmol/L、120mmol/L、140mmol/L、160mmol/L、180mmol/L、200mmol/L、250mmol/L、300mmol/L、400mmol/L、500mmol/L、800mmol/L 和 1000mmol/L，每次 20μL，进行阶梯梯度洗脱，经反相预柱除盐后，切换到毛细管反相色谱柱上进行梯度洗脱，同时进行串联质谱在线鉴定，得到一系列与图 4-18 类似的结果，用 Mascot 检索引擎在 NCBInr 蛋白质数据库中对质谱数据进行检索，结果汇总于表 4-3～表 4-5 中。表 4-3～表 4-5 中鉴定结果表明无血清培养的细胞裂解液中存在组成 SARS 病毒的 N 蛋白质（nucleocaspid protein）、S 蛋白质（spike protein）和 M 蛋白质（membrane glycoprotein）。

表 4-3　N 蛋白质肽序列检索结果

肽序列位置	匹配理论值/Da	实验值/Da	误差/Da	匹配肽序列	计分值
129～144	1683.88	1684.20	0.32	EGIVWVATEGALNTPK	63
211～227	1686.90	1687.25	0.35	MASGGGETALALLLDR	122
268～277	1182.58	1182.82	0.24	QYNVTQAFGR	46

表 4-4　S 蛋白质肽序列检索结果

肽序列位置	匹配理论值/Da	实验值/Da	误差/Da	匹配肽序列	计分值
427～439	1459.66	1459.94	0.28	NIDATSTGNYNYK	69
983～996	1689.94	1690.15	0.21	LQSLQTYVTQQLIR	77

表 4-5　M 蛋白质肽序列检索结果

肽序列位置	匹配理论值/Da	实验值/Da	误差/Da	匹配肽序列	计分值
174～185	1385.73	1385.76	0.03	TLSYYKLGASQR	56
186～197	1256.58	1256.83	0.25	VGTDSGFAAYNR	80

（2）分析型 HPLC-毛细管 HPLC-ESI-Q-TOF-MS 体系对 SARS-CoV 病毒攻击的无血清培养细胞裂解液的分析　首先通过分析型反相色谱对 SARS 病毒攻击的无血清培养细胞裂解液中整体蛋白质进行分离，如图 4-19 所示，收集每分钟时间间隔的馏分，共收集 60 个馏分，对每个馏分进行浓缩。除了取部分馏分中一部分用于分子量测定外，对每个样品进行胰蛋白酶酶切后，用毛细管 RP HPLC-ESI-Q-TOF-MS 体系进行分离和鉴定，并对质谱数据进行处理，通过 Mascot 在 NCBInr 库检索，其中 N 蛋白质覆盖率最高馏分的鉴定结果见表 4-6。表 4-6 中结果表明依据整体蛋白质疏水性差异首先对其分离和富集可以显著提高 N 蛋白质的覆盖率。但通过对梯度开始到 62min 所收集的 62 个馏分以及进样时不保留组分的鉴定，未能鉴

定出 S 和 M 蛋白。考虑到 C_{18} 疏水性太强，改用 C_8 反相柱后，用 10min 的线性梯度快速洗脱，收集每分钟的馏分进行同样处理，同样未能鉴定出 S 和 M 蛋白。其原因可能是 S 和 M 蛋白未被洗脱或沉积和吸附在筛板上，仍需要进一步探索。

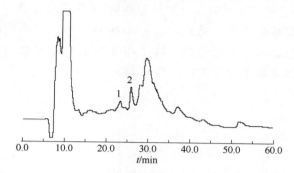

图 4-19　SARS 冠状病毒攻击细胞裂解液反相液相色谱图

色谱柱：50mm×4.6mm id，粒径 5μm、孔径 30nm C_{18} 反相填料

流动相：A 为水-乙腈（95∶5，体积比）并加入 0.1%三氟乙酸，B 为水-乙腈（5∶95，体积比）并加入 0.1%三氟乙酸

流速：1.0mL/min

检测波长：280nm

洗脱梯度：10%～90%B，60min；90%～100%B，5min；在 100%B 条件下保持 5min 后，用 5min 回到 100%A 平衡色谱系统

表 4-6　N 蛋白质肽序列检索结果

肽序列 位置	匹配理论值 /Da	实验值 /Da	误差/Da	匹配肽序列	计分值
16～33	1849.82	1849.84	0.02	ITFGGPTDSTDNNQNGGR	123
42～62	2323.18	2323.22	0.04	RPQGLPNNTASWFTALTQHGK	43
42～66	2850.45	2850.56	0.11	RPQGLPNNTASWFTALTQHGKEELR	18
70～89	2150.00	2149.96	−0.04	GQGVPINTNSGPDDQIGYYR	93
109～128	2296.08	2296.03	−0.05	WYFYYLGTGPEASLPYGANK	42
129～144	1683.88	1683.89	0.01	EGIVWVATEGALNTPK	52
151～170	2090.11	2090.08	−0.04	NPNNNAATVLQLPQGTTLPK	16
211～227	1686.90	1686.91	0.01	MASGGGETALALLLDR	125
268～277	1182.58	1182.61	0.03	QYNVTQAFGR	42
278～294	1929.93	1930.05	0.12	RGPEQTQGNFGDQDLIR	50
301～320	2235.07	2235.05	−0.02	HWPQIAQFAPSASAFFGMSR	13
340～348	1104.55	1104.58	0.04	LDDKDPQFK	24
376～386	1281.67	1281.73	0.07	KTDEAQPLPQR	49

（3）N 蛋白质分子量测定和降解问题　如图 4-19 所示，通过对 SARS 病毒攻击细胞裂解液质谱鉴定结果，色谱峰 2 馏分中主要为 N 蛋白质，用 MALDI-

TOF-MS 对其中 N 蛋白质分子量进行测定，如图 4-20 所示，结果为 45929，与加拿大科学家的结果一致，也就是 N 蛋白质的 N 端不存在甲硫氨酸，并且丝氨酸存在乙酰化。N 蛋白质分子量的测定结果与理论值（45935.38）比较，误差为 1.38/10000。从分子量结果可以推断出所分离的 N 蛋白质可能不存在或存在含量很低的磷酸化和糖基化修饰。另外，从图 4-19 还可看出，色谱峰 1 和 2 应为两种不同的溶质，但经串联质谱鉴定，峰 1 和 2 中主要为 N 蛋白质，表明该蛋白质发生了降解，其降解原因还需进一步研究。

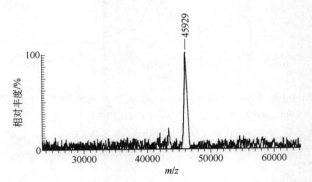

图 4-20　MALDI-TOF-MS 测定的 N 蛋白质分子量谱图

第五节　色谱在翻译后修饰蛋白质组研究中的应用

生物体能迅速对体内环境变化和外界环境刺激产生应答反应，这些反应过程依靠复杂的调控机制调节，其中大多数调控机制是由蛋白质的构象变化所介导的。而蛋白质本身的构象变化常常是通过变构效应和蛋白质一级结构上发生的各种共价修饰来实现的，如二硫键的配对、蛋白水解酶的加工、糖基化和磷酸化修饰等。蛋白质的翻译后修饰与其活性和功能状态有关，也与蛋白质所在细胞的种类和生命周期相关，翻译后修饰状态无法从基因水平获知，只能从蛋白质的水平进行研究。

一、色谱在磷酸化修饰蛋白质组研究中的应用

蛋白质的磷酸化修饰是生物体内最重要的共价修饰方式之一。在哺乳动物细胞生命周期中，大约有 1/3 的蛋白质发生过磷酸化修饰，在脊椎动物基因组中，2%～5%基因编码了参与磷酸化和去磷酸化过程的蛋白激酶和磷酸（酯）酶[70]。在蛋白激酶的作用下，蛋白质被磷酸化；而在磷酸酶的作用下，蛋白质被去磷酸化。磷酸化与去磷酸化是一个可逆的平衡反应，通过蛋白激酶和磷酸酶二者的作

用，决定了蛋白质的磷酸化状态。被磷酸化修饰的蛋白质可以改变它所带的电荷，也可改变催化基团的性质，或者改变蛋白质的构象，或者改变蛋白质的亚细胞分布，表现为蛋白质功能变化的多样性[71]。磷酸化修饰本身所具有的简单、灵活和可逆特性以及磷酸基团的供体 ATP 的易得性，使得磷酸化修饰被真核细胞所选择接受，成为一种最普遍的调控手段。蛋白质的磷酸化和去磷酸化这一可逆过程几乎调节着包括细胞的增殖、发育、分化、信号转导、细胞凋亡、神经活动、肌肉收缩、肿瘤发生等过程在内的所有生命活动，目前已经知道有许多人类疾病是由于异常的磷酸化修饰所引起，而有些磷酸化修饰却是某种疾病所导致的后果[72]。鉴于磷酸化修饰在生命活动中所具有的重要意义，探索磷酸化修饰过程的奥秘及其对功能的影响已成为众多生物化学领域研究人员所关心的内容。蛋白质组学的研究策略是从整体上了解细胞中蛋白质的功能状态，而从整体上了解蛋白质的翻译后修饰是目前蛋白质组研究的一个重要内容，也是蛋白质组研究正在面临的技术挑战。用蛋白质组学的理念和分析方法研究蛋白质磷酸化修饰，可以从整体上观察细胞或组织中磷酸化修饰的状态及其变化，对以某一种或几种激酶及其产物为研究对象的经典分析方法是一个重要的补充，并提供了一个全新的研究视角，由此更派生出磷酸化蛋白质组学（phosphoproteomics）这一新概念。

　　然而，细胞内许多磷酸化蛋白质的含量非常少，蛋白质磷酸化的化学计量值常常很低，某一种蛋白质中仅有少部分被磷酸化，一般一个发生磷酸化的蛋白质其磷酸化的部分仅占其总量的 10%[60]，而且同一种蛋白质中也可能存在不同的磷酸化类型，所以即使某个发生磷酸化修饰的蛋白质的表达量处于相对较高的水平，其磷酸化部分的量也仅有 1/10 左右，分析起来十分困难。为了检测被修饰的磷酸肽，一般比鉴定该蛋白质需要更多的蛋白量，而在蛋白量有限的情况下就需要更灵敏的检测手段。传统磷酸化蛋白质的分析多是利用体外激酶反应使蛋白质被磷酸化修饰，产生足够用于分析的磷酸化蛋白质。蛋白质酶解后，分离磷酸肽，根据磷酸肽的二维肽图确定存在磷酸化的肽段，利用磷酸氨基酸的双向电泳图分析磷酸化的氨基酸类型，或用 Edman 降解和串联质谱测序分析磷酸化位点[73]。在分析中，为了追踪磷酸化蛋白质和磷酸化肽段，一般都要采用 ^{32}P 放射性标记的方法，存在放射性污染的问题，不适用于组织样本的分析，而且一次只能分析一个目的蛋白质，不适应蛋白质组大规模、整体分析的策略。从蛋白质组的规模上分析磷酸化蛋白质常用二维凝胶电泳分离，^{32}P 放射性标记放射自显影或抗磷酸氨基酸抗体免疫印迹检测，用肽质量指纹谱（PMF）或串联质谱数据鉴定蛋白质，但是由于样本量有限，这条路线往往鉴定不出蛋白质的磷酸化位点，而且由于检测方法的局限性，很有可能会产生许多假阳性结果。

　　磷酸化位点是认识蛋白质磷酸化在生命活动中的调控机制的重要参考信息，

是蛋白质磷酸化修饰分析中一个非常重要的内容，确定蛋白质的磷酸化修饰位点并总结其相关的序列特点，有助于进一步了解参与磷酸化的激酶及其底物的功能关系，从而更深入理解磷酸化修饰在生命过程中的作用。虽然母离子扫描等串联质谱技术可以直接从肽混合物中选择性地分析磷酸化肽段并进行序列分析，但是由于在实际生物样本中蛋白质磷酸化的化学计量值很低，磷酸肽的含量非常少，淹没在大量非磷酸化的肽段中，而磷酸肽本身所具有的负电性又使其在正离子模式的质谱分析中信号受到抑制，磷酸肽的信号丰度比其相应未磷酸化肽段的丰度要低很多，在复杂样本中磷酸肽的检测非常困难。因此，如果分析复杂的蛋白质混合物样本，必须在分析前能够对磷酸肽进行选择性分离或富集[74]。

最初，固相金属亲和色谱（immobilized metal affinity chromatography，IMAC）[75]主要是用于纯化含组氨酸的蛋白质。自 1986 年 Muszylnska G 等[76]发现固相化的铁螯合离子对磷蛋白和磷酸化氨基酸有高选择性的结合能力以来，IMAC 已经被普遍用于选择性地富集磷酸肽[77~79]。磷酸肽常用 Fe^{3+}、Ga^{3+} 等金属离子螯合柱进行亲和富集和纯化。在进行亲和富集和纯化时，磷酸基团与固定化的金属离子通过静电作用吸附，使磷酸肽在 IMAC 柱上有较强的结合能力，在碱性环境或有磷酸盐存在时，这种相互作用被破坏从而使磷酸肽被洗脱。目前发展的高通量磷酸化蛋白质组分析途径主要采用固相金属亲和色谱-反相液相色谱-串联质谱-数据库检索联用的方法，复杂的细胞/组织蛋白质的酶解混合物经亲和色谱提取磷酸肽和反相 HPLC 分离后，直接进行质谱分析。质谱系统采用数据依赖的信号采集方式，每一个响应信号超过一定阈值的离子都自动进行串联质谱分析，产生的质谱数据在数据库中检索从而鉴定磷酸化蛋白质并确定磷酸化位点。这种技术体系已经应用于酵母[80]、精子蛋白[81]、白血病细胞[82]、人垂体[83]、拟南芥膜蛋白[84]等样本的磷酸化蛋白质组分析，具有良好的应用前景。

另外，Ficarro S B 等[85]还对 IMAC、毛细管反相高效液相色谱和电喷雾串联质谱在线联用方法进行了改进，并用于磷酸肽进行亲和提取、分离纯化和位点分析，提出了一个很有希望的微量磷酸肽检测和鉴定方法。在实施该方法时，首先将酵母细胞裂解液中磷酸化和非磷酸化的蛋白混合物进行酶解，然后对羧基进行甲基化修饰并直接用固定化金属亲和色谱富集磷酸肽，再通过纳喷反相高效液相色谱-串联质谱分析，鉴定出了 1000 多个磷酸化肽，并在 216 个磷酸化肽中确定出 383 个磷酸化位点，其中 60 个磷酸化肽为单位点修饰，145 个为双位点修饰，11 个为三位点修饰。而且，这种方法很容易发展成对差异表达的磷酸化蛋白进行显示和定量测定。另外，也可对含有磷酸氨基酸残基的多肽进行化学修饰或生物素标记，再通过抗生物素蛋白色谱柱进行亲和纯化和 MS/MS 序列分析，确定出磷酸化蛋白和磷酸化位点。有关多维色谱-质谱鉴定技术在确定磷酸化蛋白以及磷酸化位点的应用，Mann M 等[86]做了全面的评述。

二、IMAC 亲和提取结合生物质谱用于磷酸化修饰蛋白质的分析鉴定

用 IMAC 柱亲和提取结合 MALDI-TOF-MS 分析可以帮助寻找蛋白质酶解混合物中的磷酸肽，结合磷酸酶水解方法可以予以确证，同时提取的磷酸肽还可用纳喷串联质谱进行位点分析。本节内容是结合多种分析技术建立磷酸化蛋白质的系统分析方法，首先采用固相金属离子亲和色谱（ZipTipMC）柱亲和提取蛋白质的酶解肽混合物，用 MALDI-TOF-MS 分析肽质量指纹谱，通过比较 IMAC 柱亲和提取前后肽谱的变化及磷酸肽的特征亚稳离子峰找到候选磷酸肽，再用磷酸酶水解实验确定磷酸化肽段，最后用串联质谱分析磷酸化位点[87]。

1. 材料与方法

（1）材料 ZipTipMC 和 ZipTipC$_{18}$ 为 Millipore 公司产品，牛 β-酪蛋白（β-casein）、鸡卵白蛋白（Ovalbumin）购自 Sigma 公司，磷酸酶为 Roche 公司产品，丙烯酰胺、亚甲基双丙烯酰胺、三羟甲基氨基甲烷购自 Amersham Pharmacia 公司。甲酸、乙酸、三氯化铁、磷酸二氢铵、EDTA、氯化钠、三乙胺均为国产分析纯试剂。凝胶点切割仪 Spot picker 为 GE Healthcare 公司产品。MALDI-TOF 质谱仪为美国 Waters 公司的基质辅助激光解吸电离/飞行时间质谱仪，N$_2$ 激光器（LaserScience Inc，LSI，发射波长 337nm），反射式飞行管道长 1.2m，加速电压 15kV，反射电压 500V，信号为 50～80 次单次扫描的累加。纳喷串联质谱仪为美国 Waters 公司 Q-TOF Micro 型电喷雾-四极杆-飞行时间串联质谱仪。样品锥电压 45V，毛细管电压 1100V，飞行管电压 5630V，MCP 电压 2500V，碰撞气体为高纯氩气，雾化气为高纯氮气。纳喷进样针为 Protana 公司产品。

（2）方法

① SDS-PAGE 电泳及胶上蛋白质原位酶切 2μg 牛 β-酪蛋白与等体积电泳加样缓冲液混匀，沸水浴 3min，混匀后上样。1μg 鸡卵白蛋白经脲、DTT 变性还原，碘乙酰胺烷基化后，与等体积电泳加样缓冲液混匀，沸水浴 3min，混匀后上样。电泳结束后考马斯亮蓝染色，脱色后凝胶上的蛋白条带用 Spot Picker 切胶仪切成 1.5mm^2 大小的胶粒，用 50%乙腈、25mmol/L NH$_4$HCO$_3$ 溶液脱色，纯乙腈脱水干燥，加入 10μL 酶液，含 0.1μg 胰蛋白酶（trypsin）、25mmol/L NH$_4$HCO$_3$，37℃ 保温 20h，用 0.1%TFA、50%ACN 溶液 15μL 提取肽段，取 1μL 与基质溶液（α-氰基-4-羟基肉桂酸饱和溶液，含 0.1%TFA、50%ACN）混合共结晶后 MALDI-TOF-MS 分析。

② ZipTipMC 亲和提取磷酸肽 Fe^{3+}鳌和亲和柱的制备：将 ZipTipMC 小柱按照说明书要求依次用 0.1% HAc、50% ACN 溶液、200mmol/L FeCl$_3$溶液、水、

1% HAc、10% ACN 溶液、0.1% HAc、10% ACN 溶液各洗 3～5 次备用。磷酸肽亲和提取：取蛋白酶解肽混合物 1～3μL，用 0.1%HAc、10% ACN 溶液稀释 10～15 倍，用 10μL 加样枪使 Fe^{3+} 螯合亲和柱在此溶液中吸挤 10～20 次，用 0.1%HAc、10%～20% ACN 溶液洗去非特异性结合的肽，用 1mol/L 的氨水 4μL 洗脱磷酸肽，取 2μL 加到 MALDI-TOF 质谱仪的不锈钢样品靶上，待溶剂挥发后加 1.5μL 基质溶液结晶后 MALDI-TOF-MS 分析。或用 50mmol/L Na_2HPO_4 溶液洗脱，冻干后在 ZipTipC_{18} 小柱上用 0.1%甲酸或 0.1mol/L 醋酸三乙胺溶液脱盐，50%乙腈溶液洗脱后点到样品靶上。

③ 磷酸酶去磷酸化反应　溶液酶切：取含磷酸肽样品 1～2μL，加 20mmol/L 三(羟甲基)氨基甲烷-盐酸（Tris-HCl）pH 8.0 溶液 1.5μL，加 1μL 稀释 100 倍的磷酸酶溶液（约 0.15U/μL），37℃保温 0.5h，取 1μL 与基质溶液混合共结晶后 MALDI-TOF-MS 分析。

靶上酶切：在 MALDI-TOF 质谱仪的不锈钢样品靶上滴加含磷酸肽样品 1～2μL，加 20mmol/L Tris-HCl（pH 8.0）溶液 1.5μL，加 1μL 稀释 100 倍的磷酸酶溶液（约 0.15U/μL），37℃保温 0.5h，加 1.5μL 基质溶液共结晶后 MALDI-TOF-MS 分析。对样品靶上已经分析过的样品-基质结晶，加 20mmol/L Tris-HCl（pH 8.0）溶液 1.5μL，待基质完全溶解后加 1μL 稀释 100 倍的磷酸酶溶液，37℃保温 0.5h，加 1.5μL 基质溶液共结晶后 MALDI-TOF-MS 分析。

④ 生物质谱分析　ZipTipMC 亲和提取的磷酸肽用 ZipTipC_{18} 小柱脱盐后，溶于 5%FA、50%MeOH 中，取 1～2μL 洗脱物加到纳喷进样针内用于串联质谱分析，样品锥电压 45V，毛细管电压 1100V，飞行管电压 5630V，MCP 电压 2500V，碰撞能量 28～32V，产生的串联质谱图生成质量数据文件在 Mascot 网站检索。

2．实验结果与讨论

（1）ZipTipMC 亲和提取磷酸肽　使用了两个磷酸化标准蛋白质，牛β-酪蛋白和鸡卵白蛋白用于磷酸化蛋白质分析方法的建立，固相金属亲和色谱体系采用 Millipore 公司生产的 ZipTipMC 亲和小柱，样本处理体积约 5～10μL。牛β-酪蛋白是一种从牛奶中提取出来的天然磷酸化蛋白质，含有 5 个丝氨酸磷酸化位点，经胰蛋白酶水解后产生的磷酸化肽段的序列和质量数见表 4-7。凝胶电泳分离的牛β-酪蛋白经胶上原位酶切后。

肽混合物用 Fe^{3+} 螯合的固相金属离子亲和柱亲和提取磷酸肽，提取前后样品的 MALDI-TOF-MS 图见图 4-21（a）、（b），其中图 4-21（a）为牛β-酪蛋白的肽质量指纹谱，图 4-21（b）为 IMAC 柱亲和提取得到肽段的谱图。从图中可以看出，经 IMAC 柱亲和提取后肽谱被明显简化，单磷酸化肽段 $T_{48\sim63}$ 成为基峰，在肽混合物谱图中几乎不可见的含 4 个磷酸化位点的肽段 $T_{16\sim40}$ 也清晰可辨，说明 IMAC 柱有效地实现了对磷酸化肽段的亲和提取。

表 4-7　牛β-酪蛋白和鸡卵白蛋白产生的磷酸肽理论序列及质荷比

	胰蛋白酶酶切肽段	肽序列	磷酸化位点个数 n	压荷比（m/z）	
				[M+H]⁺	[M+H−nHPO₃]⁺
牛β-酪蛋白	16～40	RELEELNVPGEIVEpSLpSpSpSEESITR	4	3122.26	2802.40
	17～40	ELEELNVPGEIVEpSLpSpSpSEESITR	4	2966.16	2646.29
	48～63	FQpSEEQQQTEDELQDK	1	2061.82	1981.86
鸡卵白蛋白	59～84	FDKLPGFGDpSIEAQC①GTSVNVHSSLR	1	2901.36	2821.36
	340～359	EVVGpSAEAGVDAASVSEEFR	1	2088.91	2008.95

① Cys_CAM。

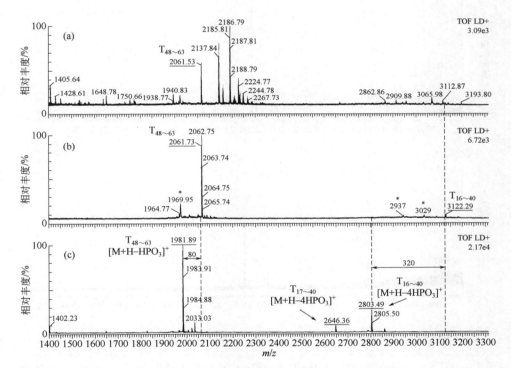

图 4-21　牛 β-酪蛋白酶切物的 MALDI-TOF-MS 图

（a）牛 β-酪蛋白的胰蛋白酶酶切肽谱；（b）酶切物经 IMAC 柱亲和提取后的肽谱；（c）酶切物 IMAC 柱亲和提取后又经磷酸酶处理 30min 后的谱图（标*的为亚稳离子峰）

　　鸡卵白蛋白含有 2 个丝氨酸磷酸化位点，经胰蛋白酶水解后产生的磷酸化肽段的序列和质量数见表 4-7，用固相金属离子亲和柱亲和提取后的 MALDI-TOF-MS 图见图 4-22。图 4-22（a）是磷酸肽用氨水直接洗脱后点靶得到的 MALDI-TOF-MS 谱图，图 4-22（b）、（c）是氨水洗脱物分别用 0.1mol/L 醋酸三乙胺和 0.1%甲酸脱盐后得到的谱图。在图 4-22（b）中可以看到鸡卵白蛋白酶切产生的 2 段磷酸肽 T₅₉～₈₄ 和 T₃₄₀～₃₅₉。虽然氨水洗脱产物可以不用脱盐直接用

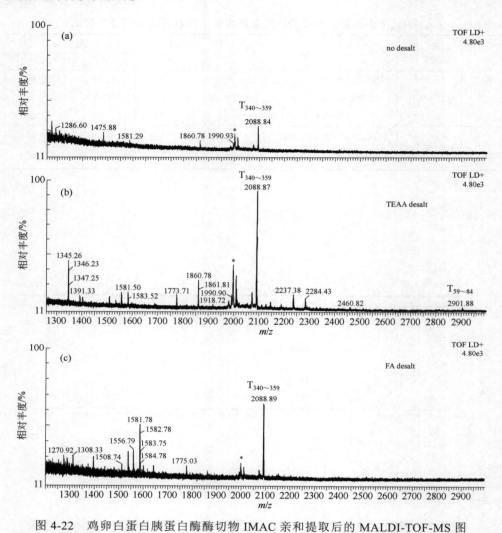

图 4-22　鸡卵白蛋白胰蛋白酶酶切物 IMAC 亲和提取后的 MALDI-TOF-MS 图

（a）IMAC 柱用 1mol/L 氨水洗脱后直接点靶，未脱盐（no desalt）；（b）氨水洗脱物在 ZipTip C_{18} 小柱上用 0.1mol/L 醋酸三乙胺脱盐（TEAA desalt）后点靶；（c）氨水洗脱物在 ZipTip C_{18} 小柱上用 0.1%甲酸脱盐（FA desalt）后点靶［图（c）的上样量是图（b）的 10 倍］（标*的为亚稳离子峰）

MALDI-TOF-MS 分析（Millipore 公司产品说明书的推荐用法），但是质谱信号较弱，在质谱图 4-22（a）中只能见到一段磷酸肽，而如果用磷酸盐洗脱 IMAC 柱上的磷酸肽就一定要脱盐后才能进行质谱分析。我们实验的两种脱盐方法得到的结果有较大差异，用醋酸三乙胺脱盐后磷酸肽的信号显著增强，而且原来检测不出的 $T_{59\sim84}$ 肽段也能看到［图 4-22（b）］，而甲酸脱盐后肽段有损失，磷酸肽的信号也没有增强，有时甚至会丢失［图 4-22（c）］。从 IMAC 亲和柱上洗脱下来的肽段除了磷酸肽外还有部分非磷酸肽，这些非磷酸肽所含的酸性氨基酸残基较多，与磷酸肽一样都是亲水性较强的肽段，在反相填料上不易保留，所以用常规的 ZipTip C_{18} 甲酸溶液体系脱盐会造成肽段的丢失，在文献中也报道过类似的现象，并且改用 Poros R2 和 Oligo R3 等色谱填料纯化磷酸肽[88~90]。我们采用的醋酸三乙胺脱盐体系是在普通的 C_{18} 反相填料上进行的，利用离子对试剂醋酸三乙胺与磷酸肽形成离子对使其在反相填料上的保留增强，避免了肽段丢失，这一方法原来是用来纯化寡核苷酸链的（Millipore tech note），考虑到磷酸肽与寡核苷酸链在亲水性上的相似性，所以用来纯化磷酸肽。从实验结果看，该方法用于磷酸肽的脱盐效果很好。

（2）MALDI-TOF-MS 谱中磷酸肽的亚稳离子峰　亚稳离子（metastable ion）是指 MALDI 离子源产生的离子在无场飞行管道飞行时发生结构断裂，丢失中性分子后所产生的离子（子离子）。亚稳离子的特点是分辨率差，一般不能达到同位素分辨，而且只能在反射式的 MALDI-TOF-MS 谱中与其他离子区别出来[91]。含有丝氨酸和苏氨酸磷酸化修饰的肽段，其所带磷酸基团容易发生β消除反应，丢失一个磷酸分子（H_3PO_4），从而产生质量数减少 98 的亚稳离子$[M＋H－H_3PO_4]^+$，所以磷酸肽亚稳离子峰的存在间接证明了磷酸肽的存在。质谱图中亚稳离子的表观质荷比与其实际的质荷比之间存在一定的误差，这是因为亚稳离子的飞行速度与其前体离子的速度一样，而具有相同质量的离子，如果从离子源内获得动能，飞行速度要比亚稳离子的速度快，所以亚稳离子比相同质荷比的其他离子较晚到达检测器，亚稳离子的表观质荷比也比其实际质荷比要大，这之间相差的具体数值在不同的仪器上是不一样的[92,93]。在图 4-21（a）、（b）中都可以见到磷酸肽的亚稳离子峰，图 4-21（b）中用"＊"标记出。图 4-23 是图 4-21（b）的局部放大图，从中可以看出亚稳离子峰与一般离子峰在分辨率上的差别，可见亚稳离子峰很容易识别。

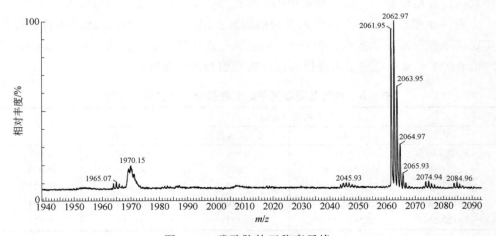

图 4-23　磷酸肽的亚稳离子峰

图 4-23 中β-酪蛋白的胰蛋白酶酶解磷酸肽 $T_{48\sim63}$，理论上质荷比为 2061.8，发生β消除反应后脱去一个磷酸分子$[M+H-H_3PO_4]^+$，质量数减少 98，实际质荷比应为 1963.8，而其亚稳离子的表观质荷比为 1969，比实际值大了 5.2。图 4-21（b）中β-酪蛋白的另一段带 4 个磷酸化基团的磷酸肽 $T_{16\sim40}$，在图中同时出现两个亚稳离子峰：脱去一个磷酸基团的亚稳离子$[M+H-H_3PO_4]^+$，表观质荷比为 3029，实际质荷比为 3024.26，脱去两个磷酸基团的亚稳离子$[M+H-2H_3PO_4]^+$，表观质荷比为 2936，实际质荷比为 2926.26。磷酸肽在 MALDI-TOF-MS 谱中表现出的低分辨率的亚稳离子峰成为寻找磷酸化修饰或证明其存在的有力证据。

由双聚焦磁质谱仪得到的亚稳离子表观质荷比与其实际值之间可以通过简单的公式（$M_c=M_b^2/M_a$，M_c、M_a、M_b 分别为亚稳离子、母离子、子离子质荷比）进行换算，但是反射式 MALDI-TOF 质谱仪得到的磷酸肽亚稳离子表观质荷比与实际值之间的换算关系较复杂，与仪器的电压和飞行管的设计及母离子的质量等因素有关，所以在不同的仪器上这两个数值之间的绝对差值是不一样的。Harvey[94]等推导了复杂的公式用于分析亚稳离子质荷比与其母离子、子离子质荷比之间的关系，公式如下：

$$r = \frac{M_b - M_c + \sqrt{M_c(M_a - 2M_b + M_x)}}{M_c - M_x}$$

$$M_x = \frac{M_b^2}{M_a} \qquad M_c = M_a \left(\frac{1 + \dfrac{M_b}{M_a} r}{1 + r} \right)^2$$

式中，M_a 为母离子质荷比；M_b 为子离子质荷比；M_c 为亚稳离子表观质荷比。

首先根据已知磷酸肽的亚稳离子（M_c）、母离子（M_a）和子离子（M_b）质荷比数据计算出仪器的 r 值，然后根据 r 值计算未知离子的亚稳离子质荷比。

表 4-8 是β-酪蛋白和鸡卵白蛋白磷酸肽不同形式离子的质荷比及实验测得的亚稳离子表观质荷比数据，根据 Harvey 的公式计算仪器 r 值为 0.922±0.002，取均值 0.922 计算亚稳离子表观质荷比，实测值与理论值吻合得很好。

表 4-8　磷酸肽亚稳离子的表观质荷比与实际质荷比

质荷比（m/z）				r
M_a	M_b	M_c（实验值）	M_c（理论值）	
2088.9	1990.9	1996	1995.94	0.921
2901.36	2803.36	2808	2808.10	0.924
2061.83	1963.83	1969	1968.88	0.920
3122.26	3024.26（1P）	3029	3028.94	0.921
3122.26	2926.26（2P）	2937	2937.05	0.922

注：M_a—母离子质荷比；M_b—产物离子质荷比；M_c—亚稳离子质荷比。

（3）磷酸酶去磷酸化反应　IMAC 柱提取的磷酸肽，或者含有磷酸肽的肽混合物在磷酸酶的作用下脱磷酸，失去一个或多个 HPO$_3$ 分子，产生新的质量减少80 或 80 倍数的肽段[M＋H－nHPO$_3$]$^+$，用 MALDI-TOF-MS 分析磷酸酶作用前后肽谱的差异，寻找质量数减少 80 或 80 倍数的谱峰，可以发现磷酸肽，或者证明磷酸肽的存在。

图 4-21（c）是β-酪蛋白的胶上酶切混合物经 IMAC 柱亲和提取并用磷酸酶水解后的 MALDI-TOF-MS 谱图，从图中可以看出，图 4-21（b）中存在的磷酸肽及其亚稳离子峰在图 4-21（c）中均消失，图 4-21（c）中新出现了三个峰，分别为三段磷酸肽的去磷酸化形式：m/z 1981.89（T$_{48\sim63}$）、m/z 2646.36（T$_{17\sim40}$）和 m/z 2803.49（T$_{16\sim40}$）。其中 T$_{17\sim40}$ 的磷酸化形式 m/z 2966.16 在图 4-21（b）中并未出现，可见在图 4-21（b）中该磷酸肽的信号被抑制，经磷酸酶去磷酸化后，带负电荷的磷酸基团的抑制效应消失，该肽段的信号才出现。图 4-24 是在 MALDI 靶上直接对 IMAC 提取的β-酪蛋白磷酸肽用磷酸酶处理得到的谱图，可以看到反应不太完全，能够同时看到肽段的磷酸化与非磷酸化形式。

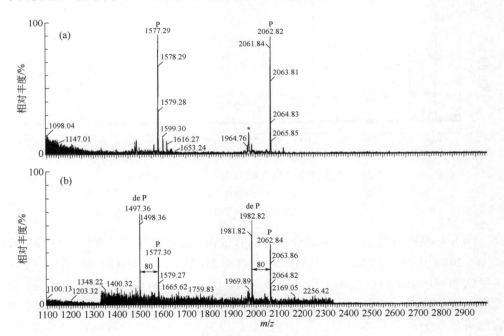

图 4-24　β-酪蛋白磷磷酸肽的 MALDI-TOF-MS 谱图
（a）IMAC 提取β-酪蛋白磷的磷酸肽；（b）靶上磷酸酶处理 30min
（m/z 1577.29 肽段是 Glu C 与 Trypsin 共同酶切产生的 FQpSEEQQQTEDE）

图 4-25 是鸡卵白蛋白的胶上酶切混合物经磷酸酶去磷酸化前后的 MALDI-TOF-MS 谱图，其中图 4-25（a）是未经磷酸酶水解的肽谱，图 4-25（b）是样

品经靶上磷酸酶酶切后的肽谱。在图 4-25（a）中可见两个信号较弱、分辨率较低的亚稳离子峰，提示有磷酸肽的存在。比较图 4-25（a）、（b），可见图 4-25（b）中新出现两个峰 *m/z* 2008.91 和 *m/z* 2821.34，同时图 4-25（a）中存在的两个峰 *m/z* 2088.9 和 *m/z* 2901.4 消失，且图 4-25（a）中的亚稳离子峰也消失。由此可确定鸡卵白蛋白中两段磷酸化修饰肽段 T$_{59\sim84}$ 和 T$_{340\sim359}$，肽段序列及理论质量数见表 4-9。

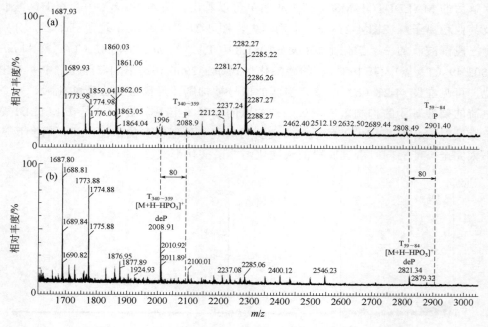

图 4-25　鸡卵白蛋白酶切物的 MALDI-TOF-MS 谱图
（a）鸡卵白蛋白的酶切物肽谱；（b）酶切物经磷酸酶处理 30min 后的谱图
（标*的为亚稳离子峰）

（4）标准磷酸肽的串联质谱分析　　ZipTipMC 亲和提取的鸡卵白蛋白磷酸肽段 *m/z* 2088.91 用 ZipTipC$_{18}$ 小柱脱盐后，溶于 5%FA、50% MeOH 中，取 1～2μL 洗脱物加到纳喷进样针内用于串联质谱分析，图 4-26 是所获取的串联质谱图，用此图产生的数据文件在 Mascot 网站检索，考虑丝氨酸和苏氨酸的磷酸化修饰，检索结果分值 118，显示为鸡卵白蛋白磷酸肽的序列 EVVGSAEAGVDAASVSEEFR，第五位 S 为磷酸化，检索结果见图 4-27。该质谱图获得了完整的 y 系列离子，尤其是从磷酸化位点 y16 开始出现 y-98 的峰，明确了磷酸化位点的指认。表 4-9 是该磷酸肽碎片离子的理论质荷比及其与实验值的匹配情况，其中标有下划线的质量数是与实测值匹配的数值，标有*号的数值是与 Mascot 检索结果匹配的数值。

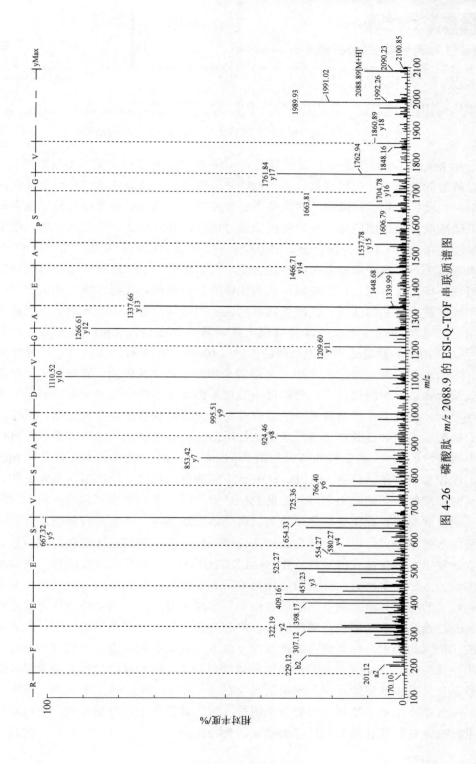

图 4-26 磷酸肽 *m/z* 2088.9 的 ESI-Q-TOF 串联质谱图

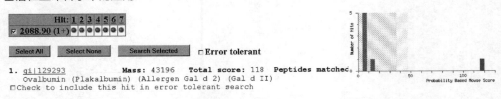

图 4-27　肽段 *m/z* 2088.9 串联质谱数据的 Mascot 检索结果

用 MALDI-TOF-MS 分析磷酸肽时，由于磷酸基团带负电荷，不易质子化，所以磷酸肽的离子化效率很低。在正电荷分析模式下，磷酸肽的信号一般较弱，特别是在肽混合物中，磷酸肽的信号更易被抑制。用 IMAC 柱可以特异性地亲和提取磷酸肽，使谱图简化，同时磷酸肽信号增强，其亚稳离子峰强度增加，便于磷酸肽的指认。以 Fe^{3+} 为螯合金属的 IMAC 柱，磷酸肽的吸附及洗脱与溶液的 pH 值有很大关系，磷酸肽样品在酸性条件下与固相螯合的 Fe^{3+} 通过静电作用吸附，在碱性环境下这种相互作用被破坏从而使磷酸肽被洗脱。肽混合物中如果含有一些带较多酸性残基的肽段，其酸性残基侧链上的羧基也容易与金属离子发生静电作用导致非特异性吸附，所以要确保上样时样品处在酸性（pH 2.5 左右）溶液中[95]，在清洗步骤时适当增加乙腈的浓度（10%～25%）有助于减少非特异性吸附。Ficarro 等[81,82]设计了一个甲酯化步骤来抑制非特异性吸附，即在亲和提取前对肽混合物进行甲酯化反应，使肽链中的羧基都转化为羧甲酯，不仅抑制了非特异性吸附，还减少了游离羧基对亲和位点的竞争使磷酸肽的提取更完全。洗脱下来的磷酸肽还要经过脱盐步骤后才能进行质谱分析，用醋酸三乙胺体系脱盐可以减少磷酸肽的损失，少量样本可以使用 $ZipTipC_{18}$ 脱盐柱，大量样本可以使用 Spin 柱，操作都很方便。反射 MALDI-TOF 谱中磷酸肽亚稳离子峰的出现是丝氨酸、苏氨酸磷酸肽存在的有力证据，如果 IMAC 亲和提取产物中含有非特异性吸附肽段，通过观察是否存在亚稳离子峰可以帮助确定丝氨酸、苏氨酸磷酸肽。此外，磷酸酶水解实验可以进一步确定磷酸化修饰肽段，根据酶解后质量数的减少值还可以计算出磷酸化位点的数目。在 MALDI-TOF-MS 样品靶上直接进行磷酸酶水解实验，方法简单快速，并且节约样品，可充分发挥已有样品的分析功能。对磷酸化位点的分析目前最简单灵敏的方法是用串联质谱测序，用纳喷进样方式可对 IMAC 柱亲和提取到的微量磷酸肽进行序列分析。对于序列结果的判定，尤其是磷酸化位点的确定，如果没有辅助确定 y 或 b 系列离子的信息，一般较难通过从头测序（de novo）的方式来获得确切的磷酸化位点。因为磷酸化的丝氨酸和苏氨酸残基较易发生 β 消除反应，使得同时存在 y（或 b）和 y-98（或 b-98）两种离子，而且丰度偏低，给谱图解析带来困难。对于数据库中已有的序列，用检索软件进行检索分析往往能得到较好的结果，如 Mascot 检索程序。需要注意的是，

Mascot 检索程序分析磷酸化位点时仅考虑了磷酸化丝氨酸或苏氨酸 β 消除后的残基质量数，而未考虑其含有磷酸根时的残基质量数，所以谱图中可能会有部分含有磷酸根的质量数在检索结果中未匹配（见表 4-9）。

表 4-9　鸡卵白蛋白磷酸肽 *m/z* 2088.91 串联质谱理论值及检索匹配值

	1	2	3	4	5	6	7	8	9	10
b-98	...	...	...	...	454.23	525.27*	654.31*	725.35*	782.37*	881.44
b	130.05	229.12*	328.19	385.21	552.21	623.24	752.29	823.32	880.35	979.41
	E	V	V	G	pS	A	E	A	G	V
y	2088.91	1959.87	1860.80	1761.73	1704.71	1537.71*	1466.68*	1337.63*	1266.60*	1209.58*
y-98	1990.91	1861.89	1762.82*	1663.76*	1606.73*	...	...	...	...	...
	20	19	18	17	16	15	14	13	12	11

	11	12	13	14	15	16	17	18	19	20
b-98	996.46	1067.50	1138.54	1225.57	1324.64	1411.67	1540.71	1669.76	1816.82	
b	1094.44	1165.48	1236.51	1323.55	1422.62	1509.65	1638.69	1767.73	1914.80	
	D	A	A	S	V	S	E	E	F	R
y	1110.51*	995.48*	924.44*	853.41*	766.37*	667.31*	580.27*	451.23*	322.19*	175.12*
y-98	...	...	...	...	...	...	...	...	...	...
	10	9	8	7	6	5	4	3	2	1

注："*" 表示 *m/z* 与 Mascot 搜索结果匹配，"_" 表示 *m/z* 与理论计算值匹配。

三、色谱在糖基化修饰蛋白质和多肽研究中的应用

糖与蛋白质之间，以蛋白质为主，其一定部位以共价键与若干糖分子链相连所构成的分子称为糖蛋白。糖蛋白在植物和动物（微生物并不如此）中较为典型，包括许多酶、大分子蛋白质激素、血浆蛋白、全部抗体、补体因子、血型物质和黏液组分以及许多膜蛋白质。由于糖蛋白质的高黏度特性，机体用它作为润滑剂，防护蛋白水解酶的水解作用以及防止细菌、病毒的侵袭；在组织培养时，对细胞黏着和细胞接触发挥抑制作用；对外来组织细胞识别也有作用，也与肿瘤特异性抗原活性的鉴定有关。另外，某些糖蛋白还是膜载体蛋白，并是促性腺素活性不可缺少的部分。

根据所连糖基的不同，哺乳动物和植物糖蛋白大致可分为三类：第一类是 *N*-糖蛋白，其糖链通过 *N*-乙酰葡糖胺与处于保守序列（N-X-S/T，X 可以是除脯氨酸外的任意氨基酸）中的天冬酰胺相连；第二类是 *O*-糖蛋白，其糖链与丝氨酸或苏氨酸相连；第三类则是与糖磷脂锚（glycosylphosphatidylinositol anchor，GPI anchor）相连的糖蛋白。

寡糖链与多肽链中的氨基酸以多种形式共价键连接，构成糖蛋白的糖肽连接键简称为糖肽键。糖肽键的类型可概括如下：

① 以丝氨酸、苏氨酸和羟赖氨酸的羟基为连接点，形成 *O*-糖苷键型；

② 以天冬酰胺的酰胺基、N-末端氨基酸的 α-氨基以及赖氨酸或精氨酸的 ω-氨基为连接点形成的 N-糖苷键型；

③ 以天冬氨酸或谷氨酸的游离羟基为连接点的糖肽键；

④ 以羟脯氨酸的羟基为连接点的糖肽键；

⑤ 以半光氨酸为连接点的糖肽键。

糖链结构以及糖蛋白如文献[96]所述，参与糖链构造的单糖很少，主要是己醛糖及其衍生物包括 D-葡萄糖（主要以 N-乙酰葡糖胺的形式）、D-甘露糖以及 D-半乳糖等共 10 种左右。以 N-糖肽键连接的糖链都有一个三甘露糖-壳二糖核心［Manα1-3(Manα1-6)Manβ1-4GlcNAcβ1-4GlcNAc-Asn］，根据外围分支（"天线"）的不同可分为高甘露糖型（high mannose）、杂合型（hybrid）和复杂型（complex）三种，后两种是在高甘露糖型的基础上经进一步加工形成的。以 O-糖肽键连接的糖链要复杂得多，其组成从一个单糖到巨大的磺酸化的多糖不等，没有一个一般的核心结构，糖基化位点也没有一个保守的氨基酸序列。GPI anchor 是一种糖脂，通过酰胺键与蛋白质的羧基端相连，从而将该蛋白固定在膜上。目前研究较多的是 N-糖蛋白和 O-糖蛋白。

蛋白质糖基化的一个重要特点是不均一性，即在糖基化发生过程中会产生一系列结构相关的糖基（微不均一性）以及同一糖蛋白中的不同糖基化位点连接有不同的糖基（点不均一性），比如 human erythrocyte CD59 在一个糖基化位点上有超过 100 种不同的糖链[97]，而在所有符合 N-糖基化位点保守序列 N-X-S/T 中也只有约 1/3 发生了糖基化[98]，这种糖基化程度的不同使同一肽链因所带糖基的不同而呈现多种多样的糖形。糖基化的不均一性给糖蛋白的分离分析带来了很大的困难。首先，不同糖形的同一糖蛋白会在电泳上呈现弥散的条带（SDS-PAGE）或多个深浅不同的点（2DE），造成同一蛋白在不同的点上得到鉴定或者由于信号的分散造成较低丰度的蛋白得不到鉴定[99]；糖基化的不均一性同样会造成糖蛋白在色谱中不能得到良好的分离[100]。其次，在质谱分析中由于糖基化不均一性的影响，糖蛋白经常表现为一簇分辨率很差的峰，得不到准确的分子量；在利用 PMF 方法鉴定蛋白质时，同一肽段由于带有不同的糖链会表现为多个不同的质荷比（*m/z*），从而干扰蛋白质的鉴定[101]；在用 LC-MS/MS 方法进行蛋白质鉴定时，同一肽段的信号同样会因分散而减弱，得不到好的二级图谱。

蛋白质糖基化研究的另一个难点是与肽相连的糖基非常脆弱，用 PSD 或 CID 分析糖肽时最常见的碎片离子是失去糖基后的完整肽段，其他带糖或不带糖的碎片离子却很少，提供的结构方面的信息很少，丢失了糖基化位点的信息，也造成了蛋白质鉴定的困难[102]。此外，糖基化程度高的蛋白质特别是那些有着成簇的 O-糖链的蛋白质经常对蛋白酶作用有抵抗力，造成酶解效率下降，而且不能被考马斯亮蓝很好地染色，因而在分析时有可能被忽略[103]。虽然估计有超过 50%的蛋白质发生了糖基化，但现有数据库条目中只有约 10%是糖蛋白，也从另一方面反映了蛋白质糖基化研究的难度[104]。

蛋白质糖基化研究包括以下几个方面：①蛋白质是否发生了糖基化？②是 *O*-糖基化？是 *N*-糖基化？还是其他形式的糖基化？③糖基化位点在哪个氨基酸残基上？④糖基化位点连接的是经过较少加工（高甘露糖型）的糖链还是经过充分加工（复杂型）的糖链？⑤某一特定位点连接了几种不同的糖链？因为糖基化的发生不同于多肽链的合成，不受 DNA 的直接控制，而是由糖基化相关的几种酶协调作用完成的，受各种生理生化条件的影响很大，造成即使同一个位点也会有糖基化程度不同的产物[105]。此外，要阐明糖链的一级结构还应包含以下几个方面的内容[94]：糖链的单糖组成，糖苷键在糖环上的连接位置，单糖的差向异构（α或β）、绝对构型（D 或 L）以及环型（呋喃糖或吡喃糖），单糖的连接顺序，糖链上非糖取代基（磷酸基或磺酸基等）的连接位置。

虽然通过质谱（MS）技术和核磁共振（NMR）技术[94]的互补应用可以解决一些问题，但目前还没有任何一种分析技术能解决以上所有问题。

1.糖蛋白/肽的分离富集方法

（1）凝集素亲和技术（lectin affinity technique）　凝集素是一类对不同种类糖有特异性亲和力的蛋白质，长期以来被用于糖类的相关研究。多种不同来源、具有不同糖亲和性的凝集素已经被分离出来，许多凝集素已经成为商业化产品[106]。最近 Hirabayashi 等提出一种 "glyco-catch method"，该方法是采用凝集素亲和技术对糖蛋白/糖肽进行分离富集[107]，大致包括以下几个步骤：①糖蛋白通过凝集素亲和色谱得到富集；②所得糖蛋白利用对赖氨酸具有很强专一性的蛋白酶 Lys-C 进行酶解；③酶解产物再次通过第一步的亲和色谱富集得到糖肽；④得到的糖肽经过反相高效液相色谱分离；⑤对每一馏分里的糖肽测序；⑥根据序列信息进行数据库检索从而鉴定糖蛋白、确定糖基化位点。不同的凝集素有着针对不同糖基的特异的亲和性，比如伴刀豆凝集素（Con A）对甘露糖（Man）有特异的亲和作用、麦胚凝集素（WGA）对乙酰葡糖胺（GlcNAc）有特异的亲和作用等，样品可依次通过不同凝集素进行分类富集。凝集素亲和技术是目前应用最广的糖蛋白/糖肽分离富集技术。关于 "glyco-catch method" 已有相关综述详细介绍[101]。诸如此类大规模分离富集鉴定糖蛋白的研究被称为 "糖蛋白组学（glycoproteomics）[108]"。

（2）肼化学富集法　用酰肼试剂修饰经氧化处理的糖是一种传统的糖化学研究方法。Zhang 等[109]将这种方法应用于糖蛋白/糖肽的富集，大致包括以下几个步骤：

①　氧化　利用高氯酸盐将糖环上的邻二醇氧化成醛；

②　连接　醛基与酰肼树脂上的肼反应从而共价连接到固相的树脂上；

③ 蛋白酶解　固相化的糖蛋白直接在树脂上进行蛋白酶解，洗去非糖肽，糖肽还留在树脂上；

④ 同位素标记　用含氘琥珀酸酐和非氘琥珀酸酐分别标记不同样品的 α-氨基；

⑤ 释放　用 PNGase F 处理将发生 N-糖基化的肽从树脂上释放；

⑥ 分析　用μLC-ESI-MS/MS 或μLC-MALDI-MS/MS 对糖肽进行分析和数据库检索。这种方法被用于分析细胞质膜蛋白和人血浆蛋白。这种方法的优点是可以一次性、非选择性地富集不同类型的糖蛋白/糖肽，然后使用不同方法依次洗脱，比如用 PNGase F 酶法释放 N-糖蛋白/糖肽，β消除法释放 O-糖蛋白/糖肽。

（3）亲水相互作用色谱法（hydrophilic interaction liquid chromatography，HILIC）　HILIC 是一种采用极性的固定相和非极性的流动相色谱技术，以前多用于分析小的极性分子，也用于多肽、糖肽的分离分析[110,111]。Hagglund 等[112]利用 HILIC 从胎球蛋白（fetuin）的胰酶解产物分离得到胎球蛋白的包含其三个糖基化位点的糖肽，并成功地将这种方法与凝集素亲和技术结合用于来自 1D 凝胶电泳的糖肽的分离富集。这种方法利用了由于糖链的加入而增强的糖肽的亲水性。

β消除米氏加成反应。通过β消除米氏加成反应在修饰位点处连上一个具有较强反应活性的基团比如巯基，从而可以选择性富集目的蛋白/多肽，这种方法被成功用于磷酸肽的富集[113]。Wells 等[114]借鉴磷酸化研究方法利用β消除后 DTT 或生物素戊胺（biotin pentylamine，BAP）米氏加成的方法使原 O-糖基化位点被标记，标记后的多肽可以通过亲和的方法富集，而且通过采用同位素标记的试剂有望实现定量和比较分析。该方法为规模化的 O-糖蛋白鉴定及 O-糖基化位点确定提供了范例。

2. 糖蛋白鉴定/糖基化位点确定方法

基于质谱糖蛋白的鉴定一般先对糖基化位点进行特异的质量标记，使之与理论质量有一个差异，然后在质谱中检测到这种差异，鉴定糖蛋白，进而通过 MS/MS 检测到是在哪个氨基酸残基上发生了这种变化以确定糖基化位点。也可以通过检测在质谱的气相反应过程中由糖链引起的质量变化（比如中性丢失、特定的子离子）鉴定样品是否发生了糖基化。

通过 PNGase F 酶法去糖基化介导的位点质量标记鉴定 N-糖蛋白是目前糖蛋白组学研究中应用最为广泛的一种 N-糖蛋白鉴定方法。PNGase F 几乎可以作用于所有的 N-糖链，同时使天冬酰胺转变为天冬氨酸[115]，造成分子量增加 0.98Da，从而起到质量标记 N-糖基化位点的作用。

通过 Endo H 酶法去糖基化介导的位点质量标记鉴定 N-糖蛋白与 PNGase F 不同，Endo H 在去糖基化时会将 N-糖链五糖核心中与天冬酰胺相连的 GlcNAc 以外的部分切除，而在糖基化位点处留下 GlcNAc，从而起到标记糖基化位点的作用[110]。

通过β消除-米氏加成反应去糖基化介导的位点质量标记鉴定 O-糖蛋白。对于

O-糖蛋白来说，现在还没有一种能与 N-糖蛋白研究中应用的 PNGase F 相比的一种酶用以实现去糖基化/质量标记糖基化位点，所以 O-糖基化位点的标记多采用化学法，其中报道较多的是β消除反应法[116]。

三氟甲基磺酸（trifluoromethananesulphonic acid，TFMS）法。该法可以切去除与肽链直接相连的单糖以外的所有糖基，留下的糖基则起到标记糖基化位点的作用。有关 TFMS 法去糖基化已有很好的综述[117]。

综上所述，色谱方法在蛋白质和多肽的糖基化研究中可以发挥重要作用。

四、凝集素亲和色谱-毛细管液相色谱-质谱联用用于 N-糖基化修饰蛋白质及修饰位点分析

尽管全面表征糖蛋白质组非常困难，但下面所介绍的凝集素亲和色谱-毛细管液相色谱-质谱联用用于 N-糖基化修饰蛋白质以及糖基化位点的研究方法可以克服传统糖蛋白研究的不足，为糖蛋白质组学研究提供一些思路[118]。

1. 材料与方法

（1）初步凝集素亲和素提取　1mL 人血浆与 4mL 缓冲液 B（20mmol/L Tris-HCl，pH 7.4，0.5mol/L NaCl，含有 1mmol/L MnCl$_2$、1mmol/L CaCl$_2$）混合后，进样到亲和柱［2mL 结合伴刀豆球蛋白 A（Con A）或麦芽凝集素（WAG）的琼脂糖（GE Healthcare 公司，美国）］上，在室温孵育 1h 后，用合适的缓冲液充分洗脱。从 Con A 柱或 WAG 柱洗脱时，分别用 10mL 含 0.5mol/L 甲基-α-D-甘露糖-吡喃糖苷的缓冲液 B 或含 0.5mol/L 的乙酰葡糖胺的缓冲液 B 洗脱，用凝胶电泳检测从亲和柱洗脱下来的蛋白质溶液，再用缓冲液 A（20mmol/L Tris-HCl，pH 8.5）在 PD-10 柱（GE Healthcare 公司，美国）上对洗脱液进行脱糖和脱盐处理，并对脱盐后的洗脱液进行冷冻干燥。

（2）蛋白质的还原、烷基化和酶解　冷冻干燥蛋白质溶解于水中，并加入尿素至最终浓度为 8mol/L，用 50mmol/L DTT 对蛋白质进行还原后，用 300mmol/L 碘乙酰胺在 37℃烷基化处理 1h 后，在 PD-10 柱上，用缓冲液 A（含 8mol/L 尿素，6mmol/L NaCl）交换过量的碘乙酰胺和 DTT，然后加入内切酶 Lys-C（15μg/mL 血浆），在 37℃孵育过夜。

（3）肽段浓缩和缓冲液置换　用缓冲液 A 对蛋白质酶切液稀释 10 倍后，用 Q 葡聚糖高性能填料固相萃取肽段，然后将填料装填于 HR5/10 色谱柱（GE Healthcare 公司，美国）中，用缓冲液 A 充分洗涤后，用含有 0.5mol/L NaCl 的缓冲液 A 进行洗脱。

（4）肽段的凝集素亲和纯化　将收集的不同多肽馏分混合后，上样到 Con A 柱或 WAG 柱，按步骤（1）所述方法洗脱。为了防止凝集素被内切酶 Lys-C 酶解，

在进行色谱分离前，在室温条件下，将样品与 1-氯-3-(4-甲苯磺酰基-氨基)-7-氨基-2-庚酮的盐酸盐溶液孵育 30min。洗脱的多肽馏分溶液首先进行浓缩后，在 C_2/C_{18} 微反相色谱柱上进行纯化。色谱的纯化条件为：先用含 5%乙腈的 0.1%三氟乙酸溶液平衡色谱柱，然后上样并用 100%乙腈进行洗脱。洗脱液用紫外检测。馏分用冷冻干燥方法处理。

（5）去糖　将多肽沉淀溶于 50μL 的水中，加入 10U 改造过的糖苷酶 F（Roche Penzberg，Germany），并在 37℃孵育 4h。

（6）伴刀豆球蛋白 A 的效率测定　将铁传递蛋白（5mg，Sigma，St. Louis，MO，美国）和相同物质的量的牛血清白蛋白（BSA）分别溶于水中，混合后，加入尿素至 500μL 溶液中浓度为 8mol/L，加入 Tris-HCl 的浓度至 50mmol/L。还原、烷基化、酶解、色谱分离和去糖按步骤（2）～（5）进行。

（7）液相色谱-质谱联用方法　实验所用仪器为：QSTAR 四极杆飞行时间质谱仪（MDS SCIEX，Toronto，加拿大）或原型混合 RF/DC 四极杆线性离子阱质谱（带轴向输出，QTRAP Applied Biosystems/MDS SCIEX，Toronto，加拿大）。两台仪器皆带有纳升级的电喷雾源（Protana Engineering，Odense，丹麦）。与质谱联用的液相色谱系统为 Agilent 1100 系列毛细管高效液相色谱仪（Agilent Technologies，Naerum，丹麦）。进样方式为用带有制冷装置的自动进样仪进样。将胰蛋白酶酶切的多肽混合物上样到 C_{18} 预柱（赛默飞世尔公司，美国）上，在流速为 0.3μL/min 条件下，用线性梯度进行洗脱。毛细管色谱柱为带有拉制形成锥形喷头的分析柱（75μm id，8μm 喷头，New Objective，Cambridge，MA），填料为 Zorbax C_{18} 反相介质，颗粒直径 5μm（Applied Biosystems）。流动相为 0.4%乙酸和 0.005%七氟丁酸的乙腈溶液。质谱数据获得采用信息依赖模式（information dependent acquisition，IDA），其中一级质谱扫描时间 1s，选择出两个强度最大的离子进行串联质谱分析，每种离子串联质谱的扫描时间为 2s。质谱处理采用 IDA 软件（MDS，Proteomics，Odense，丹麦），数据检索采用 Mascot 搜索引擎（Matrix Science，London，UK），数据库为 NCBInr（www.ncbi.nlm.nih.gov）。也可采用 Inspector 软件（MDS，Proteomics）手工检索出串联质谱中肽序列标签，再用 PepSea 搜索引擎在 NCBInr 数据库中进行蛋白质鉴定。

2. 实验结果与讨论

N-糖基化蛋白质高通量表达谱技术路线如图 4-28 所示。与 N-连接的糖仅与符合 NXS/T 序列的天冬酰胺残基结合，与之结合的糖型有很多类型，但为了简化描述，选用的多糖为常见的三甘露糖-壳二糖核心。首先，用 Lys-C 酶解提取的糖蛋白质，再用凝集素亲和色谱去除非糖肽以减少体系的复杂性。在用 *N*-糖苷酶 F（PNGase F）切去糖肽中天冬酰胺残基上连接的多糖后，糖基化的天冬酰胺转变成了天冬氨酸。去糖后的多肽再用胰蛋白酶酶切并进行液相色谱-质谱联用分析。

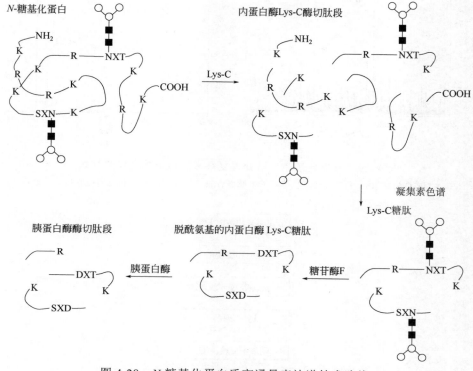

图 4-28　*N*-糖基化蛋白质高通量表达谱技术路线

　　为了评估方法的可行性，对等量的 BSA 和铁传递蛋白进行还原和烷基化处理后，用 Lys-C 进行酶解，并在去除糖基前用 Con A 柱进行纯化。由于 BSA 为非糖基化蛋白并已得到清楚的表征，所以被选作对照样品。铁传递蛋白有两个 *N*-糖基化位点（N413 和 N611）。经过凝集素亲和色谱对多肽混合物提取前后，如图 4-29（a）所示，亲和提取前的图 4-29（a）显示有 100 多个峰，而亲和色谱提取后的图 4-29（b）显示仅有很少的质谱峰，样品复杂性显著减小。两个强质谱峰 *m/z* 883.4 和 *m/z* 915.4 均来自铁传递蛋白。串联质谱分析表明 *m/z* 883.4 的序列为：CGLVPVLA ENYD413KSDNCEDTPEAG YFAVAVVK，糖基化位点确定为 N413。由于 Lys-C 酶解的肽段大，产生肽段数量少，故需要用胰蛋白酶进一步酶解，以便获得更多的肽段，增加蛋白质鉴定的可靠性。

　　为了进一步评价该方法在复杂样品分析中的可行性，将该方法用于人血浆中糖蛋白质的分析。技术路线如图 4-30 所示，通过采用该技术路线对人血浆中糖蛋白质的分析，在 77 种糖蛋白质中确定出了 86 个 *N*-糖基化位点。详细步骤和数据分析可参阅文献[114]。

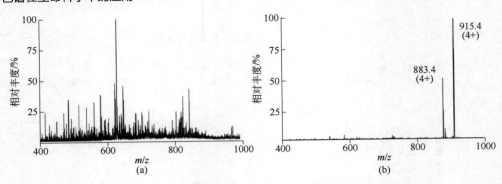

图 4-29 凝集素亲和色谱处理复杂多肽混合物之结果比较

（a）Lys-C 酶解 BSA 和铁传递蛋白形成的多肽混合物质谱峰；（b）亲和色谱提取后的质谱峰

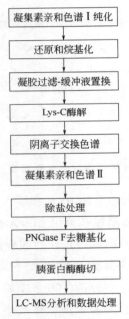

图 4-30 糖蛋白质位点分析技术路线

第六节 色谱在定量蛋白质组研究中的应用

一、基于液相色谱-质谱的蛋白质组相对定量标记技术

基于质谱技术的蛋白质组定量方法主要分为两类：一是基于标记技术的液相色谱-质谱定量方法，二是非标记的液相色谱-质谱定量方法。另外，由于分析目

的不同，蛋白质组定量包括相对定量和绝对定量。当相对定量中参照样本的量已知时，即可计算出分析样本的量，因此，可以认为绝对定量仅是相对定量的一个特例。目前，标记技术主要为稳定同位素标记技术，主要包括稳定同位素代谢标记技术、稳定同位素化学标记技术以及酶催化的同位素标记技术等，且可结合不同型号的质谱进行相对定量分析，而具有多反应监测扫描模式的三级四极杆质谱（或类似仪器）更适合于绝对定量分析。

　　在蛋白质组的定量研究中，将同位素标记与液相色谱-质谱联用便是常用的方法之一。例如 Washburn 等[63]将代谢标记和多维蛋白质鉴定技术（MudPIT）用于啤酒酵母中蛋白质动态范围的研究。他们首先对啤酒酵母菌株在富含 ^{14}N 或 ^{15}N 的培养基中分别培养，然后将二者的裂解液按一定比例混合并酶解成多肽混合物，用 MudPIT 分析混合物中的蛋白质组，既获得了相对定量信息，又可对相应的蛋白质进行鉴定。而且通过不同同位素标记-反相色谱-质谱联用方法用于定量蛋白质组的研究，表明由于标记方法的不同，对标记和未标记的多肽混合物的分离度影响很大，因此对所定量的蛋白质组的影响也很大。另一常用的代谢标记方法是氨基酸培养稳定同位素标记（SILAC），在这种代谢标记技术中，通过细胞体内的合成代谢机制将检测或亲和标签，如同位素或同位素标记的氨基酸替换生物分子中相应的元素或生物分子本身的一种标记方法。在蛋白质组的定量研究中，氨基酸培养稳定同位素标记（SILAC）是目前常用的一种体内代谢标记技术，其基本原理是分别用天然同位素（轻型）或稳定同位素（重型）标记的必需氨基酸取代细胞培养基中相应氨基酸，经 5～6 代细胞培养周期后，细胞新合成的蛋白质中的氨基酸完全被添加的重标氨基酸取代，从而使含有相应氨基酸的蛋白质被标记。收集不同培养条件下的细胞并按比例混合，经细胞破碎、蛋白质提取、分离、酶解等处理后，进行质谱鉴定和定量分析以及进一步的数据处理和功能分析与验证[119]。

　　由于 SILAC 是在细胞水平上进行标记，可在细胞水平上进行混合，因此其特点是准确度高。尽管 SILAC 在细胞或模式生物的蛋白质组学研究中获得广泛应用，并有一系列的扩展技术，但仍存在缺陷。一是可标记氨基酸选择范围少，且部分同位素标记氨基酸会发生代谢转换成其它氨基酸从而导致肽段非特异性标记；二是采用 SILAC 进行定量蛋白质组研究时费用较高。

　　SILAC 结合质谱的蛋白质组分析步骤如图 4-31 所示。

　　① 选择研究对象，如细胞或动物，并选择合适的重标盐、轻标氨基酸和重标氨基酸对其培养或喂养，经过数代后使其所有的蛋白质中相应的元素或氨基酸全部被替代为重标元素或标记氨基酸；

　　② 在细胞、组织或蛋白质水平进行混合，并可选择在蛋白质水平对蛋白质混合物进行预分离；

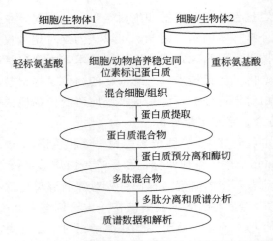

图 4-31　SILAC 结合质谱的定量蛋白质组分析流程图

③ 对蛋白质混合物或预分离后的蛋白质馏分进行还原、烷基化和酶切，获得多肽混合物；

④ 选择合适的预分离方法对多肽进行预分离或直接采用毛细管反相色谱与串联质谱联用技术对多肽混合物进行分析，获得相应的质谱数据；

⑤ 采用合适的质谱数据解析软件对质谱数据进行解析，获得蛋白质组的定量系信息；

⑥ 进一步采用生物信息学软件对带有定量信息的数据进行分析，挖掘其生物学功能和更高层次的生物学研究。

由于这种方法标记周期长、影响因素多，比较适合于不同状态细胞中蛋白质组的定量分析，故另一种常用的蛋白质组定量的方法，即同位素标记亲和标签方法（isotope coding affinity tag，ICAT）受到了更多研究人员的重视[120]。目前，比较普遍采用的可裂解 ICAT 试剂的分子结构示意图如图 4-32 所示，主要由三部分组成：亲和标签（生物素，biotin）、可裂解连接臂和同位素标签。

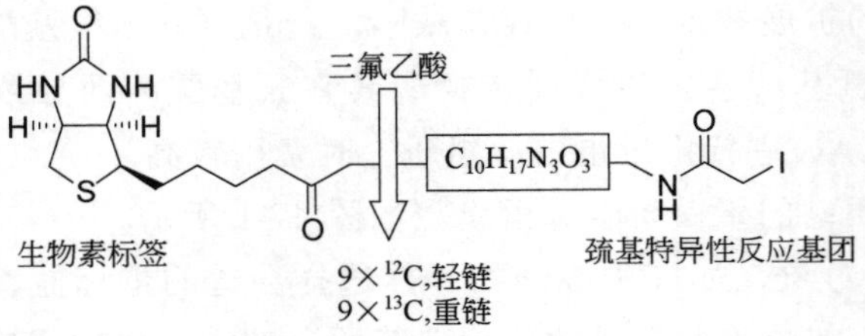

图 4-32　可裂解 ICAT 试剂的分子结构示意图

利用可裂解 ICAT 进行相对定量的原理如图 4-33 所示。首先分别用含 ^{12}C 和 ^{13}C 同位素的 ICAT 试剂对含有半光氨酸对照样品和试验样品分别进行标记，然后将二者混合并进行酶切。用强阳离子交换柱除去盐和多余的 ICAT 试剂后，用亲和素（avidin）提取标记的多肽并进行纯化，用三氟乙酸裂解亲和标签后，用一级质谱（MS）进行相对定量分析，用二级质谱（MS/MS）进行定性分析。在对复杂样品进行分析时，经常需要对已经标记样品混合物进行预分离，以减小样品的复杂程度。同时对多肽混合物进行毛细管反相液相色谱分离和在线 ESI 源或离线 MALDI 源的一级和串联质谱分析。其他蛋白质组相对定量方法可参见有关文献[121,122]。

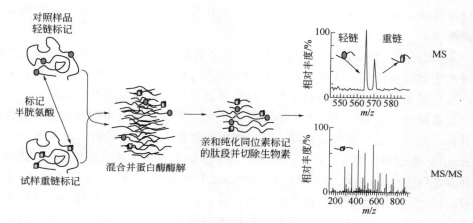

图 4-33　可裂解 ICAT 相对定量原理示意图

可裂解 ICAT（cleavable ICAT）技术的一般操作步骤为[123]：

① 样品准备　样品制备是蛋白质相对定量中非常关键的步骤。在提取体液、细胞或组织中的蛋白质时，不仅要考虑对可溶性蛋白质的有效提取，还要确保每步操作时所用试剂不对后续操作产生干扰，如高浓度的十二烷基硫酸钠（SDS）、脲和盐酸胍等变性剂会使胰蛋白酶失活；巯基乙醇二硫基苏糖醇（DTT）还原剂会影响 ICAT 试剂发生竞争反应，从而影响其与蛋白质中半胱氨酸巯基的反应；高浓度的去污剂、盐和酸会影响多肽和蛋白质与阳离子交换剂的结合等。另外，对提取的蛋白质溶液进行比较准确的定量测定，以便标记时能确定 ICAT 试剂的加入量。常用的蛋白质定量方法为 Bradford 方法或商业公司提供的试剂盒。

② 样品处理　移取一定的蛋白质溶液后，首先加入变性剂和还原剂，涡旋振荡混合并离心后，在沸水浴中加热 5～10min，使蛋白质充分变性和还原，以便蛋白质中的半光氨酸完全暴露出来，有利于 ICAT 试剂与其充分进行衍生化反应，再涡旋振荡，离心 1～2min 使溶液冷却。

③ 样品标记　在上述溶液中分别加入适量乙腈以及轻和重 ICAT 试剂后，在 37℃ 孵育 2h 进行衍生化反应，对蛋白质样品进行标记。

④ 样品分离　对于比较简单的样品可以直接进行溶液酶切，但对复杂体系

的样品，需要将对照样品和试验样品混合后，首先对整体蛋白质混合物进行预分离，减小体系复杂程度，常用的高效分离方法包括各种色谱方法、电泳方法以及不同分离方法的组合。

⑤ 样品酶切　对于比较简单的体系，将轻 ICAT 试剂标记的对照样品和重 ICAT 试剂标记的试验样品混合后，进行适当稀释，然后按照蛋白质与酶的质量比为 50：1 加入胰蛋白酶，在 37℃孵育 12～16h，便可得到轻、重 ICAT 试剂标记的多肽混合物。对于比较复杂的生物样品，则需要将轻、重 ICAT 试剂标记的对照样品和试验样品混合后进行整体蛋白质预分离，然后对收集的馏分进行类似的溶液酶切。

⑥ 阳离子交换分离　对于比较简单的多肽混合物体系，首先用阳离子交换色谱的平衡溶液稀释多肽混合物，并检查溶液的 pH，使其在 2.5～3.5 范围。上样后，再用平衡溶液洗去盐和剩余的 ICAT 试剂，最后用洗脱溶液洗脱阳离子交换柱，收集馏分。但对于比较复杂的多肽混合物，首先需要用高效分离方法对其进行分离，以减小组分的复杂程度。例如选用高效离子交换色谱时，用 A 液（例如 10mmol/L 磷酸钾，25%乙腈，pH 3.0）调节多肽混合物的离子强度和 pH 值后，用梯度洗脱方法从 100%A～100%B（10mmol/L 磷酸钾，350mmol/L 氯化钾，25%乙腈，pH 3.0）进行洗脱。梯度的陡度、其它色谱条件和样品的馏分收集取决于样品的复杂程度、质谱性能以及对分析结果的要求。分离完毕，需要用 1.0mol/L 的氯化钾清洗色谱柱并用 A 液平衡色谱柱，以便进行下一次分离。

⑦ 亲和提取　用配基为亲和素的亲和柱对带有 ICAT 试剂的肽段进行浓缩和提取，并对馏分进行酸解除去生物素。在亲和提取时，首先需要用亲和色谱洗脱溶液洗脱色谱柱，洗脱亲和色谱柱上可能的亲和物，再用上样液平衡色谱柱；其次，用上样液适当稀释从离子交换收集的馏分，上样后，再用上样液洗去没有标记的肽段，然后用洗脱液洗脱并收集已经标记的多肽馏分。

⑧ 生物素切除　将上述馏分真空干燥后，加入适当浓度和适量切割试剂，即三氟乙酸，在 37℃孵育 2h。再次真空干燥后，加入反相色谱分离的流动相 A 液（例如，5%乙腈水溶液，0.1%甲酸）适量体积，涡旋搅拌和离心分离后，取上清溶液进行液相色谱-质谱联用分析。

⑨ 液相色谱-质谱联用分析　对提取的 ICAT 试剂标记的多肽混合物进行在线（ESI）或离线（MALDI）的毛细管液相色谱-质谱联用分析。在进行毛细管反相液相色谱分离时，应根据毛细管的内径大小、是否装有预柱以及样品的复杂程度，确定上样量和上样体积、流速大小和梯度的时间。一般对于 100μm 内径以下的毛细管色谱柱，上样量为 1pmol 以下。上样体积取决于是否有预柱，如果有预柱，上样体积可达几十微升，否则仅为 1μL 左右。流速一般为每分钟 200～300nL，梯度时间为 1～2h。而对于 100μm 内径以上的毛细管色谱柱，可以此为依据，适

当增加上样量和上样体积以及流速，梯度时间主要依据样品复杂程度、质谱分离和采集速率确定。

⑩ 数据分析   用仪器公司提供的计算机软件和公开的软件对一级质谱数据进行分析，确定相对定量信息并进行差异表达谱分析；另外对二级质谱的数据进行分析，通过数据库检索或"从头"测序对感兴趣的差异蛋白进行定性分析，确定差异蛋白质的种类。

此外，常用的化学标记方法还有基于 iTRAQ 试剂进行化学标记与质谱结合用于蛋白质组定量的方法，其过程见图 4-34。

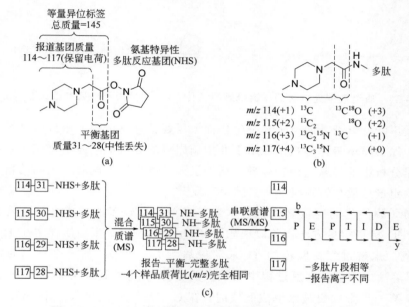

图 4-34   iTRAQ 化学标记试剂的结构及分析原理示意图

（a）iTRAQ 试剂；（b）不同报告基团的 iTRAQ 试剂与多肽结合；（c）iTRAQ 标记多肽混合物的质谱分析

如图 4-34 所示，首先对从不同来源的生物样品中提取蛋白质并对蛋白质总量进行定量，然后对蛋白质混合物进行还原、Cys 封闭（烷基化）和胰蛋白质酶酶切。再用报告基团、平衡基团（由 ^{13}C、^{15}N 等稳定同位素编码）和反应基团构成的等质量标签的 iTRAQ 试剂标记不同来源的多肽混合物，并将它们混合后进行分离和串联质谱分析。最后采用 GPS 对质谱数据按图 4-35 所示的设置进行数据分析。另外，应该对上述样品进行反标记和重复实验。

在实验过程中，需要首先考察：标记完全程度、动态范围、灵敏度、色谱行为和质谱行为，主要为 b 和 y 离子序列。还需注意采用该标记试剂时，不能引入带有伯氨基的试剂，如还原剂需采用三(2-羧乙基)膦（TCEP），半胱氨酸残基封闭剂需选择硫甲磺酸-*S*-甲酯（MMTS）。另外，标记过程中水相比例需小于 30%，

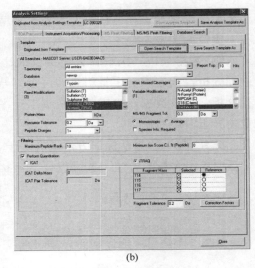

图 4-35　质谱数据处理时的质谱峰过滤条件（a）和检索及定量参数设置（b）

并且体系不能肽复杂，即对于复杂生物样本需要预分离步骤。该技术已经获得广泛应用，如 Bauer 等将该技术应用于 Ⅱ 型糖尿病的分析中，并结合统计学分析方法对定量分析中的异常值进行处理，增加了同一蛋白质不同肽段之间的精密性，使最终的定量结果与转录组学研究结论一致[124]。

　　另外，酶催化的同位素标记技术也是目前应用较多的技术之一，其基本原理[125]：^{18}O 标记定量方法实验原理如图 4-36 所示，一个蛋白质样本在 $H_2^{16}O$ 溶液中水解，水解过程在肽段的 C 末端羧基上引入 ^{16}O；另一个蛋白质样本在 $H_2^{18}O$ 中溶液中水解，水解过程中在肽段的 C 末端羧基上引入 ^{18}O。这一过程分为两步，第一步蛋白质被水解成肽段时，在 C 末端羧基上引入一个 ^{18}O，紧接着第一步，水解酶能够在肽段 C 末端羧基上再引入一个 ^{18}O，这一步称为羰基氧交换。^{18}O 可标记蛋白酶，如 trypsin/Glu-C/chymotrypsin/Lys-C 等识别的几乎所有酶解肽段，且可以与蛋白质酶解同时在 $H_2^{18}O$ 水中进行，也可与酶解分开，分步进行。另外，该标记技术具有标记效率高、条件温和、样品损失少、价格低廉等优势。尽管如此，^{18}O 标记也存在一些有待解决的技术问题，包括：不能进行多重标记，标记后的质量迁移只有 4Da，有可能与天然的同位素峰重叠；同位素标记的引入是在肽段层面，因此须尽量减少在蛋白质层面的样品处理以减少人为因素造成的差异；存在标记不完全以及标记后回标的现象；样品标记需要较长时间（一般 12～24h）。目前解决回标问题的手段主要有两种：一是通过降低 pH、还原烷基化、加热处理等方法变性蛋白酶，达到抑制其活性、避免回标的目的；二是采用固定化酶的策略，这样就可以较为简便和完全地移除蛋白酶来彻底避免回标。

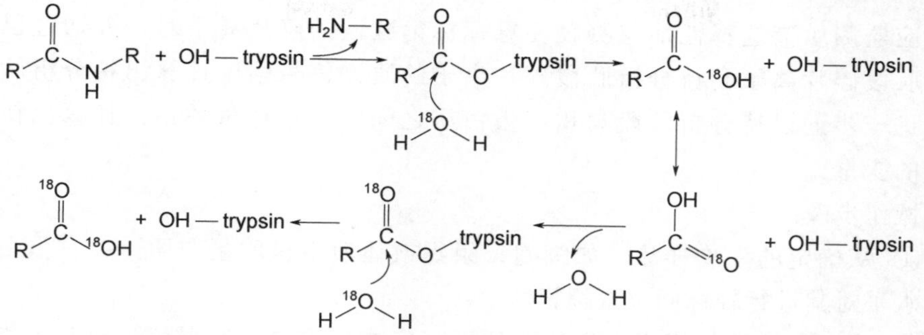

图 4-36　酶催化的同位素 ^{18}O 标记肽段 C 末端羧基原理

酶催化的同位素标记技术步骤：

① 分别提取不同生理或病理状态的生物样品，如细胞、组织或体液中的蛋白质，并对其蛋白质总量进行测定；

② 分别对提取的蛋白质混合物进行还原、烷基化，并在 $H_2^{16}O$ 溶液和 $H_2^{18}O$ 溶液中分别水解；

③ 将标记后的多肽混合物混合；

④ 对不同标记后的多肽混合物进行分离和质谱分析，获得质谱数据；

⑤ 采用生物信息学工具软件对质谱数据进行分析，并对带有定量信息的蛋白质组数据进一步挖掘，获得具有重要功能的蛋白质。

二、同位素标记结合液相色谱-多反应监测质谱的蛋白质绝对定量方法

蛋白质绝对定量分析中，常用的方法为同位素标记结合多反应监测质谱的蛋白质绝对定量方法，其基本原理：如图 4-37 所示，同位素标记结合多反应监测质谱的蛋白质绝对定量方法是首先将重标同位素标记的内标肽或蛋白质添加到轻标同位素标记的待测生物样品中，然后对混合后的样品进行处理和分离，再通过

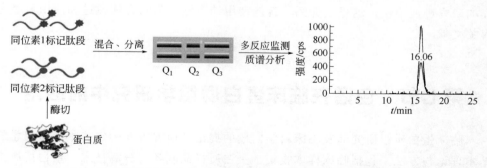

图 4-37　同位素标记结合多反应监测质谱的蛋白质绝对定量分析示意图

多反应监测质谱选择性地监测轻、重标记肽段的碎片离子对，并通过已知量内标肽段碎片离子和待分析肽段碎片离子的质谱信号强度计算出待分析肽段的量，进一步通过待分析肽段与相应蛋白质之间的化学计量关系，计算出待测蛋白质的含量。

操作步骤：

① 从确定的生物样品，如细胞、组织或体液中提取蛋白质，并在蛋白质或肽段水平对其进行轻标同位素标记。

② 确定待测的目标蛋白质，并依据相应物种蛋白质数据库，对其中蛋白质相应的特征肽段进行选择。特征肽段主要按以下原则筛选：匹配该蛋白质的唯一性肽段；不包含漏切位点；不含易发生可变修饰（如甲硫氨酸的氧化）的氨基酸；肽段长度为 4～24 个氨基酸。另外，还需考虑所选特征肽段的色谱保留行为和在质谱中的信号强度。

③ 采用化学或生物的方法合成特征肽段，并对其进行准确定量和重标同位素标记，然后，按浓度系列，将其添加到待测的生物样本中。

④ 根据 Pinpoint 软件（Thermo Fisher Scientific 公司）预测，选择出 Pinpoint 软件预测出至少 3 个质谱信号最强的子离子作为母子离子对，并进一步根据实验情况调整和确定母子离子对。

⑤ 在质谱的操作软件中设置不同肽段的离子对，并选择色谱时间依赖的多反应监测质谱方法进行分析。

⑥ 将内标肽离子对的量为横坐标，该离子对的质谱信号强度为纵坐标，制作工作曲线，确定定量的线性范围。

⑦ 当待测肽段的离子对的信号强度在该工作曲线线性范围内时，通过氢、重标记的离子对质谱谱峰强度的比值以及内标肽段的量计算出待测肽段的量，并进一步依据特征肽段与其相应蛋白质的化学计量关系计算出该蛋白质的量。一般将实验重复三次以上。

总之，蛋白质相对和绝对定量分析是蛋白质组学研究的重要内容，有关这方面的研究进展很快，这里仅介绍了普遍使用的方法，其它方法改进和应用可参考有关文献。

第七节　色谱在临床蛋白质组学研究中的应用

临床蛋白质组研究涉及临床科学问题的提出及研究方案制定、蛋白质组学的基本理论与方法，包括临床样本收集、蛋白质样品制备与分离技术、蛋白质质谱鉴定、生物信息及功能分析以及借此发现的候选生物标志物和靶标的验证及应用等。研究对象包括正常和疾病器官组织、细胞、囊泡和体液（如血液、尿液和脑脊液）等。

一般临床样本分析流程如图 4-38 所示。

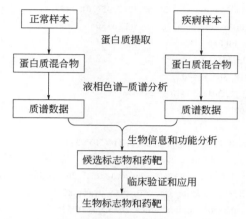

图 4-38 蛋白质组用于临床蛋白质组分析流程

实验步骤：

① 按实验方案对样本的要求收集正常和疾病样本，包括组织、细胞和体液等，保证实验用量并记录病例和样本特征；

② 确定样本中蛋白质提取方法、酶切方法；

③ 对样本进行不同标记后进行液相色谱-质谱分析或非标记样本液相色谱-质谱分析；

④ 对质谱数据进行分析，并对其与样本特征进行关联分析，需要对由此产生的差异蛋白进行功能分析，确定候选生物标志物和药靶；

⑤ 对候选生物标志物和药靶进行规模化临床验证，确定其与样本特征的关联性，然后确定其特异性和灵敏性；

⑥ 生物标志物和药靶临床应用研究及临床应用。

参 考 文 献

[1] Venter J C, Adams M D, Myers E W, et al. Science, 2001, 291(5507): 1304.

[2] Lander E S, Linton L M, Birren B, et al. Nature, 2001, 409(6822): 860.

[3] Blake J A, Richardson J E, Bult C J, et al. Nucleic Acids Res, 2003, 31(1): 193.

[4] Sadler J E. Nature, 2004, 428(6974): 493.

[5] 贺福初. 科学通报, 1999, 44(2): 113.

[6] Lilley K, et al. Curr Opin Chemic Biol, 2002, 6(1): 46.

[7] Peng J, Gygi S P. J Mass Spectrom, 2001, 36(10): 1083.

[8] Giddings J C. United Separation Science. New York: John Wiley & Sons, 2001.

[9] 谢辉, 等. 中华实验外科杂志, 2016, 33(4): 996.

[10] 李瑞阳, 等. 生物工程学报, 2018, 34(2) :294.

[11] Shi W, Li K, Song L, et al. Anal Chem, 2016, 88(24): 11990.

[12] Ding C, Liu W,Wang Y, et al. Proc Natl Acad Sci USA, 2013,110(17): 6771-6776.

[13] Sun J, Zhang W, Shi Z, et.al. Chin J Anal Chem, 2017, 45(10): 1434.

[14] Xu N, Bai Y，Liu H. Chin J Anal Chem, 2017, 45(12):1804.

[15] 翟贵金, 等. 色谱, 2016, 34(12): 1192.

[16] 韩彬. 科技导报, 2017, 35(22): 92.

[17] 张勇, 等. 生命科学, 2018, 30(4): 480.

[18] 邵文亚, 等. 分析测试学报, 2018, 37(10): 1212.

[19] 曹晶, 等. 化学进展, 2009, 21(09): 1888.

[20] 包慧敏, 等.色谱, 2016, 34(12): 1145.

[21] Qi D, Zhang H, Tang J, et al. J Phys Chem C, 2010, 114(20):9221.

[22] Li Y, Wang J , Sun N, et al. Anal Chem, 2017, 89 (20): 11151.

[23] Zhang L, Xu Y, Yao H, et al. Chemistry—A European Journal, 2009, 15(39): 10158.

[24] Wang Y, Wang J, Zhang X, et al. J Mater Chem B, 2015, 3(44): 8711.

[25] Liu L, Zhang Y, Jiao J, et al. Acta Chimica Sinica, 2013, 71(4): 535.

[26] 王和平. 新型功能化共价有机骨架材料的制备及其在蛋白质组研究中的应用[D]. 西安：西北大学, 2017.

[27] 时照梅, 等. 色谱, 2015, 33(2):116.

[28] Jiang B, Wu Q, Deng N, et al. Nanoscale, 2016, 8(9): 4894.

[29] Ma Y, Yuan F, Zhang X, et al. Analyst, 2017, 142(17): 3212.

[30] Shao H, Im H, Castro C M, et al. Chem Rev, 2018, 118(4): 1917.

[31] Urbanelli L, Magini A, Buratta S, et al. Genes, 2013, 4(2): 152.

[32] Gao F, Jiao F, Xia C, et al. Chem Sci, 2019，10(6): 1579.

[33] 汪家政, 等. 蛋白质技术手册. 北京：科学出版社, 2000.

[34] Théry C, Amigorena S, Raposo G, et al. Current Protocols in Cell Biology, 2006，3：1.

[35] 施奈德 L R, 等. 实用高效液相色谱法的建立. 第 2 版. 张玉奎, 等译. 北京：华文出版社, 2001.

[36] Tennikov M B, et al. J Chromatogr, 1998, 798(1-2): 55.

[37] Belenki B G, et al. J Chromatogr, 1993, 645(1): 1.

[38] 张养军. 制备型色谱饼的理论、性能及应用研究[D]. 西安：西北大学, 2001.

[39] Perkins D N, Pappin D J, Creasy D M, et al. Electrophoresis, 1999, 20(18): 3551.

[40] Eng J K, McCormack A L, Yates J R. J Am Soc Mass Spectrom, 1994, 5, 976.

[41] Wall D B, et al. J Chromatogr B, 2001, 763(1-2): 139.

[42] Jensen P K, et al. Electrophoresis, 2000, 21(7): 1372.

[43] Nemeth-Cawley J F, Tangarone B S, et al. J Proteome Res, 2003, 2(5): 495.

[44] Meng F, Cargile B J, Patrie S M, et al. Anal Chem, 2002, 74(13): 2923.

[45] Nemeth-Cawley J F, Rouse JC. J Mass Spectrom, 2002, 37(3): 270.

[46] 张养军, 等. 分析化学, 2005, 33(10): 1371.

[47] Medjahed D , Luke B T, Tontesh T S, et al. Proteomics, 2003, 3(8): 1445.

[48] Devreese B, Vanrobaeys F, Van Beeumen J. Rapid Commun Mass Spectrom, 2001, 15(1): 50.

[49] Shen Y, Zhao R, Berger S J, et al. Anal Chem, 2002, 74(16): 4235.

[50] Shen Y, Tolic N, Zhao R, et al. Anal Chem, 2001, 73(13): 3011.

[51] Vissers J P, Blackburn R K, Moseley M A. J Am Soc Mass Spectrom, 2002, 13 (7): 760.

[52] Laurell T, Marko-Varga G, Ekstrom S, et al. J Biotechnol, 2001, 82(2): 161.

[53] Spahr C S, Davis M T, McGinley M D, et al. Proteomics, 2001, 1(1): 93.

[54] Cunsolo V, Foti S, Saletti R, Ceraulo L, Di Stefano V. Proteomics, 2001, 1(8): 1043.

[55] Shen M L, Johnson K L, Mays D C, et al. Rapid Commun Mass Spectrom, 2000, 14(10): 918.

[56] Smith R D, Anderson G A, Lipton M S, et al. Proteomics, 2002, 2(5): 513.

[57] Chaurand P, DaGue B B, Pearsall R S, et al. Proteomics, 2001, 1(10): 1320.

[58] Link A J, Eng J, Schieltz D M, et al. Nat Biotechnol, 1999, 17(7): 676.

[59] MacCoss M , McDonald W H, Saraf A, et al. Proc Natl Acad Sci, 2002, 99 (12): 7900.

[60] Wu C C, MacCoss M J. Current Opinion in Molecular Therapeutics, 2002, 4(3): 242.

[61] Tabb D L, McDonald W H, Yates J R. J Proteome Res, 2002, 1: 21.

[62] Lin D, Alpert A J, Yates J R. American Genomic/Proteomic Technology, 2001, 1(1): 38.

[63] Washburn M P, Wolters D, Yates III J R. Nat Biotechnol, 2001, 19(3): 242.

[64] Davis M T, Beierle J, Bures E T, et al. J Chromatogr B Biomed Sci Appl, 2001, 752(2): 281.

[65] Liu H, Lin D, Yates J R. Biotechniques, 2002, 32(4): 898.

[66] Song C X, Ye M L, Han G H, et al. Anal Chem, 2010, 82(1): 53.

[67] Kaliszan R, Wiczling P, Markuszewski M J. Anal Chem, 2004, 76(3): 749.

[68] Wiczling P, Markuszewski M J, Kaliszan M, et al. Anal Chem, 2005, 77(2): 449.

[69] Bączek T, Walijewski z, Kaliszan R. Talanta, 2008, 75(1): 76.

[70] Kaufmann H, Bailey J E. Proteomics, 2001, 1(2): 194.

[71] 敖世洲, 等. 蛋白质可逆磷酸化对细胞活动的调节. 国家高技术研究发展计划生物技术领域战略研讨会论文集. 上海: 上海科学技术出版社, 1994.

[72] Cohen P. Nat Cell Biol, 2002, 4(5): E127.

[73] Patterson S D, Aebersold R, et al. Mass spectrometry-based methods for protein identification and phosphorylation site analysis.//Pennington S R, Dun M J eds. Proteomics From Protein Sequence To Function. New York: Springer-Verlag, 2001.

[74] 王京兰. 磷酸化蛋白质分析方法研究及其在人胎肝磷酸化蛋白质组研究中的应用[D]. 北京: 军事医学科学院, 2004.

[75] Chaga G S. J Biochem Biophys Methods, 2001, 49(1-3): 313.

[76] Muszylnska G, Andersson L, Porath J. Biochemistry, 1986, 25(22): 6850.

[77] Zhou W, Merrick B A, Khaledi M G, et al. J Am Soc Mass Spectrom, 2000, 11(4): 273.

[78] Betts J C, Blackstock W P, Ward M A, et al. J Biol Chem, 1997, 272(20): 12922.

[79] Vihinen H, Saarinen J. J Biol Chem, 2000, 275(36): 27775.

[80] Li X, et al. J Proteome Res, 2007, 6(3): 1190.

[81] Ficarro S, Chertihin O, Westbrook V A, et al. J Biol Chem, 2003, 278(13): 11579.

[82] Salomon A R, Ficarro S B, Brill L M, et al. Proc Natl Acad Sci USA, 2003, 100(2): 443.

[83] Giorgianni F, Beranova-Giorgianni S, Desiderio D M. Proteomics, 2004, 4(3): 587.

[84] Nuhse T S, Stensballe A, Jensen O N, et al. Mol Cell Proteomics, 2003, 2(11): 1234.

[85] Ficarro S B, McCleland M L, Stukenberg P T. Nat Biotechnol, 2002, 20(3): 301.

[86] Mann M, Ong S, Grønborg M, et al. Trends in Biotechnology, 2002, 20(6): 261.

[87] 王京兰, 等. 生物化学与生物物理学报, 2003, 35(5): 459.

[88] Neubauer G, Mann M. Anal Chem, 1999, 71(1): 235.

[89] Stensballe A, Andersen S, Jensen O N. Proteomics, 2001, 1(2): 207.

[90] Han J, Pope M, Borchers C, Gravesad L M. Anal Biochem, 2002, 310: 215.

[91] Neville D C A, Rozanas C R, Price E M, et al. Protein Science, 1997, 6(11): 2436.

[92] Muller D R, Schindler P, Coulot M, et al. J Mass Spectrom, 1999, 34(4): 336.

[93] Vener AV , Harmsi A, Sussman M R, et al. J Biol Chem, 2001, 276(10): 6959.

[94] Harvey D J, Hunter A P, Bateman R H, et al. Int J Mass Spectrom, 1999, 188 (1-2): 131.

[95] Posewitz M C, Tempst P. Anal Chem, 1999, 71(14): 2883.

[96] 代景泉, 等. 生物技术通信, 2005, 16(3): 287.

[97] Rudd P M, Elliott T, Cresswell P, et al. Science, 2001, 291: 2370.

[98] Spellman M W. Anal Chem, 1990, 62(17): 1714.

[99] Fryksdale B G. Electrophoresis, 2002, 23(14): 2184.

[100] Hardy M R, Townsend R R. Proc Natl Acad Sci USA , 1988, 85(10): 3289.

[101] Karty J A, Ireland M M E, Brun Y V, et al. J Chromatogr B, 2002, 782(1-2): 363.

[102] Medzihradszky K F, Gillece-Castro B L, Settineri CA, et al. Biomed Environ Mass Spectom, 1990, 19(12): 777.

[103] Hanisch F G, Jovanovic M, Peter-Katalinic J. Anal Biochem, 2001, 290(1): 47.

[104] Apweiler R, Hermjakob H, Sharon N. Biochim Biophys Acta, 1999, 1473(1): 4.

[105] Hirabayashi J, Hashidate T, Kasai K. J Biomol Tech, 2002, 13(4): 205.

[106] Rudiger H, Gabius H J. Glycoconjugate J, 2001, 18(8): 589.

[107] Hirabayashi J, Arata Y, Kasai K. Proteomics, 2001, 1(2): 295.

[108] Hirabayashi J, Kaji H, Isobe T, et al. J Biochem (Tokyo), 2002, 132(1): 103.

[109] Zhang H, Li X, Martin D B, et al.   Nat Biotechnol, 2003, 21(6): 660.

[110] Yoshida T. Anal Chem, 1997, 69(15): 3038.

[111] Churms S C. J Chromatogr A, 1996, 720(1-2): 75.

[112] Hagglund P, Bunkenborg J, Elortza F, et al. J Proteome Res, 2004, 3(3): 556.

[113] Trimble B R, Maley F. Anal Biochem, 1984, 141(2): 515.

[114] Wells L. Molecular & Cellular Proteomics, 2002, 1(10): 791-804.

[115] Charlwood J, Skehil J M, Camilleri P. Anal Biochem, 2000, 284(1): 49.

[116] Adamczyk M, Gebler J C, Wu J. Rapid Commun Mass Spectrom, 2001, 15(16): 1481.

[117] Edge A S. Biochem J, 2003, 376(Pt2): 339.

[118] Bunkenborg J, Pilch B J. Proteomics, 2004, 4(2): 454.

[119] Ong S E, Blagoev B, Kratchmarova I, et al. Mol Cell Proteomics, 2002, 1: 376.

[120] Gygi S P, Rist B, Gerber SA, et al. Nat Biotechnol, 1999, 17(10): 994.

[121] 袁泉, 等. 生物化学与生物物理学报, 2001, 35(5): 477.

[122] 于雁灵, 等. 化学研究与应用, 2003, 15(3): 287.

[123] 美国应用生物系统公司产品说明书.

[124] Ross P L, Huang Y L N, Marchese J N, et al. Molecular & Cellular Proteomics , 2004, 3: 1154.

[125] Miyagi M, Rao K C S. Mass Spectrom Rev, 2007, 26: 121.

CHAPTER 5

色谱在代谢组学研究中的应用

　　代谢组学（metabonomics/metabolomics）是 20 世纪 90 年代后期发展起来的一门新兴学科，它是继基因组学（genomics）、转录组学（transcriptiomics）和蛋白质组学（proteomics）之后系统生物学（system biology）的重要组成部分[1]。代谢组学与基因组学和蛋白质组学的相互关系如图 5-1 所示。基因组学和蛋白质组学分别从基因和蛋白质层面探寻生命的活动，而实际上细胞内许多生命活动都与代谢物相关，如细胞信号（cell signaling）、能量传递等都受代谢物调控。代谢组学正是通过考察生物体在疾病、毒物、药物刺激或遗传修饰后引起的最终代谢应答，包括所有内源性小分子代谢产物的质和量（代谢组，metabolome）的变化，在整体水平上反映基因与环境因素相互作用和内源性代谢物及其代谢网络的变化规律。

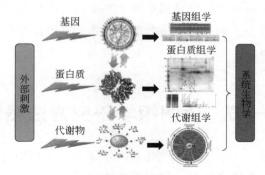

图 5-1　系统生物系中各"组学"之间的相互关系

　　代谢组学利用色谱、质谱、核磁共振等各种谱学方法对生物体液或组织进行系统分析，对由外源性物质、病理生理变化或遗传变异等因素引起的各种代谢路径的底物和产物的小分子内源性代谢产物（M_w<1000）谱随时间的变化进行定性和定量分析。其中，色谱技术是一种重要的分离技术，在代谢组的分离分析过程中占有非常重要的地位。气相色谱在非靶标代谢组学、代谢轮廓分析中应用最为广泛，可适用于对热稳定性好的挥发性化合物的分离，如氨基酸、有机酸、糖类、中短链脂肪酸的硅烷化、甲酯化的衍生产物的分离。液相色谱在代谢组学研究中发展相对较晚，但发展非常迅速，不但可以分析分子量较小的代谢产物，其最大的优势在于样本前处理简单，而且可对分子量较大的或热不稳定的代谢产物（如固醇、磷脂、甘油酯等化合物）进行有效的分离分析。随着色谱技术的不断发展，加上具有广谱性、高灵敏度和特异性的质谱联用技术的发展，如超高效液相色谱（UPLC）-Q-TOF-MS、全二维气相色谱（GC×GC）-TOF-MS 技术，为代谢组学的深入研究提供了更好的技术手段。

代谢组学技术就是利用特定的仪器分析技术对生物样本进行分离分析，可采集大量的、多维的信息，再利用模式识别等化学计量方法对这些信息进行提取、比对和预测，并获得特征代谢物，然后将这些代谢物信息与病理生理过程中的生物学事件联系起来，确定发生这些变化的靶器官和作用位点，探寻相关的生物标志物[2]。与转录组学和蛋白质组学等其它组学比较，代谢组学具有以下优点：基因和蛋白质表达的微小变化会在代谢物水平得到放大；代谢产物的种类远少于基因和蛋白质的数目（组织中代谢物的种类大约只为 10^3 数量级）；代谢物在生物体液或组织中是均匀分布的，代谢物检测相对更容易些，更有利于全面系统的分析[3]。因此有人认为，基因组学和蛋白质组学能够说明可能发生的事件，而代谢组学则反映确实已经发生了的事情。代谢组学自出现以来，引起了各国科学家的极大兴趣，这种技术被广泛地应用于生命科学中的各个领域，如：疾病诊断和分型、个性化治疗、药物的毒性评价、细胞代谢组学研究、酶功能研究、毒理学研究等方面。由于代谢组学能提供涵盖更多"功能性"的信息而被部分科学家看做是所有"组学"中最强大的技术[4]。本章将主要从色谱技术在代谢组学研究中的应用的角度加以介绍。

第一节　代谢组学研究方法概述

自从英国帝国理工大学 Jeremy Nicholson 教授[5]和德国马普所 Fiehn 教授[6]提出"代谢组学"这个概念以来，代谢组学作为基因组学和蛋白质组学的重要补充，在生命科学领域研究中得到了飞速的发展，并且随着分析手段和数据分析方面的不断完善，代谢组学已经成为系统生物学中不可或缺的一个重要分支科学。2000 年，Fiehn 等按研究目的的不同将代谢组学分为四个层次：

① 代谢物靶标分析（metabolite target analysis）：对某个或几个特定靶蛋白的底物/产物的定量分析；

② 代谢轮廓（谱）分析（metabolic profiling analysis）：采用针对性的分析技术，对特定代谢过程中所预设的代谢产物，如某类结构、性质相关的化合物、某代谢途径的所有中间产物或多条代谢途径的标志性组分的定量分析；

③ 代谢指纹分析（metabolic fingerprinting analysis）：系整体性地定性分析特定生物样本，比较图谱的差异快速鉴别和分类，而不分析或测量具体组分（如表型的快速鉴定）；

④ 代谢组学（metabonomics/metabolomics）：对限定条件下的特定生物样品中所有代谢组分的定性和定量分析与研究，这个层次的代谢组学目前还难以实现。

代谢组学的这种分层理念得到了科学界的广泛认可和接受，并且，随着代谢组学研究不断深入和技术方法的不断发展，科学家们对代谢组学这一概念也在不断地完善，并给出了更加严谨科学的定义[7]，即：代谢组学是对一个生物系统的细胞在给定时间和条件下所有小分子代谢物质的定性定量分析，从而定量描述生物内源性代谢物质的整体及其对内因和外因变化应答规律的科学。其中心主要任务包括[8]：①对内源性代谢物质的整体及其动态变化规律进行检测、量化和编录；②确定此变化规律和生物过程的有机联系或发生该生物事件过程的本质。与其他组学具有一脉相承的研究思想，代谢组学同样以"系统全局"观点为基础，同时融合了生物学、生命学、分析化学、物理学、计算机学等多学科知识为一体，利用先进的仪器联用技术对给定条件下的特定生物样本中全部代谢产物谱的变化进行检测，并通过逐渐完善的计算机分析技术对采集的海量数据进行分析来呈现整体的生物学功能状况，实现宏观代谢表型研究的微观化，使得研究对象范围从蛋白质或基因水平降到代谢产物水平（如生物体中大约有蛋白质 100 万个，转录物 10 万个，基因 2.5 万个，小分子代谢物只有约 14000 个）。

完整的代谢组学分析流程包括生物样本的收集和处理、数据的采集和分析、代谢产物的鉴定、代谢通路的分析等步骤（见图 5-2[9]）。可用于代谢组学分析的生物样本逐步多元化，几乎可分析所有生物样本，如体液（血液、尿液、唾液、脑脊液等）、组织（肌肉、皮肤、毛发、内脏、脑、根、茎、叶、花、果实等）、细菌、细胞、培养液、呼出气体等。将生物样本在收集后迅速低温保存，部分样本需要对其生物反应灭活，尤其是细胞或细菌样本，需要及时对样本灭活，让细胞内部的酶失活，以保证特定条件下细胞内部生物环境和代谢组的稳定，而灭活的方法也会因细胞或细菌种类的不同而不同，灭活剂过强会破坏细胞结构，导致细胞泄漏；灭活剂过弱，细胞灭活不彻底，结果就不能真正反映特定条件下的生理状态，这部分内容将在后文详述。随后，提取样本中的代谢组，这一步骤需要根据代谢组学的研究目的而制订详细的前处理方法，并根据实际情况建立合适于该样本的代谢组学方法,如代谢轮廓分析和代谢指纹分析需要提取全部代谢产物,而代谢组学中的脂质组学和糖组学等会因提取代谢组的不同而选用不同的提取剂。另外,根据检测方法的不同,前处理过程也会相应不同,如 GC 分离分析时需要对提取的代谢组衍生化(硅烷化、甲基化等),LC 分离分析时有时也需要衍生(如糖类、氨基酸类等柱前衍生或柱后衍生等);接下来是对提取物的仪器分析及数据采集,这一部分随着代谢组学研究的深入,更多功能强大的分析工具应用于代谢组学研究中,如 NMR、GC-MS、GC×GC-MS、LC-MS、LC-MS-MS、UPLC-TOF-MS、UPLC-MS/MS 及 CE-MS 等。

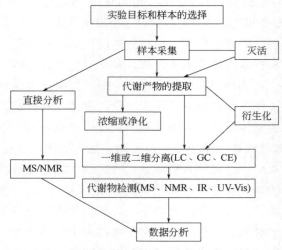

图 5-2　代谢组学分析流程图

　　NMR 技术在早期代谢组学研究中主要用于毒性机制研究,由于该技术具有迅速、准确、分辨率高等优点而得到迅速发展,而且还能实现对样本的无创性、无偏向性检测,在检测时样本无需繁琐的前处理过程,具有较高的通量和较低的检测成本。但 NMR 技术的最显著的缺点在于灵敏度相对较低、动态范围有限,对于代谢组中浓度差异大的共存化合物难以实现同时检测,且 NMR 仪器设备价格较为昂贵。

　　由于色谱的分离作用和质谱的鉴定作用能实现小分子化合物的快速定性和定量分析,而且质谱极高的灵敏度使得代谢组中低含量组分的测定成为可能,因而,色质联用技术在代谢组学研究中发挥了越来越显著的作用。

　　流动相和色谱柱固定相的分配系数的不同以及 MS 对代谢产物鉴定的作用使得 LC-MS 的优点在代谢组学应用中得到了充分的发挥,而且电喷雾电离可实现大部分代谢物的极化和电离,尤其是对于热不稳定化合物和难挥发性化合物,而常规的 GC-MS 技术无法解决这一问题。另外,电喷雾电离能提供代谢物分子离子的信息（即分子量的信息）。大气压电离和大气压光致电离也被用于与 LC 联用，但一般仅用于挥发性代谢产物的电离。尽管 GC-MS 技术也常用于分析非挥发性或极性代谢产物，但 LC-MS 对这类化合物的分析避免了衍生化等繁琐过程。质量分析器直接决定了质量分辨率和质量精度，而且在分辨率和色谱峰容量方面，LC-MS 取得了显著的改善[10]，尤其是 UPLC-MS，可从复杂的植物样本中同时分离和检测几百个代谢产物[11]。相对于 GC-MS 而言，LC-MS 中的 ESI 和 API 能进行正离子模式和负离子模式两种电离方式，从而提高了对痕量化合物检测的灵敏度。然而，LC-MS 的代谢产物数据库还远没有像 GC-MS 一样丰富，这给 LC-MS 色谱峰的解析鉴定带来了很多困难。不过，LC-MS 离子化方式及离子分离方法要比 GC-MS 具有更多的选择，如常用于与 LC 串联的质量分析器有：四极杆、飞行时间质谱、四极杆-飞行时间质谱、三重四极杆质谱、离子阱、轨道阱、离子回旋共振质谱等。其中四极杆质谱可实现质量的连续全扫描（如 m/z 范围：50～1200），而且利用选择离子检测模式（SIM）能显著提高代谢产物检测的灵敏度和选择性，这已被广泛用于靶标代谢组学。另外，离子阱和飞行时间质谱具有很高的质量精度，这在未知化合物的鉴定方面发挥了重要作用。

　　LC 与多种类型 MS 联用技术已被广泛用于动植物、微生物、疾病等的代谢组学研究[12~14]，质谱联用（MS/MS）技术为未知代谢物的鉴定提供了更有力的依据，如将四极杆与飞行时间质谱联用（Q-TOF-MS）、四极杆与离子阱质谱联用（Q-IT-MS），质量分析器之间通过碰撞诱导池相连，四极杆在 MS 模式下和 MS/MS 状态下分别具有离子导向作用和质量分选功能。装有反射器的飞行时间（TOF）分析装置与四极杆垂直配置，在 MS 和 MS/MS 状态下均有质量分析功能。在四极杆和 TOF 分析器之间是碰撞诱导池，能够实现碰撞诱导解离（CID），在进行 MS/MS 实验时，第一级四极杆质谱选取单一离子并将它送入碰撞诱导池与惰性气体（氩气）发生碰撞并使母离子发生诱导裂解，碰撞活化室由六极杆组成，在工作状态下极杆上仅有射频电位，因而所有离子均能通过碰撞诱导池，到达垂直飞行时间质谱的加速器中，在推斥极的作用下，离子进入 TOF-MS 进行质量分离，仪器的最终检测器为高敏感性的微通道板。这些串联质谱与 LC 联用技术（如 MRM、中性丢失扫描、Q-TOF-MS 精确质量检测等）在脂质组学、磷脂组学、糖脂组学（糖苷中糖基、甘油脂、磷脂、糖脂、固醇和类固醇等物质鉴定）和靶标代谢组学中显示了巨大的作用。因此，LC-MS 具有对样品预处理要求简单、检测物质的范围更广等优势，因而在代谢组学领域的应用和发展也越来越受青睐。随着色谱技术的不断发展，具有的更高分离度和高通量特性的色谱技术和设备不断涌现。UPLC 的开发与应用就是色谱技术不断更新的典型代表，这种色谱是在超高压系统（＞100MPa）中采用小粒径填料色谱柱（＜2μm）进行分离。色谱柱中填料粒径大小的改变直接影响到柱效，从而对分离结果产生直接影响。根据经典的 Van Deemeter

理论速率方程可知，减小填料的粒径，就会降低色谱柱的理论塔板高度，从而提高色谱柱柱效，并获得更窄的色谱峰宽，提高了色谱分离度的同时还获得了更高的灵敏度，极大地缩短了分析周期。由于死体积及流量的有效减少，相比于 HPLC，UPLC 更节省溶剂，而且减少了质谱仪的负荷，可获得更高的质谱真空度，减弱了离子抑制现象，检测器的灵敏度获得了进一步的提高。UPLC 的快速、高通量、省时和节约溶剂的优点使得这种技术成为了代谢组学研究领域的一个非常重要的工具。

　　GC-MS 联用技术是最早和最广泛应用于代谢组学的色质联用技术[15~19]，该技术主要是针对挥发性和热稳定性代谢产物的分离和鉴定。相对于 LC-MS，GC-MS 具有高分辨率和灵敏度，尤其是多维气相色谱的不断发展和运用，使得其峰容量极大增多（GC×GC 的峰容量可达 100000 个色谱峰）[20~23]。GC-MS 采用标准的电子轰击电离模式，能得到代谢产物结构的详细信息，通过质谱裂解谱，并结合色谱峰的保留时间和滞留指数等参数，可为代谢产物的鉴定提供重要的依据，而且这使得其应用范围与重复性都得到很大的提高。GC-MS 在代谢组学中的应用非常广泛的一个关键优势是具有配套的相对完善的用来参考比较的标准代谢物谱库（如 Fiehn 代谢产物库、NIST 系列谱库等），这在代谢产物鉴定方面具有不可比拟的优势。GC-MS 也可通过多种衍生化途径分析难挥发性和热不稳定的代谢产物，因此用 GC-MS 分析这类物质前需要对样本进行衍生化预处理，而这一过程相对耗时、耗力，而且繁琐的衍生化步骤常会引入操作误差，并且衍生化后同一代谢产物有时有可能会产生多个色谱峰（这一点在多维气相色谱分离时表现更为突出），而且代谢物可能会发生转变（如精氨酸转为鸟氨酸，开链糖的成环）和（或）终产物的降解（如三甲基硅烷基衍生物的水解），都会引起对所产生数据的误解，因此，这些因素大大提高了后续数据分析的复杂程度，而且 GC 难于分离分子量较大（一般大于 800 以上）的代谢产物，如很多脂类物质（磷脂、固醇、甘油酯等）和胆碱类代谢产物，为此这也是 GC-MS 在代谢组学应用中的一些主要局限性。GC×GC 技术是气相色谱技术中的突出代表。与传统的多维色谱不同，这种色谱技术提供了一种真正的正交分离系统，试样从进样口进入第一根色谱柱（一维柱，一般是极性较弱的色谱柱，柱长较长，如 15m、30m 等），在一维柱中根据各组分的沸点不同进行分离，然后分离的组分经调制器的冷凝聚焦，按一定的调制周期脉冲进入第二根色谱柱（二维柱，一般是中等极性或极性柱，柱长较短，如 2m），在二维柱中再按各组分的极性再次进行分离，这样可以保证沸点相近的化合物能有效地分离。在 GC×GC 中，一维柱和二维柱是进行正交分离，且两柱的分离机理也不相同（一维柱按化合物的挥发性，二维柱按化合物的极性），这样一方面可以有效地利用分离空间，获得更快的分离速度，另一方面可以获得更高的峰容量，其峰容量为两根色谱柱各自峰容量的乘积，相对于传统的二维色谱，GC×GC 色谱的峰容量获得了极大的提高（峰容量可达到 100000）；而且峰宽一般在 100～600ms 之间，色谱峰宽变窄，从而获得更高的分离度，由于组分进入二维柱后经过多次调制，信号强度比调制前放大了 20～50 倍，而且一维柱也起到对组分的聚焦浓缩作用，因此灵敏度也相应得到了几十倍的提高。

毛细管电泳-质谱（CE-MS）在分析复杂的代谢化合物上比 GC-MS、LC-MS 更有潜在的优势，包括高分辨效率、极小的样品量（nL）、方法快捷、较低的试剂消耗等。但 CE-MS 也有一定的局限性，主要是由于其小样品量所致的敏感性降低，尤其是与 MS 联用时，样品能进一步被电解液稀释。但是通过减小电解液流速和使用联机对样品进行预浓缩（如 pH 介导的堆积和短暂的等速电泳）能得到与 LC-MS 相似的敏感性，而且电解液稀释带来的影响可通过使用无电解界面来解决。随着 CE 技术的发展，CE-MS 在代谢组学中的应用也越来越广泛[24~27]。

第二节　代谢组学中的生物样本

代谢组学是对一系列相似的生物样本中的代谢物进行比较分析的科学。代谢在生物系统中起到至关重要的作用，因此代谢组学研究的目的在于发现和鉴定生物标志物，用以更好地了解生物体中已知和未知的代谢通路受外界刺激而发生的变化。成功的代谢组学研究依赖于有效的代谢产物的提取，对于非靶标代谢组学研究，需要提取生物样本中的尽可能多的代谢物，并去除复杂的生物基质，但由于生物样本中的代谢物的水平相差很大（甚至有若干个数量级），因此，对样本的前处理方法提出了更高和更严格的要求，尤其对于不同类型的生物样本，所采用的前处理技术也不完全相同。以下将根据生物样本的种类进行逐个介绍。

一、细胞样本

细胞代谢组学已经成为研究细胞生物化学的重要手段，细胞中的代谢物为细胞内和细胞膜中小分子代谢物的集合，这些代谢物参与胞内进程的多种变化，其浓度可近似地反映一个器官、组织或细胞的表型；而且细胞中不同通路之间的联系可反映和评价健康及病理机体之间的生化差异，而且细胞实验模型还可用于药物干预效果的评价。与体内实验相比而言，以细胞为研究对象的代谢组学研究具有更多的优势，如易于控制实验变化、高度重现性、成本低、周期相对较短、结果更易于解释，除了肝细胞的原代培养外，年龄、性别、跨学科变化、种群控制等因素在体外细胞研究中都不是主要影响因素[28]。但相对于其他生物样本而言，细胞样本在做代谢组学研究时，细胞是处于"活"的内环境状态，为了考察细胞组间的差异，需要同时终止全部细胞代谢过程，并避免代谢物的转化及降解，即对细胞进行"猝灭"，同时要更加缩短代谢产物的提取过程，并控制好细胞数量，以保证在做仪器分析时能获得足够的信号响应。

细胞代谢组学研究领域包括：细胞表型分析-细胞培养和生物反应器优化，即细胞表型分类，例如，疾病分型、系统生物学（即通过代谢组学或与其他组学结合获得的代谢网络）、通过代谢轮廓分析获得的代谢网络和代谢通路模型、毒理学和药物检测及给药后药代动力学和药物疗效跟踪、不同表型中显著差异代谢产物检测（即生物标志物或药物靶标的发掘），即药物毒理学、药效评价、细胞培养监测、新药研究、生物制药生产、食品组学等[29~35]。

细胞代谢组实验主要分为细胞培养、环境刺激（给药等）、猝灭和代谢物提取、样品检测、数据分析等步骤[28]，但由于研究对象、研究目的和分析技术的不同，对细胞样本前处理要求也不一致，不存在普适性细胞前处理方法。本部分主要介绍细胞样本的前处理方法。

1. 细胞培养及环境刺激

为保证待测细胞（对照组和模型组）在相同条件下生存，要求培养细胞的培养基完全保持一致，以避免因提供细胞营养成分的不同造成代谢组的差异。而且不同种类的细胞的生存条件也不尽相同，相同培养基条件下，不同类型的细胞的生长速率不同，有的细胞不能生存甚至死亡[36~38]。

一般培养基使用动物血清，再添加一定水平的其他营养物质以满足细胞生长的需要。更换血清可能会导致外源性代谢物的污染，并影响细胞的内源性代谢产物[39,40]。研究发现[40]，在浓缩血清、简单血清和无血清或血清替代品等培养基中生长的细胞的代谢组发生了显著性的改变，在培养基中增添血清对细胞代谢会产生影响，但细胞形态学方面却没有明显变化；而且细胞表型的差异对细胞代谢组的影响比细胞生长条件更明显。所以，细胞培养时细胞生长条件的选择和优化是整个细胞代谢组学实验获得正确结果的前提条件。以下为细胞培养的常用培养基。

① RPMI-1640 Medium　该培养基广泛应用于哺乳动物、特殊造血细胞、正常或恶性增生的白细胞，杂交瘤细胞等悬浮细胞的培养。其它像 K-562、HL-60、Jurkat、Daudi、IM-9 等成淋巴细胞、T 细胞、淋巴瘤细胞以及 HCT-15 上皮细胞等均可参考使用。

② Minimum Essential Medium（MEM）　也称最低必需培养基，它仅含有 12 种必需氨基酸、谷氨酰胺和 8 种维生素。成分简单，可广泛适应各种已建成细胞系和不同地方的哺乳动物细胞类型的培养。MEM-Alpha 一般用于培养一些难培养细胞类型，而其它没有特殊之处的细胞株则几乎均可采用 MEM 来培养。

③ DMEM-高糖（标准型）　应用非常广泛，可用于许多哺乳动物细胞培养，

更适合高密度悬浮细胞培养。适用于附着性较差，但又不希望它脱离原来生长点的克隆培养，也可用于杂交瘤中骨髓瘤细胞和 DNA 转染的转化细胞的培养。

④ DMEM-低糖（标准型） 可用于许多哺乳动物细胞培养。低糖适于依赖性贴壁细胞培养，特别适用于生长速度快、附着性较差的肿瘤细胞培养。

⑤ DMEM/F12 由 F12 和 DMEM 以 1∶1 结合。该培养基适用于血清含量较低条件下哺乳动物细胞培养。为了增强该培养基的缓冲能力，改良之一是在 DMEM/F12（1∶1）中加入 15mmol/L HEPES 缓冲液。

⑥ McCoy's 5A 主要为肉瘤细胞的培养所设计，可支持多种（如骨髓、皮肤、肺和脾脏等）的原代移植物的生长，除适于一般的原代细胞培养外，主要用于作组织活检培养、一些淋巴细胞培养以及一些难培养细胞的生长支持。例如 Jensen 大鼠肉瘤成纤维细胞、人淋巴细胞、HT-29、BHL-100 等上皮细胞。

⑦ Iscove's Modified Dulbecco Medium（IMDM） 用于培养红细胞和巨噬细胞前体，此种培养液含有硒、额外的氨基酸和维生素、丙酮酸钠和 HEPES。并用硝酸钾取代了硝酸铁。IMDM 还能够促进小鼠 B 淋巴细胞，LPS 刺激的 B 细胞，骨髓造血细胞，T 细胞和淋巴瘤细胞的生长。IMDM 为营养非常丰富的培养液，因此可以用于高密度细胞的快速增殖培养。

⑧ M-199 Medium 可用于培养多种种属来源的细胞，并能培养转染的细胞，此培养液必须辅以血清才能支持长期培养。

⑨ Leibovitz Medium（L-15） L-15 培养液适用于快速增殖瘤细胞的培养，用于在 CO_2 缺乏的情况下培养肿瘤细胞株。此培养液采用磷酸盐缓冲体系，氨基酸组成进一步改良，并由半乳糖替代了葡萄糖。

⑩ 其他培养基 如：Ham's F-10 及 F-12 培养基、William's Medium E 等。

细胞的环境刺激，即为满足实验目的，需要对细胞进行外部干扰（或刺激），在一定时间内形成界定生长条件下的细胞模型，包括：生长温度、压力、湿度、pH 值、培养基组成、溶解氧和二氧化碳及外源给药等手段。其中外源给药是细胞毒理学、药物筛选和药物评价等重要手段。

2. 细胞猝灭

细胞猝灭，也称灭活，因为细胞体系是处于一个动态的内环境，而代谢组学需要考察的是某一特定条件下细胞中代谢物的差异，因此，需要在特定条件下对细胞进行灭活，其目的是使细胞内的酶失活，以"冻结"代谢物轮廓。对于细胞内代谢物，由于采样或脱离培养环境后细胞内的代谢状态发生变化，使得代谢物种类及含量也随之发生变化，为了正确反映特定环境下细胞内代谢物的真实信息，需要迅速终止细胞内所有酶的活性，终止胞内代谢反应。理想的猝灭方法需要在保持细胞完整性的基础上确保细胞内所有酶迅速失活。

1974 年 Weibel 等[41]利用 $HClO_4$ 作为猝灭剂，并采用酸碱循环冻融的方法在短时间内完成取样、猝灭和细胞内代谢物提取的全过程，这种方法在悬浮的哺乳动物细胞中也得到了迅速发展，并成功用于代谢组学研究中。Dettmer[42]等采用低温离心法及细胞刮法猝灭多种贴壁哺乳动物细胞，结果发现低温离心可引起细胞内大量代谢物泄漏，不适合代谢组学研究，而细胞刮法较为理想。Teng[43]等对诱导乳腺癌细胞进行了冷甲醇猝灭的评价，结果表明该方法快速、简便，比传统猝灭方法的提取效率提高了 50 倍。细胞是否能有效猝灭，可通过检测一些"敏感性"较强的代谢产物，如参与能量代谢的 ATP、ADP 和 AMP，细胞正常生长状态下，三者浓度之间存在一定的数量平衡关系，即能荷值[EC=$(C_{ATP}+1/2C_{ADP})/(C_{ATP}+C_{ADP}+C_{AMP})$]，大多数细胞维持的稳态能荷状态在 0.8～0.95 的范围内，能荷直接反映和调控细胞内的代谢状态。Cheng 等[44]在考察人巨噬细胞时，采用了多种猝灭方式，如：37℃下 0.9%NaCl 溶液、0.5℃下 60%甲醇水溶液、0.5℃下 40%乙醇水溶液、4℃下 0.9%NaCl 溶液及 37℃下 0.9% NaCl 溶液。利用能荷值和 ATP、ADP 及 AMP 三者浓度值和，判断 60%甲醇及 40%乙醇水溶液都会破坏细胞膜结构而导致细胞泄漏，而冷 0.9% NaCl 溶液可保持细胞膜的完整性。Dietmair 在对悬浮培养的哺乳动物细胞猝灭时也出现类似的研究结果，即冷生理盐水（等渗溶液）既不损害细胞，还能有效遏制 ATP 降解为 ADP 及 AMP[45]。在对贴壁细胞猝灭时，通常采用液氮冷冻的方法，但为了不破坏细胞膜结构，维持细胞完整性时往往需要采取特别处理措施（如采用冷冻保护剂等）[46]。由于受细胞种类或分析技术的影响，在实验过程中需要对猝灭剂进行合理的筛选和优化。细胞代谢组学实验中常用的猝灭剂有：液氮、低温甲醇或乙醇溶液、等渗溶液（NaCl 溶液）、$HClO_4$ 溶液、KOH 溶液、低温甘油[47]等。

细胞猝灭方法的选择首先要保证能迅速"冻结"胞内酶的活性及代谢反应；其次要保持细胞的完整性，避免细胞破损而造成胞内代谢产物泄漏；再次，要利于后续的代谢产物提取。所以细胞猝灭条件的选择和优化是实验结果能否正确反映特定条件下细胞生理变化的关键。细胞猝灭剂过于"温和"，就不能及时迅速地终止胞内的酶活性和代谢反应；而细胞猝灭剂更有可能造成细胞泄漏，并且泄漏的程度与猝灭时间、温度及猝灭剂的量都有关系。相对而言，猝灭时间越短、从培养基中分离细胞速度越快，泄漏程度就越轻。在实际操作过程中，猝灭引起的细胞泄漏很难避免，为此需要在细胞猝灭后，迅速分离细胞，以降低细胞泄漏对实验结果的影响。

3. 代谢物提取

细胞内代谢产物种类繁多（植物有超过 200000 种小分子化合物，人体中目前可被准确鉴定的小分子化合物也超过 40000 种），代谢产物间的理化性质差异也异常显著，如大小、质量、极性、溶解性等，而且代谢产物浓度水平也各不相同，有的甚至相差 4～6 个数量级。如何高效地提取细胞中成分异常复杂的代谢产物是代谢组学（尤其是代谢轮廓分析）的目的和挑战。提取剂要能有效地破坏细胞结构，从胞内释放出代谢产物，并最大限度地进行提取，需要对所有代谢产物具有普适性，而且不能破坏代谢产物。选取合适的提取剂对代谢组学研究至关重要，选择提取剂遵循的最基本的原则可理解为"相似相容原理"，如：经典的酸碱提取剂分别可用来提取对酸和碱稳定的化合物，极性提取剂对极性化合物的提取效率较非极性化合物高，而非极性溶剂对极性较弱的化合物提取效率更高。对于细胞而言，可根据细胞生长特性来进行选择，如悬浮细胞通常可采用甲醇或乙腈的水溶液，也可采用纯甲醇溶剂；对于贴壁细胞，提取剂可以是甲醇、氯仿、三氟乙酸等的混溶物，并且控制适当的温度有利于改善提取效率。提取方法多种多样，但每一种提取剂适用的代谢产物非常有限，或只对某种细胞有效，或只对细胞中的某些种类化合物有效，这要根据实验目的来确定。如 Dietmair 等[48]提取重组中国仓鼠卵巢细胞（Super-CHO）中代谢组时考察了 12 种不同的提取方法（见表 5-1）。结果表明，以提取的代谢产物的种类和浓度为衡量标准，50%的冷乙腈作为提取剂的提取效率高于其它提取剂。在细胞代谢组学实验中，应根据具体细胞类型和细胞本身的特点（如细胞壁或细胞膜结构）选择合适的提取剂，以最大限度地从细胞中提取出代谢产物，细胞能否完全破裂也是提取效率的重要影响因素，如反复冻融、超声破碎、机械匀浆等机械手段也可提高代谢物的提取效率，可根据实验的具体情况筛选和优化实验方案。

表 5-1 根据细胞种类采用不同的猝灭和提取方法

提取方法	步骤
乙腈	细胞在冰水混合物中，加入 50%乙腈水溶液，涡旋，冰浴 10min
低温甲醇	细胞在-40℃（用液氮处理）的 1mL 50%甲醇水溶液提取
冷 50%甲醇	细胞在-40℃的 1mL 50%甲醇水溶液，涡旋，冰浴 10min
甲醇/氯仿	细胞在-40℃的 1mL 50%甲醇水溶液，加入 0.5mL 氯仿（-40℃），混匀冰浴 10min；两相均有用于分析
热 80%甲醇	细胞在 70℃80%甲醇，水浴 5min，再用冰浴 5min
冷 100%甲醇	细胞在-40℃的 1mL 100%甲醇水溶液，涡旋，冰浴 10min
热乙醇	细胞在 80℃ 75%乙醇，水浴 5min，再用冰浴 5min
冷乙醇	细胞在 1mL 75%乙醇中冰浴 10min
热水	细胞在 95℃ 1mL 水，水浴 5min，再用冰浴 5min
氢氧化钾	细胞在 1mL 0.005mol/L 氢氧化钾中冰浴 10min
高氯酸	细胞在 1mL 0.5mol/L 高氯酸中冰浴 10min

二、微生物样本

微生物是地球上代谢最为多样的生物形式，其中的小分子代谢产物从无机离子到脂类化合物以及复杂的天然产物，浓度跨度甚至达到 9 个数量级（从 pmol

到 mmol）[49]。微生物代谢组学如同细胞代谢组学类似，都是指在微生物细胞生长或生长循环某一特定时间点，以无偏可重现的方式分析微生物机体内的全部小分子代谢产物。

相对植物代谢组学及代谢组学在疾病诊断、分类药物研发等领域的应用等，微生物代谢组学的发展相对较晚。然而微生物具有系统简单，基因组数据丰富，基因调节、代谢网络和生理特性了解全面等优势，这为代谢组学在微生物领域的研究提供了更系统、更科学的理论基础。目前微生物代谢组学已成功地应用于微生物表型分类[50]、突变体筛选及分类[51,52]、代谢途径及微生物代谢工程[53]、发酵工艺的监控[54]、微生物降解环境污染物[55]以及肠道微生物与宿主的代谢表型、病理关系[56~58]等诸多方面。

微生物代谢组学研究的整个实验流程与细胞代谢组学非常类似，包括以下几个步骤：微生物的培养、猝灭、代谢产物的提取、衍生和仪器分析、数据分析、代谢产物鉴定、代谢通路解释。

微生物培养过程中同样需要严格控制生物反应器的温度、pH 值、培养基组分以及 O_2 和 CO_2 的溶解量等，以获得标准和重现的培养条件。微生物的猝灭同样要求能在最短时间内使微生物细胞"失活"，终止全部酶活性和代谢反应；另外要求保证微生物细胞的完整性，不至于细胞破裂而导致代谢产物的泄漏，尤其是对于悬浮细胞更是如此。所选用的猝灭剂也需要根据微生物类型进行具体的筛选和优化，如纯有机溶剂（甲醇、乙腈等）[59~61]、甘油[62]、等渗溶液、液氮[63]、高氯酸[64]等。

微生物中代谢产物的提取与细胞代谢组学依然很类似，主要有有机溶剂（甲醇、乙腈、乙醇）及混合有机溶剂、高氯酸及碱溶液等，其中酸碱提取方法是微生物中代谢产物的经典提取方法，各种提取方法都有特定适用范围和优缺点，如高氯酸提取法对核苷酸类物质和水溶性代谢产物的提取效果较好，但酸度较高导致部分代谢产物不稳定[65]；有机溶剂提取，如甲醇、乙醇等方法简单，而且不需要加入无机盐类物质，提取剂易于去除，提取物易于浓缩等优点，而且可根据代谢产物极性的需要对极性和非极性溶剂进行适量混合，但高温条件下提取会对代谢产物产生破坏作用，相比而言低温条件，如冷甲醇可能获得更多的代谢产物[66]。由于微生物代谢组学与细胞代谢组学的研究过程极为相似，所以这里不详加介绍。

三、血液样本

血液是代谢组学研究中非常重要的一类生物体液样本。从人或动物体内抽取的血样，经抗凝处理后的全部血液即为全血，全血是由血浆和血细胞组成，还包括一些其它成分，如粒细胞、血小板、白蛋白、免疫球蛋白、纤维蛋白原、Ⅴ因子和Ⅷ因子等。将全血离心除去血细胞和血小板后可得到血浆，血浆是一种半透明的淡黄色稠状液体，约占血液的 55%～60%，其中水分约 92%，还包括球蛋白、纤维蛋白原、酶、激素、各种营养物质、代谢产物和无机盐等。当血液流出血管时，纤维蛋白原可变成纤维蛋白，并和血细胞凝固成块状，再对其离心，可获得较为清澈的淡黄色血清，血清中含有各种血浆蛋白、脂肪、糖、生长因子等，能为机体提供基本营养物质、激素和各种生长因子、结合蛋白等。血清和血浆的主要区别是血清中不含纤维蛋白原，是未经抗凝处理过的血液凝固后获得的，并且血清中少了很多凝血因子，但凝血产物增多。采集血样后一般需及时用中速（1000～3000r/min）进行离心处理以有效去除血液样本中的细胞纤维素薄膜、血红细胞等组分，一般不能采用高速离心以防止细胞破裂造成溶血等现象。

血液样本中含有丰富的生化信息，在代谢组学研究中，如何利用这些血样来正确获取生物机体代谢终端的信息，这对血液样本的采集和储存提出了更为严格的要求。因为，血液中含有大量的生物活性物质，在血样采集和储存时易受很多因素的影响，如饮食情况、采集时间、采集装置、是否抗凝、抗凝剂种类、储存时间、储存温度、冻融周期等。

如血糖在进餐后升高，糖尿病患者血液中升高更明显；胆固醇在高脂血症患者进食前后出现明显的波动；尿酸夜间代谢率降低，空腹减少，进餐后增高；而且餐后血清可能出现浑浊，如低密度脂蛋白等会升高，尿酸和血尿素氮等水平出现降低。还有，饮食类型也会影响血液中代谢产物的浓度水平。如高蛋白膳食可增高尿素氮、尿酸等的浓度；高核酸类食物（如内脏或果糖）可增加高尿酸水平；饮用茶水或咖啡时，由于咖啡可抑制磷酸二酯酶的分解，延缓 AMP 转化为 $5'$-AMP，从而糖酵解酶产物增多，脂肪酯酶活性增强，脂肪分解，甘油和游离脂肪酸和激素增多；饮酒后乳酸、丙酮、尿酸、甘油三酯等增多，叶酸降低；甚至抽烟都会造成血液中代谢产物的波动。还有，饮食后采血时间不同，血液中的代谢产物的浓度水平也会出现差异，如餐后立即取血，甘油三酯等出现增高。Liu 等[67]用代谢组学方法考察了血浆和血清的代谢轮廓差异，结果表明有 29 种代谢产物在血清中的浓度水平显著高于血浆，7 种小分子化合物在血浆中的浓度水平显著高于血清。

还有，血样的储存条件的影响也不可忽视[68]。Rehak 等[69]考察了不同储存温度对全血中小分子化合物的影响，结果表明多种小分子化合物，如葡萄糖、肌酐等与新鲜全血对比出现显著差异。同样，杨维[70]利用正负离子模式相结合的 LC-MS/MS 代谢组学方法分析了不同温度、不同存放时间对全血和血浆代谢轮廓的影响，短期存放实验表明，延迟存放后的全血和血浆中，大多数溶血性磷脂胆碱、5-羟色胺显著升高，而且全血中的嘧啶核苷也出现升高；在长期稳定性实验

（5 年）结果发现有 36 种代谢产物浓度出现显著变化，甚至有的变化超过百倍。另外，采血装置同样会对结果产生影响。Bowen 等[71]利用三种不同收集装置（玻璃管、Vacuette 真空采血管、SST 分离胶管）采集血清样本时发现，血清总三碘甲状原氨酸（TT3）在 SST 管中显著高于其它两种采集管，且真空管中也显著高于玻璃管。另外，采血时使用的抗凝剂种类的不同也会造成代谢轮廓的差异。Drake 等[72]对不同血样采集管对血样代谢轮廓影响进行了分析，结果表明，除不含添加剂的玻璃管外，其它种类的血样采集管均含分析物以外的杂质峰。Yin 等[73]采用基于 LC-MS 非靶标代谢组学技术详细考察了血样在进行代谢组学研究时的影响因素，包括血液样本采集、运输及保存中的采血管、抗凝剂、室温暴露、操作温度、溶血、冻融次数等。结果表明，在室温下放置不同时间后的 EDTA 抗凝的血浆中 64 种化合物发生了显著变化，如放置 2h 后次黄嘌呤和磷酸鞘氨醇浓度分别升高了 800% 和 380%［见图 5-3（a）、（b）］；而在冰水中放置 4h EDTA 抗凝的血浆中代谢产物基本维持不变；溶血同样会造成代谢轮廓的差异［图 5-3（c）～（f）］；反复冻融 2 次后，EDTA 抗凝血浆只有轻微变化，但增加了个体差异［见图 5-3（g）、（h）］。研究还首次报道了可反映采集时室温暴露时间过长的两种代谢标志物（次黄嘌呤和磷酸鞘氨醇），这为血样质量控制提供了科学依据。

　　血液中的总蛋白质的含量为 6～8g/dL，所以在对血液做代谢组学分析时需要去除蛋白质，通常可用有机溶剂[74]。加入有机溶剂去除血液中蛋白质的同时，有机溶剂也会"扰乱"代谢小分子与蛋白质结合的状态，最终获得的代谢产物的浓度被认为是小分子化合物与蛋白质的结合态与游离态处于平衡状态时的浓度[75]。加入沉淀剂的量是血液中沉淀蛋白质需要考虑的重要环节。Polson 等[76]推荐使用沉淀剂的比例为 1～2.5，继续增加蛋白质沉淀剂的量并不能进一步有效改善血液中蛋白质的沉淀状况，Bruce 等[77~79]对甲醇、乙腈等有机溶剂作为沉淀剂的沉淀蛋白质的效果做了详细的考察，相比较而言，乙腈的沉淀速度要比甲醇慢，甲醇、乙醇或甲醇+乙醇作为沉淀剂时小分子代谢产物的回收率和重现性最好，丙酮和乙腈作为沉淀剂时重现性相对较差。加入沉淀剂并不能沉淀所有蛋白质，一般最终还有 2%～10% 的蛋白质残留[80]，在代谢组学分析过程中会降低色谱柱的寿命，因为残留的蛋白质会在色谱柱中积累，从而增高色谱柱的背景压力[74]。

　　鉴于以上影响因素，为保证血样在代谢组学研究中能真实地反映实验对象机体的代谢终端信息，需要一套完整标准的血液采集、储存及前处理规程，将临床采集血样的影响降到最低。如取血后应尽快转送和分离血清或血浆，否则血清与血块长时间接触可发生一系列的变化；统一血样采集管、采集时间、存放时间、存放温度等，以保证待测血样个体之间和组别之间差异最小化。

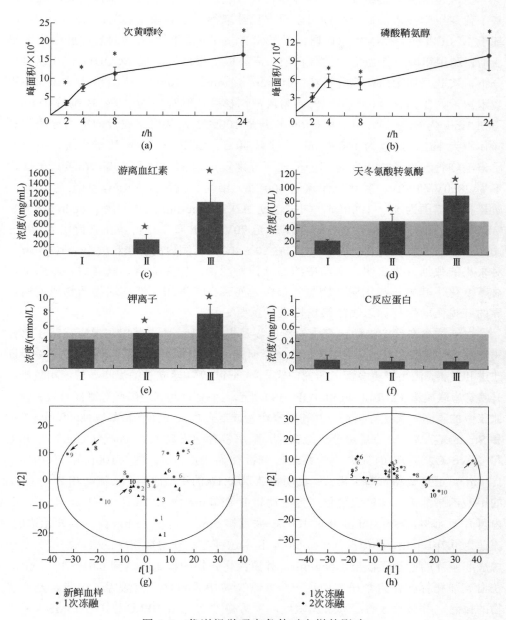

图 5-3　代谢组学研究条件对血样的影响

（a）和（b）分别为血样在室温下放置不同时间对次黄嘌呤（hypoxanthine）和磷酸鞘氨醇（S-1-P）响应的影响；（c）～（f）分别表示不同溶血状态对血浆成分的影响（Ⅰ为对照、Ⅱ为中度溶血、Ⅲ为高度溶血）；（g）和（h）分别为新鲜血样和经 1 次和 2 次冻融周期后血样的 PCA 分析得分图

"*"表示具有显著性差异，即 $P < 0.05$

血液是一类非常重要的生物样本，在代谢组学研究中具有非常重要的地位，基于代谢组学技术的血液代谢组学研究已经取得了累累硕果。Gonzalez 等[81]利用基于 UPLC-TOF-MS/MS 的代谢组学技术考察了半乳糖胺诱导的急性肝损伤大鼠血清，利用甲醇沉淀血清中的蛋白质，离心取上层清液后进 ACQUITY UPLC-MS 分析，实验采用 BEH C_8 分析柱（100mm×1mm×1.7μm）；流动相 A 为 0.05%甲酸水溶液，B 为含 0.05%甲酸的乙腈溶液，梯度洗脱程序为：0% B 维持 1min，再在 1min 内升至 50% B，再在 6min 升至 100% B，从而完成代谢组的分离；进样体积为 1μL，流速为 140μL/min，柱温 40℃。LCT Premier™质谱系统，电喷雾质谱毛细管和锥孔电压在正离子模式下分别设定为 3200V 和 30V，在负离子模式下为 2800V 和 50V，雾化气流速为 600L/h，锥孔气流速为 50L/h，源温为 150℃，质量扫描范围为 50～1000Da，扫描速度为 0.2s/spectrum；在利用 pseudo MS/MS/MS 鉴定代谢产物时锥孔电压从 30V 升至 70V；TOF 质量分析器在质荷比为 400～1000 范围内的质量精度小于 $3×10^{-6}$，在 50～400 的范围内的质量精度小于 $1.2×10^{-3}$。对采集的数据分析表明，血清中的部分代谢产物，如葡萄糖、氨基酸、膜脂出现显著变化，其中一些代谢产物与肝损伤之间存在高度相关性，这为药物或疾病诱导的肝损伤的生物标志物的筛选提供了重要工具。

血液样本在代谢组学研究中的应用涉及很多科研领域，其中主要有疾病生物标志物筛选[82]、致病机制研究[83~86]、毒理学研究、药物评价等，而且新的方法体系不断改进和完善，满足了更多深入研究的需求。David 等[87]建立了纳流超高效液相色谱纳升喷雾串联质谱（nUPLC-nESI-TOF-MS）平台，前处理时利用磷脂过滤板有效去除了血浆中的磷脂等离子抑制剂，并利用聚合物或混合模式交换固相萃取柱（Strata-X-C 和 Strata-X-AW）对痕量组分进行富集，采用带有纳喷离子源 nanoACQUITY UPLC 和 Xevo G2 TOF 的分离检测系统，分析柱为 BEH C_{18} 柱（100mm×100μm×1.7μm），正离子和负离子模式；流动相 A 为 0.1%的甲酸水溶液，流动相 B 为 0.1%的甲酸乙腈溶液，梯度洗脱程序为流动相 B 在 4min 内从 0%升至 33%，4～18min 内再升至 46%，18～30min 升至 100%，并保持 5min，再在 15min 内回到开始浓度；流速为 0.7μL/min，进样量低于 0.5μL。利用这种方法获得血浆中的类固醇类、二十烷酸和胆汁的检测限低于 1.0ng/mL，外源性化合物的检测限达到 0.01～30ng/mL，在血浆非靶标代谢组学研究中可一步实现血浆中累积化学应激因子的鉴定及干扰物的排除，并显著改善了分析灵敏度。罗雪梅[88]等利用 HPLC-Q-TRAP-MS/MS 技术对 51 例重度子痫前期孕妇患者的血浆代谢轮廓进行了研究，利用 Symmetry WAT C_{18} 柱（50mm×2.1mm×3.5μm）进行分离，以 0.1%甲酸水溶液和 0.1%甲酸甲醇溶液为流动相，梯度洗脱，3200 QTrap 质谱系统，采用 Analyst 软件中相关信息扫描模式和增强全扫描对样本进行全扫描，以获得感兴趣的母离子的二级全扫描质谱图，通过与 45 例正常妊娠妇女的血浆代谢轮廓进行了比对分析，找到相对应的

16 种潜在生物标志物，并对 5 种差异显著的氨基酸（苯丙氨酸、缬氨酸、精氨酸、鸟氨酸、脯氨酸）进行了定量分析，实验结果可为重度子痫发生的早期诊断、干预和靶向治疗提供方法学参考。Yau 等[89]利用 LC-MS 和 GC-MS 技术对炎症性肠病的两种不同表型（克罗恩病和溃疡性结肠炎）患者血浆进行了非靶标代谢组学分析，并对自发免疫调节犬尿酸代谢途径中部分代谢产物（喹啉酸和吡啶甲酸）进行了靶标定量分析。LC-MS 分析时，用丙酮沉淀血浆中的蛋白，冻干后用 0.1%甲酸水溶液定容，再用 Hypersil GOLD-C$_{18}$柱和线性离子阱四极杆 Orbitrap XL 质谱系统进行分离检测，质量扫描范围为 50～1000；GC-MS 分析时，先用相同方法沉淀血浆中的蛋白质、再酯化衍生，采用 Hewlett-Packard 6890 GC 系统和 Agilent 5973N 质量选择检测器（电子捕获检测，负离子模式）进行分离检测。实验结果表明，克罗恩病组血浆中有 34 种代谢产物的浓度水平显著高于正常对照组和溃疡性结肠炎组。其中炎症相关代谢物，血管紧张素Ⅳ、白喉酰胺和 GM3 神经节苷脂在克罗恩病组血浆中显著增高。靶标分析结果表明，喹啉酸和犬尿酸代谢产物与克罗恩病正相关，研究认为这几种炎症相关代谢物可能会激活 Th1/Th17 炎症通路。Shen 等[90]利用基于 MS 的全局代谢轮廓分析技术考察了 60 例乳腺癌患者血浆，血浆样本用甲醇的水溶液沉淀蛋白质和提取小分子代谢产物后分为 4 份并吹干，一份用酸性溶液复溶后用 UPLC-MS/MS^{2}正离子模式分析，一份用碱性溶液复溶后用 UPLC-MS/MS 负离子模式分析，并采用加热电喷雾电离、Orbitrap 质量分析器、质量分辨率为 3000、质量扫描范围为 80～1000，一份用 BSTFA 硅烷化后用 GC-MS 分析，还有一份备用，结果共鉴定出 375 种代谢产物，其中 117 种代谢产物在非洲裔美国人和美国白人血浆中出现显著差异；与 60 例正常血浆比对分析，78 种代谢产物在乳腺癌患者中有显著差异，这些化合物分别为氨基酸、脂肪酸和糖脂类化合物。在乳腺癌患者血浆中很多氨基酸浓度水平要显著低于正常对照血清中的浓度，尤其是非三阴性乳腺癌样本更为显著；而与 β-氧化相关的脂肪酸在乳腺癌组中比正常对照组中显著升高，这可能与乳腺癌患者体内 β-氧化途径发生改变有关。Kim 等[91]利用 UPLC-Q-TOF-MS 技术考察了通过高脂肪饮食控制和肿瘤（Syngeneic CT26 结肠癌细胞）注射的雄性 BALB/c 小鼠血清和肝脏的代谢组变化，血清样本用冰甲醇作为蛋白质沉淀剂和小分子化合物的提取剂处理，肝组织则用 1∶1 的甲醇水溶液匀浆，再离心取两种样本的上层清液直接进行 UPLC-MS 分析，采用的色谱柱为 BEH C$_{18}$柱（100mm×2.1mm×1.7μm），流动相为水和乙腈，梯度洗脱，流速为 0.3mL/min。ESI-Q-TOF-MS 的正负离子模式，质量扫描范围为 50～1000，源温为 120℃，雾化气流速为 600L/h，锥孔气流速为 50L/h，毛细管和锥孔电压分别为 3000V 和 40V，碰撞气为氩气，流速为 0.3mL/min，碰撞能为 50eV。实验结果表明，这两种小鼠模型的血清中的磷脂酰胆碱发生了显著变化，如磷脂酰胆碱、溶血磷脂酰胆碱及溶血磷脂酰乙醇胺，而这些化合物在饮食模型中浓度水平相对于肿瘤注射模型要更高些，分析认为这类磷脂酰胆碱，尤其是溶血磷脂酰胆碱类可能是高脂饮食非肥胖型的潜在生物标志物。Chen 等[92]对运动训练大鼠和 GW501516（一种激动剂）给药大鼠血清进行了代谢组学研究，向血清中加入十七烷酸甲酯作为内标物，再加入2.5%硫酸酸化的甲醇充分混合后，加入一定量 0.9%的 NaCl 溶液混匀并离心，取上层清液 N_2 吹干后加入正己烷超声复溶，再利用 GC×GC-TOF-MS 检测。一维柱为Rsi-5MS（30m×250μm×0.25μm），二维柱为 RTX-200（1.59m×180μm×0.20μm），载气为氦气（流速为 1.0mL/min），梯度洗脱，进样口、传输线和离子源温度分别为 260℃、280℃和 220℃，二维柱温箱温度高于一维柱温箱 10℃，调制器温度高于二维柱温箱 15℃，调制周期为 6s，EI 源能为 70eV，检测器电压为 1450V，质量扫描范围为 50～800，采集速率为 100spectra/s。实验表明，GW501516 给药后可增强耐力，同时还可增加肌纤维中琥珀酸脱氢酶（SDH）的比例，脂肪酸氧化通路中的中间代谢产物和关键酶的水平出现上调，运动模型大鼠血清中肌醇、生糖氨基酸和支链氨基酸出现上调，GW501516 给药后血清中的半乳糖、β-羟基丁酸、不饱和脂肪酸（尤其是多不饱和脂肪酸）出现上调，而且运动结合给药后这些物质上调更加显著，结果表明运动耐力增强过程中脂肪酸的消耗起到关键作用，同时减少了糖的代谢。

四、尿液样本

正常人的血液流经肾小球毛细血管时，除了血细胞和大分子蛋白质外，血浆中的水分、无机盐、葡萄糖和尿素等小分子溶质通过滤过膜滤入肾小囊形成肾小球滤液，即原尿。原尿除含极少量蛋白质外，其余各种成分的浓度和酸碱度都与血浆接近。当原尿流经肾小管和集合管时，其中的水分和各种溶质全部或部分地透过小管上皮细胞，重新进入周围毛细血管血液中，此时原尿中大部分水和电解质及部分尿素、尿酸等被重吸收，最后形成尿液。因此，尿液在一定程度上能够反映机体整体状况。当机体受到环境因素、药物作用、病理生理状态等刺激时，机体新陈代谢会发生一系列的变化，代谢终端的小分子代谢产物浓度水平等也会发生相应的变化，这些变化都会在尿液中有所体现。因此，尿样能够提供机体分解和代谢的易于排泄的极性小分子代谢产物的轮廓图谱。对尿液中代谢组的检测分析，能够监测机体的生理或病理状态，并揭示外界刺激对机体直接或间接的影响，而且尿液的采集具有简易可控、非损伤、成本低等优势，因此，尿液作为一种重要的生物样本被广泛地用于代谢组学研究。

根据实验的需要，尿样可在不同时间段进行采集，如随机采样[93]、定时采样[94,95]、隔天采样[96]和长时间采样[97]。尿样采集后是否需要向处理细胞和微生物一样进行猝灭，这一点还没有得到研究者们的公认。支持猝灭的科学家认为在室温下保存，会导致尿样易于被氧化的物质发生损耗（如抗坏血酸、肾上腺素、去甲肾上腺素和多巴胺等），而且尿液中活性酶会导致很多代谢产物发生转化或降解（如胞嘧啶变成尿嘧啶，腺苷变成肌酐），所以有研究者[98]建议通过检测尿液中一些酶的活性来判断猝灭效果。如果不进行尿样的猝灭，尿样中存在活性的酶可能会对部分代谢产物浓度水平造成一定的影响，所以需要根据具体情况考虑是否需要对尿样进行猝灭。

尿样的稳定性易于受到诸多因素的影响，因此，在利用代谢组学技术研究尿样时，需要对尿样的采集时间、采集装置（是否添加防腐剂）、保存时间、储存温度、冻干状态、冻融周期等因素做严格的控制。如采集的时间不同，如晨尿、空腹、饮水前后、进食前后、给药前后等，尿样中代谢产物谱成分会出现不同程度的差异；而且机体个体差异（如年龄、性别、体重等）也会导致尿样中代谢组的差异。Maher 等[99]利用 NMR 技术对 2 名志愿者提供的尿样做了详细的考察，结果表明，同一志愿者在不同时间时采集的尿样代谢谱存在显著差异；在 24h 内，储存温度（−40℃和室温）对样本的影响较机体个体差异小得多；3 个月内，尿样在冷冻状态下能够保持稳定；而且采样时间和饮食或给药等都能显著影响尿样的代谢谱。Gika 等[100]进一步利用 LC-MS 和 UPLC-MS 技术对从 6 位男性健康志愿者采集的尿样反复冻融和储存条件进行了考察，实验结果表明，在 4℃下存放 2 天的尿样出现了明显的差异，PCA 分析表明，在−20℃和−80℃下尿样具有良好的稳定性；而且反复冻融 9 次后，尿样也没出现显著差异。Lauridsen 等[101]同样利用 NMR 技术考察了尿样的前处理方法和保存条件对尿样中代谢组的影响。实验结果表明，在 26 周内，尿样保存在−25℃下，代谢组的 NMR 指纹谱没有发生显著变化；在不加入防腐剂并保存在 4℃时，尿样中偶尔可检测到乙酸盐的存在，这可能是尿样受微生物污染造成的；尿样保存在−25℃下，添加 NaN_3 作为防腐剂与不添加防腐剂时，尿样的代谢谱没有发生显著变化，而添加 NaF 作为防腐剂时，柠檬酸的共振会发生漂移；检测在 pH 为 7.4 时用 D_2O 重构冻融的尿样时，肌酐中 CH_2 的化学位移（4.06）因氘化作用而消失；对缓冲盐浓度考察时发现，0.3mol/L 的缓冲盐适合常规尿样的处理，而高浓度尿样则需要更高浓度的缓冲盐（1mol/L）。另外，采集尿样的器皿也可能会导致代谢产物的丢失，因为器皿表面可能会对小分子代谢产物产生非特异性吸附[102]，尤其是一些亲脂性化合物在器皿上的吸附更明显，所以为降低代谢产物在收集时的损失，一般向尿样中加入表面活性剂以减小这种非特异性吸附效应[103]，但加入的表面活性剂可能在质谱分析时产生离子抑制效应，不过加入同位素标记的内标物可以降低定量过程中的损失。在代谢组学分析时，尿样的使用量往往易于被忽视，由于采集尿样的时间不尽相同，而且尿样中内源性小分子化合物的浓度水平相差很大，如饮食前后会造成显著差异，因此，如何校正这种差异对于代谢组学研究也非常必要，尤其对于随机取样。文献报道采用尿样体积、肌酐浓度[104]、渗透压和其它组分作为体积校正的因子被成功用于非靶标和靶标尿样分析，尤其在分析代谢物（如糖胺聚糖）与代谢时间的差异方面，体积校正更为重要[105]。在做靶标代谢组学分析时，样本前处理过程中往往需要对靶标化合物进行提取和排除其它物质干扰，这时一般要用到固相提取或液液提取，为改善靶标代谢产物在 SPE 柱中的色谱行为和保留，一般需要进行 pH 校正[106]。Venturaa 等[107]在利用 GC-MS 分析尿液中 β_2-型兴奋剂时，这类化合物分子氨基上的氮原子连接了不同的烷基和苯烷基结构，首先优化了尿液的 pH 值（pH=3、5.2、9.5），结果表明利用氯化铵缓冲液调节尿样 pH=9.5，再用含 2%氨水的异丙醇-甲醇（80∶20）溶液对于 Bond Elut Certify SPE 小柱中 β_2-型兴奋剂进行洗脱，可获得最佳的回收率（68.1%～103.7%）和洗脱效果，同时干扰也最少，洗脱液氮吹后，用 MSTFA 衍生，采用选择性离子检测获得较低的检测限（0.5～5ng/mL）。

　　血样在处理时需要沉淀蛋白质，这是由于血样中的蛋白质含量很高（60～80g/L），而尿样中的蛋白质含量要少得多（0.5～1g/L），为此一般不需要考虑对尿样中的蛋白质进行沉淀处理，但也有研究者们[108]在代谢组学时考虑到这一点，如用一定浓度的乙腈溶液沉淀蛋白质[109~111]。由于尿样中的尿素含量非常高，尤其在进行 GC-MS 分析时，尿素峰非常大，甚至过载，这样就掩蔽了其它化合物（如甘油、亮氨酸、异亮氨酸、磷酸等）的色谱峰，为此，尿样的代谢组学分析时都需要在尿样中加入适当单位的尿素酶，以降解其中大部分的尿素，将尿素峰降到适当范围。

　　由于尿样中的代谢组受诸多因素的影响，尿样代谢组学研究时需要对各种影响因素做综合评估，以减少外源因素产生的信息偏差。因此，尿样的采集及前处理过程中，各种操作和条件要尽量保持一致和规范，如采样时间、储存温度、储存时间、添加防腐剂、冻融周期、尿样体积校正等，还有对采集个体的影响因素的考虑、控制和把握，如饮食、用药、运动等，以降低各种混杂因素的影响。

　　尿液在一定程度上反映了机体的生理病理状态，当机体受到外界因素的影响和刺激时，机体的代谢就会产生相应的变化，最终这些变化都能在代谢终端表现出来，因而尿液中的代谢轮廓也会因外界因素的变化而相应发生一定的变化，研究者们利用尿样的这些特性，将尿液作为一种重要的体液广泛用于代谢组学研究之中，尤其是尿液具有易采集、非损伤等优点，尿液在代谢组学中得到更多青睐。如 Pasikanti 等[112]等利用 GC-TOF-MS 技术对 24 例膀胱癌患者（及 51 例正常对照）的尿样进行了代谢组学分析，尿样首先用 100U 活性单位的尿素酶在 37℃下处理 1h，再加入 1.7mL 甲醇沉淀蛋白质（包括去除过剩的尿素酶），再离心取上清液，N_2 吹干后进行硅烷化衍生，利用 GC×GC-TOF-MS 分离分析，DB-1（30m×250μm×0.25μm）色谱柱。程序升温为：70℃保持 0.2min，以 10℃/min 升至 270℃，保持 10min。分流比为 20∶1，EI 源。进样口、传输线和离子源温度分别为：220℃、200℃和 250℃。

质量扫描范围为 40～600，采集速率为 20spectra/s。将采集的数据通过正交偏最小二乘判定分析法（OPLS-DA）和受试者工作曲线（ROC）分析，结果表明膀胱癌患者尿样与非膀胱癌患者尿样能明显区分，ROC 的面积值为 0.90，并获得了 15 个潜在生物标志物质，差异物对膀胱癌尿样区分的灵敏度达到 100%，而用临床膀胱癌诊断的金标准"膀胱镜检查"的灵敏度仅为 33%。实验证明，从尿样中筛选生物标志物可显著提高疾病诊断的效率和准确度。Luan 等[113]利用液相色谱与高分辨质谱联用技术考察了 106 例帕金森患者和 104 例正常人尿样的代谢轮廓。尿样在常温下冻融后，加入等量的甲醇沉淀蛋白质，离心过滤后取上层清液进 LC-MS 分析，梯度洗脱，流动相 A 为 0.1%甲酸水溶液，流动相 B 为 0.1%甲酸的甲醇溶液，流速为 0.2mL/min，C_{18} 色谱柱（150mm×2.1mm×3.5μm），20min 内完成分离；LTQ Orbitrap Velos 质谱系统，分别在正负离子模式下进行扫描（喷雾电压分别为 4.5kV 和 3kV），质量范围为 50～1000，毛细管温度为 350℃，鞘气（N_2）流速为 30L/min，辅助气（N_2）流速为 10L/min。结果表明临床表型与尿液代谢轮廓存在显著相关性，帕金森症患者尿样的代谢轮廓与正常对照样本之间存在显著差异，与之相关的一些代谢通路有：类固醇类、脂肪酸类的 β 氧化、组氨酸代谢、苯丙氨酸代谢、色氨酸代谢、核酸代谢和酪氨酸代谢等，结果显示利用基于 LC-MS 的代谢组学技术使得从分子水平理解帕金森症的代谢调控成为可能。Yang 等[114]利用基于 UPLC-Q-TOF-MS 技术对 86 名性早熟儿童和 154 名正常对照儿童尿样进行代谢组学分析，尿样中加入等体积的超纯水，充分混匀后用 0.22μm 滤膜过滤。采用 UPLC 系统，BEH C_{18} 色谱柱（100mm×2.1mm×1.7μm），正离子模式下流动相 A 为 0.1%甲酸水溶液，流动相 B 为 0.1%甲酸的乙腈溶液，负离子模式下流动相分别仅为水和乙腈，两种模式下相同梯度洗脱，流速为 0.4mL/min；正负电离模式下毛细管电压和锥孔电压分别为 3.2kV 和 35V、3kV 和 50V；Q-TOF-MS 系统，源温为 120℃，锥孔气为 50L/h，脱溶剂气流速为 600L/h，温度为 300℃，质量扫描范围为 50～1000。数据分析结果发现，性早熟儿童尿液与正常对照之间存在显著差异，数据分析表明性早熟与氨基酸代谢及神经内分泌代谢物之间存在相关性，异常芳香氨基酸代谢可能影响到下丘脑-垂体-性腺轴和丘脑-垂体-肾上腺素轴的活性，所以通过尿液的代谢组学分析有助于了解儿童性早熟的发病机制并对性早熟的干预提供依据。Blydt-Hansen 等[115]等将尿液代谢组学技术应用于考察肾移植患儿无创检测和急性 T 细胞介导的排斥反应。实验中对取自 57 例患儿的 277 份尿样中的 134 种代谢产物进行了质谱定量分析，实验将正常儿童尿样（183 份）与 54 份交界性肾小管炎和 30 份急性 T 细胞介导的排斥反应尿样进行了对比分析，数据分析显示三组之间存在明显区分，结果表明利用尿样代谢组学技术可对肾移植患者进行灵敏、特异和非损伤性的评估。Lam 等[116]利用定量代谢组学技术作为尿路感染的快速病原学诊断标准，前期实验证实尿液中的三乙胺是大肠杆菌（EC）相关性尿路感染的人-微生物共代谢的生物标志物，通过对三乙胺/肌酐的靶标定量分析表明，0.0117mmol/mmol 肌酐可作为大肠杆菌相关性尿路感染的判断阈值，其特异性达到97%，灵敏度为 66.7%，尿路感染患者尿样中的三乙胺/肌酐值是正常尿样的 21 倍，因此认为该方法可作为尿路感染的快速病原学诊断标准。

五、组织样本

组织样本是代谢组学研究中一类重要的样本资源，包括：植物组织样本和动物组织样本，其中用于代谢组学研究的常见植物组织样本有植物的根、茎、叶、花、果实和种子等，动物组织有皮肤、毛发、内脏（肝、肾、肠）、脂肪、肌肉等。

在代谢组学研究中，植物样本需要遵照严格的采集规范，如需要考虑植物的种类、种植密度、株型大小、株龄或生育期、植株长势、光照条件、养分供给、采集部位、采集时间等，采集组织时要保证外部环境及条件尽量一致，以减少外因造成的代谢差异。植物机体处于不断的代谢变化之中，所以采集后的植物组织样本需要及时保存在低温状态（−20℃或−80℃），以降低植物组织的代谢作用。

动物组织样本取自活体动物或死后 1～2min 内的动物，组织采集后，立即剔除不需要的其它组织（如结缔组织和脂肪组织等），并在特定的生理盐水中迅速漂洗样本，以去除血渍和污物，再迅速放入冻存管中，做好标注并且要快速保存起来，如用液氮、干冰或直接放入−20℃或−80℃冰箱保存，组织样本冻存及运输过程中放入液氮效果最好。

临床组织样本更是代谢组学研究中一类非常珍贵的样本资源，对于这类样本的采集需要严格按照相关规程、标准或要求进行。首先，采集样本需要与患者或受试者签订《知情同意书》；其次，需要对患者的资料予以详细登记（如性别、年龄、患病史、用药情况、并发症、采样时间等）；再次，采集组织样本方法要严格科学，尤其是自身对照组织样本，如癌组织和癌旁组织等；最后，要及时将采集好的组织样本进行冻存（如液氮、干冰、−20℃或−80℃冰箱保存）。尸检时采集的样本同样是一种非常重要的样本资源，通过尸检可以最客观、迅速地对疾病进行诊断，这类样本为病理学研究、药物毒理作用等提供重要的科研素材，尸检样本多数是用福尔马林溶液浸泡。Gaudin 等[117]利用基于 LC-MS 技术的代谢组学方法考察了利用福尔马林溶液浸泡和冻存脑组织样本，通过对非靶标和半靶标脑组织代谢轮廓中脂类物质的分析。提取脑组织中脂类物质首先向一定量的脑组织中加入水并匀浆，再加入正己烷-甲醇（3∶1，含 0.01%的二叔丁基对甲酚）混合溶液，充分混匀后离心，取上层有机相并吹干，用 1∶1 的乙腈-异丙醇复溶待测，UPLC-Synapt G2 HDMS-Q-TOF-MS 系统，HSS T3 色谱柱（100mm×2.1mm×

1.8μm），柱温 50℃，流动相分别为 40%乙腈水溶液和 10%乙腈的异丙醇溶液，并在两相中加入 10mmol/L 的醋酸铵溶液，等梯度洗脱，流速为 0.5mL/min，进样体积为 3μL，正负离子化模式，质量扫描范围为 50～1000，低诱导能为 4eV，高诱导能设定范围为 20～40eV，扫描时间为 0.1s。实验结果表明福尔马林浸泡会对脑组织中一些脂类物质产生不良影响，如磷脂类化合物普遍被水解，而神经鞘磷脂类物质则没有水解，这一点从对含氨基的磷脂类化合物的 N-甲基化和 N-甲酰化得到证实，因此，组织样本的保存需要考虑更多的因素。

为了保证组织样本中代谢产物能最大化提取，需要将组织样本在提取前进行破碎、匀浆。常见的破碎和匀浆方法有：手工匀浆、机器匀浆、超声匀浆和反复冻融等方法。

手工匀浆是将剪碎的组织倒入玻璃匀浆管中，再将匀浆介质或生理盐水等一起倒入匀浆管中，用捣杆将组织充分研碎，使之匀浆化；或直接将组织和液氮倒入陶瓷研钵中，小心研磨匀浆，用这两种匀浆方式工作效率较低，只适合样本量较少的代谢组学研究。

机器匀浆是将切碎的组织样本和匀浆介质或提取剂一同倒入匀浆管中，并加入合适的匀浆破碎珠（如 Biospec Mini-Beadbeater-16 研磨珠均质器[118]），设定一定转速和时间对组织进行破碎匀浆。这种匀浆方法可同时处理 16 个样本，而且能充分匀浆，适合于大多数组织的高通量匀浆处理。但对于一些难于匀浆的样本，如肠组织、肌肉组织等，用普通匀浆器不易匀浆时，需要用手持匀浆器（Biospec Tissue Tearor）进行均质化。部分组织还可使用超声破碎仪或反复冻融的方式进行匀浆。

在动物或植物的不同组织中可重复地准确检测出代谢组分，对于疾病发生和毒性靶标的确定至关重要。从组织中提取代谢产物的步骤通常比较繁杂和费时，如何实现组织样本的高通量代谢组学分析对于代谢产物的提取过程提出了挑战。代谢组学研究中，组织中代谢产物的提取通常采用甲醇-水、甲醇-氯仿-水、乙腈-水、高氯酸等溶液，相比较而言甲醇-氯仿-水的混合溶液的提取效率和重现性最好[119~121]。Rammouz 等[122]详细考察了鸟类骨骼肌组织中的代谢小分子化合物的提取方法，即沸水（100℃）、低温甲醇（−80℃）、甲醇-氯仿-水（−20℃）、沸乙醇（80℃）和冷高氯酸（−20℃）提取，结果表明，沸水提取法能获得最高的回收率和最低的变异（除肌酸），综合考虑提取效率、重现性和操作的繁简，对骨骼肌组织中代谢组的提取方法的优异性如下：沸水＞甲醇-氯仿-水（−20℃）＞低温甲醇＞冷高氯酸＞沸乙醇。对于富含脂类的组织（如脂肪组织、肝脏或脑组织）中的脂类或磷脂类物质可采用非极性溶剂提取或通过两相溶剂依次提取极性和非极性代谢产物[124]，尤其在脂质组学中，极性较弱或非极性溶剂更能有效地提取组织中的脂类物质。大部分脂肪酸都以酯或酰胺的形式存在于脂肪组织中，游离脂肪酸只是总脂肪酸中很少的一部分，所以要对组织中的游离脂肪酸进行分析需要去除总脂肪酸中的酯化部分的脂肪酸，通常采用混合有机溶剂提取组织中的脂类物质[123,124]的方法，然而这种方法比较耗时，而且多不饱和脂肪酸易于被氧化。可采用固相萃取（丙氨基硅烷键合小柱）的方法分离游离脂肪酸，不过需根据具体的组织样本选择合适的提取方式[125]。神经类固醇和神经固醇是脑组织中一类重要的生理活性物质，但含量很低（ng/g～μg/g），而类固醇的含量却很高（mg/g），为对脑组织中的神经类固醇和神经固醇类代谢产物进行分析，Liu 等[126]详细考察了脑组织和血浆样本中脂类物质的分离检测，首先将脑组织和乙醇同时匀浆（在脑组织样本中分别加入不同的内标化合物，针对磺酸盐加入 1.7ng 的[3β,11,11-^{2}H$_3$]四氢孕酮和 100000CPM 的[1,2,6,7-^{3}H$_4$]-DHEA 磺酸盐作为内标；针对中性类固醇，加入 1.0ng 的[3,4-^{13}C$_2$]-孕酮和 64000CPM 的[1,2,6,7-^{3}H$_4$]-DHEA 磺酸盐作为内标，充分混匀），以充分破坏细胞膜。获得的初始提取物用 70%的乙醇溶液稀释（分析人血浆时，首先用生理盐水稀释 10 倍，除匀浆外其他步骤相同），首先用 SP-LH-20 阳离子交换柱去除阳离子化合物，再用 Bondesil C$_{18}$ 柱分离提取大多数的非极性脂类物质，再过 Lipidex-DEAP 柱，用 70%甲醇水溶液洗脱中心类固醇化合物，再用 0.3mol/L 醋酸铵水溶液将固醇类磺酸盐洗脱收集。向中性类固醇洗脱液中加入一定量的氯化铵溶液，在 70℃反应 3h，充分反应后 N$_2$ 吹干，用 20%甲醇溶液复溶并过 Bondesil C$_{18}$ 柱，用甲醇将类固醇肟化物洗脱，进一步过 SP-LH-20 阳离子交换柱，并用 70%甲醇溶液（含 0.3mol/L 氨水）洗脱吹干，再用 20%甲醇溶液复溶待测。将类固醇磺酸盐提取物 N$_2$ 吹干后，用 20%甲醇复溶，过 Bondesil C$_{18}$ 柱，用甲醇将类固醇磺酸盐洗脱吹干，并用 10%甲醇溶液复溶待 LC-nanoESI-MS 检测，采用 AutoSpec-OATOFFPD 混合双聚焦扇形磁场正交加速 TOF-MS/MS 及 Quattro Ultima 和 Quattro Micro 串联四极杆质谱检测，nanoLC Genesis C$_{18}$ 色谱柱。分析脑组织中类固醇磺酸盐时，流动相为 10%甲醇和 80%的甲醇进行梯度洗脱；分析胆固醇磺酸盐时，将 80%的甲醇换成甲醇-异丙醇-水（75∶20∶5，含 10mmol/L 醋酸铵）；分析类固醇肟化物和血浆中类固醇磺酸盐时，将 80%的甲醇换成甲醇-水（19∶1，含 10mmol/L 醋酸铵）。分析类固醇磺酸盐时，采用负离子模式，探针电压和锥孔电压分别约为-5.2kV 和-4.5kV、加速电压为-4kV，采用串联四极杆质谱时，探针电压为-2kV、锥孔电压为-90V、锥孔气流速为 50L/h，碰撞能为 30eV，氩气为碰撞气；利用串联四极杆质谱分析类固醇肟化物时，毛细管电压为 1.8kV，锥孔电压为 40V，每次跃迁的驻留时间为 0.5s，内扫描时间延迟为 0.05s。通过一系列的实验条件的优化，各种目标物的检测灵敏度得到极大的提升，几种内标物的检出限达到 0.3ng/g，胆固醇类磺酸盐的检出限达到 0.2μg/g（组织湿重）。

组织样本的代谢组学研究广泛用于疾病诊断、毒理学、植物科学和营养学研究等领域[127~131]。Meierhofer 等[132]利用代谢组学、转录组学和蛋白组学技术考察了高脂饮食诱导的胰岛素耐受性小鼠模型的靶组织（白色脂肪和肝脏组织），进行靶标代谢组学分析时，首先用磷酸缓冲盐淋洗待测组织，再用液氮速冻，再加入一定量的甲醇和水，冰浴下充分匀浆，再加入氯仿和水充分混匀，低速离心后，收集上层极性相和下层非极性相并冻干，分别用含 0.1%甲酸的乙腈溶液和含 0.1%甲酸的甲醇溶液复溶待亲水相互作用色谱分析，用 0.1%甲酸水溶液复溶待反相色谱分析。靶标代谢产物的分析利用在线 LC-MS/MS 系统，Reprosil-PUR C$_{18}$-AQ 色谱柱（150mm×2mm×1.9μm，12nm），亲水作用色谱柱为 zicHILIC（150mm×2.1mm×3.5μm，10nm），柱温 30℃。流动相为四相：A1 10mmol/L 乙酸铵（甲酸调至 pH 3.5），A2 10mmol/L 乙酸铵（氨水调至 pH 7.5），B1 含 0.1%甲酸的乙腈溶液，B2 含 0.1%甲酸的甲醇溶液。正离子模式下离子喷雾电压为 5.5kV，负离子模式下为 4.5kV，N$_2$ 为碰撞气。实验结果表明在白色脂肪组织中的核心蛋白（如 SDHB 和 SUCLG1）和胰岛素耐受状态的一些主要代谢途径（包括三羧酸循环途径）失去调控，如氧化磷酸化途径和支链氨基酸代谢等。利用罗格列酮干预后，仅在白色脂肪组织中出现通过 PPAR 信号传导和氧化磷酸化的调控行为。在高脂饮食的肝脏组织中发现与维生素 B 代谢相关的蛋白质（如 PDXDC1 和 DHFR）及代谢产物呈现减少趋势，进一步研究发现肝脏中的鞘氨醇和 1-磷酸神经鞘氨醇是药物的特定标志物。通过对动物组织的代谢组学研究表明，高热量的摄入和药物干预可抵消代谢失调。Righi 等[133]采用高分辨魔角旋转-活体磁共振波谱对 5 例肾细胞癌患者（3 例肾透明细胞癌和 2 例乳头状肾细胞癌）的肾组织进行考察，发现正常人体肾组织的皮质和髓质中存在分布不同的有机渗透物，其可作为肾脏生理状况的标志物，这些代谢产物（甘油三酯和胆固醇酯类）的显著降低或消失以及脂质含量升高是典型的肾透明细胞癌的特征，而肾乳头状细胞癌则表现为无脂质以及牛磺酸含量显著升高。实验表明利用高分辨魔角旋转-活体磁共振技术对患者肾脏组织代谢组的检测是一种有效的肾肿瘤检测方法。Tortoriello 等[134]建立了基于 LC-MS/MS 技术的脂质组学方法，实验对脂肪含量较多的三龄果蝇幼虫体内的两类重要的信号分子脂类物质（N-酰基酰胺和酰基甘油）进行了考察，向果蝇样本中加入 40 倍的甲醇，冰浴下匀浆并在暗处保持 2h 后离心，并用 SPE C$_{18}$ 柱净化待测，2-酰基甘油和 N-酰基乙醇胺类化合物采用正离子模式，其它均采用负离子模式，C$_{18}$柱分离，梯度洗脱，电喷雾电离，MDS Sciex API 3000 三重四极杆质谱检测。通过与 Oregon-RS、Canton-S 和 w1118 株对比分析表明，果蝇幼虫体内存在 2-亚油酸甘油、2-油酰甘油、N-酰基酰胺三种脂类物质，通过对这些脂类物质的分析研究，可进一步阐明脂类物质在生物合成、代谢和信号传导途径中的意义。

六、其他生物样本

1. 唾液

唾液是一种复杂的混合物,不仅含有各种蛋白质,还含有 DNA、RNA、脂肪酸以及各种微生物等。研究发现,血液中的各种蛋白质成分同样存在于唾液中,唾液能反映出血液中各种蛋白质水平的变化,因此也能反映机体的健康水平,通过唾液的检测可用于疾病的诊断,尤其是早期疾病的发现,如糖尿病[135]、癌症[136]、AIDS[137]、慢性肾脏病[138]。唾液作为一种重要的生物样本被广泛地应用于代谢组学研究。Zheng 等[139]利用 LC-FTICR-MS 技术考察了轻度认知功能障碍患者唾液代谢组的变化情况,实验采用低温丙酮（−20℃）沉淀蛋白、$^{12}C/^{13}C$ 同位素单磺酰化标记代谢产物,C_{18} 色谱柱（100mm×2.1mm×1.8μm）分析,FTICR 检测,正离子模式,流动相 A 为 5%乙腈水溶液（含 0.1%甲酸）,流动相 B 为含 0.1%甲酸的乙腈溶液,梯度洗脱,流速为 180μL/min,分流比为 1：3,UPLC-UV 检测唾液中代谢产物浓度,UPLC BEH C_{18} 色谱柱（50mm×2.1mm×1.8μm）,检测波长为 338nm。实验对唾液储存时间和温度进行了考察,在室温、−20℃ 和−80℃ 下保存一个月的用于蛋白组学的唾液样本同样可用于代谢组学研究。通过对唾液样本的分析,健康对照组和轻度认知功能障碍组之间存在显著差异,有 18 种差异代谢产物可显著区分两组样本,其中可确定 7 种代谢产物（牛磺酸可被明确认定为一种重要的潜在标志物）。Aimetti 等[140]对牙周炎患者唾液进行了代谢组学研究,实验结果表明,牙周炎患者唾液中的醋酸盐、γ-氨基丁酸、n-丁酸盐、琥珀酸盐、三甲胺、丙酸盐、苯丙氨酸和缬氨酸浓度水平显著高于正常唾液,而丙酮酸盐和N-乙酰基含量低于正常唾液。Sugimoto 等[26]利用基于毛细管电泳-质谱联用技术对口腔癌（69 例）、乳腺癌（30 例）、胰腺癌（18 例）患者的唾液样本（正常对照样本 87 例和牙周炎 11 例）进行了代谢组学分析。所有患者均为原发性疾病,病灶没有转移,且没有经过化疗、放疗、手术或其它治疗,患者之前没有患其它肿瘤、免疫缺陷、肝炎等疾病或 HIV 感染。患者在采集唾液 1h 前没有饮食、抽烟和清洁口腔。在采集唾液样本前,患者用水清洁口腔,5min 后采集约 5mL 唾液,再以 26000r/min 转速在 4℃下离心 15min,取上清后在 30min 内冻存。通过 CE-MS 分离及数据分析,实验结果表明有 57 种小分子代谢产物可准确预测以上几种疾病,在癌症患者唾液中大部分代谢产物浓度均高于正常对照和牙周炎,这表明癌症患者唾液中特定代谢产物的变化可作为诊断的依据,受试者曲线和正交受试者曲线以及定量分析均表明这 57 种代谢产物对以上疾病具有较好的预测和诊断作用,因此,这些代谢产物可为作为这些疾病的潜在生物标志物,并用于这类疾病的筛选。

2. 脑脊液

脑脊液为无色透明的液体，充满于各脑室、蛛网膜下腔和脊髓中央管内。脑脊液由脑室中的脉络丛产生，与血浆和淋巴液的性质相似，略带黏性。正常成年人的脑脊液约 100～150mL，呈弱碱性，不含红细胞。正常脑脊液具有一定的化学成分和压力，对维持颅压的相对稳定具有重要作用。若中枢神经系统发生病变，神经细胞的代谢紊乱，脑脊液的性状将发生改变。因此，神经系统疾病的诊断中，脑脊液是一种重要的样本，而且由于样品采集损伤性很大，这类样本更为珍贵。脑脊液其对中枢神经系统研究具有独特的优势，这类样本的代谢组学研究对于了解中枢神经系统疾病的发病机制等具有重要意义。Nakamizo 等[18]对 32 例神经胶质瘤患者手术前的脑脊液进行了代谢组学研究，将脑脊液离心取上清，加入 5 倍体积的甲醇-水-氯仿（2.5∶1∶1），充分混匀并在 37℃下保持 30min，再离心取上清并冻干，加入盐酸甲氧胺的吡啶溶液进行肟化反应，再进行硅烷化衍生（MSTFA）。靶标定量分析采用的是 GCMS-QP2010 Plus 系统，DB-5 色谱柱（30m×0.25mm×1.0μm），程序升温是以 4℃/min 从 100℃升至 320℃，进样体积 1μL，不分流进样，电离电压 70eV，源温 200℃，质量扫描范围为 35～600。非靶标分析采用 GCMS-QP2010 Ultra 系统，CP-SIL 8 色谱柱（30m×0.25mm×0.25μm）。程序升温：80℃保持 2min、以 15℃/min 升至 30℃并保持 6min。进样体积 1μL，传输线和离子源温度分别为 250℃和 200℃，质量扫描范围为 85～500。实验对其中的 61 种小分子代谢产物进行了靶标、半定量和定量分析，其中柠檬酸和异柠檬酸在胶质母细胞瘤患者脑脊液中的含量显著高于Ⅰ级、Ⅱ级和Ⅲ级胶质瘤患者样本中的浓度，胶质母细胞瘤患者脑脊液中的乳酸和 2-氨基庚二酸要高于Ⅰ级和Ⅱ级胶质瘤患者，而柠檬酸、异柠檬酸和乳酸在Ⅰ～Ⅲ级胶质瘤的异柠檬酸脱氢酶突变型患者脑脊液中的含量显著高于野生型异柠檬酸脱氢酶；肿瘤部位对代谢轮廓没有造成明显影响；脑脊液中的乳酸水平与Ⅲ～Ⅳ级恶性胶质瘤较差预后呈统计学相关。这表明，通过对患者脑脊液的代谢组学分析，可以为肿瘤分级、代谢状态和肿瘤预后提供直接依据。

3. 腹水

正常状态下，人体腹腔内有少量液体（一般少于 200mL），对肠道蠕动起润滑作用。任何病理状态下导致腹腔内液体量增加超过 200mL 时，称为腹水。腹水是多种疾病的临床体征，如心脏病、肝脏病、肾脏病、结核病、恶性肿瘤等疾病都可能产生腹水，根据腹水性质可分为漏出液或渗出液；也可根据腹水外观分为浆液性、血性、脓性或乳糜性等。Xiao 等[141]利用电喷雾质谱技术对卵巢癌患者腹水中溶血磷脂类化合物进行了定量分析，将腹水样本离心去除残留的细胞，加入丁醇并充分混匀，冰浴 1h，再加入超纯水并充分混匀，分层后离心，取上层清液 N_2 吹干，再用氯仿复溶以除去盐类和不溶性物质，再次 N_2 吹干后用甲醇复溶待测。MS/MS 检测结果表明，有三种新的溶血磷脂（烷基化和烯基化溶血磷脂、甲基化溶血磷脂酰乙醇胺）的浓度在卵巢癌患者腹水中显著高于非恶性疾病患者腹水，溶血磷脂酰胆碱同样存在显著差异，而磷酸水平则没有显著差异，结果表明这些磷脂类化合物有可能成为卵巢疾病预后进展的标志物和新治疗方案的靶标。

4. 羊水

羊水是怀孕时子宫羊膜腔内的液体，也是维持胎儿生命的重要成分。羊水的成分 98% 是水，另有少量无机盐类、有机物荷尔蒙和脱落的胎儿细胞。胎儿的不同发育阶段，羊水的来源也各不相同。妊娠的第一个三月期，羊水主要来自胚胎的血浆成分；之后，随着胚胎的器官开始成熟发育，如胎儿的尿液、呼吸系统、胃肠道、脐带、胎盘表面等等都成了羊水的来源。羊水成分在一定程度上反映了母体及胎儿的健康状况，对羊水进行代谢组学研究有助于了解孕期母体与胎儿的健康水平和疾病状况。Menon 等[142]利用 GC-MS 和 LC-MS/MS 技术对 25 例自然早产（低于 34 周）的非洲籍美国孕妇羊水进行代谢组学研究，首先利用有机溶剂沉淀羊水中的蛋白质后提取小分子代谢产物，提取物冻干后，一部分用酸性或碱性有机溶剂复溶待 LC-LTQ-LIT-FT-MS 检测（分别在酸性正离子模式和碱性负离子模式下检测），另一部分用 BSTFA 硅烷化待 GC-SQ-MS 检测，将采集的数据通过 t-检验、相关性分析和发生错误率修正等数据处理，从羊水样本获得了 348 个代谢产物，其中 121 个代谢产物与胎龄相关，与正常对照对比，116个代谢产物在自然早产孕妇羊水中存在显著不同，这些代谢产物可分为三类来源：肝功能代谢、脂肪酸和辅酶 a 代谢及组氨酸代谢，其中与细胞色素 P450 相关通路的代谢产物，如胆汁酸、类固醇类、黄嘌呤、血红素和泛酸等出现显著变化。Dokos 等[143]也对羊水的代谢组学在早产的风险预测方面的研究和应用做了详细的综述。

5. 粪便

粪便是人或动物的食物残渣排泄物，主要成分是水，其余大多是蛋白质、无机物、脂肪、未消化的食物纤维、脱了水的消化液残余以及从肠道脱落的细胞和死掉的细菌，还有维生素 K、维生素 B 等。通过对粪便的代谢组的研究，有助于通过肠道菌群了解身体的健康水平，还可以了解肠道疾病、消化疾病的发病机制，并为该类疾病的诊断提供直接依据。目前，利用粪便样本考察肠道菌群与肠道及消化疾病之间的相互关系成了代谢组学研究的一个重要热点。Marchesi 等[144]通过对炎症性肠疾病患者的粪便样本进行基于高分辨 NMR 技术的代谢组学研究，与正常对照组对比分析，克罗恩病和溃疡性结肠炎患者粪便中的丁酸、乙酸、甲胺和三甲胺出现了降低，这可能与肠道微生物群相关，而氨基酸水平出现升高，这可能是由于炎症性疾病或蛋白质丢失性肠疾病导致的吸收不良引起的。克罗恩疾病患者粪便中的甘油的共振要显著低于正常对照和溃疡性结肠炎患者，这为胃肠性疾病生物标志的研究提供了依据。Couch 等[145]利用顶空固相微萃取的前处理方法对 17 例健康人粪便中挥发性代谢产物进行了代谢组学分析，并对固相微萃取纤维头类型、富集时间、富集温度等实验条件进行了优化，采用 DB5-MS 色谱柱（30m×0.25mm×0.25μm），不分流进样，SPME 纤维头在 GC 中的脱附温度根据纤维头的不同而不同，载气为氦气（流速为 1.17mL/min），程序升温，质量扫描范围为 30~550。实验结果表明，体内和体外采集的粪便的微生物群数量上没有明显的差异，但是挥发性有机化合物（VOC）却有显著的差异，而且固相微萃取的富集时间越长（18h vs 20min），获得的 VOC 明显增多（2100 个 vs 1400 个），但对两种来源不同的粪便的比较表明，除个别 VOC 比较特别外，大部分都是相类似 VOC，而且富集时间延长并没造成浓度水平的明显变化。De Angelis 等[146]通过对自闭症和非典型自闭症患儿的粪便菌群的微生物组学和代谢组学研究，与正常儿童对比，自闭症患儿粪便中的厚壁菌门、拟杆菌、梭杆菌门和疣微菌门发现显著变化，共生肠球菌和瘤胃球菌在非典型自闭症和正常儿童粪便中最高，而喜热菌、八叠球菌和梭状芽孢杆菌在自闭症患儿粪便中最高。对代谢组考察时，采用 SPME 在 40℃下保持 40min 采集粪便样本中的挥发性物质，再进 GC-MS 分析，CP Wax 52 CB 色谱柱（50m×0.32mm×1.2μm），程序升温，分流进样（50：1），载气为氦气，进样器、接口和离子源温度分别为 250℃、250℃和 230℃，质量扫描范围为 30~350，实验结果表明游离氨基酸和挥发性有机物在两种自闭患儿粪便中发生显著变化，这可为儿童自闭症的诊断提供参考。

6. 呼出气体

人体新陈代谢的部分产物可经由血液运送至肺部，再通过气体交换最终出现在呼气中，而且每个人所呼出的气体成分都不完全相同，利用呼出气体对人体健康水平的诊断已经受到广泛的重视。如利用呼出气体检测胃幽门螺杆菌已经成为消化科检测的重要手段，还有利用呼出气体检测酒精含量，还可对肠胃疾病、艾滋病、糖尿病、肺癌等进行诊断[147~149]。呼出气体的代谢组学研究具有非侵害性和高重现性，而且这种"气体指纹"可以反映人体的健康水平和疾病状况。呼出气体的冷凝液已经受到了广泛的关注和应用[150~152]。Fu 等[153]利用 nano-ESI-FT-ICR-MS 技术考察了 97 例肺癌患者呼出气体中的挥发性组分，结果表明，肺癌患者呼出气体中的 2-丁酮、2-羟基乙醛、3-羟基-2-丁酮和 4-羟基己烯醛（4-HHE）浓度要显著高于 88 例健康的吸烟和非吸烟受试者，其中 2-丁酮在 II 期肺癌和IV非小细胞肺癌患者（51 例）中显著高于 I 期肺癌患者（34 例）。这些特征代谢产物可作潜在生物标志物用于诊断肺癌及其发展阶段。呼出气体的采集方法并没有得到广泛的共识，不过利用泰德拉（Tedlar）气袋相对更为广泛，由于气体收集与检测方法的限制，呼出气体的代谢组学研究报道还不是很多。

第三节　GC-MS 联用技术在代谢组学研究中的应用

代谢组学所关注的代谢产物绝大多数都为分子量小于 1000 的内源性化合物，生物体内终端代谢产物的数量要远远少于机体中的基因和蛋白质的数量，而且这些内源性小分子化合物受进化的影响较小，不同物种之间的检测方法相对于其他组学更为通用，这也是代谢组学较基因组学和蛋白质组学的一个重要优势。生物体内代谢产物的数目与生物种类密切相关，不同种类生物的代谢产物数量相差巨大，酿酒酵母菌体内能检测的代谢产物约有 600 多种，而植物体内能检测到的代谢产物数量可达 200000 种之多，人体中目前能够被准确鉴定的代谢产物超过了 40000 种。相对于基因和蛋白质而言，从数量上代谢产物具有很大优势，但代谢组学研究同样存在极大的技术挑战。因为，生物体内的代谢产物极为复杂，理化性质相差甚大，一个生物样本中往往包含了成千上万个宽动态范围（4～6 个数量级）的化合物，而且代谢组学需要研究的是批量样本，所以如何获取生物样本中极为丰富的海量信息，尤其是对未知化合物的鉴定，这都是目前代谢组学分析最大的技术瓶颈和挑战，也是研究过程中不可忽视的重要部分。

1. 氨基酸分析

氨基酸是含有氨基和羧基的一类有机化合物的通称，是生命的物质基础和基石，从各种生物体中发现的氨基酸已有 180 多种，但参与蛋白质组成的常见氨基酸只有 20 多种，这些氨基酸相互间用氨基和羧基通过失水形成酰胺键构成的。生物体内，尤其是高等动物体内的氨基酸，不只是构成蛋白质的基本组分，也是许多其他重要生物分子的前体，如激素、嘌呤、部分微生物等[154]。氨基酸涉及代谢、肿瘤、免疫、心脑血管、神经系统、肾病、糖尿病、亚健康、老年病等各类疾病和人体生长发育、营养健康、肌肉骨骼生长、激素分泌、解毒功能等各个健康环节。目前氨基酸代谢障碍所引起的疾病已超过 400 多种。在代谢组学研究中，氨基酸作为一类重要的代谢产物，在健康诊断、疾病筛查和预防、机制研究等方面发挥着重要的作用。

GC-MS 是代谢组学最为常用一种技术，但由于 GC-MS 只能分析那些挥发性和热稳定性的化合物，为此用 GC-MS 分析时需要对那些难挥发性的代谢产物衍生化。对代谢产物进行硅烷化是一步非常耗时的前处理过程，利用合适的提取剂最大量地提取代谢产物后需要去除水分（氮吹或冻干），再进行肟化反应（如加入适量的盐酸甲氧胺的吡啶溶液），该步骤一般需要 1～2h；然后再加入硅烷化试剂（如 BSTFA 或 MSTFA 或 TMCS 等），这一步同样需要较长时间（30min 不等）[44]，因此整个衍生化过程非常耗时，然而采用微波辅助衍生的方法可以大大缩短衍生过程（从常规的 2.5h 缩短到微波辐照的 90s!）[155]。

　　氨基酸由于含有各种极性基团，汽化十分困难，需要转变成易挥发的化合物。利用 GC-MS 分析时，有多种衍生化方法，如硅烷化、烷基化、酰基化和烷氧氨基化。氨基酸中的羟基具有活泼氢结构，往往可衍生为三烷基硅烷酯（TMS），羧基常被衍生成甲酯或烷基肟化物。

　　硅烷化作用是指将硅烷基引入到分子中，一般是取代活性氢。活性氢被硅烷基取代后降低了化合物的极性，减少了氢键束缚。因此所形成的硅烷化衍生物更容易挥发。同时，由于含活性氢的反应位点数目减少，化合物的稳定性也得以加强。硅烷化化合物极性减弱，被测能力增强，热稳定性提高。但因为硅烷化试剂对活泼氢敏感，可与其发生反应，所以硅烷化试剂同样对水非常敏感，在有水的环境中会自行分解失效，所以硅烷化反应需要在无水条件下进行（如吡啶溶液）。

　　对氨基酸进行硅烷化之前，一般需要先对氨基酸中的羧基衍生成烷基肟化物，即采用甲氧胺（$CH_3—O—NH_2$）的吡啶溶液将代谢产物衍生成稳定的羧基化合物（肟化反应），这样可以抑制酮烯醇异构互变体和多种缩醛或缩酮结构的生成。肟化可以减少多重衍生物的生成，仅产生两种"$—N{=}C{<}$"代谢产物（顺式和反式结构）。肟化后，利用硅烷化试剂（如 TMS，三甲氧硅烷试剂，通常用 BSTFA 或 MSTFA）可将一些含—OH、—COOH、—SH 或—NH 等官能团的醚、酯、磺化或氨基类化合物中的活泼氢进行硅烷化，硅烷化衍生物可进行有效的分析。然而，用 TMS 衍生后可能产生一些副产物，包括多种衍生产物（图 5-4）。

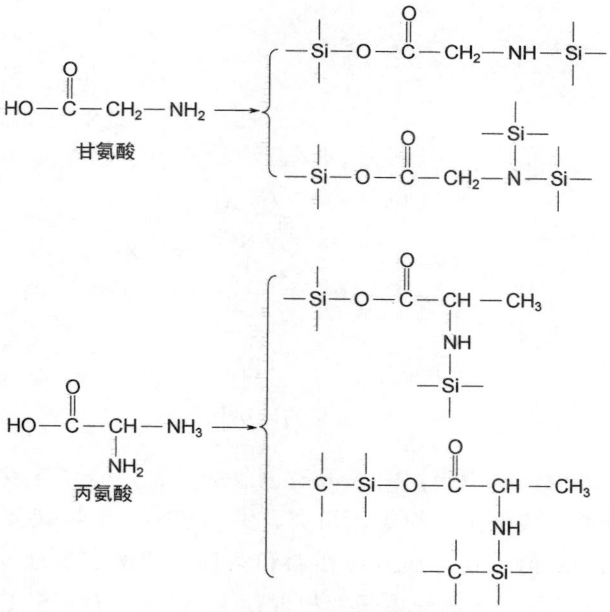

图 5-4　几种氨基酸常见的不同硅烷化衍生产物

常见的硅烷化试剂有：BSTFA，*N,O*-双(三甲基硅烷)三氟乙酰胺；MSTFA，*N*-甲基-*N*-(三甲基硅烷)三氟乙酰胺；TMCS，三甲基氯硅烷；BSTFA+1% TMCS，*N,O*-双(三甲基硅烷)三氟乙酸盐+1%三甲基氯硅烷；MSTFA+1% TMCS，*N*-甲基-*N*-(三甲基硅烷)三氟乙酰胺+1% 三甲基氯硅烷；MTBSTFA，*N*-甲基-*N*-(叔丁基二甲基硅烷)三氟乙酸盐；BSA，*N,O*-双(三甲基硅烷)乙酰胺；HMDS，六甲基二硅氮烷；TMSI，*N*-三甲基硅烷咪唑。

图 5-5 是常见的七种硅烷化反应。

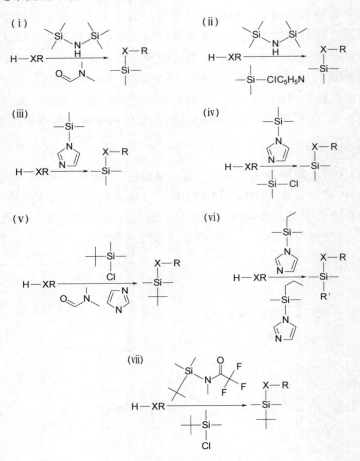

图 5-5　常见的硅烷化反应

这些常用的硅烷化试剂中，BSA 具有高反应活性，能够与多种化合物（如醇类、胺类、酰胺类、羧酸类、酚类、甾类、生物胺类、生物碱类）反应形成挥发性的、稳定的 TMS 衍生物，而且可在温和条件下快速定量地反应。MSTFA 与BSA 和 BSTFA 的三甲基硅烷受体强度相近，可与很多具有—Si(CH$_3$)$_3$ 基团的极性化合物反应以便取代不稳定的氢，用于制备可用于 GC-MS 的挥发性的并且热稳定的衍生物，这种衍生剂主要优点在于其副产物 N-甲基三氟乙酸盐具有挥发性，MSTFA 是目前 TMS 酰胺类化合物中挥发性最强的，其滞留时间甚至比 BSTFA 更短，因为副产物及试剂通常可与溶剂前沿一起洗脱，所以可以分析 MSTFA 与小分子的衍生物，加入 TMCS 可以促进 MSTFA 与酰胺、仲胺以及一些与单独的 MSTFA 无法发生衍生反应的羟基发生反应，也因此，在代谢产物的硅烷化应用中 MSTFA 和 BSTFA 应用最为广泛。TMSI 是硅烷化羟基的最强的试剂，能够快速、平顺地与羟基和羧基发生反应，且不与胺或酰胺发生反应，所以可以用于制备既含有羟基又含有氨基的化合物的多重衍生物，当存在少量水的情况下可用于硅烷化糖，能够衍生不被阻碍和被严重阻碍的大多数的甾类羟基。HMDS 这种衍生剂能极大地拓宽 GC 的应用范围，尤其是对糖类及相关底物的硅烷化可促进色谱的结果。MTBSTFA 在硅烷化时由于引入的叔丁基二甲基硅基具有较大的空间效应，因此，有些存在空间位阻的活泼氢较难衍生化，但在质谱检测中，这类衍生物很容易丢失叔丁基而形成较强的[M−57]⁺特征离子，有利于作为串联质谱 MS/MS 的母离子和判断化合物结构的重要信息。

　　氨基酸的硅烷化过程中，由于受硅烷化试剂用量及活泼氢个数和位置的影响，氨基酸的硅烷化往往不止一种衍生产物。如：甘氨酸和丙氨酸衍生后通常都会产生两种产物，色氨酸有三种衍生产物，如图 5-6 所示。

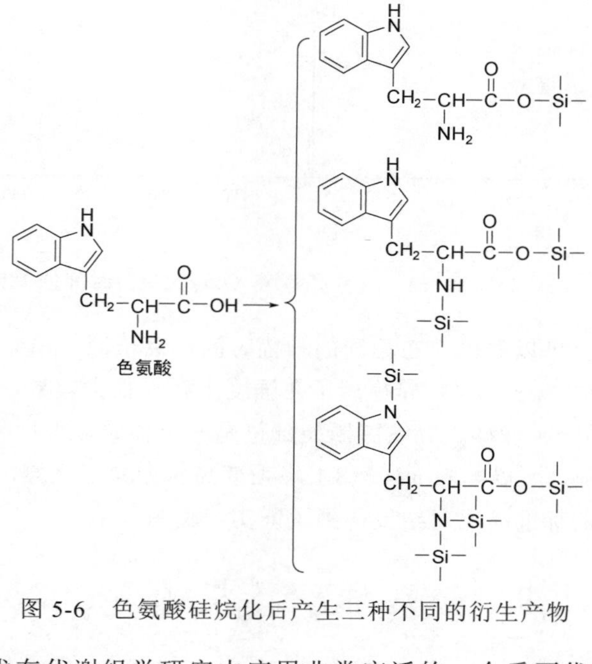

图 5-6　色氨酸硅烷化后产生三种不同的衍生产物

　　GC-MS 技术在代谢组学研究中应用非常广泛的一个重要优势是具有被公众认可的许多商业化的代谢产物数据库，如 NIST 库（笔者实验室仪器上运行的

NIST 14 中含有超过 27 万张 EI 质谱图和 24 万种化合物）；还有一些向社会公开的数据库[156]，里面含有很多用于鉴定代谢产物的标准化合物及其从其它开放谱库中获取的质谱谱图数据库；还有如专门针对代谢产物的 Fiehn 数据库等。这些数据库对代谢组学研究中代谢产物的鉴定工作带来了极大的帮助，但是由于一些代谢产物结构非常相似，通过 EI 源电离后，碎裂方式也很相似，因而对于这类化合物的质谱谱图在从谱库中查找时可能出现相似度很接近但名称不同的代谢产物。因而，如何鉴定这类化合物，还需要更多的化学基础，更为直接的是采用标准品比对方式。如吴胜明等[157]在利用 GC-MS 技术对小鼠血清内源性代谢产物分析过程中，发现亮氨酸和异亮氨酸的保留时间为 11.14min 和 11.67min 的色谱峰通过谱库检索都为亮氨酸或异亮氨酸，两者的质谱行为极其相似，无法将两者区分开。两种化合物的结构式和不同保留时间的质谱图如图 5-7 所示。

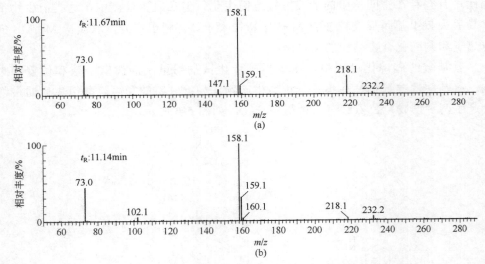

图 5-7　亮氨酸（a）与异亮氨酸（b）的保留时间的差异

从质谱谱图上可以看出，在相同的扫描时间、离子源（EI）和电子能量条件下，两个峰对应的 m/z 218.1 碎片离子在强度上存在很大差异，而异亮氨酸 m/z 218.1 断裂部位是一个仲碳，亮氨酸断裂部位是一个伯碳，根据断裂的难易程度：叔碳＞仲碳＞伯碳，所以判断 m/z 218.1 峰强度高应为异亮氨酸，实验进一步通过这两种代谢产物的标准品比对结果得到了证实，见图 5-8。

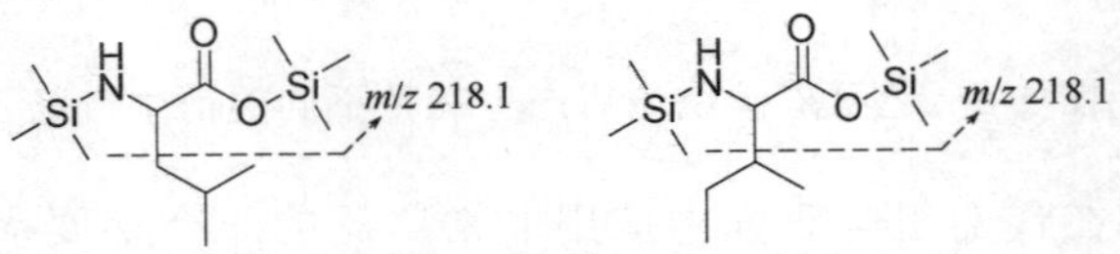

图 5-8　亮氨酸与异亮氨酸碎裂方式

2．糖类化合物的分析

糖类化合物由于具有多个活泼氢，容易形成多 TMS 衍生物，如六碳糖的葡萄糖硅烷化后产生 5 个 TMS 单位，五碳糖的木糖硅烷化产生 4 个 TMS 单位，但由于衍生过程中糖类容易成环或产生几何异构体，为此可能会出现多个色谱峰。

图 5-9 和图 5-10 分别为葡萄糖和木糖的 GC-TOF-MS 分离检测结果及谱库检索的结构图，葡萄糖衍生化后出现 4 个色谱峰，通过谱库查找 1～4 的色谱峰分别为（图 5-10 中葡萄糖）D-Glucopyranose, 1,2,3,4,6-pentakis-*O*-(trimethylsilyl)-、D-Glucose, 2,3,4,5,6-pentakis-*O*-(trimethylsilyl)-,*o*-methyloxyme, (1*E*)-、D-Glucose,

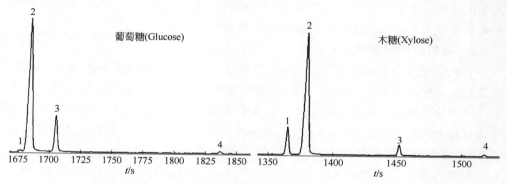

图 5-9　葡萄糖和木糖硅烷化衍生在色谱图上不同的色谱峰

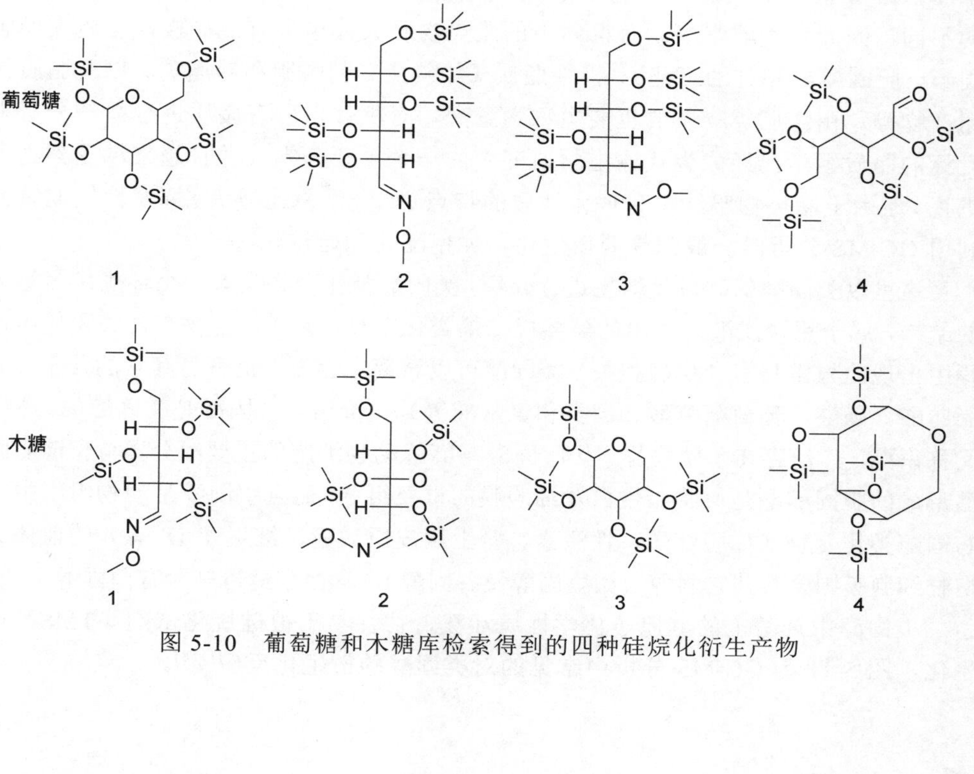

图 5-10　葡萄糖和木糖库检索得到的四种硅烷化衍生产物

2,3,4,5,6-pentakis-*O*-(trimethylsilyl)-,*o*-methyloxyme, (1*Z*)-和 D-Glucose, 2,3,4, 5,6-pentakis-*O*-(trimethylsilyl)-。4 个色谱峰的保留时间分别为 1676.9s、1685.5s、1705.5s 和 1836.9s。同样，木糖衍生后产生 4 个色谱峰，谱库检索 1～4 的色谱峰结果分别为（图 5-10 中木糖）：D-(+)-Xylose, tetrakis (trimethylsilyl) ether，methyloxime (anti)、D-(+)-Xylose, tetrakis (trimethylsilyl) ether, methyloxime (syn)、D-Xylopyranose, 1,2,3,4-tetrakis-O-(trimethylsilyl)-和 D-Xylose, tetrakis (trimethyl-silyl)-。4 个色谱峰的保留时间分别为：1365.2s、1380.6s、1451.8s 和 1517.9s。其它的糖类代谢型产物硅烷化后也可能出现多个衍生产物，因此，在数据处理时需要全面考虑，尤其是生物标志的筛选和靶标代谢组学时需要充分考虑衍生产物的个数和量的关系，以保证结果的真实性和准确性。

3．有机酸和脂类物质的分析

有机酸是一类重要的代谢产物，如三羧酸循环途径中涉及的丙酮酸、苹果酸、琥珀酸、α-酮戊二酸、柠檬酸、异柠檬酸、延胡索酸等，还有如乳酸、羟基丁酸等。这类化合物由于活泼氢比较单一，所以用前面所述的硅烷化方法得到的衍生产物也相对比较单一，从 GC-MS 谱库中查找的代谢产物具有很高的匹配度（相似度），这里就不做详细介绍。

脂类物质不但是生物膜的骨架成分，而且还是能量储存的重要方式，并参与细胞的许多重要功能。这类物质是代谢组学研究中一类重要化合物，一般难溶于水而易溶于非极性溶剂，由于脂类物质结构上酯酰基链的碳原子数或不饱和键数的不同，因而种类非常多。有机体中的脂类物质大体包含有：非极性脂质（如胆固醇、胆固醇酯和甘油三酯）、极性脂质（如磷脂、鞘磷脂和糖脂类）以及脂质代谢产物等。由于脂类物质的重要生物学意义，对机体内所有脂质进行系统分析为目标的脂质组学已经成为代谢组学研究中的一个重要分支，并且越来越受到高度重视。但由于脂类物质结构和理化性质的特点（如分子量比较大，挥发性较弱等），利用 GC-MS 分析时一般都需要衍生化，如甲酯化和硅烷化等。

这里以类固醇的硅烷化衍生进行介绍。类固醇类化合物具有一个环戊烷多氢菲的结构，属于甲羟戊酸衍生出的类异戊二烯类化合物，该类化合物在合成和代谢过程中出现的异常与多种疾病相关。类固醇可以游离态存在，也可与其它的分子（如脂肪酸、磺酸、葡萄糖醛酸、糖类和氨基酸等）共价结合。固醇是类固醇的一种，又称甾醇，广泛存在于生物界。如胆固醇是高等动物细胞的重要组分，与长链脂肪酸形成的胆固醇酯是血浆脂蛋白及细胞膜的重要组分，而且胆固醇是动物组织中其它固醇类化合物（如胆汁醇、性激素、肾上腺皮质激素、维生素 D_3 等）的前体。植物细胞膜则含有其它固醇（如豆固醇及谷固醇），真菌和酵母则含有菌固醇。

类固醇中羟基上的氢原子化学性质活泼，往往易于被硅烷化试剂（TMS）衍生化，图 5-11 为 GC-MS 分析中常见的对类固醇的衍生化反应[158]。

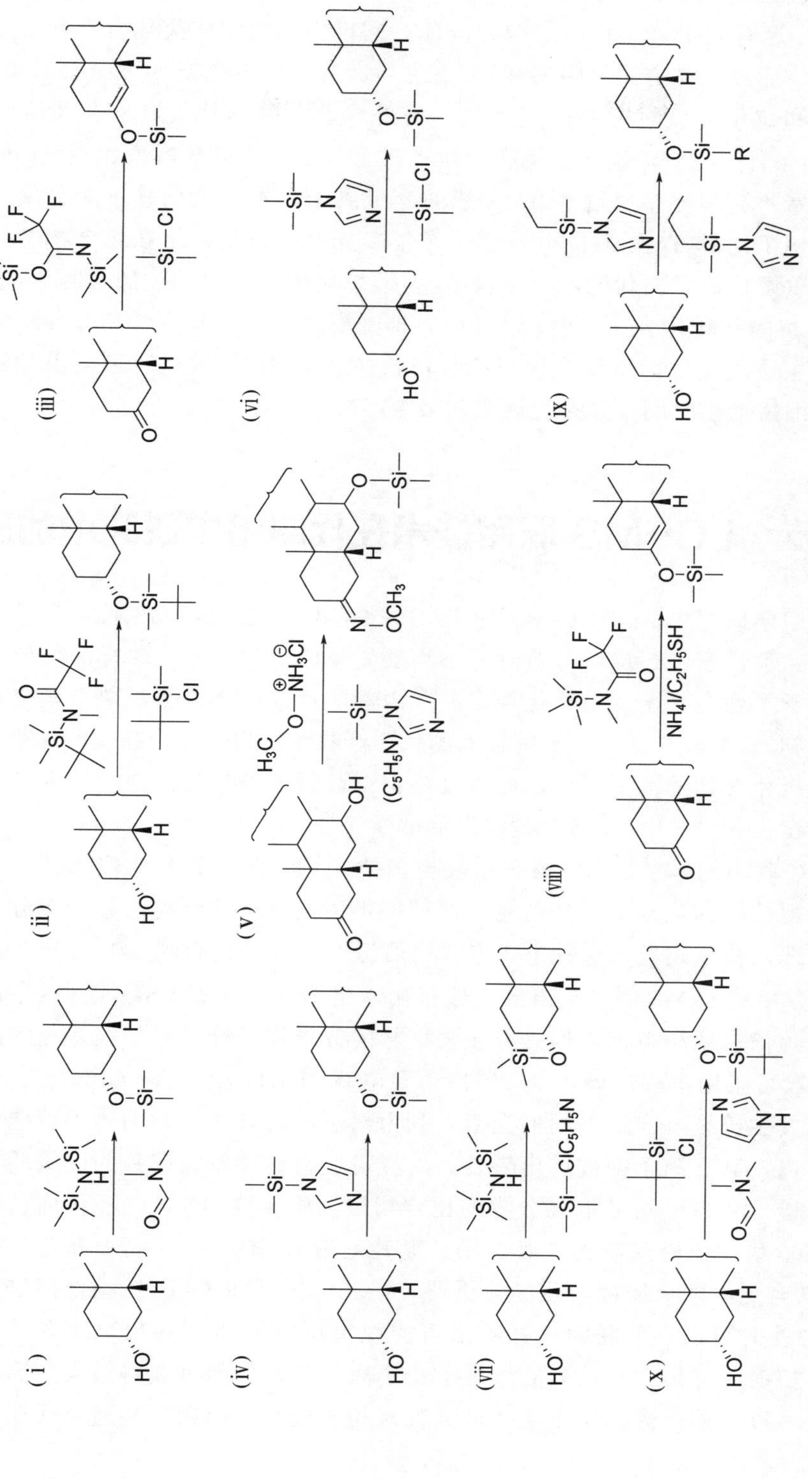

图 5-11 类固醇类常见的硅烷化衍生反应

由于固醇中羟基的位置和方向各不相同，所以衍生化反应的速度也不尽相同[159~161]，这有利于这类物质结构的确证。同样由于类固醇类化合物分子中同样可能有多个活泼氢和空间位阻的存在，衍生后产生的硅烷化产物可能不只是一种，因此定性和定量分析时需要引起重视。另外，含有酮基的类固醇在反应时需要"剧烈"的条件[162~164]，该衍生反应的缺点在于失去三甲硅烷醇而出现[M−90]$^{+\cdot}$离子，导致看不到聚羟基类固醇 TMS 酯的分子离子，不过，酮基可能会反应生成烯醇式结构，烯醇-TMS-醚的分子离子是很多碎片的特征，这在化合物结构解析方面具有重要价值[165]。代谢组学实验中，在硅烷化衍生之前往往加入肟化试剂（如甲氧胺），将酮基转化为甲基肟，这样可以抑制酮烯醇异构互变体和多种缩醛或缩酮结构的生成。整过衍生反应过程耗时较长（2h 左右），同样也可采用微波辅助衍生，以缩短衍生时间，显著提高工作效率[166]。

第四节　LC−MS 联用技术在代谢组学研究中的应用

代谢组学研究中，与 GC-MS 和 NMR 技术相比较，LC-MS 技术开发和利用相对较晚。但由于 LC-MS 分析时，不需要复杂的衍生化过程，样品前处理更加简捷，对于不稳定（糖苷键类化合物的苯丙素类代谢产物、类胡萝卜素类和一些脂类化合物）、非挥发性和分子量较大的代谢产物（如脂类化合物）具有独到的优势，可分析化合物的范围更广，而且 LC-MS 获得的信息与前两种技术具有互补性，所以在代谢组学中 LC-MS 技术发展非常迅速。

与 GC 联用的 MS 技术一般采用硬电离技术（如 EI），这种电离方式将组分打碎，可获得较多的化合物碎片信息，能够提供生物分子的结构信息，但分子离子峰一般较弱，甚至缺失，这种电离方式一般适合小分子化合物（0~500Da）的电离。与 LC 串联的 MS 的电离方式一般采用软电离技术（如 ESI），这种电离方式获得的碎片信息要少得多，但具有较强信号的分子离子峰。要想获得更多的碎片信息，一般可采用串联质谱，如与碰撞诱导电离（CID）相结合，CID 可在高（低）碰撞能下发生碎裂，产生不同的光谱。利用离子阱时，感兴趣的离子被选择性地束缚在阱内，其它离子都被排出阱外，这样可获得这些特定碎片的三级质谱，甚至六级质谱。如 TOF 可获取高分辨的化合物精确质量数，Q-TOF 不仅能获取化合物精确质量数，还能获取其二级谱图，尤其是带有 iFunnel（离子漏斗）技术的 Q-TOF 具有更高的灵敏度。磁场分析器、串联四极杆和 Q-TOF 型都能进行母离子和中性丢失扫描。串联四极杆质谱可实现单反应监测（SRM）或多反应监测（MRM）扫描，可预设一系列的母离子和子离子对，从而可获得最大的离子传输能力、灵敏度和检测限。由于 LC 分离耗时相对较长，阻碍了高通量代谢组学分析的可能性，随着超高效液相色谱（UPLC）技术的发展，极大地提高了色谱的分离效能，而且分离速度也显著提高，极大地缩短了代谢组的分离时间，使得生物样本的高通量分析成为可能，这种技术在靶标代谢组学研究中作用尤为突出。

Buescher 等[167]利用离子对反相超高液相-串联质谱方法对与酿酒酵母菌、大肠杆菌、枯草杆菌、肝脏、土壤和马铃薯中糖酵解、戊糖磷酸途径和三羧酸循环途径密切相关的 138 种代谢产物（表 5-2，包括有机酸、氨基酸、磷酸糖、核苷酸和功能芳香族化合物），以及一些与之相关的异构体（如磷酸糖）进行了分离和定量分析。样本用量很少（干重为 0.5~50mg），这几种样本都采用 0.5mL 60%乙醇-乙酸铵溶液（pH 7.2）在 78℃下提取 1min，每个样本都分别提取三次，再离心 1min 后吹干，用超纯水复溶，待测液置于 96 孔板上用 LC-MS 检测分析。LC 为 Waters ACQUITY UPLC 系统，色谱柱为 Waters ACQUITY T3 封端反相柱（150mm×2.1mm×1.8μm），柱温为 40℃，流动相为两相梯度洗脱［A 相为 10mmol/L 三丁胺、15mmol/L 乙酸和 5%（体积分数）甲醇溶液；B 为 2-丙醇］，进样量为 10μL，整个色谱分离时间仅为 25min。质谱系统为 Thermo TSQ Quantum Ultra 三重四极杆质谱及加热电喷雾离子源，采用的是负离子模式的多反应监测电喷雾电离参数（喷雾电压，2500V；鞘气电压，50 单位；离子吹扫气压，5 单位；毛细管温度，380℃；喷雾温度，400℃；Q1 分辨率，0.5amu；Q3 分辨率，0.5amu；扫描宽度，0.01amu；离子停留扫描时间，10ms），每种化合物的单反应监测时间在可能出峰的保留时间前后扫描超过 1min，且扫描频率至少为 2Hz，并对各代谢产物的套管透镜电压、碰撞能和碎片离子进行了优化（表 5-2）。不同样本中四种化合物（ASP 天冬氨酸，DHAP 磷酸甘油酮，SUC 琥珀酸，FAD 腺嘌呤黄素）的色谱图如图 5-12 所示。实验表明，这种方法可以在很短的时间内完成多种代谢产物（如机体内关键的阴离子和内源性代谢产物）的有效分离，尤其是带电荷的同分异构体的分离，而且可对少量（0.5mg）生物样本中代谢产物进行灵敏和准确的定量分析，MRM 模式可同时监测几百种代谢产物或同位素标记的内标化合物。

表 5-2　利用离子对反相超高液相-串联质谱方法从不同生物样本中获得的 138 种代谢产物

化合物	同位素质量 /amu	Q1 质量 /amu	Q3 质量 /amu	碰撞能 （a.u.）	透镜/V
乙酰辅酶 A	809.1258	808.1	408.0	36	113
腺嘌呤	135.0545	134.1	107.0	19	76
ADP	427.0294	426.0	328.0	18	110
ADP-葡萄糖	589.0822	588.1	346.0	26	98
ADP-核糖	559.0717	558.1	346.0	25	92
α-酮戊二酸	146.0215	145.0	57.0	12	40
氨基水杨酸	153.0426	152.0	108.0	17	59
AMP	347.0631	346.1	134.0	42	67

化合物	同位素质量/amu	Q1 质量/amu	Q3 质量/amu	碰撞能（a.u.）	透镜/V
精氨酸	174.1117	173.1	131.0	18	97
天冬酰胺	132.0535	131.1	95.0	14	42
天冬氨酸	133.0375	132.0	88.0	15	54
ATP	506.9957	506.0	159.0	37	100
苯甲酸	122.0368	121.0	77.0	14	49
3-β-吲哚水杨酸	187.0633	186.1	142.0	22	35
二磷酸甘油酸	265.9593	265.0	167.0	16	40
cAMP	329.0525	328.1	134.0	35	106
cGMP	345.0474	344.0	150.0	26	80
氯霉素	322.0123	321.0	175.0	14	40
氯琥珀酸	151.9876	151.0	115.0	10	35
乌头酸	174.0164	173.0	85.0	14	30
柠檬酸	192.0270	191.0	111.0	15	45
瓜氨酸	175.0957	174.1	131.0	15	82
CMP	323.0519	322.1	79.0	41	97
胞嘧啶	111.0433	110.0	67.0	15	27
dADP	411.0345	410.0	159.0	33	120
dAMP	331.0682	330.1	134.0	34	136
dATP	491.0008	490.0	159.0	38	60
dCDP	387.0233	386.0	159.0	29	57
dCMP	307.0569	306.1	79.0	53	124
dCTP	466.9896	466.0	368.0	22	63
ddADP	395.0059	394.0	79.0	48	48
ddAMP	315.0059	314.0	134.0	30	83
ddATP	475.0059	474.0	376.0	22	72
ddCDP	370.9947	370.0	352.0	20	54
ddCMP	290.9947	290.0	247.0	20	108
ddCTP	450.9947	450.0	352.0	21	76
ddGMP	331.0008	330.0	133.0	37	83
ddTDP	385.9943	385.0	241.0	26	43
ddTMP	305.9943	305.0	179.0	19	104
ddTTP	465.9943	465.0	367.0	23	66
dGDP	427.0294	426.0	275.0	24	106
dGMP	347.0631	346.1	133.0	45	120
二胺庚二酸	190.0954	189.1	128.0	17	74
3,4-二羟基苯甲酸	154.0266	153.0	123.0	15	86
2,2-二甲基琥珀酸	146.0579	145.1	127.0	13	54
3,4-二硝基水杨酸	228.0019	227.0	183.0	16	40
二糖	342.1162	341.1	89.0	23	98

化合物	同位素质量/amu	Q1 质量/amu	Q3 质量/amu	碰撞能（a.u.）	透镜/V
dTDP	402.0229	401.0	275.0	21	70
dTMP	322.0566	321.1	195.0	19	173
5-磷酸核糖	230.0192	229.0	79.0	45	40
水杨酸	138.0317	137.0	93.0	19	49
草莽酸	174.0528	173.1	155.0	12	52
琥珀酸	118.0266	117.0	73.0	12	45
胸腺嘧啶	126.0429	125.0	42.0	19	31
莨菪酸	166.0630	165.1	103.0	13	22
色氨酸	204.0899	203.1	116.0	19	86
酪氨酸	181.0739	180.1	163.0	16	88
UDP	404.0022	403.0	111.0	22	58
UDP-五碳糖	566.0550	565.1	323.0	25	82
UMP	324.0359	323.0	79.0	44	153
尿嘧啶	112.0273	111.0	42.0	15	37
尿酸	168.0283	167.0	124.0	16	89
尿苷	244.0695	243.1	200.0	14	69
UTP	483.9685	483.0	385.0	22	90
二甲苯氰基-FF	538.1208	537.1	389.2	45	135
核黄素	456.1046	455.1	97.0	37	60
5-磷酸核糖	230.0192	229.0	79.0	45	40
dTTP	481.9893	481.0	383.0	22	85
dUMP	308.0410	307.0	195.0	17	82
4-磷酸-赤藓糖	200.0000	199.0	79.0	45	45
黄素腺嘌呤二核苷	785.1571	784.2	437.0	25	103
1,6-二磷酸果糖	339.9960	339.0	241.0	16	66
阿魏酸	194.0579	193.1	134.0	20	56
1-磷酸果糖	260.0297	259.0	79.0	47	50
6-磷酸果糖	260.0297	259.0	169.0	12	50
富马酸	116.0110	115.0	71.0	10	50
1-磷酸半乳糖	260.0297	259.0	241.0	15	50
GDP	443.0243	442.0	344.0	19	97
葡萄糖酸内酯	178.0477	177.0	129.0	11	53
6-磷酸葡萄糖胺	259.0457	258.0	79.0	42	36
1-磷酸葡萄糖	260.0297	259.0	241.0	15	50
3-磷酸葡萄糖	260.0202	259.0	80.0	61	81
6-磷酸葡萄糖	260.0297	259.0	97.0	19	50
葡萄糖醛酸	194.0427	193.0	113.0	14	60
谷氨酸	147.0532	146.1	128.0	13	60

续表

化合物	同位素质量/amu	Q1 质量/amu	Q3 质量/amu	碰撞能（a.u.）	透镜/V
谷氨酰胺	146.0691	145.1	127.0	13	49
戊二酸	132.0423	131.0	113.0	12	44
谷胱甘肽氧化型	612.1520	611.2	306.0	24	73
谷胱甘肽还原型	307.0838	306.1	143.0	20	50
3-磷酸甘油醛	169.9980	169.0	97.0	12	37
甘油酸	106.0266	105.0	75.0	13	40
单磷酸甘油酸	172.0137	171.0	79.0	42	87
磷酸甘油酮	169.9980	169.0	97.0	12	37
乙醛酸	74.0004	73.0	45.0	7	53
GMP	363.0580	362.1	79.0	40	90
香叶基二磷酸	314.0684	313.1	79.0	43	68
GTP	522.9907	522.0	424.0	22	100
鸟嘌呤	151.0494	150.0	133.0	15	76
六碳糖	180.0634	179.1	59.0	18	61
3-羟基苯乙酸	152.0630	151.1	107.0	11	52
3-(3-羟苯基)-丙烯酸	166.0630	165.1	106.0	24	68
吲哚-2-羧酸	161.0633	160.1	116.0	17	55
异柠檬酸	192.0270	191.0	73.0	22	47
异丙基苹果酸	176.0685	175.1	115.0	17	52
衣康酸	130.0266	129.0	85.0	12	36
酮基异亮氨酸	130.0630	129.1	85.0	8	40
酮基亮氨酸	130.0630	129.1	85.0	8	40
酮基缬氨酸	116.0473	115.0	71.0	10	50
乳酸	90.0317	89.0	43.0	12	50
苹果酸	134.0215	133.0	115.0	13	69
甘露醇	182.0790	181.1	71.0	22	74
1-磷酸甘露醇	262.0454	261.0	79.0	41	90
1-磷酸甘露糖	260.0297	259.0	79.0	47	50
6-磷酸甘露糖	260.0297	259.0	79.0	47	50
甲基柠檬酸	206.0427	205.0	125.0	16	34
甲基丙二酸	118.0266	117.0	73.0	12	45
3-甲基黄嘌呤	166.0491	165.0	122.0	21	72
甲羟戊酸	148.0736	147.1	59.0	13	51
单磷酸甘油酸	185.9929	185.0	79.0	48	48
N-乙酰葡萄糖胺	221.0899	220.1	59.0	20	65
NAD	663.1091	662.1	540.0	20	83
NADH	665.1248	664.1	408.0	31	150

续表

化合物	同位素质量/amu	Q1 质量/amu	Q3 质量/amu	碰撞能（a.u.）	透镜/V
NADP	743.0755	742.1	620.0	18	95
NADPH	745.0911	744.1	464.0	39	110
1-萘酚	144.0575	143.1	115.0	26	79
烟酸	123.0320	122.0	78.0	14	59
3-硝基苯酚	139.0269	138.0	108.0	16	45
苔黑素	124.0524	123.1	81.0	18	62
乙二酸	89.9953	89.0	43.0	12	50
香豆酸	164.0473	163.0	119.0	19	40
泛酸	219.1107	218.1	88.0	15	67
戊糖	150.0528	149.1	59.0	13.5	43
磷酰基丙酮酸	167.9824	167.0	79.0	16	28
6-磷酸葡萄糖酸	276.0246	275.0	79.0	50	73
苯丙氨酸	165.0790	164.1	147.0	15	80
3-苯基丙烯酸	150.0681	149.1	105.0	14	70
邻苯二甲酸	166.0160	165.0	77.0	17	40
丙酮酸	88.0160	87.0	43.0	7	24

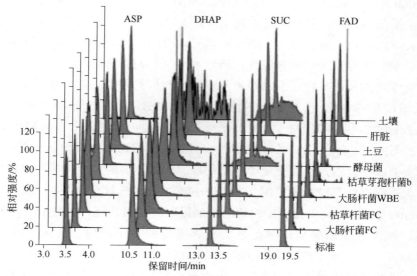

图 5-12　不同生物样本中 ASP、DHAP、SUC 和 FAD 的色谱图和响应

代谢组学中可结合 LC 分离的广谱性和 MS 可实现全质量扫描的优点，如四极杆-飞行时间质谱（Q-TOF-MS），但缺点是线性范围窄。用三重四极杆（QQQ）质谱的 MRM 模式可实现代谢产物的定量分析，不过这种方法主要适合于定量代谢组学（或靶标代谢组学）。如脂质组学分析中，常常涉及极性和热不稳定的类固醇类物质，利用 LC-MS 可以直接分析这类共轭化合物。Liu 等[168]在负离子模式下利用 nanoLC-ESI-MS 和 ESI-MS/MS 对大鼠脑组织进行了分析，利用 ESI 在负离子模式下类固醇磺酸盐可获得高丰度的[M−H]−离子，MS/MS 中得到的碎片的 m/z 为 97 与 HSO_4^- 一致，因而将二级 MS 的子离子设定为 97。该方法具有很高的灵敏度和特异性，当用多反应监测（MRM）模式时，可在 MS/MS 实验时设定待测的母离子和子离子对，检测限低于 0.1pg（柱内绝对量）。

到目前为止，制约 LC-MS 在代谢组学研究中的一个关键瓶颈，同时也是相对于 GC-MS 的一个劣势，在于 LC-MS 仪器之间可共享的代谢产物数据库相对较少，代谢产物定性工作相对较复杂或成本较高。因为不同实验仪器（如不同厂家的 MALDI、离子阱质谱、QQQ 或 Q-TOF 质谱）都能自动生成质谱数据库，但生成的原始数据格式各不相同，而且受 LC 分离的影响，保留指数也不尽相同，这样使得不同实验和不同实验室中获得的数据之间的转换、对比及交流相对困难。不过，用于 LC-MS 的代谢产物数据库的开发也取得了瞩目的成果，如 2012 年由美国 Scripps 研究院 Gary J. Patti 和 Gary Siuzdak 开发的数据库 METLIN，库中有超过 64000 种化合物结构信息，还有 LIPID MAPS 脂类数据库等。但是，如 METLIN 数据库中采集的代谢产物数据是根据 6510 Q-TOF（Agilent 公司）质谱仪在正负离子模式下获取的，而且设定了四种不同的碰撞能（0V、10V、20V 和 40V），对仪器工作参数还存在一定的局限性。所以利用 LC-MS 进行代谢组学分析时，往往需要对大量的代谢产物标准品的考察以获得相应的保留指数、质量数（碎片信息）、质谱能量等参数，才能进行后续的生物样本的代谢组分析。Chen 等[169]建立一种基于 UPLC-QQQ-MRM/MS 的拟靶标代谢组学方法，通过对血清样本的考察，与传统的 UPLC-Q-TOF-MS 的非靶标代谢组学技术相比较而言，具有更好的重现性和更宽的线性范围，而且避免了复杂的峰对齐过程。实验首先用 Q-TOF-MS 的正离子非靶标模式，对质量范围为 100～1000 的离子进行全扫描，采集数据后用 MassHunter Qualitative Analysis 软件的自动提取离子对功能，获得相应的母离子、子离子、保留时间和碰撞能等信息。再将采集的离子对信息转入 UPLC-QQQ-MRM/MS 中，在正离子模式下，将以上采集的 518 对离子（代谢产物）作为 MRM 离子对，进行拟靶标代谢组学分析。通过与正常血清对照，肝癌患者血清中溶血磷脂酰胆碱出现下调，长链乙酰胆碱上升，而中链乙酰胆碱降低，芳香氨基酸升高，支链氨基酸降低。这种利用非靶标质量全扫描方法获得靶标分析中 MRM 模式所需的离子对的信息，极大地拓宽了 LC-MS 技术在代谢组学中的应用，最为关键的是可从繁杂的代谢产物标准品分析工作中解脱出来，不过要进行精确定量的靶标分析，还离不开代谢产物标准品，但大大缩小了代谢产物的分析范围（只需要对潜在生物标志进行定量分析）。

第五节 代谢组学中的数据处理

代谢组学研究中利用仪器分析技术从每一个生物样本中可获取复杂海量的数据信息，如色质联用会出现大量的（数百个甚至几千个）色谱峰，这些色谱峰涉及的化合物种类繁多，包括有机酸、氨基酸、脂肪酸、糖类、脂类、核苷、碱基化合物、神经递质等，还有很多暂时无法鉴定的色谱峰，每一个峰都有对应的保留时间、质荷比、峰面积和峰高等信息（EI 源会产生更多的化合物分子碎片及其丰度和保留时间等信息，图 5-13）。在数据分析时，将每个生物样本看做是一个观测值，则保留时间、峰面积等信息则为相应的变量。每个观测值的特征是由众多变量所决定，而代谢组学研究的是多组样本之间的比对分析，所以，获取的数据信息非常庞大，如何从这些海量代谢组数据中科学有效地提取有价值的信息，是代谢组学研究的关键环节。常规的统计分析技术难于发现样本之间或组间的异同，更难于挖掘造成这些差异的特定变量。因此，代谢组学的数据分析需要特殊的数据处理方法。首先，从仪器中导出的原数据需要预处理，保留与组分有关的信息，以适合于后续的多变量分析。常见预处理包括：消除多余干扰因素的影响以及峰解析，如滤噪、峰对齐、峰匹配、重叠峰去卷积及解析、标准化（或归一化）等[170]，如图 5-13 中的峰对齐和去卷积。在实际操作中，可根据实际需要，选择性地做几种预处理。然后，将处理好的数据进行多元数据分析，以获得造成不同组别间差异的代谢产物（或潜在生物标志物），用于解释代谢表型与外界刺激（如环境变化、疾病或给药）或基因变异的关系。

多元数据分析方法可大致分为两类，即无监督分析和有监督分析。无监督分析常见的有主成分分析、聚类分析等；有监督分析主要有偏最小二乘法、神经网络、判别分析等。进行多元统计分析时，需要考虑数据变量的固有属性。当数据呈正态分布时，可适用于很多的统计学方法，因此在选定多元统计分析方法时需要考虑数据属性的要求，如果方法需要数据呈正态分布，而实际获取的数据不呈正态分布，则需要对整个数据进行转化，如幂变换、对数变换等；另外，在观测值中绝对数幅度变化较大的变量比绝对值幅度变化较小的变量更重要，大多数情况下对那些成比例变化或相关的变量更感兴趣。因此，在数据分析时一般采用"缩放"或"权重"对变量进行数据补偿，如自适换算（unit variance scaling，UV）等。数据的提取和前处理工作完成后，建立一个含有合适格式的变量数据集，并

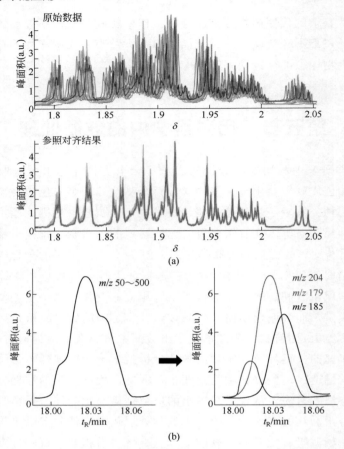

图 5-13　（a）为 NMR 技术获得海量的代谢产物信息（红色为峰对齐结果）；
（b）为利用去卷积技术可获得每个色谱峰中代谢产物的质量数（彩图见文后插页）

按特定的顺序进行排列输出，如浓度、变化倍数、p 值（t-检验）、得分值（多元分析）或载荷值（多元分析）等。

非靶标代谢组学需要得到一个明确的生物样本组间的界限，如"健康"和"疾病"界限、药物剂量依赖性界限、时间依赖性界限或温度依赖性界限等，再通过这些界限发现造成界限的关键变量，即差异代谢产物或潜在生物标志物；而靶标组学需要对这些特定的差异代谢产物进行靶标分析，最后根据特定条件和状态确定相应的生物标志物。下面介绍几种常见的数据分析方法。

1. 主成分分析

主成分分析（principal component analysis，PCA）考察多变量之间相关性的一种常用的多元统计方法，通过少数几个主成分揭示多变量间的内部关系，即从原始变量中导出少数几个主成分，并尽可能多地保留原始变量的信息，用有限的少数几个互不相关的综合指标代替原来的指标。代谢组学研究中的样本量很多，每一个样本又对应有许多变量（色谱峰），所以涉及的维度很多，降维是这种分析方法的主导思想，主成分分析是一种基于投影技术的降维方法[171]。在模型计算时，首先通过最小二乘法原理找到一条直线，使得所有观测值距离该直线的残差平方和最小，且投影在该数轴方向的矢量平方和最大，则该直线方向就能体现观测值之间的最大差异，为此可得到第一个主成分（PC1），再与 PC1 垂直的方向找到第二个差异最显著的直线，得到第二个主成分（PC2），按此方法可继续找到其他主成分。这种方法的优点是可忽略细小无序的差异，保留最大有序的差异，最终可得到只有少数几个主成分的数学模型，并可实现复杂多维数据的可视化。图 5-14 所示的是所有的变量分布在一个二维空间，在 PC1 上所有变量的残差平方和最小，投影在该直线上的矢量和最大，其次为 PC2，这样就能最大限度地体现所有变量的分布特征。简而言之，主成分分析的基本思想是对变量 X 进行线性变换，形成新的综合变量 PC；根据实际需要选择少数几个 PC 进行分析，以达到降维和简化问题的作用。

$$PC1=a_{11}X_1+a_{21}X_2+\cdots+a_{p1}X_p$$
$$PC2=a_{12}X_1+a_{22}X_2+\cdots+a_{p2}X_p$$

对主成分数量的选择，可根据模型的要求而定，一般而言，当总体方差的累计贡献率达到 80% 以上时即可[172]，但有时也需要考虑预测模型的实际要求。

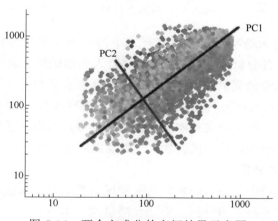

图 5-14　两个主成分的空间结果示意图

利用主成分分析可以实现观测值和变量的可视化。反映观测值在数学模型中的空间分布情况的得分图（scores plot），可直观地显示样本的聚集和离散情况。样本之间越聚集，表明样本之间代谢差异越小；反之，样本越分散，表明样本之间代谢差异越显著。对于代谢组学模型而言，如果同一组内样本聚集程度越高，表明组内样本间代谢差异越小，而组间离散程度越高，表明组间代谢差异越大，这样的代谢组学模型有利于发现潜在生物标志物；反之，组间样本离散不明显，而组内样本比较分散，说明组内样本个体差异较大，而组间代谢差异不显著，这样不利于代谢差异物的发掘。在代谢组学分析中，通过得分图，可以显示模型组与对照组的分离趋势，尤其是时间依赖性或剂量依赖性模型，得分图上的变化趋势直接体现所建立模型的质量。Cheng 等[118]在利用代谢组学技术考察食物的腐烂过程中，通过主成分分析表明，鸡蛋变质的时间依赖性非常明显，如图 5-15 所示，鸡蛋从 0d 到 7d 在 30℃和高湿环境下极易变质，而且变化趋势明显，通过得分图可以直观反映鸡蛋样本随时间连续动态变化的过程。得分图中各样本的聚集和分离趋势表明，不同时间点的鸡蛋样本在以上条件下代谢存在显著差异。另外一种反映所有变量在数学模型空间的分布情况的载荷图（loadings plot），可用于发现影响样本离散的关键变量。同样，离散程度越高的变量对于样本离散程度的贡献越大，这种变量在组间的差异越大，在发掘潜在生物标志物时这些变量需要重点关注。

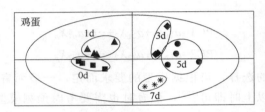

图 5-15　PCA 分析鸡蛋腐烂时间变化的得分图

　　主成分分析最大的特点是将所有样本中的全部变量通过特定的计算方法进行降维处理的无监督分析，而无需对样本进行人为的赋值（如分组），这样有利于了解全部样本（或全部变量）的原始离散聚集状态及从整体上把握所有样本的差异情况，尤其是发现一些显著差异的样本（如离群样本），这类离群样本可能是样本本身的个体差异，也可能是样本采集及后续处理过程出现了较大误差造成的。所以为了提高模型的准确性和代表性，一般需剔除这类样本。

2. 偏最小二乘分析

　　主成分分析过程中，还有一种常见的情况是组间样本离散程度并不高，组内样本的聚集程度也不高，得分图上无法反映组间样本的明显差异，这样就无法利用载荷图筛选差异代谢产物。这暴露了主成分分析在代谢组学研究中的局限性，也就是不能忽视样本处理过程中的与研究目的无关的随机误差，而这些误差可能会对样本的聚集和离散程度造成不良影响，也因此达不到到代谢组学研究的目的[172]。为此，在数据分析前，事先根据实验情况对样本分组，再进行数据计算，实现了样本的有监督分析，即消除了组内的随机误差并突出了组间的差异性。偏最小二乘-判别分析（PLS-DA）是一种常用于代谢组学研究的有监督分析方法，偏最小二乘分析的基本思想为：对变量进行分类，设定 p 个因变量 $Y_1, \cdots, Y_p$ 和

m 个自变量 X_1, …, X_m, 对两类变量进行建模; 提取自变量的第一成分 T_1 和因变量的第一成分 U_1, 使 T_1 和 U_1 相关程度达最大, 然后建立 U_1 和 T_1 的回归方程; 如果回归方程未达到满意的精度, 则用同样的方法提取 T_2 和 U_2; ……。

$$T_1=w_{11}X_1+\cdots+w_{1m}X_m \qquad T_2=w_{21}X_1+\cdots+w_{2m}X_m$$

首先, 将所有样本及变量数据导入后, 根据实验情况对样本进行分组, 再进行后续的数据分析, 可以得到 PLS-DA 的得分图和载荷图。由于忽略了组内样本的随机误差, 使得组间差异更为突出。图 5-16 是 Cheng 等[35]在考察结核杆菌侵染人巨噬细胞实验中空白对照组(黑色)、低毒株侵染组(红色)和高度株侵染组(蓝紫色)的 PLS-DA 三维得分图, 相对于主成分分析的得分图而言, PLS-DA 的得分图更明显地突出了三组间的聚集和离散情况, 这为后续的潜在生物标志物的发掘创造了条件。代谢组学分析过程中, 无论是 NMR、LC-MS、GC-MS 还是 CE-MS 技术, 采集的样本数据中总含有一些与实验目的无关的干扰信号, 如仪器噪声或操作不当带入的杂质等, 消除这些信号的影响, 有利于更真实地反映组间差异性, 更准确地获取差异代谢产物的信息。正交偏最小二乘-判别分析(orthogonal-PLS-DA, OPLS-DA)可以滤除与研究对象无关的信号, 在预测模型中这种方法优势更为明显[173]。

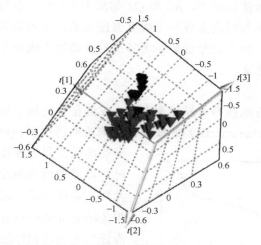

图 5-16 PLS-DA 分析结核杆菌侵染人巨噬细胞的三围得分图(彩图见文后插页)

用 PLS-DA 或 OPLS-DA 分析, 可获得变量对分组贡献大小值, 即 VIP(variable importance in the projection)值。通过 VIP 值筛选潜在生物标志物, 如 VIP>1.0[174] 或 VIP>1.5[175]等。还可结合其它的数据分析方法, 如 t-检验、方差分析、非参数检验等, 多方法综合以获取潜在生物标志。

3. 交叉验证

利用 PCA、PLS-DA 或 OPLS-DA 分析时, 对于代谢组学的数学模型的可靠性需要一个严格的评判指标，这会直接影响到结果的可靠性和科学性。交叉验证（cross-validation，CV）是检验所建模型可靠性的一种常用方法，即将待分析数据随机分为两部分，一部分数据参与模型的建立，通过所建模型对另一部分数据进行预测，再将预测结果与真实情况进行比较，获得预测值与观测值之间的预测残差平方和（predictive residual sum of squares，PRESS），利用 PRESS 可直接判断模型可靠性和预测能力。常用的交叉验证方法有两种，即 K 重交叉验证法和留一法。K 重交叉验证是将训练样本随机分为 K 个集合，对其中的 K-1 个集合进行训练，得到一个决策函数，再利用决策函数对剩下的一个集合进行样本测试，这个过程重复进行 K 次。留一法，是将一个训练样本取出，对剩下的样本极性训练，得到决策函数，并用其测试所取出的样本，这个过程重复进行，直到所有训练样本都得到测试。

4．模型验证

代谢组学研究中常用的多元统计分析软件如 Simca-P，可用于 PCA、PLS-DA 和 OPLS-DA 等分析，模型可靠性和预测能力可通过软件中 R2 和 Q2 值体现，R2 表示被相应的主成分所能解释的变量的比例，Q2 表示利用正交验证可以通过这个模型进行预测的变量的比例。理论上说，这两个值越接近 1，说明所建模型越好，预测能力也越好，通常情况下，R2 和 Q2 都高于 0.5 时，表明所建模型较好。不过，R2 和 Q2 值大小与所选主成分个数有直接关系，一般而言，主成分越多，两者的累积值就越大，但主成分过多，尤其是刻意增加主成分个数，对累计值的影响较小，而且也没意义。

5．ROC 曲线

利用数据分析方法获得差异代谢产物（或潜在生物标志物）后，可利用 ROC（reciever operating characterist）曲线评价所筛选的潜在生物标志物在模型分类方面的准确性和特异性。绘制 ROC 曲线时，以灵敏度为纵坐标，假阳性（1-特异性）为横坐标，通过 ROC 曲线的面积（areas under receiver，AUC）大小作为评判所筛选指标的准确度。如图 5-17 所示是 Huang 等[176]利用代谢组学技术考察肝病患者血清获得的潜在生物标志物的 ROC 曲线，实验发现甜菜碱和丙酰肉碱相结合对肝炎、肝硬化和肝癌患者血清具有良好的诊断能力，其 AUC 达到 0.982，而甲胎蛋白（AFP）ROC 曲线面积仅为 0.697；实验进一步对所

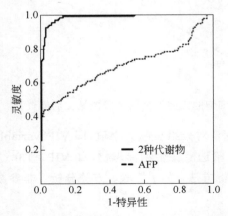

图 5-17　利用代谢组学技术考察肝病患者血清获得的潜在生物标志物的 ROC 曲线

筛选的代谢差异物进行了外部验证,并证实了这两种代谢产物对肝癌的诊断能力,而且与肝癌标志物甲胎蛋白有很好的互补性。ROC 曲线面积越大,表明筛选的差异代谢产物的判别能力越好,诊断价值越大,这在疾病标志物的发现中非常重要,应用也极为广泛。一般认为,AUC 小于 0.5 时,所筛选的代谢产物不适合作为潜在生物标志物,对疾病诊断意义不大;AUC 在 0.5~0.7 之间时,所筛选的化合物具有较低的准确性;AUC 在 0.7~0.9 之间时,所筛选的化合物具有较高的准确性;当 AUC 大于 0.9 时,其判别的准确度非常高[177]。

6．其他分析方法

如聚类分析(hierarchical cluster analysis, HCA),其最大特点在于可形成可视化的聚类图(树状图),如利用计算欧几里得距离考察不同观测值之间的异同。计算过程是将观测值按相似性依次聚类,最后将全部观测值形成一个最大的聚类。另外还有人工神经网络分析技术等在代谢组学数据分析中也应用越来越广泛。

7．常用的代谢组学数据处理软件和数据库

近年来,随着代谢组学技术的不断发展,一些分析仪器研发单位也致力于代谢组学数据处理软件的开发。如 LECO 公司开发的 ChromaTOF 软件,可用于处理 LECO GC-TOF-MS 采集的数据,这款软件可实现自动峰对齐(重叠峰的自动去卷积和峰面积积分)、归一化、峰识别(包含多个质谱谱库)、计算组间和组内差异代谢产物(Fisher ratio 值),在代谢组学,尤其是代谢轮廓分析方面具有很大的优势(如 Pegusus 4D 的全二维气相飞行时间质谱联用仪的峰容量可达到 10 万个),这种仪器自带软件对这种代谢组学的海量数据的处理非常高效,其中利用"Statistical Compare"模块计算各变量的"Fisher ratio"值,可实现发现代谢组学的生物标志物的初步筛选。还有如 Scripp 研究所开发的 XCMS 软件可处理 Waters、Finnigan、和 Agilent 等不同品牌仪器采集的 LC-MS(如 D-TOF、Orbitrap 等)数据,包括峰对齐、去卷积、峰识别、峰匹配等功能,这款软件可实现在线分析,最终可提供高质量的代谢组学分析结果。还有一些常用的重要软件和数据平台,如 KEGG Lignad、BioCye open chemical database、PubChem、ChemBank、METLIN、Lipid Maps Glycan database、The Golm Metabolome database、Human Metabolome database、Tumor metabolome、NIST chemistry webbook、NIST standard reference database、MS/MS Spectral Libratries 为代谢产物鉴定、代谢组学数据分析和代谢通路分析提供了重要的便利途径。利用这些软件,用户端只需导入采集的数据,则可利用质量数(分子量或精确质量数来查找化合物),这样就可以产生一个潜在化合物的列表;还可通过化合物响应强度的变化,建立相应的数学模型,完成各种数据分析;还可查找与代谢产物相关的代谢通路,最终为实现代谢组学的研究目标提供有力的数据分析工具。

目前,开发的代谢组学数据采集和数据处理软件商品化的非常多(如上所

述），但各种软件所识别的色谱峰的数量和定性定量结果存在很大的差异，而且数据格式也不尽相同，要实现各仪器平台或软件（如 AMDIS、NIST、ChromaTOF、AnalyzerPro 等）之间的数据共享还存在很多问题，因此，为实现不同实验、不同方法和不同有机体的代谢数据之间的比对成为可能，更有效、更自动化、更灵活、更可靠、更通用的代谢组学数据处理软件或工作平台是当前乃至今后代谢组学研究中的发展瓶颈和重大挑战。

第六节 基于色谱技术的代谢组学分析
在疾病研究中的应用

一、代谢组学在糖尿病研究中的应用

糖尿病是一种以糖代谢失常为主、高血糖为特征的内分泌代谢性疾病，高血糖是由于胰岛素分泌缺陷或其生物功能受损引起。糖尿病高发的并发症是该病的主要危害，其致死率和致残率较高。长期高血糖可导致各种组织或器官，如眼、肾脏、神经、心脏等慢性损伤和功能障碍，严重危害人的健康水平。国际糖尿病联盟（IDF）数据表明，目前全球糖尿病患者达到 2.85 亿人，若得不到有效控制，到 2030 年糖尿病患者的患病总人数将超过 4.35 亿人[178]。目前糖尿病的发病机制还不明确，目前没有有效的治愈方法，而且早期诊断和筛查还缺乏有效手段。因此，对糖尿病的预防、早期诊断和治疗方法的开发是科研人员和医患人员的共同愿望。代谢组学作为一种非常重要的组学技术，在糖尿病研究中发挥了重要作用。

1. 在糖尿病的发病机制研究中的应用

目前，认为糖尿病存在两个主要病因，即遗传因素和环境因素[179]，1-型糖尿病和 2-型糖尿病均存在明显的遗传异质性，而且临床上有超过 60 种遗传综合征可伴有糖尿病，2-型糖尿病已发现多种明确的基因突变；另外，进食过多、体力活动减少导致的肥胖是 2-型糖尿病最主要的环境因素。目前科学家们认为基因受损也是糖尿病发病的重要因素，如 1-型糖尿病是人类第六对染色体短臂上的 HLA-D 基因损伤，而 2-型糖尿病是胰岛素基因、胰岛素受体基因、葡萄糖溶菌酶基因和线粒体基因损伤造成的[180]。这些遗传易感性、不良饮食及生活方式，以及胰岛素抵抗等均被认为是糖尿病的病因，但糖尿病确切的发病机制尚不清楚。

代谢组学技术可发现机体由于病理变化导致的代谢产物的变化，这样可从代谢终端的代谢产物以及与之相对应的代谢通路的变化来帮助理解病变过程。

Sébédio 等[181]对代谢组学技术在人和动物模型的 2-型糖尿病早期诊断和药物评价方面的应用进行了综述，并认为代谢组学技术不仅有助于疾病生物标志物的发现，还有助于揭示疾病的病理生理机制。Zhang 等[182]利用基于 NMR 技术对链脲佐菌素诱导的 1-型糖尿病 SD 大鼠模型尿样进行了代谢组学分析，实验结果表明，糖尿病大鼠尿样中的葡萄糖、丙氨酸、乳酸、乙醇、乙酸和富马酸含量出现显著升高，相关性分析表明，这与肠道菌群代谢扰动造成的葡萄糖代谢、三羧酸循环紊乱显著相关，其中包括葡萄糖-丙氨酸和乳酸循环、胆碱代谢等途径的紊乱。这表明利用代谢组学技术有利于进一步了解糖尿病发病的相关机制。同样，Gogna 等[183]利用 ^1H 1D 和 2D NMR 技术对南印度肥胖和糖尿病患者血清进行了代谢组学研究，通过对高（低）体重糖尿病和非糖尿病四组血清代谢组的比对分析，实验结果表明高体重糖尿病组中的饱和脂肪酸、部分氨基酸（亮氨酸、异亮氨酸、赖氨酸、脯氨酸、苏氨酸、缬氨酸、谷氨酸、苯丙氨酸、组氨酸）、乳酸、3-羟基丁酸、胆碱、3,7-二甲基尿酸、泛酸、肌醇、山梨糖醇、甘油和葡萄糖较低体重非糖尿病患者血清中浓度显著升高，这些显著上调的代谢产物可作为高体重糖尿病的潜在生物标志物，这为理解糖尿病患者代谢途径和发病机制的研究提供了方法学参考。Sharma 等[184]利用 GC-MS 技术对糖尿病、糖尿病肾病患者及正常尿样和血浆中 94 种代谢产物进行了定量代谢组学分析，依次对样本进行冻干、利用液液提取方法提取小分子代谢产物、挥干后再用 MSTFA 硅烷化后用 GC-MS 分析，DB-5 色谱柱（30m×0.32mm），利用标准曲线计算出 76 种靶标化合物的浓度，其它的化合物则利用内标（4-硝基苯酚或 2-酮基己酸）进行相对定量。通过与正常样本比对分析，结果表明，有 13 种代谢产物在糖尿病肾病患者尿样中显著减少，其中的 12 种代谢产物在糖尿病（无肾病）患者尿样中同样显著，许多差异表达的代谢产物都是水溶性有机阴离子。有机阴离子转运蛋白 1（OAT1）敲除小鼠的尿样中出现了类似的变化趋势，在糖尿病患者肾脏组织中 OAT1 和 OAT3 蛋白出现了更低的表达。生物信息学数据显示这 12 种差异代谢产物与线粒体代谢显著相关，因此表明糖尿病肾病可能导致线粒体活性受到全面的抑制。糖尿病肾病的线粒体蛋白同样出现更少的表达，糖尿病和糖尿病肾病患者尿样中的线粒体 DNA 也显著下调，而且糖尿病肾病患者的 PGC1α 基因（线粒体生物合成的调控基因）的表达也同样出现了降低，因此，研究者们认为糖尿病肾病患者机体中的有机离子转运和线粒体功能出现了明显的失调，同时也进一步证实了尿样代谢组学在糖尿病的生物标志物的发掘方面的可靠性。Wu 等[185]对 292 例具有不同并发症的 2-型糖尿病患者的血清代谢物水平进行分析。利用甲醇和乙腈混合物（5∶3）处理血清样本，离心后取上层清液利用 UPLC-Q-TOF-MS 进行分析，色谱柱为 BEH C_{18} 柱（100mm×2.1mm×1.7μm），梯度洗脱，正离子模式下的两相流动相分别为 0.1% 甲酸水溶液和含 0.1%甲酸的乙腈，负离子模式下的两相流动相为乙腈和水。源温为 120℃，雾化气温度为 300℃，正负离子模式下毛细管电压分别为 3.2kV 和 3kV，锥孔电压分别为 35V 和 59V，质量扫描范围为 50～1000。实验结果表明，16 种与胆酸、脂肪酸、氨基酸、激素代谢通路和三羧酸循环相关的代谢物与几种糖尿病并发症显著相关（见图 5-18）。糖尿病并发症越多，血清中的几种胆酸（牛磺鹅脱氧胆酸、甘氨胆酸、12α-羟基-3-氧胆二烯酸）浓度逐渐升高，月桂酸和磺酸雄酮却逐渐降低。在具有高血压、脂肪肝和冠心病并发症的糖尿病患者中，血清的牛磺鹅脱氧胆酸和葡糖苷酸雌酮水平明显高于其他任何一组，表明这 2 种代谢产物在糖尿病并发症的发展和进展中起了一定的作用；另外，在脂肪肝糖尿病患者血清中的磺酸雄酮和 4-羟基甲苯磺丁脲显著升高。因此，表明这些物质参与了糖尿病并发症的发生发展的病理过程。研究者们认为对糖尿病不同并发症的代谢谱研究可以促进对其发病机制的认识，而血清差异性代谢物的发现可为糖尿病及其并发症的临床分型、个性化预防和治疗提供新的途径。

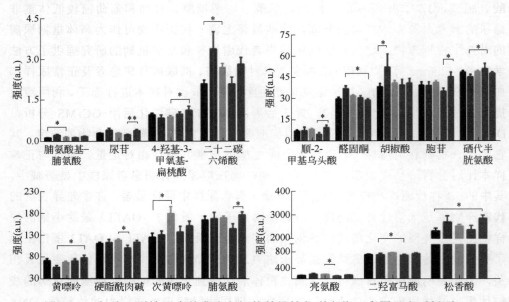

图 5-18 各种 2-型糖尿病并发症之间的差异性代谢产物（彩图见文后插页）

T2DM 为 2-型糖尿病，并发症分别为 HBP（高血压）、NAFLD（非酒精性脂肪肝）和 CHD（冠心病）；其中黑色为 T2DM+HBP 组，蓝色为 T2DM+NAFLD、绿色为 T2DM+HBP+NAFLD 组、紫色为 T2DM+HBP+CHD 组、红色为 T2DM+HBP+NAFLD+ CHD 组；"*"表示 $P<0.05$、"**"表示 $P<0.01$

2．在糖尿病预测中的应用

糖尿病对人体健康造成的危害并非高血糖本身，而是糖尿病导致的多种慢性并发症，这也是这种疾病致死率和致残率高的主要原因。对糖尿病发病风险的预测是糖尿病早期发现、防治的重点和难点。日本一个研究小组在"Lancet"上表示，进行血糖和糖化血红蛋白两项测试对糖尿病发病风险预测具有重要意义[186]。

对于代谢组学在糖尿病发病风险预测方面的应用学者们也做了很多研究，为糖尿病预测、筛查和早期诊断提供了重要思路和方法。

Zhao 等[187]利用非靶标高通量 HPLC-MS 技术对 133 例糖尿病患者和 298 例正常的美洲印第安人血浆进行了代谢组学研究，先用乙腈沉淀血浆样本中的蛋白质，离心后将上清液先后利用 SPE C_{18} 柱和 AE 阴离子交换柱进行净化处理，利用 LTQ-Velos Orbitrap MS 的正离子模式采集质量数为 85～2000 之间的数据，并利用 Logistic 回归模型建立每个代谢产物与 2-型糖尿病的风险预测进行了相关性研究。实验结果表明，7 种代谢产物能够对发展成为 2-型糖尿病进行有效预测。其中 2-羟基联苯与糖尿病高发风险呈显著相关性，而有 4 种代谢产物[PC（22:6）、PC（20:4）、(3*S*)-7-羟基-2′,3′,4′,5′,8-五甲氧基异黄酮和四肽] 与降低糖尿病发病风险显著相关。利用这种多标志物联合预测比已经被公认的一些糖尿病发病风险预测方法（如体重指数、空腹血糖和胰岛素抵抗等）能更显著改善糖尿病的预测能力。

Floegel 等[188]利用靶标代谢组学技术对大样本量（包括 800 例 2-型糖尿病和 2282 例正常人）的 2-型糖尿病患者血清中 163 种代谢产物进行了定量分析，这些代谢产物包括：41 种酰基肉碱、14 种氨基酸、1 种六碳糖、92 种甘油磷脂和 15 种鞘磷脂。实验首先利用 5mmol/L 醋酸铵的甲醇溶液提取血清样本中的代谢产物，其中的氨基酸类物质利用 5%的异硫氰酸苯酯进行衍生化，加入同位素标记的化合物作为内标物质，取 10μL 处理好的样本加入到 96 孔夹心盘中用 FIA-MS/MS 进行定量分析，实验结果表明，血清中的六碳糖、苯丙氨酸、二酰基磷脂酰胆碱（C32:1、C36:1、C38:3 和 C40:5）与增加 2-型糖尿病发病风险显著相关，而血清中甘氨酸、鞘磷脂（C16:1）、酰基烷基磷脂酰胆碱（C34:3、C40:6、C42:5、C44:4 和 C44:5）和溶血磷脂酰胆碱 C18:2 的下调与降低 2-型糖尿病发病风险相关。进一步数据分析表明，包括糖代谢、氨基酸和磷脂酰胆碱等代谢的改变能对 2-型糖尿病高发进行早期预测。因此，该研究团队认为相对于已建立的风险预测方法而言，利用代谢产物能有效提高 2-型糖尿病发病风险预测能力（见图 5-19）。该研究团队[189]还曾利用基于 LC-MS 技术对 4297 例 2-型糖尿病患者空腹血清样本中 140 种代谢产物进行了定量代谢组学分析，实验表明，在正常的糖耐量范围内，部分糖耐量降低的血清样本中有 3 种代谢产物[甘氨酸、溶血性磷脂酰胆碱（18:2）和酰基胆碱]水平发生了显著变化，其中甘氨酸和溶血性磷脂酰胆碱的下调不但可预测糖耐量下降，还与 2-型糖尿病发病风险显著相关。利用代谢产物-蛋白网络分析，发现有 7 个与 2-型糖尿病相关的基因，它们调控这 3 种糖耐量降低相关的代谢产物与 4 种酶的相互作用，这些酶的表达直接影响了相关代谢产物浓度。这项研究成果对 2-型糖尿病的预测和防治提供了更好的途径。

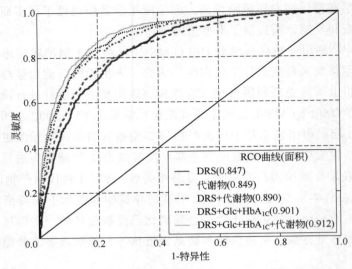

图 5-19　各类指标对糖尿病发病风险预测能力的 ROC 曲线

DRS 为糖尿病风险预测得分，蓝色实线表示考虑的因素为饮食、生活习惯和人体测量指标；绿色虚线表示参与预测的标志代谢物有六碳糖，苯丙氨酸，甘氨酸，鞘磷脂 C16:1，二酰-磷脂酰胆碱 C32:1、C36:1、C38:3 和 C40:5，酰基-烷基-磷脂酰胆碱 C34:3、C40:6、C42:5、C44:4 和 C44:5，溶血卵磷脂 C18:2；红色虚线表示结合 DRS 与标志代谢物的预测结果；黑色虚线表示结合 DRS、Glc 和 HbA$_{1c}$ 的预测结果；蓝色实现表示结合 DRS、Glc、HbA$_{1c}$ 和标志性代谢物的预测结果

3．在糖尿病早期诊断中的应用

国内依据 1997 年美国糖尿病协会对糖尿病的诊断标准，即在空腹或餐后静脉血中血糖浓度为诊断标准。但对于糖尿病的早期筛查和诊断还非常困难。目前普遍认为胰岛素抵抗是 2 型糖尿病的主要病因之一，而脂类代谢异常所引起的脂类异常分布和过渡堆积是胰岛素抵抗的主要原因，因此，认为脂类代谢异常是糖代谢紊乱的驱动因素[190,191]，为此，脂质代谢与糖尿病的相关性受到了更多的关注。

Wang 等[192]基于 LC-MS/MS 技术对 2-型糖尿病患者的血浆中磷脂进行了代谢指纹分析，先向血浆样本中加入适量的水，再加入含有 0.01% 2,6-二叔丁基-4-甲基苯酚的甲醇，充分混匀后再加入氯仿，再混匀后超声提取约 1h，再加入一定量的水后混匀，离心，取氯仿层 N$_2$ 吹干，LC-MS 检测前先用氯仿-甲醇（95∶5）复溶，采用 250mm×3.0mm×5.0μm 的二醇基柱为分析柱，流速为 0.4mL/min，柱温为 35℃，流动相 A 为正己烷-1-丙醇-甲酸-氨水（79∶20∶0.6∶0.07），流动相 B 为 1-丙醇-水-甲酸-氨水（88∶10∶0.6∶0.07），梯度洗脱。正离子模式下电压为 5.5kV，负离子模式下电压为 4.5kV，质量扫描范围为 414～917，诱导碰撞能为+35eV（和−40eV）。将实验采集的数据利用多元统计分析方法（PCA 和 PLS-DA）成功地将糖尿病人和对照正常人区分开来，为临床诊断提供了参考。糖尿病肾病是 1-型糖尿病的一种严重的并发症，在确诊后目前尚无有效治疗手段，不过如果能在发病早期得到确诊可以防止或至少阻止该病的发展。目前利用尿白蛋白排泄率异常升高作为糖尿病肾病的诊断标准。

van der Kloet 等[193]利用 GC-MS 和 LC-MS 技术对 52 例 1-型糖尿病患者（尿白蛋白排泄率正常）尿样进行了代谢组学分析，以获得早期诊断该病的生物标志物，52 例患者中一半病例（26 例）的尿白蛋白排泄率从正常状态发展成为微量白蛋白尿，再到大量白蛋白尿，另一半病例的尿白蛋白排泄率始终处于正常状态。前处理时一部分在尿样中加入合适的同位素标记的标准物质后混匀，在−45℃下依次加入甲醇和氯仿，离心后取甲醇层并冻干，再加入适量的盐酸乙醇胺的吡啶溶液，肟化反应后再用 MSTFA 进行硅烷化，处理好的样本离心后利用 GC-MS 检测；另一部分，在上述提取后，直接取甲醇提取液进 LC-MS 分析。LC 串接了 LTQ-FT-MS 在正离子模式下进行检测，离子源温度和电压分别为 275℃和 4kV，鞘气流速为 40au。LTQ-FT 设置了三级质谱扫描，质量扫描范围为 120～1000。对 GC-MS 和 LC-MS 采集的数据分析后表明，酰基胆碱、酰基甘氨酸以及与色氨酸代谢相关的代谢产物作为潜在生物标志物对正常白蛋白尿和微量白蛋白尿具有很高的区分能力，判别的准确度和精确度分别为 75%和 73%。这些潜在生物标志物对糖尿病肾病的早期诊断提供了重要依据。

Suhre 等[194]采用 GC-MS、LC-MS（包括：多反应监测、中性丢失扫描和母离子扫描技术等质谱方法）和 NMR 对 40 例糖尿病患者及 60 例正常人血样中的 420 种小分子化合物进行靶标代谢组学分析，该实验通过多种分析平台筛选的糖尿病生物标志物与已知的糖尿病生物标志物都非常吻合（见图 5-20），如糖代谢物（1,5-脱水葡萄糖醇）、酮体（3-羟基丁酸）和支链氨基酸，这些差异代谢产物与机体很

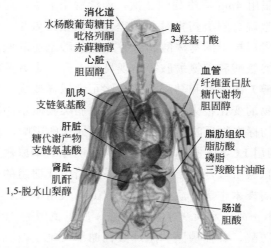

图 5-20　筛选的与糖尿病相关的代谢标志物在机体代谢通路中分布的直观图

多代谢通路的扰动显著相关，如肾功能障碍（3-吲哚磺酸）、脂类代谢（甘油磷脂、游离脂肪酸）、与肠道微生物的相互作用（胆汁酸）；另外，一些应用于糖尿病治疗的药物也被检测到（如匹格列酮、水杨酸）。这为糖尿病的临床诊断提供更简易可行的潜在生物标志物。Zhao 等[195]利用 UPLC-Q-TOF-MS 技术对 51 例禁食过夜的糖耐受量降低的非糖尿病人空腹血浆和尿样进行了非靶标代谢组学研究，实验首先采用乙腈沉淀血浆和尿样中的蛋白，离心后将上清液吹干。其中血浆样本用 80%的乙腈水溶液复溶，尿样用 20%的乙腈水溶液复溶，采用 ACQUITY UPLC-Q-TOF-MS 联用系统，分离柱为 C_{18} 色谱柱（100mm×2.1mm×1.7μm），分析采用的流动相分别为 0.1%甲酸的水溶液和乙腈，但分析尿样和血浆样本时梯度洗脱程序有所不同。LC-MS 采用正离子和负离子两种扫描模式，对采集的数据分析后显示，糖耐受量降低样本与正常样本的血清和尿液代谢指纹谱之间存在明显的区分，其中脂肪酸、色氨酸、尿酸、胆汁酸和溶血磷脂酰胆碱代谢都出现异常，另外与肠道菌群代谢相关的代谢产物，如马尿酸、甲基黄嘌呤、甲基尿酸和 3-羟基马尿酸在糖耐量降低样本中出现显著下调，这为糖尿病的早期诊断和干预治疗提供了依据。

4. 在糖尿病药物评价中的应用

目前尚无根治糖尿病的方法，其中药物治疗在一定程度上可以延缓和控制糖尿病的进展。用于治疗糖尿病的药物很多，主要有磺脲类药物、双胍类降糖药、α-葡萄糖苷酶抑制剂、胰岛素类等。对治疗糖尿病的药物评价主要包括药物本身的安全性、药物治疗效果及量效关系等的评价。代谢组学技术可从代谢终端探寻药物与机体代谢通路以及病理生理变化之间的关系，这对于新药研发、提高药效、改善病情与延缓糖尿病进展具有重要意义。

van Doorn 等[196]对 16 例 2-型糖尿病患者 16 例正常人血样和尿样进行代谢组学分析，患者每天服用 4mg 罗格列酮 2 次，连续服用 6 周，通过内源性代谢指纹谱的变化考察了噻唑烷二酮类药物对 2-型糖尿病的治疗效果。实验结果表明，罗格列酮治疗后，患者尿样中的马尿酸和芳香族氨基酸迅速降低，而血浆中的支链氨基酸、丙氨酸、谷氨酸和谷氨酰胺等出现显著上升；患者尿样中部分氨基酸、柠檬酸、磷酸（烯醇）丙酮酸和马尿酸浓度比正常尿样要高，研究者们认为患者血浆内源性代谢产物的变化很大程度上与血浆中脂类物质增高相关。结果表明，通过一些非糖类生物标志物反映出药物对 2-型糖尿病的影响。

Ugarte 等[197]利用 LC-MS 技术对链脲佐菌素诱导的糖尿病大鼠及口服三乙烯四胺（治疗糖尿病试验阶段药物）治疗后大鼠血清的代谢组的变化进行了详细考察，用甲醇沉淀血清样本中蛋白质，离心后取上清液用 UPLC-LTQ-Orbitrap XL MS 检测，分别采用正离子和负离子模式扫描，质量范围为 50～1000。实验结果表明，氨基酸、脂肪酸、甘油磷脂和胆汁酸代谢都发生了改变，三亚乙基四胺治疗后与糖尿病相关代谢途径，如胆汁酸、脂肪酸、固醇类、鞘磷脂及甘油磷脂代谢和蛋白质水解过程都得到了有效控制。这为糖尿病的治疗和代谢机制的研究提供了一种合适的模型和方法。

Dutta 等[198]利用基于 UPLC-TOF-MS 技术的非靶标代谢组学方法考察了 1-型糖尿病患者血浆，首先利用 4 倍体积的甲醇沉淀血浆中的蛋白，离心后取上清液冻干，再用 50%的乙腈水溶液复溶，采用 ACQUITY UPLC-TOF-MS 系统进行分离检测和数据采集，分析柱为 C_{18} 柱（Ethylene-Bridged Hybrid，150mm×2.1mm×1.7µm 和高强度硅胶柱，150mm×2.1mm×1.8µm），柱温为 50℃，流动相 A 为 5mmol/L 醋酸铵、0.1%甲酸和 1%的乙腈混合溶液，流动相 B 为 95%的乙腈溶液（含 0.1%甲酸），流速为 0.4mL/min，反相色谱与亲水相互作用色谱的梯度洗脱程序略有不同，进样体积为 5µL。质谱采用正负离子扫描模式，质量扫描范围为 50～1200，质量精度和分辨率分别为 $5×10^{-6}$ 和 20000，吹扫器温度为 325℃，毛细管电压和温度分别为 3.5kV 和 300℃，裂解电压为 150V，电压分离器电压为 58V，八级电压为 250V，运行时间为 15min。代谢产物是利用其质荷比与多种数据库（CAS、KEGG、HMP、LIPID MAPS）谱图进行比对鉴定。数据分析结果表明，8h 胰岛素戒断的 1-型糖尿病血浆样本中发生改变的 330 种代谢产物涉及 33 个代谢通路，这些代谢通路包括，受胰岛素影响的葡萄糖代谢、氨基酸代谢和脂类代谢、柠檬酸循环、免疫应答，以及一些尚未可知的代谢通路的变化，如前列腺素、花生四烯酸、白三烯、神经递质、核苷酸和抗炎应答等。通过胰岛素治疗后的糖尿病患者血清与非糖尿病血清比对分析表明，有 77 种代谢产物和 24 种代谢通路出现显著差异。实验结果表明胰岛素治疗促使很多代谢通路发生了改变，这为探寻受胰岛素戒断和全身胰岛素治疗与糖尿病高发病率和死亡率之间的相关性研究提供了思路。

Cai 等[199]利用代谢组学技术考察了米格列奈对链脲佐菌素诱导的 2-型糖尿病大鼠的治疗效果，尿样通过离心后用水按 1∶1 稀释后直接用 UPLC-MS 检测分析，色谱柱为 ACQUITY BEH C_{18} 柱（50mm×2.1mm×1.7µm），柱温 40℃，流动相含有 0.1%甲酸的水和乙腈，梯度洗脱。ESI 采用正离子和负离子扫描模式，毛细管电压分别为 3.0kV 和 2.8kV，锥孔电压为 30V，源温为 120℃，吹扫气和锥孔气（氮气）流速分别为 400L/h 和 30L/h，质量扫描范围为 100～1000，碰撞气为氩气，碰撞能为 5～5eV。通过对大鼠尿样采集的数据分析表明，治疗前后柠檬酸、肌酐、苯丙氨酸和胆汁酸（胆酸、鹅去氧胆酸和去氧胆酸）发生了显著变化，这有助于解释米格列奈作为非磺脲类药物治疗糖尿病的作用机制。

二、代谢组学在肝病研究中的应用

肝脏是体内以代谢功能为主的最大消化腺，具有去氧化、储存肝糖、合成分泌性蛋白质及分泌胆汁等功能。肝脏还对来自体内外的许多非营养物质（如药物、毒物、某些代谢产物等）具有生物转化作用。因此，肝脏是机体合成、分解、转化及排泄的主要枢纽，肝脏的病变会对体内物质代谢及转换的网络产生影响。常见的肝病有肝炎、肝硬化、肝脓肿、肝癌等。由于肝病对体内物质代谢及转换造成影响，最终会对内源性代谢产物产生影响，因此利用代谢组学技术对肝病的研究具有独到的优势。

1. 在肝炎研究中的应用

引起肝炎的因素非常多，如病毒、细菌、寄生虫、化学毒物、药物、酒精、自身免疫因素等，这些都可能导致肝脏细胞受到破坏，肝脏功能受到损害和导致肝功能指标的异常。由于引发肝炎的因素各不相同，在病原学、血清学、损伤机制、临床经过及预后、肝外损害、诊断及治疗等方面往往有明显的不同。利用代谢组学技术在肝炎的病理生理机制、进展和预后方面都进行了深入的研究。

Zhao 等[200]利用基于 LC-MS/MS 技术对 124 例新生儿肝炎综合征与胆道闭锁患儿血浆（干血片）进行了代谢组学研究，将采集的干血片用添加同位素标记的内标（10 种氨基酸和 10 种酰基肉碱）的甲醇溶液复溶后转移到 96 孔板中，吹干后加入适量的 3mol/L 盐酸正丁醇溶液，96 孔板用膜封好，充分反应后吹干，再用 80%乙腈的水溶液复溶，利用 HPLC-MS/MS 分析，流动相为 80%乙腈的水溶液，进样流速程序为：140μL/min（0.2min）→30μL/min（1min）→300μL/min（0.2min）。氨基酸分析采用的是中性丢失扫描（中性丢失碎片为丁基甲酸盐，m/z 为 102）和多反应检测模式，中性丢失扫描的质量范围为 140～280，多反应检测的化合物有甘氨酸、鸟氨酸、精氨酸和瓜氨酸及其内标物，酰基肉碱类化合物采用母离子扫描模式，母离子扫描范围为 210～502，子离子为 85，丁基酯化的 C_6 的质荷比为 316.3，扫描所有氨基酸和酰基肉碱的时间为 1.4min，每个样本的检测时间为 4min。对采集的数据分析后表明，与正常组相比，戊二酰肉碱在胆道闭锁组中显著升高，苏氨酸在新生儿肝炎综合征组中显著升高，谷氨酸在胆道闭锁组浓度水平显著高于肝炎综合征组，但较高胆红素血症组和正常组都要低得多，丙酰基肉碱、异戊酰基肉碱和谷氨酰胺在胆道闭锁组中要低于肝炎综合征组，但都要高于高胆红素血症组和正常组。这可为新生儿肝炎综合征和胆道闭锁的早期诊断提供重要的标志物参考，同时也为新生儿肝炎综合征的病理生理机制提供新的思路。

Zhang 等[201]利用 UPLC-Q-TOF-HDMS 技术对乙肝病毒感染患者的尿样进行了代谢组学分析，尿样离心和过 0.22μm 滤膜后直接进 UPLC-Q-TOF-HDMS 分析，色谱柱为 ACQUITY BEH C_{18}（100mm×2.1mm×1.7μm），柱温为 45℃，流动相分别为含 0.1%甲酸的水溶液和含 0.1%甲酸的乙腈溶液，梯度洗脱，流速为 0.5mL/min，进样体积为 5μL，不分流进样。质谱采用正离子和负离子扫描模式，质量扫描范围为 100～1000，毛细管和锥孔电压分别为 3.2kV 和 35V，氮气为干燥气，吹扫气和锥孔气流速分别为 500L/h 和 50L/h，脱附温度和源温分别为 350℃和 110℃，扫描时间和间隔时间分别为 0.4s 和 0.1s，MS 分析过程中采用亮氨酸脑啡肽为参考化合物（正离子模式下 [M+H]$^+$= 556.2771 和[M−H]$^-$=554.2615）考察准确度和重现性。对采集的数据分析后，在乙肝患者尿样中筛选出 11 种差异代谢产物，其中 4 种代谢产物（生物素砜、5-氧代-二十一烷酸、D-氨基葡糖苷和 2-甲基马尿酸）可对乙肝病毒患者进行有效诊断，预测灵敏度和特异性分别达到 92.83% 和 91.27%，也因此这表明患者尿样中内源性小分子代谢产物可作为乙肝病毒患者诊断的有效手段。Rachakonda 等[202]利用代谢组学技术对急性酒精性肝炎进行了预后分析，实验对 25 例严重急性酒精性肝炎和 25 例酒精性肝硬化患者血清进行了非靶标分析，实验表明，234 种代谢产物在严重急性酒精性肝炎血清中发生了变化，这些变化与甘油三酯分解、受损的线粒体脂肪酸的 β-氧化和 Ω-氧化上调相关（见图 5-21），低水平的多种糖脂及其代谢产物的变化可能降低严重急性酒精性肝炎患者浆膜的重构；大多数胆汁酸在严重急性酒精性肝炎患者血液中出现升高，而低脱氧胆酸和甘氨脱氧胆酸水平可能与肠道微生物环境失调相关。严重急性酒精性肝炎患者机体中与能量稳态相关的底物的利用发生了变化，如增加了戊糖磷酸途径中葡萄糖的消耗、改变了三羧酸循环的活性，以及增强了肽的分

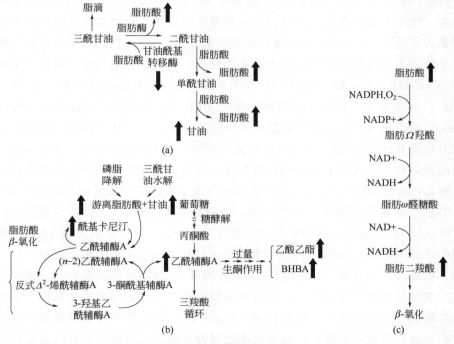

图 5-21　严重急性酒精性肝炎血清代谢组学显示甘油三酯分解、
线粒体脂肪酸的 β-氧化和 Ω-氧化途径受到影响

（a）脂肪酸分解；（b）受损线粒体内脂肪酸的 β-氧化；（c）脂肪酸的 Ω-氧化

解，最终可能对谷胱甘肽代谢和抗氧化维生素的消耗途径产生影响。通过单因素 Logistic 回归分析表明，15 种代谢产物与活期为半年的严重急性酒精性肝炎患者显著相关，这种方法为酒精性肝炎的预后提供了参考。

2. 在肝硬化研究中的应用

肝硬化是临床常见的慢性进行性肝病，由一种或多种病因长期或反复作用形成的弥漫性肝损害。患者最初出现广泛的肝细胞坏死、残存肝细胞结节性再生、结缔组织增生与纤维隔形成，肝小叶结构破坏和假小叶形成，肝脏逐渐变形、变硬，进而发展为肝硬化。利用代谢组学技术在肝硬化的病理生理机制和诊断标志物的发现方面进行了广泛研究。

Tian 等[203]利用代谢组学技术考察了 30 例肝硬化（22 例为乙肝病毒感染，8 例为丙肝病毒感染）、70 例肝癌（39 例为乙肝病毒感染，31 例为丙肝病毒感染）和 31 例正常健康人血清中的代谢轮廓的变化，通过多梯度下降正规化法（multi-threshold gradient descent regularization，MTGDR）和多级正规化（multi-class regularization，MCR）的数据处理方法筛选获得 45 种差异代谢产物对各种疾病分型的错误分类率为 0%和 3.82%的预测误差，这为肝病标志物的发现提供了一种新的数据分析方法。

Fitian 等[204]利用 GC-MS 和 UPLC-MS/MS 技术对 27 例丙肝肝硬化患者和 30 例肝癌（HCC）患者血清进行了非靶标代谢组学分析，血清样本首先用有机试剂沉淀蛋白质后冻干，一部分用 BSTFA 衍生后用 GC-MS（快速扫描单级四极杆质谱）分析样本中的脂类和有机相中的生物分子，另一部分用酸性（碱性）溶液复溶后用 LC-MS 分析。GC 色谱柱为 5%的苯基柱，程序升温范围为 40～300℃，在 16min 内完成分离；LC-LTQ-FTMS 采用 BEH C_{18} 色谱柱（100mm×2.1mm× 1.7μm），采用正离子和负离子扫描模式，柱温为 40℃，正离子模式下采用的流动相为分别含 0.1%甲酸的水溶液和甲醇溶液分析其中的碱性化合物，负离子模式下采用的流动相为分别含 6.5mmol/L 碳酸氢铵的水溶液和甲醇溶液分析其中的酸性化合物，毛细管温度为 350℃，在正离子和负离子模式下的喷雾电压分别为 4.5kV 和 3.75kV，质量扫描范围为 99～1000，质量分辨为 50000，一级质谱的离子阱填充时间间隔为 200ms，MS/MS 的时间间隔为 100ms。实验结果表明 12-羟基花生四烯酸（12-HETE）、15-HETE、鞘氨醇、γ-谷氨酰基氧化应激相关代谢产物、黄嘌呤、丝氨酸、甘氨酸、天冬酰胺、α-Cyl 肉碱在 HCC 组中显著升高，而胆汁酸和二元羧酸与肝硬化高度相关。异常氨基酸的生物合成、细胞更新调控、活性氧和花生酸类合成代谢途径可能是肝癌的标志，胆汁酸代谢增强和纤维蛋白原裂解肽升高可能是肝硬化的特征，通过代谢组学方法确定与肝硬化和肝癌高度相关的代谢通路，这有助于了解肝硬化、肝癌相关的病理生理机制，并为改进发病风险和疾病发展的检测提供机会。

Xiao 等[205]利用基于 UPLC-MS 的代谢组学技术考察了肝癌的生物标志物。将一部分血清样本冻融后加入适量的 66%的乙腈水溶液（含两种内标物，1μg/mL 的 Debrisquinone 作为正离子模式检测的内标物，10μg/mL 的硝基苯甲酸作为负离子模式检测的内标物），充分混匀后冰浴 10min 再离心，取上层清液，负压挥干后用 2%乙腈溶液（含 0.1%的甲酸）复溶待测，检测系统采用 UPLC-Q-TOF-MS 系统，色谱柱为 ACQUITY C_{18}（50mm×2.1mm×1.7μm），流动相分别为 2%的乙腈水溶液（含 0.1%的甲酸）和 2%的水乙腈溶液（含 0.1%的甲酸），梯度洗脱，流速为 0.5mL/min，正离子和负离子模式下毛细管和锥孔电压分别为 3.2kV 和 3kV、30V 和 20V。吹扫气和锥孔气的流速分别为 800L/h 和 25L/h，吹扫气温度为 350℃，源温为 120℃，质量扫描范围为 50～850。另一部分血清样本冻融后加入同位素标记的 1 pmol 的内标物，充分混匀后加入冷甲醇在冰浴下提取 10min，再离心后去上层清液，负压挥干后用 40%的乙腈水溶液（含 10mmol/L 醋酸铵和 0.1% FA）复溶待测，采用 ACQUITY UPLC-QQQ-LIT 系统检测，色谱柱为 ACQUITY CSH C_{18}（50mm×2.1mm×1.7μm），柱温为 50℃，流动相分别为 40%的乙腈水溶液（含 10mmol/L 醋酸铵和 0.1% FA）和 10%的乙腈异丙醇溶液（含 10mmol/L 醋酸铵和 0.1% FA），梯度洗脱，MS 采用正离子扫描单反应监测模式，毛细管电压为 4.5kV，源温为 450℃，气帘气和鞘气流速分别为 20L/min 和 40L/min，出口电压为 10V。通过对 49 例肝硬化和 40 例肝癌患者血清的比对分析，274 个单同位素标记的离子在两组中存在显著差异，并通过质谱谱库对其中 158 个离子进行了指认，包括羟基乙酸、甘氨脱氧胆酸、3β,6β-二羟基-5β-胆烷-二十四酸、油酰基肉碱和苯丙氨酸二肽；通过单反应监测对肝硬化和肝癌中的差异代谢产物（包括胆汁酸代谢产物、长链肉碱和小肽）进行了定量分析。本实验为肝硬化发展为早期肝癌的诊断提供了重要的标志物参考，为患者提供及时的治疗提供帮助，并通过与生物标志物相关的代谢通路能更好地从分子水平了解肝硬化和肝癌的病理生理机制。

Bajaj 等[206]通过代谢组技术考察了利福昔明治疗后的轻微肝性脑病的肝硬化患者血清和尿样，在−20℃下向血清或尿样中加入适量的异丙醇-乙腈-水（3：2：2）以沉淀蛋白质，4℃下充分混匀后离心，弃去上层，下层提取液均分为两部分并减压挥干，血清提取液中加入 50%的乙腈水溶液复溶后取上层清液再挥干以去除甘油三酯和血液中的大部分复杂脂类物质（但并不包括植物甾醇和游离的脂肪酸类），因为这些物质可能会对主要胺类和氨基酸类物质的衍生化造成影响，并加入链长为 C_8～C_{30} 的脂肪酸甲酯作为保留指数的标记物，提取物再用盐酸甲氧胺和 MSTFA 进行两步衍生化后待 GC-MS 检测，色谱柱为 Rtx-5 Sil MS（30m×0.25mm×0.25μm），并加一个 10m 的保护柱，程序升温，进样量为 1μL，不分流进样，载气（氦气）流速为 1mL/min，传输线温度为 280℃，源温为 250℃，EI

源（+70eV），质量范围为 85～500，检测器电压为 1850V，采集速度为 20 spectra/s，信噪比为 10：1。对采集的数据分析表明，利福昔明治疗后患者血清中饱和脂肪酸（肉豆蔻酸、辛酸、棕榈酸、棕榈油酸、油酸和二十烷酸）和不饱和脂肪酸（亚油酸、亚麻酸、γ-亚麻酸和花生四烯酸）等显著升高（见图 5-22）。实验结合对肠道菌群等的综合考察表明，利福昔明能够通过改变肠道菌群相关的代谢产物，达到改善轻微肝性脑病肝硬化患者大脑的认知功能和内毒素血症，而不是显著改变肠道菌群的数量，这有利于理解利福昔明的确切作用机制。

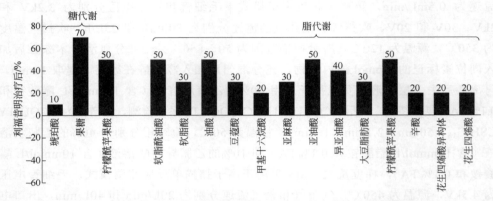

图 5-22　利福昔明治疗后患者血清中多种代谢产物出现显著的升高

3. 在肝癌研究中的应用

肝癌是发病最普遍的癌症之一，肝癌的主要发病因素包括慢性肝炎病毒感染或肝硬化和致癌毒素（如黄曲霉素等）感染。由于肝脏是人体最大的实质性器官，承担人体的各类重要代谢功能，肝脏一旦出现癌变将严重危及生命。而且由于肝脏具有丰富的血流供应，与人体的重要结构如下腔静脉、门静脉、胆道系统等关系密切；肝癌发病隐匿，侵袭性生长快速，所以确诊后治疗非常困难，患者存活率非常低（3%～5%）[205]。目前肝癌的诊断主要有，甲胎蛋白、肝活检和放射成像等，甲胎蛋白被认为是目前临床中用于诊断和治疗监测中唯一可用的血清标志物，但甲胎蛋白的诊断灵敏度很低[207]，而且先进的成像技术普及率很低，这严重影响到肝癌的诊断，所以获得更可靠的生物标志物是肝癌诊断（尤其是早期诊断）的关键。代谢组学在发现肝癌标志物等方面的研究已非常深入[208,209]。

Patterson 等[210]利用色质联用技术考察了原发性肝癌患者血浆代谢组中脂质组的轮廓变化，实验利用 UPLC-Q-TOF-MS 检测血清中的代谢组（添加脂肪酸甘油磷脂酰胆碱 18:0-d_{35} LPC 为内标物），再利用 UPLC-TQMS 检测（MRM 模式）血浆中的酯酰溶血性磷脂酰胆碱类化合物，同时还利用 GC-MS 检测血浆中的游离的和甲酯化的脂肪酸。通过与肝硬化或急性髓细胞性白血病患者为对照，结果表明，在肝癌患者血浆中的甘氨脱氧胆酸、3-磺酸-脱氧胆酸和胆红素显著升高，精确质量检测同样表明在肝癌患者血浆中的胎儿胆汁酸、7α-hydroxy-3-oxochol-4-en-24-oic acid 和 3-oxochol-4,6-dien-24-oic acid 出现上调,另外,20 例患者血浆中的溶血磷脂酸显著升高,其中 4 例中的溶血卵磷脂出现减少,这两种代谢产物都与血浆中的 α-甲胎蛋白相关。有趣的是,利用 GC-MS 对脂肪酸进行定量分析时发现,肝癌患者血浆中几乎不存在二十四烷酸和二十四烯酸,这为肝癌病理生理机制的研究提供新的视角。

Beyoğlu 等[211]对来自 31 例肝癌患者的肝癌组织和癌旁组织样本进行了基于 GC-MS 的代谢组学研究,向组织样本中加入适量的氯仿-甲醇混合溶液(2∶1,含 0.01%二叔丁基羟基甲苯作为抗氧化剂和 200μmol/L 的 4-氯苯乙酸作为内标物)充分匀浆,再加入氯仿-甲醇(2∶1)充分提取后,加入 0.09%的 NaCl 溶液充分混合,分层后取上层和下层提取液并用 N₂ 吹干,加入盐酸化甲醇对游离脂肪酸进行甲酯化反应,同时对甘油单酯、二酯和三酯进行转甲酯化反应(添加十七烷酸作为内标物),对于亲水性代谢产物都利用 BSTFA/TMCS 硅烷化处理后再用 GC-MS 分析,脂类物质用 Supelco Wax 10 色谱柱(30m×0.25mm×0.25μm)分析,亲水性代谢产物用 HP-5MS 色谱柱(60m×0.25mm×0.25μm)分析。数据分析发现,在肝癌组织中的葡萄糖、3-磷酸甘油、2-磷酸甘油、苹果酸、丙氨酸、肌醇和亚油酸相对于癌旁组织消耗增加近 2 倍,糖酵解速度是线粒体氧化磷酸化的 4 倍。另外,将 59 例患者的癌组织和癌旁组织利用转录组学分为 G1~G6 共六组后,再进行代谢组学分析,结果显示在 G5 和 G6 组中葡萄糖、乳酸、丙氨酸、3-磷酸甘油、苹果酸、肌醇和硬脂酸的浓度没有显著变化,这可能是 G5 和 G6 组中 CTNNB1 突变激活了 Wnt/β-catenin 通路使得代谢未出现异常;而在 G1 组中的 1-硬脂酸甘油、1-软脂酸甘油和软脂酸显著减少,这可能是 G1 组中与高浓度的 α-甲胎蛋白相关的过表达的脂质代谢酶增加了脂类的代谢。因此,该研究组织代谢组学能够精确地反映肝癌组织中从线粒体氧化到有氧糖酵解的代谢重构,以及肝癌分子亚型受到的影响等生物信息。

Muir 等[212]利用脂质组学和蛋白质组学考察了非酒精性脂肪性肝炎诱导的肝癌(NASH)小鼠及人的肝脏组织和血样,向肝脏组织中加入适量的氯仿-甲醇(2∶1)充分匀浆,从组织或血浆中提取的脂类(磷脂类、游离胆固醇类、游离脂肪酸、甘油三酯和胆固醇甲酯类)利用一维薄层色谱分离,脂肪酸类进行甲酯化衍生,采用 GC-FID 检测分析,色谱柱为 100m 的 SP-2560。数据分析表明,在 HCC(肝癌)患者肝脏组织和血浆样本中 Scd1/Scd2、Fads2、Acsl5/Acsl1 出现上调,异油酸和芥酸水平升高,而十七烷酸和亚油酸下调;在 NASH 的组织和血样中,*elovl6* 基因出现上调,油酸、肾上腺酸和二十二碳五烯酸(DPA)升高,二十二碳六烯酸(DHA)出现下调,同时二十碳五烯酸(EPA)和二十四酸循环出现降低(见图 5-23)。总之,这表明在 HCC 中脂质修饰酶从 SFAs 转化为 MUFAs,

长链 n6-PUFAs 与 n3-PUFAs 的比率的升高扩大了 NASH 和 HCC 的发病风险，而且通过肝脏组织中脂质代谢组的循环可直接获得脂质的变化信息，这为 HCC 诊断、发病风险和预防提供了新的潜在生物标志物。

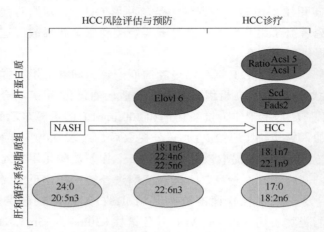

图 5-23　NASH 和 HCC 患者组织与血清中脂肪酸及与脂类相关的酶的变化
（深灰表示上调，浅灰表示下调，标志物在图中的位置表示 NASH 发展成为 HCC 的进程）

三、代谢组学在其它疾病研究中的应用

1. 在乳腺癌研究中的应用

全球乳腺癌发病率自 20 世纪 70 年代末开始一直呈上升趋势。乳腺癌已成为当前社会的重大公共卫生问题，各国积极开展乳腺癌的筛查工作，对早期乳腺癌及时确诊和综合治疗，使得乳腺癌死亡率自 90 年代开始呈现出下降趋势。不断开发新的靶向治疗药物并开展临床试验，推动了乳腺癌的治疗，但有些新的药物或方法作用非常有限，对乳腺癌功能途径改变的深入了解有助于加强个性化和针对性治疗效果。代谢组学技术可以从代谢终端的小分子层面对乳腺癌病理生理机制和药物作用机制进行全面的理解。

Budczies 等[213]对 271 例浸润乳腺癌患者和 98 例正常人乳腺组织进行了代谢组学研究，首先向组织样本加入适量的异丙醇-乙腈-水（3:2:2）充分匀浆后离心取上层清液，挥干后加入 50%的乙腈水溶液复溶以除去大多数复杂的脂类物质，再挥干后进行硅烷化衍生，用 GC-TOF-MS 检测。在检测到的 468 种代谢产物中，乳腺癌样本中有 368 种代谢产物出现了显著变化，利用多种数据分析方法从中筛选出来 13 种乳腺癌和 7 种正常组织的标志物，这些标志物对癌变和正常样本的判别灵敏度和特异性都超过了 80%，其中胞苷-5-单磷酸与十五烷酸的比值对两种组别具有最显著的区分度，判别灵敏度和特异性分别达到 94.8%和 93.9%（见图 5-24）。这表明，利用代谢组学技术获得的生物标志物在乳腺癌的诊断方面具有非常重要的意义，而且有助于进一步深入理解乳腺癌的病理生理机制。

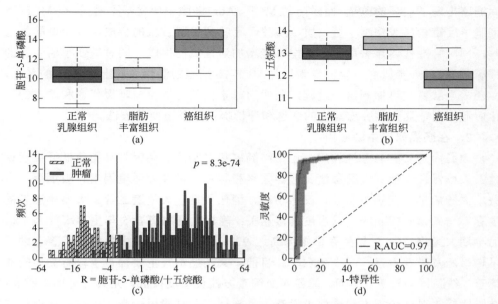

图 5-24　利用胞苷-5-单磷酸与十五烷酸的比值对乳腺癌的预测

（a）和（b）分别表示胞苷-5-单磷酸和十五烷酸在正常组织及肿瘤组织中的变化；（c）为正常组织和肿瘤组织中胞苷-5-单磷酸与十五烷酸的比值，数据进行了 lg2 变换；（d）为利用比值进行预测的 ROC 曲线

Asiago 等[214]利用 GC×GC-MS 和 NMR 技术对 56 例之前被诊断为乳腺癌并通过手术治疗的患者提供的 257 个血清样本进行了代谢轮廓分析，其中 116 个样本来自于 20 位复发患者，114 个样本来自于 36 位经 6 年的跟踪调查没有出现过临床症状的患者。通过数据分析获得了 11 种差异代谢产物（其中 NMR 获得了 7 种，GC×GC-MS 获得了 4 种），这些差异物对样本判别的灵敏度和特异性分别为 86%和 84%，ROC 曲线的面积达到了 0.88；利用这些代谢产物可对 55%的患者复发风险进行了准确的预测，这较当前的乳腺癌检测方法（癌抗原 CA 27.29）更进了一步，这为乳腺癌复发的诊断提供了有效的检测方法。

Cao 等[29]将药物敏感的 MCF-7S 乳腺癌细胞和耐药的 MCF-7Adr 细胞在阿霉素中持续暴露诱导过表达 P-gp 和多重耐药性，MCF-7 乳腺癌细胞在一定浓度的阿霉素下暴露 6h、12h、18h、24h、32h，再用冷的等渗溶液（0.9% NaCl）冲洗，并在−70℃下猝灭，再用甲醇提取（$^{13}C_2$-十四烷酸为内标物），取上层提取液用 N_2 吹干后经盐酸甲氧胺和 MSTFA（含 1%TMCS）两步衍生化，利用 GC-TOF-MS 检测，色谱柱为 DB-5MS（10m×0.18mm×0.18μm），质量扫描范围为 50～680。数据分析表明，两种细胞对阿霉素暴露产生明显不同的响应，阿霉素显著改变了

MCF-7S 的代谢轮廓，而且与 MCF-7Adr 细胞逐渐出现相似的代谢轮廓，代谢轮廓的变化可能是阿霉素耐药性的体现。阿霉素作用后的 MCF-7S 细胞中的许多代谢通路出现了明显的改变，而耐药的 MCF-7Adr 细胞中变化却不明显。在 MCF-7S 细胞中阿霉素显著抑制了蛋白质、嘌呤、嘧啶和谷胱甘肽的合成，以及糖酵解过程，同时甘油代谢显著增强，这样可能增加活性氧的生成，同时减弱了活性氧的平衡能力。进一步研究表明阿霉素增加 MCF-7S 细胞的活性氧和上调 P-gp 的表达，N-乙酰半胱氨酸可抑制这一过程，表明阿霉素抗药可能参与延缓代谢和严重的氧化应激作用。这为抗肿瘤药物的筛选和评价提供一种重要的方法。

2．在肠癌研究中的应用

大肠癌是常见的恶性肿瘤，包括结肠癌和直肠癌。病因与高脂肪低纤维素饮食、大肠慢性炎症、大肠腺瘤、遗传因素和其它因素（如环境因素、吸烟等）有关。大肠癌早期症状不明显，仅感不适、消化不良、大便潜血等。大肠癌患者的生存率与确诊时疾病的严重程度直接相关：晚期大肠癌患者 5 年生存率仅为 7%，而早期大肠癌患者 5 年生存率则可高达 92%[215]。因此，对大肠癌的筛查有助于早期诊断及早期治疗，减少死亡率。目前，大肠癌筛查主要筛查手段有粪便隐血筛查、结肠镜筛查等。然而，粪便隐血筛查方法灵敏度很低，尤其对早期大肠癌；结肠镜筛查对于老年人和重症患者都不易施行，而且费用较高。因此，获得建立更为灵敏、特异的筛查方法对于大肠癌的早期诊断和治疗具有重要意义。

Nishiumi 等[19]建立了基于 GC-MS 的大肠癌患者血清代谢组学方法和大肠癌的预测模型，通过对 0～4 期大肠癌（各期 12 例）样本的分析，利用甲醇-水-氯仿（2.5：1：1，加入 2-异丙基苹果酸作为内标物）提取血清中的小分子代谢产物，将提取液冻干后用盐酸甲氧胺肟化和 MSTFA 硅烷化，再用 GC-MS 检测，色谱柱为 CP-SIL 8 CB（30m×0.25mm×0.25μm），进样口温度为 230℃，载气为氦气，流速为 39cm/s，质量扫描范围为 85～500。数据分析表明，不同阶段大肠癌血清中代谢轮廓存在显著差异，利用差异代谢产物 2-羟基丁酸、天冬氨酸、犬尿氨酸和胱胺通过多重 Logistic 回归分析建立的预测模型的 ROC 曲线面积、灵敏度、特异性和准确率分别为 0.9097、85.0%、85.0%和 85.0%；而利用肿瘤标志物 CEA 和 CA19-9 预测的灵敏度、特异性和准确率分别为 35.0%、96.7%和 65.8%，以及 16.7%、100%和 58.3%。利用该模型对 59 例大肠癌和 63 例正常血清进行了验证，预测的灵敏度、特异性和准确率分别为 83.1%、81.0%和 82.0%，而且所建的预测模型对 0～2 期的大肠癌具有很高的灵敏度（82.8%）。这为大肠癌诊断提供了有价值的潜在生物标志物和早期筛查方法。

Ritchie 等[216]结合 LC-MS/MS、FTICR-MS 和 NMR 技术对采集于美国和日本的 222 例大肠癌患者血清进行了代谢组学分析，血清样本用乙酸乙酯和丁醇提取，丁醇提取液用 10 倍的甲醇-0.1%的氨水（1：1）稀释后用 FTICR-ESI⁻-MS 直接进样检测（利用 APCI 检测时不需要稀释），进样速度为 600μL/h，离子传输和强度、质量精度等检测参数利用混标溶液（丝氨酸、四丙氨酸、利血平、Hewlett-Packard 调谐试剂和促肾上腺皮质激素片段 4～10）进行优化，检测质量范围为 100～1000。乙酸乙酯提取物用 N_2 吹干后加入异丙醇-甲醇-甲酸（10：90：0.1）复溶待 HPLC-Q-TOF-MS 检测，色谱柱为 Hypersil ODS（125mm×4mm×5μm），APCI 离子源，负离子模式，质量扫描范围为 50～1500，源参数：离子源气 1 为 180psi，离子源气 2 为 10psi；气帘气 30psi；喷雾器电流-3.0μA；源温 400℃，去簇电压 1 为-60V，聚焦电压-265V，去簇电压 2 为-15V，MS/MS 的子离子扫描，累积时间 1.0000s，诱导碰撞能-35V，碰撞气为 N_2（5psi），三级 MS 激发能为 180V。对通过不同的技术方法获得的数据进行分析表明，大肠癌样本中的羟基化的长链多不饱和脂肪酸（C_{28}～C_{36}）显著降低，对其中三种 C_{28} 脂肪酸（分子量分别为 446、448 和 450）分别做 ROC 曲线，AOC 范围可达 0.85～0.98，表明这三种脂肪酸对大肠癌的不同阶段具有良好的区分能力。该研究为利用血清中小分子化合物作为诊断大肠癌提供了可行的标志物的筛选和鉴定方法，并提高了诊断的灵敏度和特异性。

Weir 等[217]利用代谢组学技术考察了大肠癌患者（11 例）与正常人（10 例）粪便样本中肠道菌群和代谢产物的差异性，并探讨了肠道菌群的功能如何对大肠癌的发展产生影响。非靶标分析时，利用异丙醇-乙腈-水（3：2：2）提取粪便中的代谢产物，提取液用 N_2 吹干后再用盐酸甲氧胺和 MSTFA 两步衍生化后用 GC-MS 分析，色谱柱为 TG-5MS（30m×0.25mm×0.25μm），质量扫描范围为 50～650；分析样本中的短链脂肪酸时用酸性水溶液（pH 2.5）超声提取，提取物用 GC-MS 分析，色谱柱为 TG-WAX-A（30m×0.25mm×0.25μm），质量扫描范围为 50～300，载气均为氦气（流速为 1.2mL/min），且都分流进样（分流比为 10：1）。数据分析表明，微生物菌群的结构并没有出现显著差异，然而部分细菌（尤其是产生丁酸的菌群）在大肠癌样本出现减少，降解黏蛋白的细菌（*Akkermansia muciniphila*）在大肠癌样本中增加了 4 倍（*p*<0.01）；丁酸、多不饱和和单不饱和脂肪酸、熊去氧胆酸和共轭胆汁酸在正常对照样本中相对较高，而乙酸和氨基酸浓度在大肠癌样本中更高。相关性分析表明（见图 5-25），某些代谢产物与特定肠道细菌存在相关性，这有利于理解肠癌环境中肠道菌群的作用和机制，并为新的治疗方法和预防途径提供了新思路。

3. 在心脑血管疾病研究中的应用

心脑血管疾病是一种严重威胁人类（特别中老年人）健康的常见疾病，这种疾病具有"发病率高、致残率高、死亡率高、复发率高和并发症多"的特点。目前，我国心脑血管疾病患者已经超过 2.7 亿人，我国每年死于心脑血管疾病的近 300 万人，占我国每年总死亡病因的 51%[218]。心脑血管疾病主要是由血管壁平滑

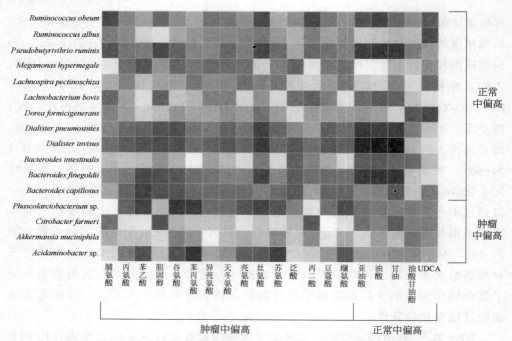

图 5-25　乳腺癌患者与健康人粪便样本中显著差异的代谢产物与菌群的
Pearson 相关性热图（彩图见文后插页）

其中绿色表示正相关，红色表示负相关

肌细胞非正常代谢造成的，由于新的细胞组织不能正常地形成，使血管壁产生"缺陷"，从而产生炎症和血管收缩不畅；血管也受神经系统的支配，神经系统不正常也能够导致供血紊乱；另外，不良的饮食习惯（如高脂、高醇的过多摄入）、生活习惯（运动量较少降低了脂类醇类的代谢）以及年龄的增长，人体分泌抗氧化物酶能力降低，血脂中的低密度脂蛋白胆固醇氧化后沉积在血管壁后产生堵塞，并形成血栓，进而产生心脑血管疾病。由于病因复杂，心脑血管疾病的分子机制目前还不是非常清楚，利用代谢组学技术从代谢终端进行研究有利于进一步理解心脑血管疾病的病理生理机制。

　　Zheng 等[219]对 896 例高血压非裔美国人血清进行了基于 GC-MS 和 LC-MS 的代谢组学分析，并对其中的 204 种代谢产物进行了为期 4～6 周的监测，并利用 Weibull 模型对高血压患病风险进行了评估，其中对监测对象进行了 10 年的跟踪调查发现 38%的正常人发展为高血压。实验结果表明，一种肠道微生物发酵产物 4-羟基犬尿酸与高血压显著相关，而且三种性激素（5α-雄烷-3β,17β-二醇二磺酸盐、雄甾酮磺酸酯、表雄酮磺酸酯）同样与高血压显著相关。

　　Wang 等[220]利用靶标代谢组学考察了甲基化精氨酸与冠状动脉疾病发病风险之间的关联。实验中利用 HPLC-MS/MS 技术对患者血清中的非对称二甲基精氨酸

（ADMA，一氧化氮合成酶抑制剂）、对称精氨酸（SDMA，不具备一氧化氮合成酶抑制活性）、N-单甲基精氨酸（MMA，高强度一氧化氮合成酶抑制剂）、甲基赖氨酸（一种无关的甲基化氨基酸）、精氨酸和精氨酸主要的几种代谢产物（瓜氨酸和鸟氨酸）进行了定量代谢组学分析。向血浆中加入$^{13}C_6$-精氨酸作为内标物，并加入 4 倍体积的甲醇沉淀蛋白后离心取上清待测，色谱柱为苯基柱（250mm×4.6mm×5μm），流动相为 10mmol/L 的甲酸铵和 0.1%甲酸溶液，梯度洗脱，流速为 0.8mL/min，MS 为正离子多反应监测模式，对所建立的方法进行了详细的验证（线性范围、检测限、重复性、回收率等）。结果表明，血浆中高水平的 SDMA 和 ADMA 以及低水平的 MMA 与阻塞性冠状动脉疾病发病率增加显著相关。因此，SDMA、ADMA 和甲基化精氨酸综合指标［ArgMI=(ADMA+SDMA)/MMA］可作为阻塞性冠状动脉疾病和主要不良心脏事件（MACE）发病风险的独立预测因子，这表明利用甲基化精氨酸有助于对冠状动脉疾病发病及疾病进展进行有效预测，这超过了传统的一氧化氮合成酶抑制剂的预测效果。

Yap 等[221]利用基于 NMR 的代谢组学技术对中国南方和北方人群冠心病患病风险进行了评估。实验对 523 例北方人和 244 例南方人尿样进行了分析，同时对受试对象进行了饮食中蛋白质摄入量与血压的关系（INTERMAP）研究和血压监测。结果表明，北方人尿样中的二甲甘氨酸、丙氨酸、乳酸、支链氨基酸（异亮氨酸、亮氨酸和缬氨酸）、糖蛋白中 N-乙酰基碎片（包括尿调节素）、N-乙酰神经氨酸、戊酸/庚酸和甲基胍显著高于南方人的尿样，而南方人尿液中与肠道菌群相关的代谢产物，如马尿酸、4-甲酚磺酸盐、苯基乙酰基谷氨酰胺、2-羟基异丁酸）、琥珀酸、肌酸、鲨肌醇、脯氨酸甜菜碱，反式乌头酸显著高于北方人尿样。这表明，环境因素（如饮食）、内源性代谢作用和哺乳动物肠道菌群共代谢作用是南北方人在冠心病发病风险存在不同的重要因素。

4．在肥胖症研究中的应用

肥胖症是一组常见的代谢症群。导致肥胖的主要因素有：饮食和运动量的失衡以及体内脂肪代谢紊乱。轻至中度原发性肥胖一般没有不良症状，重度肥胖者出现怕热、活动能力降低、打鼾等状态；过度肥胖会对心血管系统、呼吸系统、内分泌系统等病变，影响人体糖类和脂类物质的代谢，甚至导致肌肉骨骼病变。肥胖症发病机制的研究主要聚焦于基因和蛋白质层面，在肥胖症研究中代谢组学技术也发挥了重要价值，如肥胖与肠道微生物之间的关联、肥胖与饮食等。

Lustgarten 等[222]利用 UPLC-MS/MS 和 GC-MS 技术对来自 73 例超体重老年人的血清进行代谢组学研究，LC-MS 分析时采用了正离子和负离子模式对碱性化合物和酸性化合物分别进行检测。实验共鉴定出 296 种代谢产物，其中脂肪酸、氨基酸和酰基肉碱类化合物共 181 种。数据分析表明，有 32 种代谢产物与肌间脂肪显著相关，7 种与腹部脂肪相关，还有 1 种与皮下脂肪相关，其中甘氨酸与皮下脂肪正向相关，而与腹部脂肪和肌间脂肪负向相关。利用胰岛素抵抗指数分析同样发现甘氨酸和另外 4 种代谢产物与区域脂肪组织显著相关，回归分析表明，甘氨酸可作为胰岛素抵抗指数的标志物用于对腹部脂肪组织和肌间脂肪组织的区分，因此，表明甘氨酸可作为功能受限的老年人的胰岛素敏感性和机体区域脂肪的血清标志物。

Reimer 等[223]对间歇性高能（高脂肪和高糖）饮食和长期高蛋白（或高益生元纤维）饮食对禁食和餐后的大鼠中饱腹感激素和血清代谢组的影响进行了代谢组学研究。结果表明代谢指纹谱对食物源的预测的准确度超过了 90%，高益生元纤维饮食的大鼠体重和脂肪最低，而且饱腹感激素（胰高血糖素样肽 1 和肽 YY）水平升高。高益生元纤维饮食与更高水平的肠道激素的分泌相关，这可能对肠道菌群中益生元的作用和终产物（短链脂肪酸）产生影响，益生元纤维饮食可预防高脂和高血糖。因此表明，不同的饮食会呈现特定的代谢表型。

Ridaura 等[224]研究肥胖程度不同的人双胞胎肠道菌群移植对小鼠肥胖症和代谢表型的调控实验中，利用 UPLC-MS 技术对不同模型小鼠盲肠中 37 种胆汁酸进行了靶标代谢组学分析，结果表明肥胖小鼠中有 8 种胆汁酸浓度水平显著低于消瘦小鼠对照组的浓度水平；与肥胖组对比，同笼饲养的肥胖组小鼠的胆汁酸代谢轮廓与消瘦小鼠组更为相似，而且与同笼饲养的消瘦小鼠代谢轮廓没有显著差异。对血清中氨基酸进行 MS/MS 靶标分析表明，与消瘦小鼠对比，肥胖小鼠血清中支链氨基酸（缬氨酸、亮氨酸/异亮氨酸）以及其它氨基酸（组氨酸、丝氨酸和甘氨酸）显著增加，苯丙氨酸、酪氨酸和丙氨酸也呈现升高趋势，这种结果与肥胖、胰岛素耐受人的结果相似。GC-MS 分析表明，与肥胖小鼠对比，消瘦小鼠盲肠中丁酸和丙酸显著上调，而几种单糖和二糖显著下调。与消瘦小鼠相比，除了肥胖小鼠中糖酵解的差异外，胆汁酸代谢的差异更能反映肠道菌群的作用，而且饮食会干扰肠道菌群对胖瘦的影响，这有助于理解肠道微生物对宿主代谢作用的影响，同时为研究肠道菌群引起的疾病和降低肥胖风险提供了新的途径。

仪器设备和分析技术的不断发展与更新，拓展了代谢组学技术研究领域的广度和深度。如能获得精确质量数和高分辨的 GC-HRTOF-MS、LC-HRTOF-MS 及 LC-Q-TOF-MS 仪器设备的开发和运用，如高灵敏度的离子漏斗（如 iFunnel）技术等，为"发现代谢组学"提供了更好的技术平台；还有如具有很宽的动态范围、极高的检测灵敏度，以及高度的稳定性和重现性的 GC×GC-TOF-MS 和 LC-QQQ 等为"靶标代谢组学"检测提供了技术保障。另外，数据分析软件（如 Mass Profiler Professional、ChromaTOF、Ingenuity Pathway Analysis 等等）的不断创新，为高效地从大量实验样本中获取的海量数据实现可视化和差异化表达代谢信息的提取，这对于发现和鉴定生物标志物具有重要的意义。代谢组学具有从生物体代谢终端层面的独特研究视角，在生命科学各领域中发挥着越来越大的作用，是系统生物学中不可或缺的重要组成部分。由于代谢组学的发展相对较晚，许多研究策略、理论和技术问题还需要不断完善和提高，尤其是技术平台的整合和标准化是代谢组学数据整合与共享的前提和基础，同时也是当前和未来代谢组学研究的挑战和发展方法。

参 考 文 献

[1] Spratlin J L, Serkova N J, Eckhardt S G. Clin Cancer Res, 2009, 15 (2): 431-440.

[2] Nicholson J K, Connelly J, Lindon J C, et al. Nat Rev Drug Disco, 2002, 1 (2): 153-161.

[3] Taylor J, King R D, Altmann T, et al. Bioinformatics, 2002, 18 (Suppl2): S241-S248.

[4] Ryan D, Robards K. Anal Chem, 2006, 78: 7954-7958.

[5] Nicholson J K, Lindon J C, Holmes E. Xenobiotica, 1999, 29 (11): 1181-1189.

[6] Fiehn O, Kopka J, Dormann P, et al. Nat Biotechnol, 2000, 18: 1157-1161.

[7] Tang H R, Wang Y L. Prog Biochem Biophys, 2006, 33 (5): 401-417.

[8] Holmes E, Tang H R, Wang Y L, et al. Planta Med, 2006, 72 (9): 771-785.

[9] Alvarez-Sanchez B A, Priego-Capote F, Luque de Castro M D. Anal Chem, 2010, 29: 111-119.

[10] Allwood J W, Goodacre R. Phytochem Analysis, 2010, 21 (1): 33-47.

[11] De Vos R C H, Moco S, Lommen A, et al. Nat Protoc, 2007, 2 (4): 778-791.

[12] Evans C R, Karnovsky A, Kovach M A, et al. J Proteome Res, 2014, 13: 640-649.

[13] Hu C X, Wei H, van den Hoek A M, et al. PLoS One, 2011, 6: 1-11.

[14] Alvarez-Sanchez B, Priego-Capote F, Luque de Castro M D. Trends Anal Chem, 2010, 29: 120-127.

[15] Kind T, Wohlgemuth G, Lee D Y, et al. Anal Chem, 2009, 81 (24): 10038-10048.

[16] Koek M M, Jellema R H, van der Greef J, et al. Metabolomics, 2011, 7 (3): 307-328.

[17] Chen L Y, Luo Z C, Fu W G, et al. Dis Markers, 2013, 35 (5): 345-351.

[18] Nakamizo S, Sasayama T, Shinohara M, et al. J Neuro-Oncol, 2013, 113 (1): 65-74.

[19] Nishiumi S, Kobayashi T, Ikeda A, et al. PLoS One, 2012, 7(7): e40459.

[20] Welthagen W, Shellie R A, Spranger J, et al. Metabolomics, 2005, 1: 65-73.

[21] Koek M M, Muilwijk B, van der Werf M J, et al. Anal Chem, 2006, 78: 1272-1821.

[22] Koek M M, van der Kloet F M, Kleemann R, et al. Metabolomics, 2011, 7(1): 1-14.

[23] Almstetter M F, Oefner P J, Dettmer K. Anal Chem, 2012, 402: 1993-2013.

[24] Kuehnbaum N L, Kormendi A, Britz-McKibbin P. Anal Chem, 2013, 85 (22): 10664-10669.

[25] Soga T. Meth Mol Biol, 2007, 358: 129-137.

[26] Sugimoto M, Wong D T, Hirayama A, et al. Metabolomics, 2010, 6 (1): 78-95.

[27] Edwards J L, Chisolm C N, Shackman J G, et al. J Chromatogr A, 2006, 1106 (1): 80-88.

[28] Cuperlovic-Culf M, Barnett D A, Culf A S, et al. Drug Discov Today, 2010, 15 (15-16): 610-621.

[29] Cao B, Li M J, Zha W B, et al. Metabolomics, 2013, 9 (5): 960-973.

[30] Wang Y N, Gao D, Chen Z, et al. PLoS One, 2013, 8 (5): e63572.

[31] Lane A N, Fan T W, Bousamra M, et al. Omics, 2011, 15 (3): 173-182.

[32] McNamara L E, Sjöström T, Meek R M D, et al. J R Soc Interface, 2012, 9 (73): 1713-1724.

[33] You L, Zhang B C, Tang Y J. Metabolites, 2014, 4 (2): 142-165.

[34] Bi H C, Krausz K W, Manna S K, et al. Anal Biochem, 2013, 405 (15): 5279-5289.

[35] Cheng J H, Che N Y, Li H J, et al. Anal Lett, 2013, 46: 1922-1936.

[36] Meadows A L, Kong B, Berdichevsky M, et al. Biotechnol Progr, 2008, 24: 334-341.

[37] Sterin M, Cohen J S, Ringel I. Breast Cancer Res, 2004, 87: 1-11.

[38] Gottschalk M, Ivanova G, Collins D M, et al. NMR Biomed, 2008, 21: 809-819.

[39] Shedd S F, Lutz N W, Hull W E. NMR Biomed, 1993, 6: 254-263.

[40] Hartmann M, Zimmermann D, Nolte J In Vitro Cell Dev-An, 2008, 44: 458-463.

[41] Weibel K E, Mor J R, Fiechter A. Anal Biochem, 1974, 58: 208-216.

[42] Dettmer K, Nürnberger N, Kaspar H, et al. Anal Biochem, 2011, 399: 1127-1139.

[43] Teng Q, Huang W L, Collette T W, et al. Metabolomics, 2009, 5: 199-208.

[44] Cheng J H, Che N Y, Li H J, et al. J Sep Sci, 2013, 36(8): 1418-1428.

[45] Dietmair S, Nielsen L K, Timmins N E. Biotech J, 2012, 7(1): 75-89.

[46] Kořínek M, Šístek V, Mládková J, et al. Biomed Chromatogr, 2013, 27: 111-121.

[47] Smart K F, Aggio R B M, Van Houtte J R, et al. Nat Protoc, 2010, 5: 1709-1729.

[48] Dietmair S, Timmins N E, Gray P P, et al. Anal Biochem, 2010, 404: 155-164.

[49] Dettmer K, Aronov P A, Hammock B D. Mass Spectrom Rev, 2007, 26: 51-78.

[50] De Nijs M, Larsen J S, Gams W, et al. Food Microbiol, 1997, 14: 449-457.

[51] Mas S, Villas-Bôas S G, Hansen M E, et al. Biotechnol Bioeng, 2007, 96: 1014-1022.

[52] Tian J, Shi C, Gao P, et al. J Chromatogr B, 2008, 871: 220-226.

[53] Forster J, Gombert A K, Nielsen J. Biotechnol Bioeng, 2002, 79 (7): 703-712.

[54] Coulier L, Bas R, Jespersen S, et al. Anal Chem, 2006, 78: 6573-6582.

[55] Boersma M G, Solyanikova I P, Van Berkel W J H, et al. J Ind Microbiol Biot, 2001, 26: 22-34.

[56] Nicholson J K, Holmes E, Wilson I D. Nat Rev Microbiol, 2005, 3: 431-438.

[57] Swann J, Wang Y L, Abecia L, et al. Mol Biosyst, 2009, 5: 351-355.

[58] Li M, Wang B, Zhang M, et al. PNAS, 2008, 105: 2117-2122.

[59] Al Zaid S K, Arauzo-Bravo M J, Shimizu K. Appl Microbiol Biot, 2004, 63: 407-417.

[60] Wittmann C, Kromer J O, Kiefer P, et al. Anal Biochem, 2004, 327 (1): 135-139.

[61] Bolten C J, Kiefer P, Letisse F, et al. Anal Chem, 2007, 79: 3843-3849.

[62] Villas-Bôas S G, Bruheim P. Anal Biochem, 2007, 370: 87-97.

[63] Fiehn O. Plant Mol Biol, 2002, 48: 155-171.

[64] Bundy J G, Spurgeon D J, Svendsen C, et al. FEBS Lett, 2002, 521: 115-120.

[65] Bochner B R, Ames B N. J Biol Chem, 1982, 257: 759-769.

[66] Maharjan R P, Ferenci T. Anal Biochem, 2003, 313: 145-154.

[67] Liu L S, Aa J Y, Wang G J, et al. Anal Biochem, 2010, 406 (2): 105-112.

[68] 汤柳英, 王晶, 杨杏芬, 等. 华南预防医学, 2014, 40: 154-160.

[69] Rehak N N, Chiang B T. Clin Biochem, 1988, 34: 2111-2114.

[70] 杨维. 基于 LC-MS/MS 技术的肺癌血浆代谢组学研究[D]. 北京: 北京协和医学院, 2013.

[71] Bowen R A R, Chan Y, Cohen J, et al. Clin Chem, 2005, 51 (2): 424-433.

[72] Drake S K, Bowen R A, Remaley A T, et al. Clin Chem, 2004, 50 (12): 2398-2401.

[73] Yin P, Peter A, Franken H, et al. Clin Chem, 2013, 59(5): 833-845.

[74] Theodoridis G, Gika H G, Wilson I D. Trends Anal Chem, 2008, 27: 251-260.

[75] Vuckovic D. Anal Biochem, 2012, 403: 1523-1548.

[76] Polson C, Sarkar P, Incledon B, et al. J Chromatogr B, 2003, 785: 263-275.

[77] Bruce S J, Jonsson P, Antti H, et al. Anal Biochem, 2008, 372: 237-249.

[78] Pereira H, Martin J, Joly C, et al. Metabolomics, 2010, 6: 207-218.

[79] Want E J, O'Maille G, Smith C A, et al. Anal Chem, 2006, 78: 743-752.

[80] Bruce S J, Tavazzi I, Parisod V, et al. Anal Chem, 2009, 81 (9): 3285-3296.

[81] Gonzalez E, van Liempd S, Conde-Vancells J, et al. Metabolomics, 2012, 8(6): 997-1011.

[82] Serkova N J, Standiford T J, Stringer K A. Am J Resp Crit Care, 2011, 184 (6): 647-655.

[83] Gkourogianni A, Kosteria I, Telonis A G, et al. PLoS One, 2014, 9(4):e94001.

[84] Tenori L, Oakman C, Morris P G, et al. Mol Oncol, 2015, 9: 128-139.

[85] Che N Y, Cheng J H, Li H J, et al. Clin Chim Acta, 2013, 423: 5-9.

[86] Liu R X, Cheng J H, Yang J W, et al. Metab Brain Dis, 2015, 30, 767-776

[87] David A, Abdul-Sada A, Lange A, et al. J Chromatogr A, 2014, 1365: 72-85.

[88] 罗雪梅. 重度子痫前期患者的血浆代谢组学研究[D]. 深圳: 南方科技大学, 2012.

[89] Yau Y Y, Leong R W, Shin S, et al. Discov Med, 2014, 18 (98): 113-124.

[90] Shen J, Yan L, Liu S, et al. Transl Oncol, 2013, 6(6): 757-765.

[91] Kim H Y, Kim M, Park H M, et al. Nutrition, 2014, 30 (11-12): 1433-1441.

[92] Chen W, Gao R, Xie X N, et al. Sci Rep, 2015, 5, 9884-9896.

[93] Nuñez C, Ortiz-Apodaca M A. Eur J Clin Chem Clin Biochem, 1994, 32 (6): 461-463.

[94] Bieniek G. Int Arch Occ Env Hea, 1997, 70: 334-340.

[95] García-Villalba R, Carrasco-Pancorbo A, Nevedomskaya E, et al. Anal Bioanal Chem, 2010, 398: 463-475.

[96] Le J, Perier C, Peyroche S, et al. Amino Acids, 1999, 17 (3): 315-322.

[97] Blum R A, Comstock T J, Sica D A, et al. Clin Pharmacol Ther, 1994, 56: 154-159.

[98] Bernini P, Bertini I, Luchinat C, et al. J Biomol NMR, 2011, 49: 231-243.

[99] Maher A D, Zirah S F, Holmes E, et al. Anal Chem, 2007, 79 (14): 5204-5211.

[100] Gika H G, Theodoridis G A, Wilson I D. J Chromatogr A, 2008, 1189 (1-2): 314-322.

[101] Lauridsen M, Hansen S H, Jaroszewski J W, et al. Anal Chem, 2007, 79 (3): 1181-1186.

[102] Fernandez-Peralbo M A, Luque de Castro M D. Trends Anal Chem, 2012, 41: 75-85.

[103] Silvester S, Zang F. J Chromatogr B, 2012, 893-894: 134-143.

[104] Warrack B M, Hnatyshyn S, Ott K H, et al. J Chromatogr B, 2009, 877: 547-552.

[105] Lane C, Brown M, Dunsmuir W, et al. Nephrology (Carlton), 2006, 11 (3): 245-249.

[106] Jiye A, Huang Q, Wang G J, et al. Anal Biochem, 2008, 379: 20-26.

[107] Venturaa R, Damascenoa L, Farréa M, et al. Anal Chim Acta, 2000, 418: 79-92.

[108] Chang M S, Ji Q, Zhang J, et al. Drug Develop Res, 2007, 68: 107-133.

[109] Michopoulos F, Lai L, Gika H, et al. J Proteome Res, 2009, 8: 2114-2121.

[110] Laiakis EC, Morris G A, Fornace A J, et al. PLoS One, 2010, 5(9). e12655.

[111] Turner R, Stamp L K, Kettle A J. J Chromatogr B, 2012, 891-892: 85-89.

[112] Pasikanti K K, Esuvaranathan K, Ho PC, et al. J Proteome Res, 2010, 9 (6): 2988-2995.

[113] Luan H, Liu L F, Meng N, et al. J Proteome Res, 2015, 14 (1): 467-478.

[114] Yang L, Tang K, Qi Y, et al. BMC Syst Biol, 2012, 6 Suppl 3:S19.

[115] Blydt-Hansen T D, Sharma A, Gibson I W, et al. Am J Transplant, 2014, 14 (10): 2339-2349.

[116] Lam C W, Law C Y, Sze K H, et al. Clin Chim Acta, 2014, 438C: 24-28.

[117] Gaudin M, Panchal M, Ayciriex S, et al. Int J Mass Spectrom, 2014, 49(10): 1035-1042.

[118] Cheng J H, Gao R, Li H J, et al. Food Anal Meth, 2015, 8: 1141-1149.

[119] Kim H K, Choi Y H, Luijendijk T J C, et al. Phytochem Anal, 2004, 15: 257-261.

[120] Le Belle J E, Harris N G, Williams S R, et al. NMR Biomed, 2002, 15: 37-44.

[121] Lin C Y, Wu H F, Tjeerdema R S, et al. Metabolomics, 2007, 3: 55-67.

[122] Rammouz R E, Létisse F, Durand S, et al. Anal Biochem, 2010, 398: 169-177.

[123] Folch J, Lees M, Sloane Stanley G H. J Biol Chem, 1957, 226: 497-509.

[124] Bligh E G, Dyer W J. Can J Physiol Pharm, 1959, 37: 911-917.

[125] Lacaze J P, Stobo L A, Turrell E A, et al. J Chromatogr A, 2007, 1145: 51-57.

[126] Liu S, Sjovall J, Griffiths W J. Anal Chem, 2003, 75: 5835-5846.

[127] Burns M A, He W L, Wu C L, et al. Technol Cancer Res T, 2004, 3: 591-598.

[128] Slim R M, Robertson D G, Albassam M, et al. Toxicol Appl Pharm, 2002, 183: 108-116.

[129] Williams R H, Fitt B D L. Plant Pathol, 1999, 48: 161-175.

[130] Zeisel S H, Freake H C, Bauman D E, et al. J Nutr, 2005, 135: 1613-1616.

[131] Kussmann M, Raymond F, Affolter M. J Biotech, 2006, 124: 758-787.

[132] Meierhofer D, Weidner C, Sauer S. J Proteome Res, 2014, 13 (12): 5592-5602.

[133] Righi V, Mucci A, Schenetti L, et al. Anticancer Res, 2007, 27 (5A): 3195-3204.

[134] Tortoriello G, Rhodes B P, Takacs S M, et al. PLoS One, 2013, 8: e67865.

[135] Rao P V, Reddy A P, Lu X, et al. J Proteome Res, 2009, 8 (1): 239-245.

[136] Shpitzer T, Hamzany Y, Bahar G, et al. Brit J Cancer, 2009, 101(7): 1194-1198.

[137] Pascoe S J, Langhaug L F, Mudzori J, et al. AIDS Patient Care ST, 2009, 23 (7): 571-576.

[138] Restituto P, Galofré J C, Gil M J, et al. Clin Biochem, 2008, 41 (9): 688-692.

[139] Zheng J M, Dixon R A, Li L. et al. Anal Chem, 2012, 84 (24): 10802-10811.

[140] Aimetti M, Cacciatore S, Graziano A, et al. Metabolomics, 2012, 8 (3): 465-474.

[141] Xiao Y, Schwartz B, Washington M, et al. Anal Biochem, 2001, 290 (2): 302-313.

[142] Menon R, Jones J, Gunst P R, et al. Reprod Sci, 2014, 21 (6): 791-803.

[143] Dokos C, Tsakalidis C. J Matern-Fetal Neo M, 2011, 24 (12): 1504-1505.

[144] Marchesi J R, Holmes E, Khan F, et al. J Proteome Res, 2007, 6 (2): 546-551.

[145] Couch R D, Navarro K, Sikaroodi M, et al. PLoS One, 2013, 8 (11): e81163.

[146] De Angelis M, Piccolo M, Vannini L, et al. PLoS One, 2013, 8(10): e76993.

[147] Roca O, Gómez-Ollés S, Cruz M, et al. Crit Care, 2008, 12(3): R72.

[148] Bajtarevic A, Ager C, Pienz M, et al. BMC Cancer, 2009, 9: 348.

[149] Davis M D, Montpetit A, Hunt J. Immunol Allergy Clin, 2012, 32 (3): 363-375.

[150] Chladkova J, Krcmova I, Chladek J, et al. Respiration, 2006, 73 (2): 173-181.

[151] Novak B J, Blake D R, Meinardi S, et al. PNAS, 2007, 104 (40): 15613-15618.

[152] Kamboures M A, Blake D R, Cooper D M, et al. PNAS, 2005, 102 (44): 15762-15767.

[153] Fu X A, Li M X, Knipp R J, et al. Cancer Med, 2014, 3 (1): 174-181.

[154] 沈同, 王镜岩. 生物化学. 第 2 版. 北京: 高等教育出版社, 2000: 217.

[155] Kouremenos K A, Harynuk J J, Winniford W L, et al. J Chromatogr B, 2010, 878: 1761-1770.

[156] http://csbdb.mpimp-golm.mpg.de/csbdb/gmd/gmd.html.

[157] 吴胜明, 封波, 程建华, 等. 高等学校化学学报, 2012, 33: 1188-1194.

[158] Griffiths W J. Metabolomics, Metabonomics and Metabolite Profiling (2008). University of London, the School of Pharmacy, University of London, London, UK.

[159] Luukainen T, VandenHeuvel W J A, Haahti E O, et al. Biochim Biophys Acta, 1961, 52: 599-601.

[160] Chambaz E M, Horning E C. Anal Biochem, 1969, 30: 7-24.

[161] Iida T, Hikosaka M, Goto J, et al. J Chromatogr A, 2001, 937: 97-105.

[162] Chambaz E M, Maume G, Maume B, et al. Anal Lett, 1968, 1: 749-761.

[163] Thompson R M, Horning E C. Steroids Lipids Res, 1973, 4: 135-142.

[164] Schwartz E, Abdel-Baky S, Lequesne P W, et al. Int J Mass Spectrom and Ion Physics, 1983, 47: 511-514.

[165] Chambaz E M, Defaye G, Madani C. Anal Chem, 1973, 45: 1090-1098.

[166] Liebeke M, Wunder A, Lalk M. Anal Biochem, 2010, 401: 312-314.

[167] Buescher J M, Moco S, Sauer U, et al. Anal Chem, 2010, 82: 4403-4412.

[168] Liu S, Griffiths W J, Sjovall J. Anal Chem, 2003, 75: 791-797.

[169] Chen S L, Kong H W, Lu X, et al. Anal Chem, 2013, 85: 8326-8333.

[170] Khakimov B, Bak S, Engelsen S B. J Cereal Sci, 2014, 59: 393-418.

[171] Trygg J, Holmes E, Lundstedt T. J Proteome Res, 2007, 6(2): 669-479.

[172] 阿基业. 中国临床药理学与治疗学, 2010, 15 (5): 481-489.

[173] Boccard J, Rutledge D N. Anal Chim Acta, 2013, 769: 30-39.

[174] Zeng J, Yin P, Tan Y, et al. J Proteome Res, 2014, 13 (7): 3420-3431.

[175] Ling Y S, Liang H J, Lin M H, et al. Biomed Chromatogr, 2014, 28: 1284-1293.

[176] Huang Q, Tan Y X, Yin P Y, et al. Cancer Res, 2013, 73 (16): 4992-5002.

[177] Zhou X, Obuchowski N A, Mcclish D K. Statistical Methods in Diagnostic Medicine. New York: Wiley, 2002, 111-136.

[178] 李海静, 吴胜明, 程建华, 等. 中华内分泌代谢杂志, 2012, 28: 7-10.

[179] http://baike.baidu.com/link?url=EuCfm-vim0Qcn2_NMcSK2j03G6nbfrDjejN5SnRnC1pAPnO31sVB 5mOpXVpMmR1v#1.

[180] http://www.39.net/disease/diabetes/bybl/17569.html.

[181] Sébédio J L, Pujos-Guillot E, Ferrara M. Curr Opin Clin Nutr, 2009, 12 (4): 412-418.

[182] Zhang S, Nagana Gowda G A, Asiago V, et al. Anal Biochem, 2008, 383 (1): 76-84.

[183] Gogna N, Krishna M, Oommen A M, et al. Mol Biosyst, 2015, 11: 595-606.

[184] Sharma K, Karl B, Mathew A V, et al. J Am Soc Nephrol, 2013, 24 (11): 1901-1912.

[185] Wu T, Xie G X, Ni Y, et al. J Proteome Res, 2014, PMID: 25245142.

[186] Heianza Y, Hara S, Arase Y, et al. Lancet, 2011, 378 (9786): 147-155.

[187] Zhao J, Zhu Y, Hyun N, et al. Diabetes Care, 2015, 38(2): 220-227.

[188] Floegel A, Stefan N, Yu Z, et al. Diabetes, 2013, 62 (2): 639-648.

[189] Wang-Sattler R, Yu Z, Herder C, et al. Mol Syst Biol, 2012, 8: 615-625.

[190] Reaven G M. Physiol Rev, 1995, 75 (3): 473-486.

[191] Reaven G M. Annu Rev Med, 1993, 44: 121-131.

[192] Wang C, Kong H, Guan Y, et al. Anal Chem, 2005, 77 (13): 4108-4116.

[193] van der Kloet F M, Tempels F W A, Ismail N, et al. Metabolomics, 2012, 8(1): 109-119.

[194] Suhre K, Meisinger C, Döring A, et al. PLoS One, 2010, 5(11), e13953.

[195] Zhao X J, Fritsche J, Wang J S, et al. Metabolomics, 2010, 6 (3): 362-374.

[196] van Doorn M, Vogels J, Tas A, et al. Brit J Clin Pharmaco, 2007, 63 (5): 562-574.

[197] Ugarte M, Brown M, Hollywood K A. Genome Med, 2012, 4 (4): 35-49.

[198] Dutta T, Chai H S, Ward L E, et al. Diabetes, 2012, 61 (5): 1004-1016.

[199] Cai S, Huo T, Xu J, et al. J Chromatogr B, 2009, 877 (29): 3619-3624.

[200] Zhao D Y, Han L S, He Z J, et al. PLoS One, 2014, 9 (1): e85694.

[201] Zhang A H, Sun H, Han Y, et al. PLoS One, 2013, 8 (5): e64381.

[202] Rachakonda V, Gabbert C, Raina A, et al. PLoS One, 2014, 9 (12): e113860.

[203] Tian S Y, Chang H H, Wang C, et al. BMC Bioinformatics, 2014, 15: 97-107.

[204] Fitian A I, Nelson D R, Liu C, et al. Liver Int, 2014, 34 (9): 1428-1444.

[205] Xiao J F, Varghese R S, Zhou B, et al. J Proteome Res, 2012, 11 (12): 5914-5923.

[206] Bajaj J S, Heuman D M, Sanyal A J, et al. PLoS One, 2013, 8(4): e60042.

[207] Taketa K. Hepatology, 1990, 12 (6): 1420-1432.

[208] Wang B, Chen D, Chen Y, et al. J Proteome Res, 2012, 11 (2): 1217-1227.

[209] Tan Y, Yin P, Tang L, et al. Mol Cell Proteomics, 2012, 11 (2), M111. 010694.

[210] Patterson A D, Maurhofer O, Beyoglu D, et al. Cancer Res, 2011, 71 (21): 6590-6600.

[211] Beyoğlu D, Imbeaud S, Maurhofer O, et al. Hepatology, 2013, 58 (1): 229-238.

[212] Muir K, Hazim A, He Y, et al. Cancer Res, 2013, 73(15): 10.1158/0008-5472. CAN-12-3797.

[213] Budczies J, Denkert C, Müller B M, et al. BMC Genomics, 2012, 13: 334.

[214] Asiago V M, Alvarado L Z, Shanaiah N, et al. Cancer Res, 2010, 70 (21): 8309-8318.

[215] http://www.ca39.com/2011/0713/49187.html.

[216] Ritchie SA, Ahiahonu P W K, Jayasinghe D, et al. BMC Med, 2010, 8: 13.

[217] Weir T L, Manter D K, Sheflin A M, et al. PLoS One, 2013, 8 (8): e70803.

[218] http://baike.baidu.com/link?url=3TQAe2sFw5KJlU9GYpO766hISflq-W3jEAiY7DFWbiKDBLMHFd86D
B_N9UQ5oRSFYpJWgFmEk5LZydESXLJ0UK.

[219] Zheng Y, Yu B, Alexander D, et al. Hypertension, 2013, 62 (2): 398-403.

[220] Wang Z, Tang W H W, Cho L, et al. Arterioscl Throm Vas, 2009, 29 (9): 1383-1391.

[221] Yap I K S, Brown I J, Chan Q, et al. J Proteome Res, 2010, 9 (12): 6647-6654.

[222] Lustgarten M S, Price L L, Phillips E M, et al. PLoS One, 2013, 8 (12): e84034.

[223] Reimer R A, Maurer A D, Eller L K, et al. J Proteome Res, 2012, 11 (8): 4065-4074.

[224] Ridaura V K, Faith J J, Rey FE, et al. Science, 2013, 341 (6150): 10.1126/science.1241214.

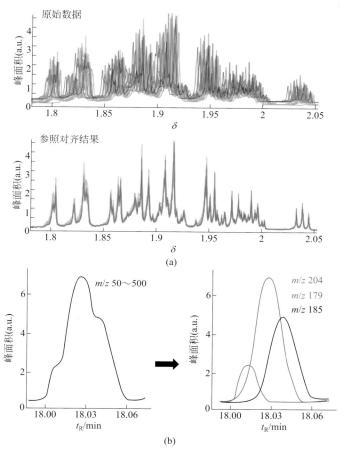

图 5-13　（a）为 NMR 技术获得海量的代谢产物信息（红色为峰对齐结果）；
（b）为利用去卷积技术可获得每个色谱峰中代谢产物的质量数

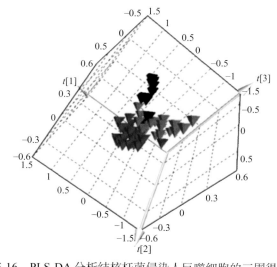

图 5-16　PLS-DA 分析结核杆菌侵染人巨噬细胞的三围得分图

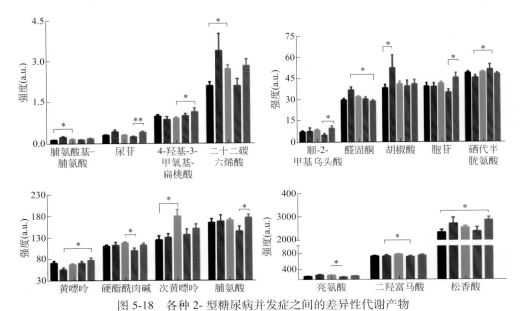

图 5-18　各种 2- 型糖尿病并发症之间的差异性代谢产物

T2DM 为 2- 型糖尿病，并发症分别为 HBP（高血压）、NAFLD（非酒精性脂肪肝）和 CHD（冠心病）；
其中黑色为 T2DM+HBP 组，蓝色为 T2DM+NAFLD、绿色为 T2DM+HBP+NAFLD 组、紫色为 T2DM +
HBP+CHD 组、红色为 T2DM+HBP+NAFLD+ CHD 组；"*" 表示 P<0.05、"**" 表示 P<0.01

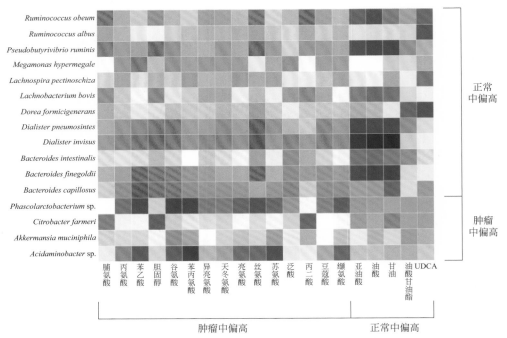

图 5-25　乳腺癌患者与健康人粪便样本中显著差异的代谢产物与菌群的 Pearson 相关性热图
其中绿色表示正相关，红色表示负相关